# 世界の昆虫
# 英名辞典
# vol. 3
## 和名索引　学名索引

矢野　宏二　編

Å dictionary of English names of the world insects

Edited by Koji Yano

櫂歌書房

Å dictionary of English names of the world insects

Date of publication 12. May. 2018

ISBN 978-4-434-24028-7

Edited by Koji Yano

Published by Touka Shobo

Printed and distributed by Touka Shobo

Sarayama 4-14-2, Minami-ku, Fukuoka-shi, 811-1365, Japan

Tel:+81-92-511-8111  e-mail: e@touka.com

# 目次

# 凡例

1．英名のアルファベット順に掲載したが、ハイフンの有無や語の結合があっても原則として同一タクサ（分類単位）は同じ所に掲載した。

2．英名が亜種で異なる場合は原則として別にし、原名亜種の英名を参照と記して関係が分かるようにした。

3．属名や種小名が英名に使われる場合、大文字か小文字かで統一せず、使用実態のままとした。固有名詞以外の英名は小文字で記したが、levant と Levant のように両方ある語もある。

4．日本以外の分布は動物地理区で記したが、全ての分布区を記したわけではなく、当該英名が使用される地域を示した方が多い。日本には分布しないが汎世界的に分布する種も汎世界と記した。

5．同じ英名が複数ある場合、下記のように整理してある。

例。 beet leaf miner (1)  *Pegomya betae* (Curtis)( ハエ目、ハナバエ科)。分布。
beet leafminer (2)  *Liriomyza chenopodii* (Watt)( ハエ目、ハモグリバエ科)。分布。
beet leafminer (3)  テンサイモグリハナバエ *Pegomya cunicularia* (Rondani)(ハエ目、ハナバエ科)。分布。
beet leafminer  beet fly を見よ。

beet leafminer は上記のように４つあり、４種の英名であることが分かる。４つ目の beet fly を見ると、

beet fly  *Pegomya hyoscyami* (Panzer)( ハエ目、ハナバエ科 )。分布。
beet fly  beet leaf miner (1) を見よ。

の２つあり、学名などを記述してある上段の beet fly が beet leafminer の別英名でもあることを示す。下段の beet fly は beet leaf miner (1) の種が beet fly ともいわれることを示す。

beet leafminer (1)(2)(3) は、他の英名の項で beet leafminer を見よ、と記す場合、(1)(2)(3) の３つのどれを見るかを区別するためである。例えば mangold fly を見ると beet leaf miner (1) を見よ、と記している。

このように、(XX を見よ）と記したのは、単に参照せよとの意味ではなく、XX の種の英名でもあることを示す。

また、同種で複数英名がある場合、例えば

American cotton bollworm　corn earworm (1)(2) を見よ。

と記しているが、American cotton bollworm は corn earworm (1) と同 (2) の２種の英名でもあることを示す。

6．同種で複数の異なる英名がある場合、分類順に掲載していないので一個所ではわからない。例えば *Agrius convolvuli* (Linnaeus) エビガラスズメは

A. sweetpotato hawk-moth

B. sweetpotato horn worm

C. convolvulus hawkmoth

D. morning-glory sphinx

の 4 英名がある。このうち、 使用例が多く、定着していると思われる A をえらび、和名、学名、分類上の所属と分布、若干の解説を記した。そして B, C, D の英名の項では、これらの記述を省き、A を見よ、と記した。

A を選ぶ基準は上記したが、 複数英名間に明らかな使用差がなかったり、使用地域により異なる場合もあり、多くの場合は編者の判断によった。

7．6 の例にあげたエビガラスズメの英名の A と B、シャクガの *Nepytia canosaria* の英名の false hemlock moth と false hemlock looper などは成虫と幼虫の英名であるが、いずれも種の英名として成育期に関係なく使用され、幼虫名の方が定着している場合も多い。従って成虫は XX というとか、幼虫は XX　というとかと記した場合もあるが、同様である。

8．同種で複数の英名がある場合、語尾などが少し異なる場合は同じところで記したが、かなり違う場合は別記した。例えば half-yellow moth のところに half-yellow ともいう、と記したが、yellow-cloaked midget は別記した。分類順（学名）のリストを用意すればよいが、紙数の関係で断念した。

9．種の解説は紙数の関係で最小限とし、日本産の主要害虫を主に記述した。幼虫が加害する場合が多いが、単に X の害虫と記した。また、加害植物全てを記さず、代表的な植物に限った。

10. 解説の部分で、日本亜種の学名、和名を示した場合がある。例えば

buff footman *Eilema deplana* (Esper)（チョウ目、ヒトリガ科）。旧北区。

日本亜種は *E. d. puvescens* (Butler) ムジホソバ。

とあるのは、日本亜種の英名使用例はないが、旧北区の原名亜種は buff footman の英名であることを示す。

11. 英名に含まれるハイフンは採録した文献に準拠したので leaf miner, leaf-miner, leafminer のように統一していない。検索する場合は留意をお願いしたい。例えば armyworm と army worm 、blow fly と blowfly、many-dotted appleworm moth と manydotted apple worm のように出典に準拠して掲載してある。これが英名であり、本書では採録文献の使用例に準拠したが、別の使用例（ハイフンの有無）もあるので注意をお願いしたい。このため、アルファベット順の掲載も leaf miner, leaf-miner, leafminer のあとに leafhopper がくるので注意いただきたい。また、通常はされない単語の結合もみられる。

12. 属以上のタクサの英名は下記のように複数形で記されるのが慣例である。
    stink bugs　カメムシ科 Pentatomidae（カメムシ目）の昆虫の総称。
    cockchafers　*Melolontha*（コウチュウ目、コガネムシ科）の昆虫の総称。
    これはカメムシ科の種は stink bug、*Melolontha* 属の種は cockchafer といわれることを示すが、これらタクサの英名として使用されている。

13. 最近の分類学的研究の結果、掲載種の所属科名の変更が多く生じているので留意いただきたい（ジャノメチョウ、ドクチョウなどを含むタテハチョウ科やメイガ科など）。

14. 採録文献の英名に併記された学名は、現行学名に変更した場合がある。

# 世界の昆虫
# 英名辞典
# vol. 3 索引
# 和名索引

# 和名索引

## あ

アイイロコノハチョウ　132
アイイロタテハ　321
アイオアベニシジミ　486
アイノカツオゾウムシ　565
アウソニアツマキチョウ　315
アオイチモンジ　1033
アオイトトンボ　379
アオイトトンボ科　379
アオイラガ　497
アオウズマキタテハ　52
アオウラフチベニシジミ　503
アオガシノキクイムシ　670
アオカナブン　502
アオガネヒメサルハムシ　5
アオカバタテハ　6
アオカミキリ　684
アオカミキリモドキ　507
アオカメノコハムシ　1107
アオキコナジラミ　53
アオキコブアブラムシ　91
アオキシロカイガラムシ　403, 679
アオキミタマバエ　53
アオクサカメムシ　504
アオコノハチョウ　132
アオシャク亜科　379
アオジャコウ　1251
アオジャコウアゲハ　848
アオジャコウ属　848
アオシャチホコ　507
アオジロキチョウ　957
アオスジアオリンガ　959
アオスジアゲハ　255
アオスジアゲハ属　596
アオスジカミキリ　1141
アオスジルリモンジャノメ　1114
アオタテハモドキ　132
アオドウガネ　497
アオトガリシロチョウ　267
アオネアイイロタテハ　851
アオネゼミ　497
アオバエ　128
アオバセセリ　506
アオハナムグリ　498
アオバネサルハムシ　471
アオバハガタヨトウ　501
アオバハゴロモ　498
アオバハゴロモ科　421
アオバヤガ　495
アオヒゲボソゾウムシ　501
アオヒメヒゲナガアブラムシ　544
アオフタオチョウ　263
アオベニシジミ　879
アオマエモンジャコウアゲハ　1159
アオマダラタマムシ　497
アオマツムシ　505
アオムシコバチ　180
アオムシサムライコマユバチ　180
アオメシジミタテハ　490
アオモンイトトンボ　255
アオモンギンセダカモクメ　504
アカアシアオシャク　930
アカアシオオアオカミキリ　901
アカアシチビコフキゾウムシ　818
アカアシノミゾウムシ　1253
アカアシホシカムシ　901
アカイエカ　267
アカイネゾウモドキ　806
アカイラガ　1099
アカイロマメゾウムシ　477
アカウマバエ　323
アカウラカギバ　908
アカエグリバ　440
アカエゾキクイムシ　910
アカエリトリバネアゲハ　887
アカエリトリバネアゲハ属　98
アカオビアザミウマ　894
アカオビアメリカコムラサキ　375
アカオビカツオブシムシ　444
アカオビスズメ　1072
アカオビマダラメイガ　822
アカガシクキバチ　766
アカガシノキクイムシ　398
アカガネコンボウハバチ　568
アカガネタテハ　735

アカガネチビタマムシ　213
アカガネミナミシジミ　311
アカガネヨトウ　998
アカカミアリ　415
アカキリバ　539
アカクビキクイムシ　903
アカクビナガハムシ　167
アカクビホシカムシ　905
アカザコフキアブラムシ　878
アカザマルバネセセリ　272
アカザモグリハナバエ　1040
アカシジミ　71
アカシヒメヨコバイ　752
アカジマトラカミキリ　894
アカジママドガ　216
アカスジアオリンガ　907
アカスジカスミカメムシ　1025
アカスジカメムシ　907
アカスジキンカメムシ　907
アカスジシンジュサン　202
アカスジチュウレンジ　927
アカスジドクチョウ　266
アカスジヒゲブトカスミカメムシ　907
アカタテハ　564
アカタテハモドキ　978
アカダモブチアブラムシ　1146
アカチャウスグロマダラ　429
アカトドマツヒメハマキ　415
アカトビバッタ　902
アカネカミキリ　905
アカネキシタカザリシロチョウ　905
アカネシロチョウ　894
アカネタイマイ　27
アカネトラカミキリ　905
アカネルリモンジャノメ　584
アカバキリガ　213
アカバナガタマムシ　990
アカハナカミキリ　898
アカハネナガウンカ　902
アカハネムシ科　192
アカハラゴマダラヒトリ　895
アカハレギチョウ　368
アカヒゲドクガ　216
アカヒゲホソミドリカスミカメムシ　500
アカヒゲボソミドリカスミカメムシ　917
アカヒトリ　910
アカヒメコメツキモドキ　898
アカヒメヘリカメムシ　197
アカビロウドコガネ　50
アカフハネナガウンカ　902
アカヘリタテハ　904
アカホシイナズマ　449
アカホシカメムシ　287
アカホシゴマダラ　226
アカホシトガリゴマダラ　800
アカホシマルカイガラムシ　424
アカホソガガンボ　1076
アカマエアオリンガ　897
アカマエアツバ　538
アカマエヤガ　910
アカマダラ　683
アカマダラカツオブシムシ　902
アカマダラジャノメ　619
アカマツザイノキクイムシ　951
アカマツノコキクイムシ　415
アカマツハモグリスガ　842
アカマルカイガラムシ　184
アカマルハナバチ　1124
アカミャクカスミカメムシ　909
アカムラサキタテハ　603, 1048
アカメガシワハネビロウンカ　1121
アカメガネトリバネアゲハ　1168
アカメセセリ　270
アガメデスタイマイ　1190
アカモクメヨトウ　910
アカモンスソアカセセリ　1101
アカモンドクガ　906
アカモンホソバベニモンアゲハ　1234
アカモンルリオビコムラサキ　624
アカヤマアリ　995
アカントガリバ　863
アキナミシャク　58
アキニレスジワタムシ　1146
アキベニヒカゲ　58
アクロバットアリ　3
アゲシラウスオナガタイマイ　274, 978

## 和名索引

アゲテスオナガタイマイ　432
アゲハチョウ科　1085
アゲハモドキガ科　792
アゲハ属　118
アケビコナジラミ　11
アケビコノハ　440
アゴスチーナカザリシロチョウ　1238
アサイボアブラムシ　534
アサカミキリ　534
アサギシロチョウ　1169
アサギシロチョウ属　1169
アサギタイマイ　677
アサギドクチョウ　66
アサギマダラ　216
アサギマダラミスジチョウ　12
アサクラアゲハ　991
アサケンモン　534
アササルゾウムシ　534
アサトビハムシ　534
アサハモグリバエ　534
アサヒヒョウモン　437
アザミウマ亜目　1103
アザミウマ科　1111
アザミウマ目　1111
アザミオオハムシ　1107
アザミオマルアブラムシ　1106
アザミカバナミシャク　473
アザミカミナリハムシ　427
アザミグンバイ　1107
アザミスソモンヒメハマキ　542
アジアイトトンボ　907
アシアカカメムシ　428
アシエダトビケラ科　251
アシグロハモグリバエ　1027
アジサイハバチ　557
アジサイワタカイガラムシ　557
アシナガオトシブミ　658
アシナガキアリ　294, 658
アシナガコガネ　658
アシナガシジミ亜科　526
アシナガシジミ属　167
アシナガバエ科　658
アシナガヤドリバエ科　335
アシビロヘリカメムシ　628
アシブトクチバ　1106
アシブトコバチ科　208
アシブトヒメハマキ　669
アシブトメミズムシ科　1117
アシベニカギバ　901
アズキサヤムシガ　5
アズキノメイガ　5
アズキヘリカメムシ　5
アズキマメゾウムシ　5
アスナロモンオナガコバチ　1112
アスパラガスハモグリバエ　50
アズマフクロカイガラムシ　60
アダチアナアキゾウ　4
アタマアブ科　95
アダマストールタイマイ　139
アタランタアカタテハ　893
アッサムキンミスジ　51
アッサムムカシヒカゲ　1204
アツバセセリ　214
アツバ亜科　1019
アトアカウマバエ　759
アトウスヤガ　101
アトキホソチョウ　121
アトグロオオヒョウモン　911
アトグロギンボシヒョウモン　53
アトクロナミシャク　447
アトグロヒョウモンモドキ　461
アトグロヒラタハバチ　119
アトグロホソアリモドキ　739
アトジロエダシャク　1201
アトジロサビカミキリ　1196
アトシロナミシャク　408
アドニスヒメシジミ　5
アドニラシジミタテハ　1073
アトヒゲコガ科　401
アトベリクチブサガ　576
アトボシエダシャク　652, 1217
アトボシハマキ　252
アトボシハムシ　1109
アトマルキクイムシ　933
アトムモンセセリ　249
アトモンマルケシカミキリ　231

アナアキゾウムシ亜科　844
アナナスシロカイガラムシ　845
アナバチ亜科　948
アナバチ科　225
アナバチ上科　1039
アヒルナガハジラミ　995
アブ　233
アフィニスカバマダラ　676
アブラコバエ科　31
アブラゼミ　610
アブラナハモグリバエ　300
アブラバチ亜科　32
アブラバチ科　32
アブラムシ　29
アブラムシ科　32
アブラムシ上科　32
アフリカイシガケチョウ　7
アフリカイボタガ　176
アフリカウスコモンマダラ　6
アフリカウラナミシロチョウ　7
アフリカオナガタテハ　779
アフリカオナシアゲハ　230
アフリカゴマシジミ属　454
アフリカシロチョウ　6
アフリカシロナヨトウ　6
アフリカタテハモドキ　132
アフリカタテハモドキ属　812
アフリカトビバッタ　8
アフリカヒラタキクイムシ　419
アフリカヘリグロシロチョウ　259
アフリカホソチョウ　1007
アフリカマダラタイマイ　1157
アフリカヤギジラミ　6
アフリカヤマトシジミ　107
アフリカヨコバイシジミ　1227
アブルリミナミシジミ　827
アブ科　551
アポロウスバアゲハ　32
アポロニシキシジミ　32
アマクサコキクイムシ　17
アマサフタオシジミ　427
アマゾンアリ　18
アマタツマアカシロチョウ　1122
アマヒトリ　421
アマミウラナミシジミ　1123, 1202
アマリリスヤドリギシジミ　18
アミガサハゴロモ　671
アミカモドキ科　727
アミカ科　745
アミスジフユナミシャク　1221
アミドンミイロタテハ　1207
アミメカゲロウ目　12, 602
アミメカワゲラ科　506, 869
アミメキイロハマキ　37
アミメトビハマキ　1106
アミメナミシャク　745
アミメホソアワフキ　746
アミメマドガ　1100
アミモンカバナミシャク　845
アミモンシロチョウ　687
アムールアカセセリ　986
アムールエグリトビケラ　23
アムールモンキチョウ　801
アメバチ亜科　901
アメリカアオイチモンジ　1193
アメリカアリマキシジミ　525
アメリカイチモンジ　185, 1193
アメリカウリノメイガ　835
アメリカオオアミメカゲロウ科　456
アメリカオオキチョウ　782
アメリカオオミズアオ　665
アメリカカバイロシジミ　988
アメリカカンザイシロアリ　1184
アメリカキアゲハ　28
アメリカキボシシロチョウ　704
アメリカコヒオドシ　708
アメリカコムラサキ　704
アメリカジガバチ　728
アメリカシロヒトリ　399
アメリカゼフィルス　471
アメリカダイダイモンキチョウ　695
アメリカタテハモドキ　168
アメリカタバコガ　284
アメリカツバメシジミ　369
アメリカツマグロシロチョウ　825
アメリカテングチョウ　1019

アメリカナイズドミツバチ　595
アメリカヒメアカタテハ　21
アメリカヒメヒカゲ　868
アメリカベニヒカゲ　252
アメリカマツノキクイムシ　727
アメリカマツノコキクイムシ　1186
アメリカミズアブ　116
アメリカミツバチ　595
アメリカモンキチョウ　183, 237
アメリカリンゴシンクイ　635
アメンボ科　1174
アヤトガリバ　169
アヤトビムシ科　997
アヤナミカメムシ　662
アヤニジュウシトリバ　449
アヤメキバガ　568
アラカシハモグリバエ　884
アラキサエダキクイムシ　1249
アラスカベニシジミ　345
アラスカベニヒカゲ　1251
アラビアヤマキチョウ　867
アリガタバチ科　92
アリガタバチ上科　92
アリガタハネカクシ亜科　800
アリサンキマダラヒカゲ　1157
アリサンチャイロヒカゲ　1145
アリズカムシ科　29
アリゾナイチモンジ　44
アリゾナウラアオシジミ　190
アリゾナコツバメ　332
アリゾナツマキチョウ　837
アリタキチョウ　955
アリヅカコオロギ科　29
アリドウシハバチ　313
アリノスシジミ　722
アリノタカラカイガラムシ　1016
アリバチ科　1157
アリモドキゾウムシ　1088
アリモドキゾウムシ亜科　1088
アリモドキバチ科　379
アリモドキ科　29
アリヤドリコバチ科　386
アリ科　31
アリ上科　31
アルガンテオオキチョウ　782
アルゲアルリマダラ　656
アルコンゴマシジミ　12
アルゼンチンアリ　42
アルタイヒメヒョウモン　1117
アルファルファアブラムシ　1045
アルファルファタコゾウムシ　14
アルマンソールタイマイ　16
アレクサンドラトリバネアゲハ　883
アレクサンドラモンキチョウ　883
アレクシスカバイロシジミ　505
アレスミカンナガタマムシ　13
アワキオビアザミウマ　435
アワテコヌカアリ　452
アワノメイガ　790
アワフキムシ科　1043
アワフキムシ上科　1043
アワヨトウ　45
アンガウルシロチョウ　889
アンテドンムラサキ　1154
アンテノールオオジャコウ　671
アンナウラモジタテハ　373

い

イアルバスシジミ　270
イイギリワタカイガラムシ　200
イイジマクロマダラメイガ　96
イエカミキリ　354
イエコオロギ　553
イエゴキブリ　524
イエシロアリ　431
イエネズミジラミ　1041
イエバエ　553
イエバエ科　553
イエヒメアリ　833
イオネツマアカシロチョウ　879
イガ　198
イガフシマンサクアブラムシ　522
イカリモンガ科　774
イカルスヒメシジミ　254
異翅亜目　1131

イグサヒメハマキ　723
イグチマルガタゴミムシ　1082
イサゴムシ　181
イシガキコナジラミ　570
イシガキチョウ　266
イシガケチョウ属　685
イシカリヨトウ　297
イシノミ科　670
イシノミ目　587
イシハラクロバチ科　927
移住型　708
イシリウスヒスイシジミ　559
イスオオムネアブラムシ　341
イスシロカイガラムシ　341
イスノキコナジラミ　341
イスノキハリオタマバエ　341
イスモイデスコモンマダラ　1147
イスワラモンキアゲハ　491
異節群　537
イセリアカイガラムシ　290, 1156
イタドリオナシアブラムシ　941
イタドリクロハバチ　941
イタビカキカイガラムシ　410
イタビコバチ　409
イタヤカミキリ　684
イタヤキリガ　683
イタヤクチブトキクイゾウムシ　683
イタヤトガリヨコバイ　684
イタヤノキクイムシ　684
イタヤハマキチョッキリ　684
イタヤハムシ　683
イチゴアブラムシ　935
イチゴウロコタマバエ　122
イチゴキリガ　1066
イチゴクチブトゾウムシ　1067
イチゴクビケアブラムシ　1066
イチゴケナガアブラムシ　1065
イチゴコナジラミ　1067
イチゴトゲアブラムシ　757
イチゴナミシャク　84
イチゴネアブラムシ　1067
イチゴハトゲアブラムシ　1032
イチゴハバチ　1067
イチゴハムシ　1066
イチジクカミキリ　412
イチジクキンウワバ　987
イチジクコバチ科　413
イチジクシジミ　413
イチジクホソガ　412
イチジクマルカイガラムシ　856
イチモジエダシャク　645
イチモンジカメノコハムシ　1148
イチモンジカメムシ　1148
イチモンジセセリ　919
イチモンジチョウ　1193
イチモンジチョウ属　4
イチモンジハムシ　1148
イチモンジフタオチョウ　132
イチモンジホソチョウモドキ　400
イチモンジヨコバイ　1148
イチョウヒゲビロウドカミキリ　460
イッシキフタホシコガ　570
イツトガ　692
イッポンセスジスズメ　325
イトアメンボ科　1173
イトカメムシ科　1062
イトトンボ亜目　314
イトトンボ科　740
イドメウスフクロチョウ　559
イナゴマメマダラメイガ　654
イナゴモドキ　403, 632
イナズマチョウ属　77
イナズマヨコバイ　1254
イヌシデクロマダラアブラムシ　754
イヌジラミ　343
イヌシラミバエ　342
イヌツゲクビレコナジラミ　544
イヌツゲシロコナジラミ　836
イヌツゲタマバエ　577
イヌノフグリトビハムシ　131
イヌノミ　342
イヌハジラミ　342
イヌビワコバチ　576
イヌモンキチョウ　343, 1029
イネアザミウマ　920
イネカメムシ　919

イネキモグリバエ　919
イネキンウワバ　468
イネクキイエバエ　919
イネクキミギワバエ　920
イネクダアザミウマ　916
イネクビボソハムシ　917
イネクロカメムシ　114
イネコミズメイガ　1009
イネゾウムシ　916
イネゾウムシ亜科　691
イネタテハマキ　579
イネトゲハムシ　917
イネネクイハムシ　919
イネノネコナカイガラムシ　918
イネハモグリバエ　918
イネヒラタヨコバイ　421
イネマダラヨコバイ　918
イネミギワバエ　918
イネミズゾウムシ　920
イネミズトゲミギワバエ　918
イネユスリカ　918
イネヨトウ　846
イハバチ　692
イバラヒゲナガアブラムシ　927
イフィスセセリ　452
イブキスズメ　86
イブシキンシジミタテハ　501
イボタガ　645
イボタガ科　145
イボタケンモン　285
イボタコスガ　653
イボタサビカミキリ　645
イボタヒシウンカ　645
イボタマルツノゼミ　645
イボタミタマバエ　645
イボタロウムシ　220
イモキバガ　1088
イモサルハムシ　1087
イモゾウムシ　1181
イラガ　791
イラガ科　998
イラクサギンウワバ　179
イラクサノメイガ　1006
イラクサハマキモドキ　398
イラクサヒメハマキ　1150
イラクサマダラウワバ　1038
イランアゲハ　331
イワサキカメムシ　164
イワサキクサゼミ　1077
イワサキコノハチョウ　56
イワサキタテハモドキ　165
イワトビケラ科　1132
イワハマムシ亜科　5
イワヒバシャノメ属　806
イワベニヒカゲ　249
インゲンテントウ　704
インゲンマメゾウムシ　83
インゲンモグリバエ　437
インドウラギンシジミ　977
インドオオミドリシジミ　703
インドキシタクチバ　1102
インドネッタイヒョウモン　1095
インドミツオシジミ　717
インドミツバチ　564

## う

ウエーマーシロタテハ　1190
ウグイスシロチョウ　507
ウコギノコキクイムシ　2
ウコンノメイガ　83
ウサギジラミ　886
ウシウンカ　220
ウシコロシハマキワタムシ　867
ウシコロシワタカイガラムシ　867
ウシジラミ　978
ウシバエ　201
ウシバエ科　1170
ウシハジラミ　201
ウシホソジラミ　659
ウスアオイチモンジ　417
ウスアオエダシャク　808
ウスアオオナガウラナミシジミ　985
ウスアオモルフォ　722
ウスアカヒメヨコバイ　484
ウスアミメキハマキ　578

ウスアミメトビハマキ　211
ウスイロアワフキ　808
ウスイロオオゴマダラ　1125
ウスイロキクイムシ　1052
ウスイロキチョウ　777
ウスイロギンボシヒョウモン　186
ウスイロキンミスジ　1145
ウスイロクチブサガ　765
ウスイロコノマチョウ　395
ウスイロサルハムシ　1080
ウスイロシータテハ　365
ウスイロチャマダラセセリ　678
ウスイロトラカミキリ　808
ウスイロネッタイヒョウモン　277
ウスイロノウンカ　807
ウスイロヒトツメコジャノメ　256
ウスイロヒョウモンモドキ　402
ウスイロフタオチョウ　1059
ウスイロマルカイガラムシ　246
ウスエグリバ　440
ウスオビカギバ　958
ウスオビキノメイガ　544
ウスオビコジャノメ　552
ウスオビシロエダシャク　851
ウスカバスジエダシャク　77
ウスキオオキチョウ　807
ウスキカクモンハマキ　53
ウスキシャチホコ　808
ウスキシロチョウ　632
ウスキシロチョウ属　380
ウスキタテハ　708
ウスキツバメエダシャク　1093
ウスキヒメシャク　1003
ウスキヒメトリバ　534
ウスキモンヨトウ　701
ウスギンツトガ　1243
ウスクモヨトウ　1148
ウスクリイロヒメハマキ　204
ウスグロイチモンジ　251
ウスグロオオナミシャク　323, 1117
ウスグロカバマダラ　166
ウスグロギンボシヒョウモン　537, 1034
ウスグロコガ　578
ウスグロチャタテ　141
ウスグロノコバエダシャク　955
ウスグロヒスイシジミ　559
ウスグロヒメスガ　878
ウスグロヒメハマキ　126
ウスグロヒメヒカゲ　358
ウスグロベニヒカゲ　335
ウスグロマダラメイガ　163
ウスグロミバエ　318
ウスグロヤガ　981
ウスコモンマダラ　130
ウスコモンマルバネタテハ　299
ウスシタキリガ　26
ウスジロエダシャク　35
ウスジロキノメイガ　405
ウスジロハマキ　655
ウスシロフコヤガ　917
ウスズミツマアカシロチョウ　1038
ウスズミベニヒカゲ　1173
ウスタビガ　827
ウスチャタテハ　620
ウスヅマクチバ　807
ウストビハマキ　212
ウストビモンナミシャク　790
ウスバアゲハ亜科　815
ウスバアゲハ属　32
ウスバカゲロウ科　29
ウスバカマキリ　681
ウスバカミキリ　1106
ウスバキチョウ　396
ウスバキトンボ　463
ウスバジャコウアゲハ　94
ウスバシロチョウ　575
ウスバツバメガ　1093
ウスヒメキアリ　1151
ウスベニイロタテハ　471
ウスベニカギバヒメハマキ　147
ウスベニキノハタテハ　298
ウスベニキヨトウ　1074
ウスベニコノマチョウ　490
ウスベニコヤガ　806
ウスベニタテハ　1205
ウスベニノメイガ　889

ウスミドリギンボシヒョウモン　371
ウスミドリタイマイ　504
ウスムラサキエダシャク　580
ウスムラサキシロチョウ　638
ウスムラサキタテハモドキ　510
ウスムラサキノメイガ　83
ウスモンオトシブミ　316
ウスモンシルビアシジミ　262
ウスモンヒカゲ　340
ウスモンミドリカスミカメ　154
ウスルリシジミ　254
ウチジロナミシャク　685, 1217
ウチジロマイマイ　588
ウチスズメ　213
ウチムラサキウラキンシジミ　1036
ウツギアブラムシ　580
ウツギハバチ　580
ウドノメイガ　40
ウバタマムシ　702
ウブイカザリヒメホソチョウ　1116
ウマオイ亜科　649
ウマジラミ　552
ウマジラミバエ　429
ウマバエ　551
ウマバエ科　551
ウマハジラミ　550
ウメエダシャク　854
ウメコブアブラムシ　1147
ウメスカシクロバ　874
ウメチビタマムシ　874
ウメノキクイムシ　1147
ウラオビコチャバネセセリ　69
ウラカワズキンヨコバイ　1150
ウラキウスアオシロチョウ　172
ウラキカスリタテハ　1235
ウラキシロチョウ　871
ウラキスジアイイロタテハ　776
ウラギンアメリカコムラサキ　560
ウラギンシジミ　4
ウラギンシジミ属　1082
ウラギンスジヒョウモン　809
ウラギンドクチョウ　959
ウラギンヒョウモン　540
ウラギンミナミシジミ　1244
ウラギンルリシジミ　267
ウラギンルリフタオシジミ　986
ウラグロキイロタテハ　615
ウラグロシロノメイガ　1081
ウラジャノメ　1225
ウラジロアカスジミツオシジミ　1065
ウラジロカシノキクイムシ　199
ウラジロシロシタセセリ　272
ウラジロニシキシジミ　337
ウラジロミナミシジミ　892
ウラスジモルフォシジミ　537
ウラナミカラスシジミ　1072
ウラナミシジミ　818
ウラナミジャノメ　619
ウラナミジャノメ属　922
ウラナミシロチョウ　724
ウラナミヒメシャク　690
ウラナミベニヒカゲ　921
ウラフチベニシジミ　879, 913
ウラベニエダシャク　928
ウラベニカスリタテハ　897
ウラベニヒョウモン　266
ウラベニヒョウモン属　634
ウラマダラシジミ　1003
ウラマダラムラサキシジミ　850
ウラモジタテハ　373
ウリキンウワバ　303
ウリテントウ　1056
ウリハムシモドキ　303, 402
ウリミバエ　700
ウロコチャタテ科　1128
ウンカ科　852
ウンカ上科　605
ウンモンクチバ　569
ウンモンスズメ　1253
ウンモンチュウレンジ　585

## え

エウパトルルリマダラ　1152
エガモルフォ　146
エグリウラスジタテハ　339

エグリエダシャク　943
エグリグンバイ　575
エグリシャチホコ　662
エグリヅマエダシャク　769
エグリトビケラ科　754
エグリトラカミキリ　1041
エゴアブラムシ　1074
エゴノキコナジラミ　580
エサキキチョウ　955
エジプトワタフキカイガラムシ　372
エゾアオイトトンボ　957
エゾアカガネオサムシ　411
エゾアカネ　1248
エゾアザミテントウ　1107
エゾアメイロオオアブラムシ　1054
エゾエンマコオロギ　410
エゾオオバコヤガ　77
エゾカミキリ　1178
エゾキクイムシ　1250
エゾギクキンウワバ　1210
エゾギクトリバ　218
エゾキヒメシャク　915
エゾクビグロクチバ　113
エゾコエビガラスズメ　872
エゾコオナガミズスマシ　521
エゾシモフリスズメ　862
エゾショウブヨトウ　611
エゾシロシタバ　1193
エゾシロチョウ　120
エゾシロチョウ属　120
エゾスジグロシロチョウ　506
エゾスズメ　1169
エゾゼミ　1250
エゾトンボ科　498
エゾハルゼミ　1250
エゾヒサゴキンウワバ　174
エゾヒメシロチョウ　408
エゾヒメゾウ　1250
エゾベニシタバ　908
エゾマツアブラムシ　1249
エゾマツオオキクイムシ　393
エゾマツカサアブラムシ　577, 838
エゾマツカサヒメハマキ　1054
エゾマツノシントメタマバエ　1052
エゾミツボシキリガ　951
エゾモクメキリガ　888
エゾヨツメ　1250
エダオビホソハマキ　173
エダシャク亜科　1107
エダナナフシ　658
エダヒゲネジレバネ科　374
エチラドクチョウ　385
エドワードカラスシジミ　371
エノキアブラムシ　204
エノキカイガラキジラミ　634
エノキカキカイガラムシ　577
エノキシロカイガラムシ　204
エノキタテハ　381, 519
エビガラスズメ　1087
エピダウスオナガタイマイ　705
エベモンミカドアゲハ　638
エラートドクチョウ　383
エリサン　383
エルタテハ　401
エルメスシジミ　536
エルモンドクガ　601
エレウシナルリマダラ　1166
エレクトモンキチョウ　6
エンドウシンクイ　818
エンドウゾウムシ　818
エンドウヒゲナガアブラムシ　818
エンマハバビロガムシ　1046
エンマムシダマシ科　401
エンマムシモドキ科　949
エンマムシ科　542

## お

オウゴンオニクワガタ　473
オウゴンテングアゲハ　471
オウゴントガリシロチョウ　469
オウトウショウジョウバエ　212
オウトウナメクジハバチ　823
オウトウハマダラミバエ　575
オオアオゾウムシ　621
オオアオフタオチョウ　793

オオアオマエニンジャコウアゲハ　1179
オオアカカメムシ　678
オオアカキリバ　538
オオアカズヒラタハバチ　900
オオアカタテハ　236
オオアカミスジ　1080
オオアカヨトウ　957
オオアトキハマキ　608
オオアブラムシ亜科　602
オオアミメカゲロウ科　722
オオアメバチ　1241
オオアメリカウスバアゲハ　236
オオアメリカモンキチョウ　13
オオアヤニシキ　53
オオアリ属　195
オオイエバエ　404
オオイシチビガ　213
オオイチモンジ　861
オオイナズマヨコバイ　623
オオイナズマ属　41
オオウスイロギンボシヒョウモン　285
オオウスヅマカラスヨトウ　616
オオウスツヤヒメハマキ　1211
オオウスベニトガリメイガ　175
オオウラギンドクチョウ　706
オオウンモンクチバ　621
オオエグリシャチホコ　1019
オオエグリバ　440
オオオスグロハバチ　974
オオオナガタイマイ　649
オオオビモンアゲハ　1080
オオオビモンフタオチョウ　850
オオカタカイガラムシ　454
オオガタキジラミ　455
オオカツオゾウムシ　621
オオカバイロコメツキ　610
オオカバタテハ　124
オオカバマダラ　716
オオカブトムシ　53
オオカブラヤガ　308
オオカマキリ　219
オオカマトリバ　359
オオキイロコガネ　1234
オオキタクロミノガ　63
オオキノコシロアリ　444
オオキノコムシ科　853
オオキノメイガ　863
オオキバハネカクシ亜科　299
オオキボシアブ　520
オオキンウワバ　957
オオキンカメムシ　455
オオギンスジアカハマキ　631
オオギンボシヒョウモン　492
オオキンミスジ　510
オオクシヒゲシマメイガ　1006
オオクジャクアゲハ　132
オオクジャクシジミ　73
オオクチカクシゾウムシ　614
オオクチブトサルゾウムシ　535
オオクチブトゾウムシ　609
オオクモガタシロチョウ　72
オオクモヘリカメムシ　622
オオクリモンヒメハマキ　1066
オオクロカミキリ　609
オオクロコガネ　609
オオクロテンカバナミシャク　235
オオクロトビカスミカメムシ　576
オオクロハナカミキリ　609
オオクロベニヒカゲ　672
オオクロミヤマセセリ　873
オオケブカチョッキリゾウムシ　1074
オオケンモン　156
オオコウモリセセリ　457
オオゴキブリ科　795
オオコノハギス　456
オオコフキコガネ　621
オオゴボウゾウムシ　621
オオゴマシジミ　609
オオゴマダラ　681, 981
オオゴマダラエダシャク　609
オオゴマダラ属　1125
オオゴモクムシ　622
オオザイノキクイムシ　1122
オオサカハチアゲハ　205
オオサシガメ　614
オオシモフリエダシャク　829

オオシモフリスズメ　455
オオシラホシヤガ　490
オオシラホシヨトウ　508
オオシロアリ　314
オオシロオビアオシャク　612
オオシロオビクロナミシャク　42, 620
オオシロオビクロハバチ　929
オオシロカゲロウ科　802
オオシロカミキリ　622
オオシロシタバ　622
オオシロジャノメ　385
オオシロタカネマダラシロチョウ　283
オオシロモンアゲハ　380
オオシロモンジャコウアゲハ　1153
オオシロモンセセリ　483
オオシワアリ　516
オオズアリ　94
オオズアリ属　94
オオスイコバネ　468
オオスカシツバメシジミタテハ　1091
オオスカシバ　622
オオスカシマダラ　326
オオスジコガネ　622
オオスズメバチ　455
オーストラリアヒカリキノコバエ　464
オオスナゴミムシダマシ　421
オオスミキクイムシ　794
オオセイボウ　1044
オオセンチコガネ　576
オオゾウムシ　577
オオタコゾウムシ　239
オオタスキアゲハ　458
オオタテハモドキ属　848
オオタバコガ　284
オオタマカイガラムシ　612
オオチャイロイチモンジ　93
オオチャイロヨトウ　806
オオチャバネフユエダシャク　724
オオツチハンミョウ　773
オオツノコクヌストモドキ　152
オオツバメガ　1130
オオツマグロハバチ　197
オオツヤマグソコガネ　749
オオツルクビオトシブミ　614
オオテントウ　456
オオトビスジエダシャク　610
オオトビモンシャチホコ　763
オオトラカミキリ　619
オオナガシンクイ　609
オオナガバヒメハマキ　106
オオニジュウヤホシテントウ　865
オオネシロフタオチョウ　824
オオハガタナミシャク　575
オオハキクイムシ　348
オオハキリバチ　614
オオバコアブラムシ　930
オオバコトビハムシ　1241
オオハサミムシ　621, 1071
オオハサミムシ科　657
オオハジラミ科　527
オオハッカヒメゾウムシ　622
オオハナノミ科　1179
オオハネカクシ　521
オオバラクキバチ　929
オオヒシウンカ　95
オオヒメヒカゲ　613
オオヒメマキムシ　535
オオヒラクチハバチ　944
オオヒラタシデムシ　575
オオフクロチョウ　429
オオフタオビフタオチョウ　453
オオフタスジハマキ　608
オオフタホシヒラタアブ　553
オオベッコウバチ　1096
オオベニイロホソチョウモドキ　139
オオベニシジミ　490, 611
オオベニスジシロモンタテハ　504
オオベニヒカゲ　210
オオベニモンアゲハ　492
オオボクトウ　465
オオホシカメムシ　1121
オオホシカメムシ科　896
オオホソアオバヤガ　621
オオマエキセセリ　810
オオマエモンジャコウアゲハ　497
オオマキバサシガメ　410

オオマツタケバエ　838
オオマルクビヒラタカミキリ　779
オオミズアオ　665
オオミツバチ　455
オオミノガ　453
オオミヤマウスバアゲハ　815
オオムネアカハバチ　1192
オオムラサキ　576
オオムラサキアゲハ　491
オオムラサキツバメ　355
オオムラサキトガリバワモン　457
オオメダカナガカメムシ　730
オオメノコギリヒラタムシ　701
オオモクメシャチホコ　621
オオモンクロバチ科　699
オオモンシロチョウ　620
オオヤマキチョウ　1234
オオヤマミドリヒョウモン　617
オオユスリカ　856
オオヨコバイ　500
オオヨコバイ科　630
オオヨモギハムシ　622
オオランヒメゾウムシ　789
オオルリアゲハ　1146
オオルリフタオシジミ　691
オオルリボシヤンマ　981
オオルリモンジャノメ　136
オオルリモンタテハ　489
オオワタコナカイガラムシ　378
オオワラジカイガラムシ　456
オカザキハモグリバエ　76
オガサワラゴキブリ　1084
オガサワラコナカイガラムシ　511
オカジマケクダアブラムシ　773
オカボアカアブラムシ　918
オカボノクロアブラムシ　790
オカモトトゲエダシャク　774
オキツワタカイガラムシ　290
オキナワアシブトクチバ　1177
オキナワシジミタテハ　854
オキナワチャバネゴキブリ　49
オキナワビロウドセセリ　253
オクタビアタテハモドキ　449
オグマブチミャクヨコバイ　773
オサムシ科　512
オサヨコバイ　101
オジロアシナガゾウムシ　1211
オジロシジミ　478
オスアカミスジ　969
オスグロトモエ　1177
オスグロハバチ　400
オスジロアゲハ　715
オスベッキーマルカイガラムシ　791
オダマキトリバ　1063
オットマンベニヒカゲ　795
オツネントンボ　981
オトコヨモギヒメツボミタマバエ　46
オトシブミ　215
オトシブミ亜科　629
オトシブミ科　53
オドリバエ科　658
オナガアカシジミ　1231
オナガアカシジミ属　1231
オナガアカタテハ属　8
オナガガガンボダマシ　1221
オナガコツバメ　439
オナガコバチ科　966
オナガコモンタイマイ　618
オナガシータテハ　884
オナガタイマイ　417
オナガタテハ　57
オナガツバメシジミ　479
オナガツバメシジミタテハ　660
オナガフタオチョウ　506
オナガベニシジミ　1093
オナガミズアオ　665
オナガミツオシジミ　802
オナガルリアゲハ　550
オナシアゲハ　211
オナシカワゲラ科　1108
オナシビロウドセセリ　994
オナシモンキアゲハ　270
オニベニシタバ　765
オニヤンマ科　94
オヌキグンバイウンカ　410
オノハラキクイムシ　778

オビカギバ　360
オビカツオブシムシ　608
オビカラスシジミ　71
オビカレハ　1102
オビガ科　456, 1252
オビキンバエ　791
オビクジャクアゲハ　721
オビコノマチョウ　139
オビヒトリ　1211
オビヒメアカタテハ　1165
オビヒメカツオブシムシ　1170
オビヒメヨコバイ　71
オビベニヒメシャク　748
オビモンアゲハ　72
オビモンタイマイ　282
オビモンドクチョウ　72
オビモンヒョウタンゾウムシ　1203
オビモンフタオチョウ　267
オモトアザミウマ　914
オリーブアナアキゾウムシ　776
オリーブカタカイガラムシ　115
オリーブクロホシカイガラムシ　776
オリーブスギカラスシジミ　588, 1104
オリオンタテハ　792
オルフェルナトガリシロチョウ　369
オンシツコナジラミ　507
オンシツツヤコバチ　507
オンシツマルカイガラムシ　336
オンタケキクイムシ　778
オンタリオカラスシジミ　756
オンタリオモンキチョウ　846
オンブバッタ　791

## か

カーネーションハモグリバエ　194
カイガラムシ上科　954
カイコ　983
カイコガ　983
カイコガ科　983
カイコノウジバエ　983, 1150
カイコノクロウジバエ　983
カイジュウジラミ科　1043
ガイマイゴミムシダマシ　637
ガイマイツヅリガ　918
ガイマイデオキスイ　352
ガウタマコモンマダラ　956
カエデキジラミ　684
カエデノヘリクロハナカミキリ　117
カエデハムシ　683
カオジロトンボ　1199
カカオシジミモドキ　786
カカトアルキ目　532
ガガンボダマシ科　1221
ガガンボモドキ科　523
ガガンボ亜科　294
ガガンボ科　294
カギアツバ　84
カギコジャノメ　1224
カキゾウムシ　831
カギナガキクイムシ　378
カキノフタツノナガシンクイ　1141
カキノヘタムシガ　831
カギバアオシャク　546
カギバアゲハ　795
カギバイラガ　1126
カギバガ科　546
カギバシラホシジャノメ　84
カキバトモエ　1019
カギバホソチョウ　399
カギバラバチ科　1127
カキホソガ　831
カクアゴハジラミ　159
カクカゲロウ科　519
カクスイトビケラ　479
カクスイトビケラ科　556
カクタシンジュタテハ　645
カクホソカタムシ科　712
カクムネチビヒラタムシ　420
カクモンキシタバ　175
カクモンシジミ　1252
カクモンシジミ属　1252
カクモンノメイガ　928
カクモンハマキ　37
カクモンヒトリ　214
カゲロウ　382

カゲロウ目　694
カゴノキハスジアブラモドキ　4
カサアブラムシ科　279
カザリシロチョウ属　584
カザリバガ科　286
カザリヒメホソチョウ　140
カシアザミウマ　884
カシアシナガゾウムシ　395
カシオオアブラムシ　611
カシクロマルカイガラムシ　770
カシケクダアブラムシ　395
カシコスカシバ　884
カシトガリキジラミ　766
カシニセタマカイガラムシ　401
カシノアカカイガラムシ　766
カシノコナガキクイムシ　1003
カシノシマメイガ　696
カシノナガキクイムシ　762
カシハトムネヨコバイ　313
カシヒメヨコバイ　764
カシフサカイガラムシ　884
カシミールコヒオドシ　565
カシミドリシジミ　1094
ガジュマルクダアザミウマ　302
カシワアツバ　260
カシワオビキリガ　312
カシワキボシキリガ　313
カシワキリガ　531
カシワギンオビヒメハマキ　321
カシワクチブトゾウムシ　215
カシワスカシバ　884
カシワツツハムシ　312
カシワトゲマダラアブラムシ　766, 1250
カシワノキクイムシ　312
カシワノミゾウムシ　764
カシワホシブチアブラムシ　762
カシワマイマイ　767
カストニアガ科　1082
カスミカメムシ科　852
カスリタテハ　883
カスリタテハ属　182
カスリヨコバイ　1043
カタアリ亜科　1096
カタカイガラムシ科　1022
カタカイガラモドキ科　3
カタクリハムシ　646
カタシロゴマフカミキリ　1207
カタツツトビケラ科　99
カタツムリトビケラ科　1018
カタバミコナジラミ　796
カタハリキリガ　854
カタビロアメンボ科　922
カタビロクサビウンカ　153
カタビロコバチ科　584
カタビロトゲハムシ　280
カタボシクビナガハムシ　789
カタモンコガネ　115
カツオゾウムシ　378
カツオゾウムシ亜科　309
カツオブシムシ科　608
カッコウカミキリ　234
カッコウムシ科　210
カツブシチャタテ　478
カツラフクレアブラムシ　591
ガテマラカスリタテハ　515
カドコブホソヒラタムシ　428
カドフシアリ　1224
カドマルカツオブシムシ　111
カドモンヨトウ　237
カドヤマキクイムシ　590
カナクギノキクイムシ　647
カナダオオタカネヒカゲ　670
カナダタカネヒカゲ　225
カナブン　353
カナリーウラジャノメ　189
カナリージャノメ　189
カネタタキ　439
カノウラナミジャノメ　261
カノクロヒカゲ　960
カノコガ　821
カノコガ科　1171
カノコサビカミキリ　1013
カノミドリシジミ　590
カバイクビチョッキリ　811
カバイロイチモンジ　1160
カバイロキバガ　167

カバイロコブガ　956
カバイロコメツキ　1192
カバイロシロチョウ　1115
カバイロツトガ　1167
カバイロヒョウホンムシ　1039
カバイロビロウドコガネ　166
カバイロフタオチョウ　175
カバイロホソキクイムシ　1249
カバイロホソチョウ　780
カバウスブチアブラムシ　286
カバエダシャク　760
カバエ科　1224
カバオオフサキバガ　581
カバカギバヒメハマキ　312
カバキジラミ　96
カバキリガ　581
カバシタアゲハ　1098
カバシタゴマダラ　226
カバシタフタオチョウ　418
カバシャク　787
カバタテハ　26
カバタテハモドキ　1023
カバタテハ属　199
カハニコナカイガラムシ　227
カバノキハムシ　4
カバハマキヒラタアブラムシ　581
カバヒラタアブラムシ　92
カバフキシタバ　112
カバブチアブラムシ　265
カバヘリヒメフタオチョウ　1003
カバマダラ　8
カバマダラ属　1115
ガバルニーベニヒカゲ　450
カバワタフキアブラムシ　96
カビアハジラミ　516
カビアマルハジラミ　795
カブトムシ　577
カブトムシ亜科　536
カブトムシ亜目　859
カブラカイガラムシ　767
カブラハバチ　179
カブラヤガ　308
カボチャミバエ　876
カマアシムシ目　873
カマキリモドキ科　402
カマキリ科　681
カマキリ目　681
カマクラカキカイガラムシ　590
ガマズミワタカイガラモドキ　1160
カマドウマ科　186
ガマトガリホソガ　981
カマドコオロギ　564
カマバチ科　838
カミキリムシ科　657
カミキリモドキ科　400
カムサベニシキシジミ　495
ガムシ　614
ガムシ科　1173
カムチャホソゾウムシ　1077
カメノコハムシ　89
カメノコハムシ亜科　1122
カメノコロウカタカイガラムシ　1103
カメノコロウムシ　581
カメハメハアカタテハ　590
カメムシ科　1062
カメムシ目　852
カモシカタテハモドキ　324
カモハジラミ　611
カヤノコナカイガラムシ　714
カライスツマアカシロチョウ　1009
カラカネトンボ　351
カラスアゲハ　220
カラスシジミ　1201
カラスヨトウ　113
カラスヨトウ亜科　45
カラフトギス　1171
カラフトゴマケンモン　943
カラフトシロスジヨトウ　954
カラフトスカシバ　890
カラフトセセリ　393
カラフトタカネキマダラセセリ　754
カラフトタカネヒカゲ　65
カラフトヒゲナガカミキリ　943
カラフトヒョウモンモドキ　49
カラフトモモブトハバチ　97
カラフトヤブカ　423

カラフトヨツスジハナカミキリ　432
カラフトルリシジミ　293, 1251
ガラマスアゲハ　673
カラマツアカハバチ　607
カラマツアカハラハバチ　607
カラマツイトヒキハマキ　607
カラマツエダモグリガ　607
カラマツオオアブラムシ　606
カラマツカミキリ　577
カラマツキクイムシ　623
カラマツキハラハバチ　607
カラマツコキクイムシ　606
カラマツコハバチ　607
カラマツスジハモグリバエ　250
カラマツタネバエ　606
カラマツツツミノガ　606
カラマツノミカタビロコバチ　607
カラマツヒメハマキ　606
カラマツヒラタハバチ　404, 578
カラマツベニヒカゲ　607
カラマツマダラメイガ　607
カラマツミキモグリガ　790
カラマツメタマバエ　606
カラマツモンオナガコバチ　607
カラマツヤツバキクイムシ　606
ガランピマダラ　265
ガリエナスアゲハ　738
カリッペギンボシヒョウモン　186
カリフォルニアイチモンジ　185
カリフォルニアイヌモンキチョウ　183
カリフォルニアカラスシジミ　184
カリフォルニアシジミタテハ　719
カリフォルニアシロチョウ　1052
カリフォルニアヒオドシ　185
カリフォルニアヒメヒカゲ　184
カリフォルニアヒョウモンモドキ　208
カリプソシロチョウ　186
カリブタテハモドキ　103, 1181
カリブミバエ　193
蛾類　722
ガルフオオシロチョウ　492
カルミモンシロチョウ　737
カレハガ　791
カレハガ科　1102
カレンコウシジミ　1064
ガロアムシ科　924
ガロアムシ目　924
カロプスルリアゲハ　1093
カワカミシロチョウ　252
カワゲラ　479
カワゲラ科　273
カワゲラ目　1063
カワトビケラ科　414
カワトンボ科　154
カワノキクムイシ亜科　296
カワムグリカイガラムシ　711
カワラゴミムシ科　933
カワラヤナギハバチ　1217
カワリコブアブラムシ　616
カンキツカタカイガラムシ　227
カンキツヒメガガンボ　228
カンキツヒメヨコバイ　229
カンシャクアカセセリ　411
カンシャコバネナガカメムシ　790
カンショオサゾウムシ　1079
カンショコナジラミ　1079
カンショシンクイハマキ　1079
カンスゲワタムシ　632
完全変態類　544
カンゾウコブアブラムシ　533
カンタン　1125
カンタン科　1212
カンバチュウレンジ　92
カンバハモグリバエ　92
カンバマエジロツツミノガ　596
幹母　1060
環縫群　227
カンボウベニヒカゲ　41
ガンマキンウワバ　987
カ亜科　1131
カ科　721

## き

キアゲハ　276
キアシクビボソハムシ　1239

キアシドクガ 1240
キアシナガバチ 659
キアシノミハムシ 1034
キアシハサミムシ 805
キアシヒゲナガアオハムシ 1239
キアシヒゲナガハバチ 1218
キアシミスジキモグリバエ 1239
キアシルリツツハムシ 1239
キアニスルリツヤタテハ 1213
キアブモドキ科 1230
キアブ科 1230
キイロウラジャノメ 1168
キイロオナガタイマイ 783
キイロキリガ 845
キイロクシケアリ 893
キイロクビナガハムシ 1240
キイロクモマツマキチョウ 368
キイロクワハムシ 1241
キイロケアリ 1240
キイロケブカミバエ 1237
キイロコキクイムシ 838
キイロショウジョウバエ 859
キイロシリアゲアリ 1248
キイロスズメ 1237
キイロスズメバチ 581
キイロタテハ 912
キイロテントウダマシ 1236
キイロトガリバシロチョウ 984
キイロトラカミキリ 1246
キイロハゲタカアゲハ 870
キイロハナアザミウマ 546
キイロヒメヨコバイ 1242
キイロフタモンアシナガバチ 579
キイロヘリグロシロチョウ 1234
キイロホシミバエ 173
キイロマイコガ 35
キイロワタフキカイガラムシ 1235
キエグリシャチホコ 1218
キオビアオジャコウアゲハ 859
キオビアオバセセリ 242
キオビイチモンジ 384
キオビイナズマ 437
キオビエダシャク 1232
キオビクロスズメバチ 275
キオビコノハ 56, 666
キオビシジミタテハ 562
キオビセセリモドキ 1100
キオビタテハ 961
キオビチビベニヒカゲ 1233
キオビナミシャク 1012
キオビハガタナミシャク 1053
キオビフタオチョウ 1164
キオビホオナガスズメバチ 697
キオビムカシヒカゲ 1241
キガシラヒシウンカ 1238
キガシラヒラタマルハキバガ 25
キカワムシ科 882
キキョウトリバ 350
キクイオオハナノミ 1115
キクイゾウムシ亜科 75
キクイムシ科 75
キクキンウワバ 224
キクギンウワバ 224
キクグンバイ 224
キクスイカミキリ 224
キクセダカモクメ 224
キクツツミノガ 223
キクハモグリバエ 224
キクヒメタマバエ 575
キクヒメヒゲナガアブラムシ 223
キクメダカアブラムシ 802
キゴマダラ 365
キゴマダラヒトリ 786
キゴマダラ属 291
キササゲノメイガ 92
ギシギシアブラムシ 342
ギシギシオマルアブラムシ 937
ギシギシヨトウ 937
キシタアゲハ 469
キシタアゲハ属 98
キシタアシブトクチバ 405
キシタアツバ 1238
キシタウスキシロチョウ 783
キシタエダシャク 1238
キシタゴマダラヒトリ 3
キシタシベリアベニヒカゲ 1052

キシタシロチョウ　782
キシタバ　1238
キシタヒメハマキ　753
キシタホソチョウ　1247
キシタホソバ　338, 1238
キシタマエオビボカシセセリ　72
キシマキクイムシ　951
キジマドクチョウ　1253
キシャチホコ　1249
キジラミ科　586
キスイムシ科　983
キスイモドキ科　442
キスジウシバエ　201
キスジウスキヨトウ　1178
キスジカンムリヨコバイ　547
キスジコガネ　1245
キスジトラカミキリ　831
キスジノミハムシ　1071
キスジノメイガ　1070
キスジハイイロナミシャク　1176
キスジホソヘリカメムシ　81
キスジホソマダラ　1246
キスジラクダムシ科　1018
キソキクイムシ　596
キタウンカ　1192
キタエグリバ　440
キタキチョウ　485
キタコウモリ　683
キタコヒョウモンモドキ　530
キタゴマシジミ　12
キタショウブヨトウ　946
キタテハ　49
キタテハ属　26
キタバコガ　142
キタヒメヒョウモン　726
キタマダラエダシャク　237
キタマツカサアブラムシ　296
キタムギハモグリバエ　753
キタルリモンエダシャク　921
キチョウ　485
キチョウ属　485
キトガリヒメシャク　507
キドクガ　1247
キトビエダシャク　888
キナコネアブラムシ　822
キナミシロヒメシャク　1243
キヌツヤベニヒカゲ　984
キヌバカゲロウ科　983
キヌバコガ科　426
キノカワガ　76
キノコガガンボ　838
キノコバエモドキ科　798
キノコバエ科　733
キバガ科　1140
キハダカノコ　1099
キハダケンモン　1248
キバチ科　550
キバチ上科　1225
キバライトトンボ　54
キバラケンモン　1233
キハラゴマダラヒトリ　1199
キバラハキリバチ　1234
キバラヒトリ　1234
キバラヒメアオシャク　260
キバラヒメハムシ　1234
キバラモクメキリガ　895
キバラルリクビボソハムシ　1233
キヒメシャク　1026
キフクロカイガラムシ　576
ギフチョウ　618
キプリアクジャクシジミ　704
キプリスモルフォ　311
キベリアゲハ　267
キベリクキバチ　581
キベリタテハ　186
キベリヘリカメムシ　1248
キベレギンボシヒョウモン　492
キボシアゲハ　639
キボシアブ　996
キボシカバタテハ　1113
キボシカミキリ　1244
キボシゾウムシ亜科　279
キボシツツハムシ　1012
キボシトンボマダラ　1113
キボシホソヘリカメムシ　81
キボシマルトビムシ　448

キボシルリハムシ　1240
キマエアオシャク　1235
キマエイチモンジ　702
キマエコノハ　440
キマエラトリバネアゲハ　218
キマダラエダシャク　237
キマダラエノキタテハ　1098
キマダラカミキリ　1235
キマダラカメムシ　1240
キマダラコウモリ　481
キマダラコバネシロチョウ　1114
キマダラコヤガ　1244
キマダラジャノメ　1038
キマダラセセリ　1010
キマダラタカネジャノメ　488
キマダラナミシャク　216
キマダラマルバネアゲハ　676
キマルカイガラムシ　1243
キマルトビムシ　664
キミスジ　265
キミスジ属　583
キミドリタイマイ　670
キミドリマダラタイマイ　504
キミャクヨトウ　1247
キムジノメイガ　66
キモグリバエ科　438
キモンアオバセセリ　777
キモンクロササベリガ　1244
キモンハイイロナミシャク　124
キヤムラシジミ　308
キャリグラファ甲虫　185
球角群　232
キュウケンタリイアサギマダラ　599
キュウリュウチュウ　353
ギョウギシバクキイエバエ　92
キョウチクトウアブラムシ　775
キョウチクトウスズメ　775
キョクシキクイムシ　307
キララシジミ　130
キララシジミ属　450
キララタカネシジミ　666
キリウジガガンボ　916
キリギリス　577
キリギリス亜科　297
キリギリス亜目　175
キリギリス科　657
キリギリス上科　657
キリシマミドリシジミ　1223
キリバエダシャク　619
キルバリミドリシジミ　596
キンイロエグリバ　440
ギンイロヒメヨコバイ　986
キンイロマドタテハ　470
キンイロヤブカ　566, 1160
キンオビキコモンセセリ　323
キンオビセセリ　469
キンオビナミシャク　154
キンカメムシ科　974
キンケクチブトゾウムシ　121
ギンシャチホコ　986
キンスジアツバ　944
ギンスジエダシャク　1213
キンスジコウモリ　468
ギンスジミカドアゲハ　1157
ギンネムキジラミ　641
キンバエ　496
キンヘリタマムシ　1240
ギンボシスズメ　985
ギンボシツツトビケラ　916
ギンボシハマキモドキ　173
ギンボシヒョウモン　319
ギンボシヒョウモン属　438
キンホソイシアブ　460
キンマダラスイコバネ　467
ギンマダラメイガ　821
キンミスジ　265
キンミスジ属　5
ギンモンクサモグリガ　462
ギンモンシマメイガ　1100
ギンモンシャチホコ　986
キンモンホソガ　36
ギンヤンマ　637

## く

クイーンスランドミバエ　883

クイーンマダラ　883
クーニイカザリシロチョウ　599
クギヌキハサミムシ　964
クギヌキハサミムシ科　259
クキバチ科　1060
クキバチ上科　1060
クサオビリンガ　1045
クサカゲロウ　602
クサカゲロウ科　500
クサキイロアザミウマ　21
クサギウスマルカイガラムシ　10
クサギカメムシ　163
クサキリ　1032
クサシロキヨトウ　662
クサビウンカ　1179
クサヒバリ　483
クサヒバリ科　175
クサビヨコバイ　944
クサマルカイガラムシ　766
クサモグリガ科　484
クシカマアシムシ科　2
クシコメツキ　826
クシヅメクロバチ科　533
クシヒゲカゲロウ科　853
クシヒゲシマメイガ　826
クシヒゲシャチホコ　826, 1250
クシヒゲネジレバネ科　522
クシヒゲハバチ　929
クシヒゲムシ科　203
クシフタフシアリ類　2
クジャクアゲハ　268
クジャクシジミ　561, 637
クジャクセセリ属　59
クジャクチョウ　820
クジャクニシキシジミ　820
クスアオシャク　188
クスアナアキゾウムシ　188
クスアブラムシ　187
クスクダアザミウマ　188
クスグンバイ　188
クスサジヨコバイ　188
クスサン　457
クストガリキジラミ　188
クストゲコナジラミ　188
クスノキアゲハ　1039
クスノキオオキクイムシ　187
クスノキクイムシ　188
クスノハムグリガ　188
クスベニカミキリ　188
クセルスシジミ　1230
クダアザミウマ科　1133
クダトビケラ科　1132
クダマキモドキ　574
クチカクシゾウムシ亜科　539
クチキカ科　59
クチキバエ科　241
クチキムシダマシ亜科　404
クチキムシダマシ科　404
クチキムシ科　251
クチバスズメ　395
クチブトコメツキ　152
クチブトゾウムシ亜科　961
クツワムシ　455
クヌギイガタマバチ　884
クヌギエダアブラムシ　215
クヌギカメムシ　884
クヌギカレハ　884
クヌギキハモグリガ　215
クヌギキンモンホソガ　750
クヌギシギゾウムシ　763
クヌギチビガモドキ　215
クヌギノキクイムシ　215
クヌギヒメコブタマバエ　884
クビアカトラカミキリ　903
クビナガカメムシ科　465
クビナガキバチ　13
クビナガキバチ科　1225
クビナガツチハンミョウ　378
クビナガムシ科　402
クビボソハムシ亜科　50
クビボソムシ亜科　400
クビレヒメマキムシ　852
クビワシャチホコ　921
クビワチョウ　436
クマシデアブラムシ　196
クマスズムシ科　1062

クマバチ　122
クマバチ属　196
クマモトキクイムシ　599
クマモベニヒカゲ　45
グミオオウスツマキヒメハマキ　752
グミキジラミ　984
グミシロカイガラムシ　403
クモガタキリガ　751
クモガタジャノメ　1072
クモガタシロチョウ　851
クモバエ科　79
クモヘリカメムシ　916
クモマエゾトンボ　17
クモマツマキチョウ　786
クラウデイアミイロタテハ　465
グラジオラスアザミウマ　460
クラズミウマ　506
グラナリアコクゾウムシ　478
クラメルルリマダラ　1045
クラルシジミ　565
クリイロカラスシジミ　468
クリイロクチブトゾウムシ　50
クリオオアブラムシ　610
クリオバネアザミウマ　71
クリシロカイガラムシ　308
クリステイベニヒカゲ　892
クリステーメモンキチョウ　636
クリストフコトラカミキリ　766
クリタマバチ　215
クリタマムシ　216
クリテイアアイイロタテハ　948
クリトガリキジラミ　884
クリハマダラガガンボ　730
クリヒゲマダラアブラムシ　214
クリミガ　760
クリミドリシンクイガ　507
クリメナウラスジタテハ　373
クリヤケシキスイ　352
クルギイルリマダラ　128
クルマアツバ　232
クルマスズメ　480
クルマバッタ　689
クルマバッタモドキ　402
クルミグンバイ　1169
クルミノコキクイムシ　1168
クルミハムシ　1169
クルミヒロズヨコバイ　1169
クレオドラシロチョウ　1161
クレオナアサギマダラ　369
クレオパトラヤマキチョウ　234
クロアゲハ　1036
クロアナバチ　106
クロイチモジヒカゲ　1125
クロイトカイガラムシ　118, 845
クロイネゾウモドキ　114
クロウスタビガ　320
クロウスバハムシ　104
クロウラホシシジミ　52
クロウリハムシ　105
クロエグリシャチホコ　578
クロオウトウミバエ　104
クロオオアリ　104
クローバータネコバチ　239
クローバヒメハマキ　407
クロオビオオゴマダラ　649
クロオビカイガラキジラミ　1072
クロオビクロノメイガ　485
クロオビシロナミシャク　102
クロカキカイガラムシ　320
クロカクモンハマキ　731
クロカザリタテハ　584
クロカタカイガラムシ　749
クロカタマルカイガラムシ　187
クロカミキリ　114
クロカワゲラ科　1017
クロキアゲハ　118
クロギシギシヤガ　937
クロキシタアツバ　138
クロキボシゾウムシ　1244
クロキンバエ　102
クロクサアリ　410
クロクシコメツキ　153
クロクモヤガ　770
クロケアモンキチョウ　238
クロケシツブチョッキリ　1065
クロゲハナアザミウマ　225

クロゲンゴロウ　106
クロコガネ　104
クロゴキブリ　1016
クロコノマチョウ　318
クロコノマチョウ属　167
クロコバエ科　572
クロコブゾウムシ　109
クロシタアオイラガ　219
クロシタシャチホコ　319
クロスキバホウジャク　545
クロスジアオシャク　111
クロスジアオナミシャク　1151
クロスジアツバ　1003
クロスジアワフキ　117, 481
クロスジカギバ　1160
クロスジカメノコハムシ　1073
クロスジキノカワガ　117
クロスジキンノメイガ　662
クロスジコバネアブラムシ　67
クロスジコブガ　118
クロスジシャチホコ　118
クロスジシロコブガ　521
クロスジツマグロヨコバイ　503
クロスジヒトリ　117
クロスジヒメアツバ　845
クロスジホソアワフキ　117
クロスズメ　109, 840
クロスズメバチ　123
クロセセリ　913
クロセセリ属　330
クロタテハモドキ　222
クロタマゾウムシ　817
クロタマムシ　112
クロチビキバガ　595
クロツマキシャチホコ　1015
クロツヤキクイムシ　114
クロツヤクシコメツキ　163
クロツヤバエ科　655
クロツヤムシ科　826
クロテンシロチョウ　874
クロテンシロチョウ属　874
クロテンスカシシジミ　612
クロテンチビウラナミシジミ　892
クロテンフユシャク　35, 819
クロトゲアリ　1178
クロトゲマダラアブラムシ　40
クロトビカスミカメムシ　790
クロトラカミキリ　598
クロトンアザミウマ　507
クロトンカキカイガラムシ　299
クロナガアリ　525
クロナガタマムシ　420
クロニタイケアブラムシ　109, 578
クロネハイイロヒメハマキ　109
クロノミゾウ　1215
クロバエ科　126
クロハサミムシ科　651
クロバチ上科　857
クロハナコヤガ　1090
クロハナムグリ　108
クロバネキノコバエ科　323
クロハバチ　436
クロヒカゲ属　167
クロヒシウンカ　114
クロヒバリモドキ　1015
クロヒメハナノミ　534
クロヒメマキムシ　1055
クロヒョウモンモドキ　384
クロヒラタヒシウンカ　108
クロヒラタヨコバイ　108
クロフアワフキ　108
クロフオオシロエダシャク　228
クロフカバシャク　644
クロフチャタテ科　663
クロフツノウンカ　1078
クロフハネナガウンカ　112
クロフヒメエダシャク　112
クロベニシジミ　1025
クロヘリジャコウアゲハ　827
クロホウジャク　107
クロホシウスバアゲハ　236
クロボシセセリ　564
クロボシタマムシ　106
クロボシツツハムシ　116
クロホシヒメシジミ　116
クロホシホソチョウ　461

クロホシマルカイガラムシ　46
クロボシルリシジミ属　1134
クロマダラシンムシガ　107
クロマダラソテツシジミ　851
クロミスミツボシタテハ　223
クロミャクノメイガ　335
クロミヤマセセリ　6
クロムスビロウドセセリ　253
クロムラサキマダラ　1070
クロメンガタスズメ　327
クロモンキノメイガ　204
クロモンシロハマキ　197
クロモンドクガ　112
クロモンハムシ　1102
クロモンミヤマナミシャク　448
クロヤマアリ　100
クロリンゴキジラミ　101
クロルリトゲハムシ　592, 917
クワアザミウマ　731
クワイホソハマキ　219
クワエダシャク　730, 731
クワカキカイガラムシ　731
クワガタムシ科　1057
クワカミキリ　730
クワキジラミ　731
クワキヨコバイ　1241
クワクロタマバエ　730
クワコ　1215
クワコナカイガラムシ　277
クワゴマダラヒトリ　731
クワゴモドキシャチホコ　404
クワゴヤドリバエ　733
クワサビカミキリ　730
クワシロカイガラムシ　1204
クワシントメタマバエ　731
クワゾウムシ　731
クワトゲエダシャク　731
クワナカタカイガラムシ　600
クワナガタマムシ　420
クワナケクダアブラムシ　455
クワナタマカイガラムシ　600
クワノキクイムシ　730
クワノコキクイムシ　730
クワノミハムシ　730
クワノメイガ　731
クワハマキ　731
クワハマダラタマバエ　730
クワハムシ　731
クワハモグリバエ　731
クワヒメゾウムシ　731
クワヒョウタンゾウムシ　1071
クワヤマアブラムシ　600
クワヤマトラカミキリ　511
クワヤマハネナガウンカ　600
クワワタカイガラムシ　290
グンタイアリ亜科　45
グンバイウンカ科　1131
グンバイムシ科　601

## け

ケアカカツオブシムシ　910
ケアシハナバチ科　700
ケアブラムシ亜科　208
頸吻群　436
ケオプスネズミノミ　791
ケカゲロウ科　81
ケシキスイ科　949
ケシミズカメムシ科　1158
ケジラミ　292
ケジラミ科　875
ケズネアカヤマアリ　893
ケチビコフキゾウムシ　240
ケチャタテムシ科　1063
ケチャタテ科　653
ケトビケラ科　176
ケナガウシジラミ　999
ケナガノミ科　194
ケナシクロオビクロノメイガ　1130
ケバエ科　687
ケブカアカチャコガネ　1200
ケブカイチモンジアゲハ　276
ケブカスズメバチ　1238
ケブカチャタテ科　521
ケブカトラカミキリ　856
ケブカノミ科　925

ケブカノメイガ　178
ケブカヒメカタゾウムシ　521
ケブカマルキクイムシ　875
ケブカマルクビカミキリ　520
ケブトヒラタキクイムシ　521
ケマダラカミキリ　1237
ケモノジラミ科　1228
ケモノタンカクハジラミ科　691
ケモノハジラミ科　678
ケモノホソジラミ科　1017
ケヤキナガタマムシ　420
ケヤキナメクジハバチ　1253
ケヤキフクロカイガラムシ　1253
ケヤキブチアブラムシ　574
ケヨソイカ科　833
ケラ　716
ケラトリバチ亜科　948
ケラ科　716
ケリメネツマアカシロチョウ　672
ケルクスミドリシジミ　878
顕角群亜目　657
原蚊類　871
ゲンゴロウモドキ　401
ゲンゴロウ科　341
ゲンジボタル　450
ケンモンヤガ亜科　312

## こ

コアオハナムグリ　228
コアシナガバチ　1240
コアミメチャハマキ　974
コイガ　198, 236
ゴイシシジミ　429
ゴイシツバメシジミ　718
コイズミヨトウ　152
コイチャコガネ　159
コイナゴ　917
コウザンゴマシジミ　609
ゴウシュウトビバッタ　1170
ゴウシュウトンボマダラ　182
ゴウシュウヒメアカタテハ　57
コウシュンツノアブラムシ　65
コウスアオシャク　1202
コウスバカゲロウ　29
コウゾハマキモドキ　579
コウチュウ目　89
コウトウキシタアゲハ　672
コウノフタオアブラムシ　203
コウモリガ　1089
コウモリガ科　452
コウモリノミ科　79
コウモリバエ科　79
コウモリヤドリカメムシ科　79
コウラナミジャノメ　260
コエゾゼミ　1015
コエビガラスズメ　645
コオイムシ　580, 1172
コオイムシ科　459
コーカサスオオカブトムシ　202
コーカサスベニモンキチョウ　64
コオナガコモンタイマイ　274
コーヒーゴマフボクトウ　896
ゴールパラヤマヒカゲ　613
コオロギ科　297
コオロギ上科　514
古カイガラムシ群　871
コカクムネヒラタムシ　1014
コカゲロウ科　1006
コガシラアブ科　1005
コガシラアワフキ　1005
コガシラアワフキ科　1043
コガシラウンカ科　3
コガシラスナゴミムシダマシ　1118
コガシラミズムシ科　294
コガタウミアメンボ　798
コガタキシタバ　1012
コガタクシコメツキ　1003
コガタスズメバチ　1012
コガタゾウムシ亜科　632
コガタノゲンゴロウ　1013
コガタルリハムシ　937
コガネコバチ科　583
コガネコメツキ　304
コガネムシ　207, 880, 956
コガネムシ科　207

コカミナリハムシ　1013
コガムシ　1005
コキオビヘリホシヒメハマキ　850
コキタスコイナズマ　624
コキノコムシ科　520
ゴキブリ亜目　244
ゴキブリ科　244
ゴキブリ目　244
コキマダラセセリ　617
コクガ　390
コクゾウムシ　675
コクヌスト　181
コクヌストモドキ　898
コクヌスト科　465
コクマルハキバガ　478
ゴクラクトリバネアゲハ　813
コクレスイシガケチョウ　686
コクロクシコメツキ　738
コクワヒメハマキ　1014
コケエダシャク　346
コケガ亜科　428
コケクダアブラムシ　815
コゲチャカギバヒメハマキ　321
コゲチャヒメヒカゲ　17
コケムシナズマ　508
コケムシ科　29
コケモモツツミノガ　888
コケモモヒョウモン　293
ココクゾウムシ　920
ココメゴミムシダマシ　620
ココモクムシ　280
コシアキハバチ　459
コシブトハナバチ科　660
コシボソアナバチ科　32
コシボソガガンボ科　833
コジマキクイムシ　598
コジャノメ　646
コジャノメ属　175
コシロウラナミシジミ　257
コシロシタバ　1203
コシロモンドクガ　1011
コスカシバ　214
コスジオビハマキ　684
コスズメ　1005
コスモスアザミウマ　277
コチニールカイガラムシ　243
コチニールカイガラムシ科　243
コチャイロヨコバイ　1014
コチャタテ　141
コチャタテ科　478
コツチバチ科　703, 1116
コツノコクヌストモドキ　996
コツバメ属　375
コツブゲンゴロウ科　174
ゴトウアカメイトトンボ　898
コトドマツヒメハマキ　113
コトラガ　1011
コトラカミキリ　1011
コドルスタイマイ　367
コナガ　335
コナカイガラムシ科　697
コナカゲロウ科　361
コナジラミ科　1199
コナチャタテ　141
コナチャタテムシ　140
コナチャタテ科　140
コナナガシンクイ　637
コナフキエダシャク　78
コナフキトビイロアブラムシ　835
コナムシ　140
コナライクビチョッキリ　1006
コナラシギゾウムシ　215
コナラナメクジハバチ　773
コナラハアブラムシ　1006
コナラフシバチ　1006
コヌマアザミウマ　240
コノハカイガラムシ　58
コノハギス科　456
コノハタテハモドキ　354
コノハチョウ　783
コノハチョウ属　626
コノハムシ科　628
コハチノスツヅリガ　641
コバチ上科　208
コハナバチ科　1086
コバネイナゴ　917

コバネカミキリ　980
コバネガ科　678
コバネササキリ　980
コバネヒメギス　980
コバネヒョウタンナガカメムシ　980
コハモグリガ科　969
コバンゾウムシ亜科　967
コバンマルカイガラムシ　1127
コバンムシ科　296
コヒオドシ　1011
コヒゲジロハサミムシ　921
コヒサゴキンウワバ　829
コヒトツジャノメ　990
コビトヒョウモンモドキ　361
コヒメコクヌストモドキ　331
コヒメシャク　1068
コヒョウモン　638
コヒョウモンモドキ　52
コヒラクチハバチ　528
コブアシハイジマハナアブ　636
コブアシヒメイエバエ　624
コブウンカ　161
コブガ科　751
コフキコガネ　575
コフキコガネ亜科　693
コフキサルハムシ　35
コフキゾウムシ　81
コブコブゾウムシ　381
コフサキバガ　238
コブスジコガネムシ科　540
コフタオビシャチホコ　1011
コブナナフシ科　1061
コブノメイガ　918
コブハサミムシ　642
コブハムシ亜科　1171
コベニシタヒトリ　1009
コベニスジヒメシャク　403
コベニモンウズマキタテハ　557
コベニモンキチョウ　326
ゴボウクギケアブラムシ　46
ゴボウゾウムシ　173
ゴボウトガリヨトウ　173
ゴボウネモグリバエ　173
ゴボウハマキモドキ　173
ゴボウハモグリバエ　173
ゴボウヒゲナガアブラムシ　173
ゴマケンモン　116
コマシジミ　999
ゴマシジミ　958
ゴマシジミ属　609
ゴマダラカミキリ　1208
ゴマダラタイマイ　677
ゴマダラチョウ　990
ゴマダラチョウ属　990
ゴマダラヒゲナガトビケラ　916
ゴマダラホソチョウ　926
ゴマフカミキリ　970
ゴマフシロキバガ　831
ゴマフツトガ　346
ゴマフハトムネヨコバイ　689
ゴマフボクトウ　634, 791
ゴマフリキドクガ　160
ゴマベニシタヒトリ　223
ゴマママダラメイガ　173
コマユバチ科　144
コミカンアブラムシ　104
コミスジ　262
コミスジモドキ　675
コミスジ属　943
コミツバチ　638
コミミズク　1012
ゴミムシ　911
ゴミムシダマシ亜科　1144
ゴミムシダマシ科　324
コミヤマアワフキ　840
コムギクキハナバエ　1192
コムシ目　382
コムラサキ　878
コムラサキ属　380
コメツキダマシ科　401
コメツキムシ科　234
コメツキモドキ科　653
コメノゴミムシダマシ　320
コメノシマメイガ　114
コモンカスリフタオチョウ　1142
コモンタイマイ　1093

コモンマダラ　316
コモンマダラ属　134
ゴヨウマツオオアブラムシ　581
コヨツメヒメシャク　1003
ゴライアスオオツノコガネ　474
ゴライアストリバネアゲハ　474
コリドンヒメシジミ　208
コリヤナギグンバイ　574
ゴルゴンヒョウモンモドキ　476
ゴルゴンベニシジミ　476
コルシカアゲハ　286
コルデリイルリマダラ　283
コルリキバチ　999
コロギス科　202
コロギス上科　514
コロニスギンボシヒョウモン　285
コロラドタカネヒカゲ　1146
コロラドハムシ　249, 1143
コロラドルリアカシジミ　249
コロンナオナガタイマイ　678
コロンブスオナガタイマイ　250
コワモンゴキブリ　55
ゴンズイフクレアブラムシ　563
昆虫類　567
コンドウシロミノガ　1205
コンドウヒゲナガアブラムシ　126
コンフィギユラータルリマダラ　1080
コンボウハバチ科　226
コンボウヤセバチ科　449
コンマカイガラムシ　640

## さ

サイタマシロカイガラムシ　1006
サイトウフタオルリシジミ　789
サイパンタテハモドキ　694
採粉脚類　963
ザイライチモンジ　93
サカキコナジラミ　234
サカキホソカイガラムシ　794
サカキマルカイガラムシ　329
サカダチコノハムシ　1043
サカハチアゲハ　380
サキジロカクイカ　869
サクキクイムシ　33
サクサン　220, 1137
サクセスキクイムシ　953
サクツクリハバチ　863
サクラアカカイガラムシ　212
サクラキバガ　213
サクラケブカハムシ　906
サクラケンモン　212
サクラコガネ　212
サクラコブアブラムシ　212
サクラサルハムシ　1154
サクラスガ　97
サクラセグロハバチ　213
サクラトビハマキ　306
サクラノキクイムシ　212
サクラノホソキクイムシ　213
サクラヒメハバチ　213
サクラヒメハマキ　855
サクラヒラタハバチ　214
サクラホソハバチ　213
ザクロシロトゲコナジラミ　48
ササウオタマバエ　951
ササカワフンバエ　646
ササキカキカイガラムシ　951
ササキコブアブラムシ　951
ササキリ　1073
ササキリ亜科　695
ササシロナガカイガラムシ　67
ササッパヒゲマダラアブラムシ　65
サザナミシロヒメシャク　922
サザナミスズメ　922
サザナミナミシャク　510
サザナミムラサキ　129
ササヒメシロカイガラムシ　66
ササベリガ科　438
ササマルアブラムシ　1028
サシガメ科　52
サジクヌギカメムシ　400
サシバエ　1057
サシバエ科　1057
サシハリアリ　171
サジヨコバイ　1044

サスライアリ亜科　45
サスライアリ属　942
ザダックボカシタテハ　1252
サチスメスジロホソチョウ　222
サチルアメリカシータテハ　952
サッポロウンカ　579
サッポロキクイムシ　950
サッポロトビウンカ　579
サッポロフキバッタ　758
サツマイモトビハムシ　1087
サツマイモトリバ　1088
サツマイモノメイガ　1088
サツマキジラミ　913
サツマグンバイ　620
サツマコフキコガネ　952
サツマゴミムシダマシ　671
サツマシジミ　11
サツマツトガ　952
サツマニシキ　952
サトウキビクキイエバエ　1079
サトウキビコナカイガラムシ　847
サトウキビコナフキツノアブラムシ　1077
サトウキビチビアザミウマ　1079
サトウキビネワタムシ　1078
サトウマダラハネナガウンカ　1078
サトジガバチ　948
サナエトンボ科　240
サバクツマキチョウ　333
サバクトビバッタ　332
サビアヤカミキリ　653
サビイロカスミカメムシ　1096
サビイロカラスシジミ　532
サビカクムネヒラタムシ　939
サビカミキリ　405
サビキコリ　159
サビクチブトゾウムシ　939
サビタトックリアブラムシ　557
サビヒョウタンゾウムシ　939
サビモンキシタアゲハ　922
サファイアウラフチベニシジミ　61
サボテンシロカイガラムシ　181
サボテンネコナカイガラムシ　181
サボテンフクロカイガラムシ　181
サムライアリ　995
サムライマメゾウムシ　1142
サメハダハマキチョッキリ　937
サラアカガネタテハ　950
サラサカタカイガラムシ　182
サラサヒトリ　404
サラツマキチョウ　950
サリキチョウ　221
サルジラミ　669
サルスベリヒゲマダラアブラムシ　294
サルゾウムシ亜科　714
サルトリイバラノカイガラムシ　1015
サルトリトックリアブラムシ　1015
サルハムシ亜科　795
ザルモクシスオオアゲハ　453
サワグルミミツアブラムシ　580
サワシバノキクイムシ　196
サワシバヒゲマダラアブラムシ　414
サワダブチアブラムシ　953
サワラハバチ　310
サンカメイガ　1242
サンゴアメンボ科　283
サンゴカメムシ科　567
サンゴジュハムシ　1160
サンザシハマキワタムシ　294
サンショウコツバメ　870
産性型　518
産性虫　518, 971
サンダカキンミスジ　396
サンホセカイガラムシ　947

## し

シイオナガクダアザミウマ　199
シイタケオオヒロズコガ　975
シイタケガガンボ　975
シイタケトンボキノコバエ　975
シータテハ　251
シイニセケクダアブラムシ　996
シイノキクイムシ　199
シイノコキクイムシ　199
シイノホソキクイムシ　33
シーベリスシャチホコ　581

シイマルカイガラムシ　395
シイマルクダアザミウマ　199
シオヤトンボ　580
糸角亜目　1108
ジガバチ　225
シギアブ科　1019, 1159
シギゾウムシ亜科　3
シクラメンコブアブラムシ　723
シジミタテハ　1094
シジミタテハ科　703
シジミチョウ科　282
ジシャクシロアリ　672
シソヒゲナガアブラムシ　830
シダエダシャク　165
シタキドクガ　1238
シタバガ亜科　1147
シタバチ亜科　788
シダフクレアブラムシ　408
シタベニイナズマ　1080
シダヨコバイ　408
シデザクラハバチ　19
シデノマルキクイムシ　197
シデムシ　486
シデムシ科　175
シナオオミスジ　1251
シナクダアザミウマ　220
シナクロホシカイガラムシ　220
シナコイチャコガネ　220
シナシロオビヒカゲ　73
シナタケアブラムシ　219
シナトビスジエダシャク　1055
シナノキクイムシ　578
シナノキハトムネヨコバイ　578
シナノキハネマダラアブラムシ　578
シナノコナジラミ　732
シナノシラホシヒゲナガコバネカミキリ　1054
シナノシロホシマルハキバガ　804
シナハマダラカ　675
シナミヤマシロチョウ　1251
シバオサゾウムシ　556
シバスズ　708
シバツトガ　130
シバミノガ　625
シバヤナギコブハバチ　1217
シバンムシ科　327, 867
シブイロカヤキリモドキ　552
シベチャケンモン　862
シベチャツマジロヒメハマキ　266
シベリアキイロアブ　214
シベリアキタテハ　319
シベリアヒメシジミ　401
シボリアゲハ　93
シマアザミウマ　1073
シマアザミウマ科　73
シマウンカ　1069
シマカラスヨトウ　282
シマケンモン　1071
シマトウヒハバチ　393
シマトビケラ科　745
シマバエ科　624
シマヒラタハバチ　1016
シミ科　988
シミ目　988
ジモグリコナカイガラムシ　230
シモフリコメツキ　438
シモフリスズメ　439
シモフリツツミノガ　517
シモフリツヅリガ　863
シモフリトゲエダシャク　441
シャープゲンゴロウモドキ　972
ジャガイモガ　866
ジャガイモクロバネキノコバエ　866
ジャガイモヒゲナガアブラムシ　865
ジャガイモヒメヨコバイ　865
ジャガイモモグリハナバエ　865
ジャカマミドリシジミ　573
シャクガ科　451
シャクナゲミドリシジミ　406
ジャコウアゲハ　221
ジャコウカミキリ　734
シャシャンボコノハカイガラムシ　1151
シャチホコガ　654
シャチホコガ科　872
ジャノメタテハモドキ　633
ジャノメチョウ　354
ジャノメチョウ亜科　952

ジャマイカタテハモドキ　103
ジャワシロチョウ　191
ジャワマルカイガラムシ　810, 1130
ジュウイチホシウリハムシ　1138
シュウカクシロアリ科　931
ジュウサンホシテントウ　1106
ジュウタンガ　196
ジュズヒゲムシ科　25
ジュズヒゲムシ目　25
シュロマルカイガラムシ　308
ジュンサイハムシ　1012
小雄型　707
ジョウカイボン　631
ジョウカイボン科　1023
ジョウカイモドキ亜科　1022
ジョウカイモドキ科　675, 1022
ショウガクロバネキノコバエ　460
小蛾類　707
ショウグンキクイムシ　977
ジョウザンコキクイムシ　943
ジョウザンシジミ　211
ショウジョウトンボ　961
ショウジョウバエ科　1162
小職蟻型　707
ショウブアブラムシ　404
ショウブオオヨトウ　297
小雌型　707
ショウリョウバッタ　791
ショウリョウバッタモドキ　1014, 1141
ジョオウマダラ　883
職蟻　1228
食肉亜目　194
職兵蟻型　333
ジョホンベニモンアゲハ　207
ジョルダンアゲハ　585
シラオビキクイムシ　1193
シラオビキリガ　1194
シラカシノキクイムシ　762
シラカシムネアブラムシ　396
シラカバノキクイムシ　312
シラカバノクロボシハムグリハバチ　96
シラクモゴボウゾウムシ　1200
シラナミアツバ　709
シラフクチバ　440
シラフヨツボシヒゲナガカミキリ　433
シラベザイノキクイムシ　1070
シラホシオオスカシマダラ　1252
シラホシカミキリ　1208
シラホシカメムシ　1207
シラホシコヤガ　1198
シラホシスカシヨコバイ　807
シラホシトリバ　1165
シラホシハナムグリ　1208
シラホシヒゲナガコバネカミキリ　1054
シラホシヨトウ　1197
シラミ　294, 663, 826
シラミバエ科　663
シラミ目　1075
シララカハナカミキリ　1109
シリアアゲハ　400
シリアカニクバエ　389
シリアゲコバチ科　642
シリアゲムシ科　963
シリアゲムシ目　963
シリブトガガンボ亜科　309
シリブトチョッキリ　153
シリボソクロバチ科　872, 970
シリボソハネカクシ亜科　292
シルバーリーフコナジラミ　986
シルバンカラスシジミ　1091
シルビアシジミ　262, 638
シルビアシジミ属　638
シロアヤヒメノメイガ　641
シロアリモドキ　788
シロアリモドキヤドリバチ科　962
シロアリモドキ目　1178
シロアリ科　1023
シロアリ目　1103
シロイチモジヨトウ　88
シロイチモンジマダラメイガ　647
シロウラナミシジミ　703
シロオオメイガ　1122
シロオオヨコバイ　918
シロオビアオシャク　1194
シロオビアオバセセリ　1142
シロオビアゲハ　267

シロオビアメリカコムラサキ　624
シロオビアワフキ　273
シロオビイシガケチョウ　203
シロオビイチモンジジャノメ　749
シロオビウンカ　114
シロオビオウトウミバエ　212
シロオビオナガシジミタテハ　1093
シロオビカミキリ　1194
シロオビクルマコヤガ　775
シロオビクロヒカゲ　1064
シロオビタマゾウムシ　479
シロオビツツハナバチ　111
シロオビドクガ　1195
シロオビナガボソタマムシ　935
シロオビノメイガ　89
シロオビヒカゲ　67, 275
シロオビヒメエダシャク　237
シロオビヒメヒカゲ　958
シロオビヒョットコシジミタテハ　1064
シロオビフタオチョウ　1195
シロオビフユシャク　821
シロオビムラサキタテハ　1083
シロオビヨトウ　1155
シロオビルリマダラ　676
シロオビワモンチョウ　1133
シロクビキリガ　1204
シロケンモン　709, 1197
シロコブゾウムシ　511
シロコムラサキ　564
シロコモンベニヒカゲ　1207
シロシタカバマダラ　274
シロシタケンモン　1201
シロシタチャバネセセリ　276
シロシタバ　1201
シロシタヒメナミシャク　969
シロシタホタルガ　1201
シロシタヨトウ　730
シロジマシャチホコ　404, 1210
シロジャノメ　687
シロジュウシホシテントウ　295
シロジュウロクホシテントウ　783
シロズオオヨコバイ　620
シロズキンヨコバイ　1201
シロスジアオヨトウ　169, 779
シロスジカバマルハキバガ　1084
シロスジカミキリ　1210
シロスジキリガ　472
シロスジコガネ　1210
シロスジシマコヤガ　1202
シロスジトモエ　1210
シロスジベニマルハキバガ　288
シロスジマダラメイガ　319
シロスジヨトウ　148
シロズスソモンヒメハマキ　770
シロスソビキアゲハ　1198
シロズヒメムシヒキ　356
シロセスジヨコバイ　1210
シロタイスアゲハ　366
シロチャマダラセセリ　257
シロチョウ科　180
シロツバメエダシャク　1093
シロテンカバナミシャク　1208
シロテンコウモリ　325
シロテントガリバヒメハマキ　761
シロテンハナムグリ　1198
シロトゲエダシャク　1199
シロトビムシ　1207
シロトビムシ科　124
シロナガカイガラムシ　243
シロナガカキカイガラムシ　525
シロナヨトウ　916
シロハラケンモン　984
シロヒメシャク　224
シロヒメシンクイ　608
シロフアオシャク　1204
シロフコヤガ　687
シロフチオナガセセリ　1211
シロフフユエダシャク　1051
シロヘリカメムシ　1203
シロヘリクチブトゾウムシ　1199
シロヘリツチカメムシ　1075
シロヘリナガカメムシ　1067
シロヘリハマキモドキ　735
シロボシタテハ　516
シロホシテントウ　1138
シロホソオビクロナミシャク　1212

シロマダラカバナミシャク　959
シロマダラコヤガ　917
シロマダラタイマイ　1197
シロマルカイガラムシ　775
シロマルバネタテハ　430
シロミスジ　271
シロミズメイガ　916
シロミミハイイコヨトウ　1191
シロミャクイチモンジヨコバイ　1212
シロモンアトグロミスジ　107
シロモンイチモンジ　1195
シロモンウラアオシジミ　145
シロモンオビヨトウ　1198
シロモンキエダシャク　150
シロモンクロノメイガ　1209
シロモンクロフタオチョウ　133
シロモンサザナミムラサキ　119
シロモンシギゾウムシ　984
シロモンジャコウアゲハ　568
シロモンタテハモドキ　163
シロモントンボマダラモドキ　380
シロモンノメイガ　347
シロモンヒメシジミ　655
シロモンヒメハマキ　346
シロモンマダラ　437
シロモンヤガ　1046
シロモンルリツヤタテハ　191
シロモンルリマダラ　673
シロランウスキタテハ　1071
シワクシケアリ　893
ジンガサハムシ　1122
シンクイガ科　442
ジンサンシバンムシ　98
シンジュキノカワガ　1125
シンジュサン　309
シンジュタテハ　429
シンジュタテハ属　722

## す

ズアカシダカスミカメムシ　144
スイカズラハモグリバエ　545
スイカズラモグリガ　545
スイギュウジラミ　170
スイコバネガ科　871
スイスベニヒカゲ　1089
水生カメムシ群　1172
スイセンハナアブ　738
スーラヤマヒカゲ　958
スエヒロキバガ科　385
スカシカギバ　408
スカシチャタテ科　628
スカシノメイガ　874
スカシバガ科　233
スカシヒメヘリカメムシ　556
スカダーモンキチョウ　964
スカラベ　956
スガ科　384
スギカサガ　301
スギカミキリ　301
スギザイノタマバエ　301
スギシロホシカイガラムシ　575
スギタニモンキリガ　187
スギタマバエ　301
スギドクガ　203
スギノアカネトラカミキリ　301
スキバジンガサハムシ　827
スキバドクガ　1124
スキバホウジャク　827
スギハマキ　301
スギヒメコナカイガラムシ　1013
スギマルカイガラムシ　933
スギメムシガ　301
スギモンオナガコバチ　301
スキロンアゲハ　160
ズキンヨコバイ　546
スグリシロエダシャク　1, 673
スグリゾウムシ　476
スグリトックリアブラムシ　305
スグリハバチ　476
ズグロキハムシ　1236
ズグロハキリバチ　109
スゲドクガ　911
スケバハゴロモ　827
スゲハムシ　1154
スコッチベニヒカゲ　963

スジカミナリハムシ　1071
スジキリヨトウ　625
スジグロウスキヨトウ　408
スジグロカバマダラ　274
スジグロコヒョウモン　1139
スジグロシロチョウ　1069
スジグロシロマダラ　274
スジグロツマアカシロチョウ　7
スジグロベニモンシロチョウ　265
スジグロマダラシロチョウ　905
スジコガネ　648
スジコガネ亜科　426
スジコナマダラメイガ　698
スジコヤガ　986
スジブトイシガケチョウ　1064
スジボソヤマキチョウ　635
スジマダラメイガ　16
スジマネシヒカゲ　1114
スジミドリカメノコハムシ　89
スジモンカバノメイガ　784
スジモンヒトリ　969
ススキナガカキカイガラムシ　714
スズキヒメヨコバイ　1084
スズキミスジ　1081
ススグロベニヒカゲ　1025
スズメガ科　527
スズメノヤリハモグリバエ　692
スズメバチ科　550
スズメバチ上科　1171
スソビキアゲハ　498
スソビキアゲハ属　351
スダレゴマダラ　1168
ステイックスベニヒカゲ　1074
ズデーテンベニヒカゲ　1076
ステップベニヒカゲ　1225
ステニオベニヒカゲ　401
スナアカネ　909
スナシロアリ亜科　948
スナノミ　218
スナノミ科　218
スナムグリヒョウタンゾウムシ　477
スペインヒメヒカゲ　1036
スペインヒョウモン　883
スペインベニヒカゲ　1036
スミナガシ　280
ズミメムシガ　467
スミレシロヒメシャク　1163
スミレチビヒョウモン　1163
スモモエダシャク　786
スモモキリガ　1140
スモモゾウムシ　854
スルスミムラサキ　619
スレワッタンアサギマダラ　140
スワコワタカイガラモドキ　1084

## せ

セアカキンウワバ　893
セアカツノカメムシ　893
セアカヒメオトシブミ　910
セイカイウスベニモンキチョウ　395
セイジコシジミ　507
セイブオウトウミバエ　1183
セイボウ科　303
セイボウ上科　225
セイヨウシジミタテハ　354
セイヨウシミ　988
セイヨウシロジャノメ　687
セイヨウヒメシロチョウ　1225
セイヨウミツバチ　545, 595
セイリョウリキクイムシ　967
セイロンウラナミジャノメ　1199
セウスモンヒメハマキ　1022
ゼーテースホソチョウ　618
セグロアオズキンヨコバイ　101
セグロアオハバチ　101
セグロアシナガバチ　579
セグロカブラハバチ　179
セグロシャチホコ　863
セクロピアサン　202
セグロヒメキジラミ　602
セグロベニモンツノカメムシ　97
セグロヤナギハバチ　1218
セジロウンカ　1193
セスジウンカ　1210
セスジカメノコハムシ　1107

セスジキクイムシ　376
セスジスズメ　1161
セスジツユムシ　62
セスジハネカクシ亜科　1042
セスジマキバサシガメ　798
セスジムシ科　1228
セスジヤブカ　164
セスジヨトウ　995
セセリチョウ科　994
セセリモドキガ科　1100
セダカシャチホコ　540
セダカフサカイガラムシ　65
セダカモクメ　706
セダカモクメ亜科　972
セダカヤセバチ科　54
セナガアナバチ亜科　244
ゼフィルスシータテハ　1254
セボシジョウカイ　116
セボシテントウ　1153
セマガリチャタテ科　202
セマダラコガネムシ　49
セマルヒョウホンムシ　733
セミヤドリガ科　852
セミ科　225
セミ上科　225
セモンカギバヒメハマキ　822
セモンジジンガサハムシ　38
セラムシロモンルリマダラ　969
セリスナヨセアブラムシ　1172
セルビレオナガタイマイ　970
セレベスアゲハ　1080
セレベスオナガタイマイ　717
セレベスコモンマダラ　1080
セレベスベニモンアゲハ　1080
センダツキクイムシ　968
センチコガネ科　356
センチニクバエ　422
センノカミキリ　1146
センブリ科　12
センペルウラナミシジミ　1196
ゼンマイハバチ　408
センモンヤガ　530

## そ

ゾウムシ　305
ゾウムシ科　1180
ゾウムシ上科　1180
ソーゲンシロチョウ　820
ソテツマルカイガラムシ　403
ソトカバナミシャク　1001
ソトグロカバタテハ　1222
ソトハナガキクイムシ　547
ソボリンゴカミキリ　914
ソラマメゾウムシ　151
ソルガムタマバエ　1025

## た

ダイアナギンボシヒョウモン　335
大雄型　670
大蛾類　671
大雌型　671
タイコウチ　581, 1172, 1173
タイコウチ科　1173
ダイコクコガネ亜科　356
ダイコンアブラムシ　178
タイコンキクイムシ　1144
ダイコンサルゾウムシ　312
ダイコンタマバエ　178
ダイコンバエ　179
ダイコンハムシ　146
大職蟻型　670
タイスアゲハ　1030
ダイズアザミウマ　1035
ダイズアブラムシ　1034
ダイズクキタマバエ　1035
ダイズクキモグリバエ　1035
ダイズクロハモグリバエ　1035
ダイズコンリュウバエ　1035
ダイズサヤタマバエ　1035
ダイズサヤムシガ　1035
ダイズネモグリバエ　1035
ダイズハバチ　1035
ダイズフクロカイガラムシ　1035
ダイズメモグリバエ　1035

ダイセツタカネエダシャク　113
ダイセツタカネヒカゲ　700
ダイセツヒトリ　601
タイタンオオウスバカミキリ　1117
ダイミョウキクイムシ　312
ダイミョウセセリ　1194
タイリクアカネ　259
タイリクアキアカネ　1046
タイリクウスイロヨトウ　761
タイリクコムラサキ　639
タイリクヒメヒカゲ　613
タイワンアオバセセリ　157
タイワンアオバセセリ属　59
タイワンアサギマダラ　222
タイワンイチモンジ　785
タイワンイチモンジシジミ　1173
タイワンウスキノメイガ　863
タイワンエンマコオロギ　410
タイワンオオチャバネセセリ　280
タイワンカブトムシ　914
タイワンカンタン　1125
タイワンキジラミ　1094
タイワンキチョウ　1110
タイワンキマダラ　938
タイワンキマダラセセリ　278
タイワンクモヘリカメムシ　1130
タイワンクロギンシジミ　676
タイワンクロホシシジミ　676
タイワンコナカイガラムシ　244
タイワンシロチョウ　221
タイワンスジグロシロチョウ　263
タイワンスジグロチョウ　263
タイワンタイマイ　461
タイワンタガメ　459
タイワンチャバネセセリ　220
タイワンツチイナゴ　140
タイワンツバメシジミ　563
タイワンツマグロヨコバイ　503
タイワンハネナガイナゴ　917
タイワンハリナシバチ　1094
タイワンヒゲナガアブラムシ　431
タイワンヒゲブトウンカ　66
タイワンヒメシジミ　483
タイワンヒラアシキバチ　49
タイワンベニゴマダラヒトリ　299
タイワンマルカメムシ　916
タイワンミスジ　340
タイワンメダカカミキリ　579
タイワンモンキアゲハ　1238
タイワンモンシロチョウ　563
タイワンワタカイガラムシ　876
ダエンマルトゲムシ科　1137
タカサゴシロカミキリ　1212
タカチホカタカイガラムシ　216
タカネウスバアゲハ　602
タカネキアゲハ　566
タカネキマダラセセリ　211
タカネクジャクアゲハ　599
タカネジャノメ　925
タカネチャマダラセセリ　17
タカネナガバヒメハマキ　719
タカネハイイロヨトウ　462
タカネヒカゲ　752
タカネヒカゲ属　41
タカネマダラシロチョウ　301
タカハシトゲゾウムシ　1094
タカハシワタカイガラモドキ　1094
タカムクカレハ　1094
タカムクシロチョウ　489
タガメ　459
タケアカセセリ　317
タケアツバ　67
タケアブラムシ　65
タケウンカ　66
タケカタカイガラモドキ　67
タケカレハ　66
タケシロオカイガラムシ　67
タケシロナガカイガラムシ　66
タケシロマルカイガラムシ　1206
タケツノアブラムシ　65
タケトビイロマルカイガラムシ　157
タケトラカミキリ　66
タケナガヨコバイ　66
タケネハマキワタムシ　67
タケノコギリカイガラムシ　1117
タケノホソクロバ　67

タケノメイガ　67
タケヒゲブトウンカ　66
タケヒゲマダラアブラムシ　66
タケヒトフサカイガラムシ　712
タケヒメツノアブラムシ　67
タケフクロカイガラムシ　67
タケフサカイガラムシ　66
タケマルカイガラムシ　827
タケワタカイガラモドキ　66
タコゾウムシ亜科　14
タコノキナガカイガラムシ　246
ダサラダベニモンアゲハ　492
多食亜目　859
タスキアゲハ　595
タスキシジミ　613
タスキネッタイシジミ　100
タッパンルリシジミ　804
タデキボシホソガ　467
タデケクダヒゲナガアブラムシ　661
タデサルゾウムシ　565
タテジマカミキリ　1072
タテジマツルギタテハ　923
タテジマホソマイコガ　740
タテスジケンモン　911
タテスジゴマフカミキリ　725
タテスジナミシャク　35
タテスジハマキ　1073
タテスジヒメジンガサハムシ　1088
タテハチョウ科　168
タテハモドキ　820
タテハモドキ属　169
タデヨツオヒゲナガアブラムシ　831
ダナエツマアカシロチョウ　961
タニワタシオナガヒゲナガアブラムシ　1160
タネバエ　82
タネハジラミ科　97
タバゲササラゾウムシ　112
タバコガ　792
タバコカスミカメムシ　1118
タバコガ亜科　169
タバココナジラミ　1119
タバコシバンムシ　226
タバコヒラタムシ　1055
タブウスフシタマバエ　670
タブカキカイガラムシ　309
ダフニスヒメシジミ　700
タブノキナガキクイムシ　436
タブノキハアブラムシ　670
ダブルデールリマダラ　1070
タマイブキノタマバエ　588
タマカイガラムシ科　446, 594
タマカタカイガラムシ　599, 1147
タマキノコムシモドキ科　438
タマキノコムシ科　932
タマゴクロバチ科　961
タマゴコバチ科　713
タマコナカイガラムシ　539
タマナギンウワバ　89
タマナヤガ　105
タマネギバエ　778
タマバエ科　447
タマバチ科　447
タマバチ上科　447
タマムシモドキ科　717
タマムシ亜科　964
タマムシ科　420
タマヤドリコバチ科　793
タムベニモンシジミ　868
タラフタオアブラムシ　219
ダルマガムシ科　713
ダルマカメムシ科　587
ダルリサマダラジャノメ　131
タロイモウンカ　1096
短角亜目　978
タンカクハジラミ科　867
タンカクヤドリバエ科　1224
タンボキヨトウ　275
タンボコオロギ　1095
タンポヤガ　1128

ち

チーズバエ　210
チーズバエ科　994
チガヤシロオカイガラムシ　914
チグリスタテハ　1253

チシャミドリアブラムシ　306
チズモンアオシャク　507
チチュウカイミバエ　698
チトヌストリバネアゲハ　1117
チビアオゾウムシ　713
チビアトクロナミシャク　334
チビイシガキチョウ　1177
チビイシガキチョウ属　685
チビウラナミシジミ　30
チビカメムシ科　47
チビガ科　915
チビキカワムシ科　5, 739
チビキチョウ　313
チビキマダラセセリ　176
チビギンイチモンジセセリ　1033
チビクロバネキノコバエ　108
チビケカツオブシムシ　714
チビコキクイムシ　412
チビコフキゾウムシ　1004
チビシジミ　999
チビスズ　713
チビタカネウスバアゲハ　106
チビタケナガシンクイムシ　66
チビチャマダラセセリ　908
チビトラフシジミ　699
チビドロムシ科　713
チビナガヒラタムシ　707
チビナガヒラタムシ科　1101
チビハサミムシ科　651
チビマツアナアキゾウムシ　713
チビムカシハナバチ亜科　1236
チビメナガゾウムシ　562
チビモンベニヒカゲ　639
チベットシロチョウ　176
チベットシロチョウ属　361
チベットタカネウスバアゲハ　1156
チベットチビウスバアゲハ　523
チマダラヒメヨコバイ　902
チャールトンウスバ　911
チャイロカメムシ　167
チャイロキリガ　910
チャイロコキノコムシ　520
チャイロコツバメ　160
チャイロコメノゴミムシダマシ　1241
チャイロタテハ　300
チャイロタテハモドキ　753
チャイロチョッキリ　1234
チャイロテントウ　1248
チャイロドクチョウ　586
チャイロトビバッタ　162
チャイロトリバ　1135
チャイロナミシャク　322
チャイロヒメヒカゲ　1005
チャイロフタオチョウ　1098
チャイロフトカギバ　1170
チャイロホソヒラタカミキリ　1095
チャイロミナミフタオチョウ　782
チャイロヨコバイ　746
チャエダシャク　1099
チャオビイチモンジ　780
チャオビゴキブリ　158
チャオビオエダシャク　1097
チャオビトビモンエダシャク　762
チャクロホシカイガラムシ　1100
チャコノハカイガラムシ　1100
チャゴマフカミキリ　162
チャタテムシ目　140
チャタテ科　253
チャドクガ　1100
チャトゲコナジラミ　187
チャノウンモンエダシャク　1099
チャノキイロアザミウマ　1246
チャノコカクモンハマキ　1014
チャノネコナカイガラムシ　1099
チャノハモグリバエ　1099
チャノホソガ　1099
チャノマルカイガラムシ　828
チャノミドリヒメヨコバイ　1099
チャバネアオカメムシ　167
チャバネアゲハ　751
チャバネゴキブリ　451
チャバネゴキブリ科　451
チャバネセセリ　1000
チャハマキ　792
チャボヒバフクロカイガラムシ　208
チャマダラセセリ　671

チャマダラホソチョウ　741
チャマダラメイガ　1118
チャマダラモンギンボシヒョウモン　1051
チャミノガ　1099
チャリトニアドクチョウ　1253
チュウガタナガキクイムシ　699
チュウゴクハネナガイナゴ　917
チューリップネアブラムシ　1134
チュウリップヒゲナガアブラムシ　865
チュウレンジバチ　927
チョウカクハジラミ科　97
チョウセンカマキリ　740
チョウセンギンボシセセリ　610
チョウセンコムラサキ　878
チョウセンジャノメ　922
チョウセンシロチョウ属　79
チョウセントガリバ　413
チョウセントリバ　928
チョウセンハガタナミシャク　834
チョウセンヒメシジミ　384
チョウセンヒョウモンモドキ　690
チョウセンベニシジミ　611
チョウセンマメハンミョウ　102
チョウセンメスアカシジミ　161
チョウセンモンシロチョウ　79
チョウセンヤブキリ　490
チョウバエ科　722
蝶類　177
チョウ目　177
直縫群　794
チョッキリゾウムシ亜科　626
チリギンジャノメ　985
チロルベニヒカゲ　148
チンチナガカメムシ　218

## つ

ツエツエバエ　1132
ツガカレハ　533
ツガコノハカイガラムシ　534
ツガヒロバキバガ　534
ツガマルカイガラムシ　534
ツキワクチバ　440
ツクツクボウシ　378
ツクリタケクロバネキノコバエ　733
ツゲノメイガ　144
ツタウルシノコキクイムシ　915
ツチイナゴ　577
ツチイロヒゲボソゾウムシ　167
ツチカメムシ　109
ツチカメムシ科　512
ツチトビムシ科　1017
ツチバチ科　963
ツチバチ上科　814
ツチハンミョウ亜科　773
ツチハンミョウ科　124
ツツキクイゾウムシ亜科　1179
ツツキノコムシ科　714
ツツジアブラムシ　59
ツツジグンバイ　59
ツツジコナカイガラムシ　60
ツツジコナジラミ　60
ツツジコナジラミモドキ　915
ツツジハマキホソガ　59
ツツシンクイ科　977
ツツハネカクシ亜科　1149
ツツハムシ亜科　198
ツツマダラメイガ　36
ツヅミキクイムシ　1000
ツツミノガ科　197
ツツムネチョッキリ　854
ツヅリガ　1063
ツヅリガ亜科　1177
ツヅレサセコオロギ　708
ツトガ　625
ツトガ亜科　484
ツノアオカメムシ　580
ツノカメムシ科　975
ツノキノコバエ科　443
ツノゼミ　549
ツノゼミ科　1125
ツノゼミ上科　630
ツノトンボ科　795
ツノハジラミ　619
ツノヤセバチ科　1061
ツノロウムシ　565

ツバキカキカイガラムシ　187
ツバキカタカイガラモドキ　186
ツバキクロホシカイガラムシ　187
ツバキコナジラミ　187
ツバキシギゾウムシ　186
ツバキハマダラミバエ　187
ツバキマルカイガラムシ　494
ツバキワタカイガラムシ　187
ツバメアツバセセリ　69
ツバメガ科　1085
ツバメシジミ　978
ツバメシジミタテハ　362
ツマアカアメリカコムラサキ　817
ツマアカイチモンジ　662
ツマアカオオヒメテントウ　697
ツマアカシャチホコ　863
ツマアカシロチョウ属　787
ツマアカシロビタテハ　165
ツマアカナミシャク　908
ツマアカヒメコノハチョウ　1186
ツマアカベッコウ　908
ツマオビアツバ　738
ツマオビキホソハマキ　77
ツマキアオオビイチモンジ　11
ツマキアオジョウカイモドキ　1246
ツマキイチモンジ　185
ツマキオオメイガ　1122
ツマキコバネシロチョウ　1114
ツマキシャチホコ　884
ツマキチョウ　1246
ツマキナカジロナミシャク　320
ツマキヒメハマキ　1101
ツマキフクロチョウ　879
ツマキヘリカメムシ　1246
ツマキリエダシャク　1132
ツマグロアオカスミカメムシ　499
ツマグロイシガケチョウ　1064
ツマグロオオヨコバイ　119
ツマグロカミキリモドキ　1190
ツマグロキチョウ　1045
ツマグロシマメイガ　220
ツマグロシロシジミ　1196
ツマグロシロチョウ属　652
ツマグロスケバ　119
ツマグロスズメバチ　635
ツマグロタテハ　780
ツマグロツツシンクイ　1225
ツマグロヒメカバタテハ　650
ツマグロヒョウモン　564
ツマグロベニホソチョウ　1003
ツマグロヨコバイ　503
ツマジロアメリカコムラサキ　10
ツマジロエダシャク　1211
ツマジロカメムシ　1162
ツマジロクサヨトウ　101
ツマスジキンモンホソガ　97
ツマトビキエダシャク　970
ツマベニチョウ　491
ツマベニチョウ属　491
ツマベニヤマキチョウ　491
ツママダラミバエ　641
ツマムラサキシロチョウ　242, 883
ツマムラサキヒカゲ　1048
ツマムラサキマダラ　1070
ツムギアリ　893
ツメアシフサオシジミ　427
ツメクサガ　421
ツメクサクダアザミウマ　896
ツメクサシロカイガラムシ　239
ツメクサタコゾウムシ　239
ツメクサハモグリバエ　82
ツメクサベニマルアブラムシ　238
ツヤアカギンボシヒョウモン　32
ツヤアリバチ科　703
ツヤオオズアリ　94
ツヤコガネ　976
ツヤコガ科　975
ツヤコチャタテ　913
ツヤコバチ科　443
ツヤシリアゲアリ　158
ツヤナシキクイムシ　752
ツヤホソバエ科　115
ツヤヤドリタマバチ科　386
ツユムシ　110
ツユムシ亜科　176
ツリアブモドキ科　1095

ツリアブ科　86
ツルウルシコブアブラムシ　915
ツルギアブ科　1062
ツルギタテハ属　312
ツワブキケブカミバエ　645
ツンドラモンキチョウ　507

## て

テイオウシジミ　1201
テイオウセミ　453
デイオクレテイアヌスルリマダラ　673
デイダミアモルフォ　329
デイデイウスモルフォ　720
デウカリオンタイマイ　1248
デオキノコムシ科　976
デオネスイムシ亜科　1003
デオミズムシ科　993
デガシラバエ科　644
テキサスハキリアリ　1104
テツイロヒメカミキリ　1060
テツイロビロウドセセリ　253
テナガカミキリ　524
デバヒラタムシ科　585
デブレライアサギマダラ　312
テングアゲハ　590
テングイラガ　659
テングスケバ　659
テングスケバ科　336
テングチョウ　746
テングチョウ亜科　1019
テングチョウ属　81
テングハマキ　1161
テンクロアツバ　632
テンサイカスミカメムシ　1076
テンサイトビハムシ　146
テンサイヒメヒラタカメムシ　88
テンサイモグリハナバエ　89
テンサイヨコバイ　89
テンジクアゲハ　132
テンジクウスバアゲハ　270
テンジクゴマダラ　633
テントウハラボソコマユバチ　603
テントウムシダマシ科　523, 735
テントウムシ科　602
テンモントガリヨトウ　123

## と

トウカエデフクロカイガラムシ　2
ドウガネサルハムシ　480
ドウガネツヤハムシ　305
ドウガネヒラタコメツキ　304
ドウガネブイブイ　304
トウガラシゾウムシ　829
トウガラシミバエ　829
トウキョウカキカイガラムシ　1119
同翅亜目　585
トウヒアブラムシ　1054
トウヒオオハマキ　790
トウヒタマカイガラモドキ　1053
トウヒノクロハバチ　1054
トウヒノシントメハマキ　1053
トウヒノネキクイムシ　1054
トウヒノヒメキクイムシ　1249
トウヒハマキ　1053
ドウボソガガンボ　622
ドウボソカミキリ　280
トウモロコシアブラムシ　284
トウモロコシウンカ　284
トウモロコシトガリホソガ　846
トウヨウアオネセセリ　820
トウヨウイネクキミギワバエ　920
トウヨウゴキブリ　257
トウヨウトビバッタ　791
トウヨウミツバチ　791
トウワタベニカミキリ　47
トカチセダカモクメ　960
トカチヤブカ　1020
トガリイチモンジアゲハ　1195
トガリキチョウ　1094
トガリキチョウ属　1081
トガリシダハバチ　408
トガリシロオビサビカミキリ　1195
トガリシロオビマダラ　570
トガリシロチョウ属　875

トガリシンジュタテハ　237
トガリタテハモドキ　363
トガリチャバネセセリ　91
トガリツマアカシロチョウ　633
トガリバイナズマ　77
トガリバガ科　403
トガリフタオチョウ　240
トガリホソハマキ　404
トガリミスジ属　5
トガリミツオシジミ　1241
トガリヨコバイ　857
トキイロチョウ　617
ドクガ　792
ドクガ科　1137
トクソペイアサギマダラ　1123
ドクチョウ亜科　532
ドクチョウ属　865
トゲアシクビボソハムシ　1246
トゲアシモグリバエ科　772
トケイソウヒョウモン　1155
トゲコナカイガラムシ科　456
トゲサシガメ　1042
トゲシラホシカメムシ　1209
トゲトビムシ科　1121
トゲナガキクイムシ　1041
トゲナシクダアザミウマ　575
トゲノミ科　925
トゲハネバエ科　533
トゲハムシ亜科　629
トゲヒゲトラカミキリ　1041
トゲヒシバッタ　1041
トゲブチアブラムシ　689
トゲムネキスイ　4
トコジラミ　86
トコジラミ科　86
トサカグンバイ　25
トサカハマキ　1212
トスジハムシ　249
トックリバチ属　729
トドキジラミ　1
トドハトジワタアブラムシ　65
トドマツアトマルキクイムシ　414
トドマツアナアキゾウムシ　943
トドマツオオアブラムシ　457
トドマツオオキクイムシ　622
トドマツカサガ　415
トドマツカミキリ　117
トドマツキボシゾウムシ　1244
トドマツチビハマキ　759
トドマツノキクイムシ　414
トドマツノキバチ　693
トドマツノタマバエ　1
トドマツホソアワフキ　943
トドマツミキモグリガ　790
トドマツメムシガ　415
トドミドリオオアブラムシ　495
トドワタムシ　1
トネリコカラスシジミ　539
トノサマバッタ　50, 654
トバヨコバイ　1118
トビイロウンカ　164
トビイロカゲロウ科　873
トビイログンバイウンカ　160
トビイロケアリ　100
トビイロゴキブリ　159
トビイロシワアリ　817
トビイロスズメ　507
トビイロツノゼミ　166
トビイロトラガ　142
トビイロハゴロモ　158
トビイロヒョウタンゾウムシ　161
トビイロマルカイガラムシ　94
トビイロマルハナノミ　534
トビイロムナボソコメツキ　76
トビカギバエダシャク　970
トビカツオブシムシ　111
トビギンボシシャチホコ　1248
トビケラ科　610
トビケラ目　181
トビコバチ科　381, 394
トビサルハムシ　167
トビスジアツバ　971
トビスジシロナミシャク　418
トビスジヒメナミシャク　450
トビスジヤエナミシャク　322
トビナナフシ　581

トビハマキ　166
トビマダラカスミカメムシ　569
トビマダラシャチホコ　611
トビマダラメイガ　187
トビムシ目　1052
トビメバエ科　1058
トビモンオオエダシャク　455
トビモンシャチホコ　165
トビモンシロコブガ　593
トビモンシロナミシャク　127
トベラキジラミ　1119
トホシカミキリ　1101
トホシカメムシ　1102
トボシガラフクロカイガラムシ　409
トホシクビボソハムシ　1102
トホシテントウ　303
トマトハモグリバエ　1156
トモイロキリシマミドリシジミ　820
トモンハナバチ　1226
トラガ科　430
トラノオナミシャク　331
トラハナムグリ亜科　1126
トラフアゲハ　1115
トラフカミキリ　1114
トラフキアゲハ　1033
トラフシジミタテハ属　876
トラフシジミ属　419
トラフシロチョウ　505
トラフタイマイ　1253
トラフタテハ　235
トラフタテハ属　235
ドリーラスヒメシジミ　1137
ドリカオンオナガタイマイ　343
ドリスドクチョウ　345
トリバガ科　855
トリハジラミ科　867
トリバネアゲハ属　98
ドルーリーオオアゲハ　7
ドルクスオオオナガタイマイ　1092
ドルスシジミ　1137
ドルリーカザリバ　962
ドロキリガ　775
ドロタマワタムシ　864
ドロノキハムシ　904
ドロハケアブラムシ　575
ドロハタマワタムシ　862
ドロバチモドキ亜科　857
ドロバチ亜科　866
ドロハマキチョッキリ　862
ドロヒメハマキ　146
ドロムシ科　660
ドロムネアブラムシ　862
トンボシロチョウ　402
トンボシロチョウ亜科　710
トンボマダラモドキ　60
トンボマダラ亜科　29
トンボ科　272
トンボ上科　993
トンボ目　351

## な

内顎綱　255
ナエドロチャイロコガネ　164
ナカウスエダシャク　707
ナガオキクイムシ　737, 1092
ナガオコナカイガラムシ　660
ナガカタカイガラムシ　656
ナガカメムシ科　219
ナカキエダシャク　963
ナガキクイムシ科　837
ナカギンコヒョウモン　1007
ナカギンヒョウモン　985
ナガクチキムシ科　401
ナカグロカスミカメムシ　118
ナカグロキイロタテハ　536
ナカグロツマアカシロチョウ　71
ナガクロホシカイガラムシ　202
ナカグロホソキリガ　806
ナカグロホソサジヨコバイ　1072
ナカグロミスジ　1074
ナカグロモクメシャチホコ　1219
ナカクロモンシロナミシャク　877
ナガケモノハジラミ科　925
ナガコバチ科　387, 1095
ナガゴマフカミキリ　661

ナガコムシ科　996
ナガサキアゲハ　491
ナガサキコキクイムシ　594
ナガショウジョウバエ科　54
ナカジロサビカミキリ　1204
ナカジロシタバ　1088
ナカシロスジナミシャク　64
ナカジロナミシャク　870
ナカジロフサヤガ　680
ナガシンクイムシ科　403, 867, 874
ナカスジキヨトウ　419
ナカスジツマアカシロチョウ　786
ナガズヤセバエ科　181
ナガタマムシ亜科　145
ナガチビコフキゾウムシ　421, 1086
ナガチャコガネ　1248
ナガツツハムシ亜科　198
ナカトビフトメイガ　216
ナガドロムシ科　1156
ナカノテングスケバ　737
ナカノホソトリバ　634
ナガノミ科　97
ナカハスジベニホソハマキ　339
ナガハナノミ科　1022
ナガヒラタムシ科　913
ナカベニホソチョウ　261
ナガヘリカメムシ科　1055
ナカボシカメムシ　697
ナガミドリカスミカメムシ　263
ナガメ　178
ナガレトビケラ科　871
ナガワタカイガラムシ　581
ナギナタハバチ科　1230
ナシアカスジマダラメイガ　823
ナシアザミウマ　823
ナシアシブトハバチ　821
ナシアブラムシ　821
ナシイラガ　823
ナシオナガアブラムシ　1014
ナシオマルアブラムシ　821
ナシカキカイガラムシ　822
ナシガタカタカイガラムシ　882
ナシカメムシ　823
ナシキジラミ　823
ナシキリガ　665
ナシクロホシカイガラムシ　823
ナシグンバイ　822
ナシケンモン　358, 597, 1026
ナシコナカイガラムシ　822
ナシシロナガカイガラムシ　824
ナシチビガ　822
ナシハマキワタムシ　600
ナシヒメシンクイ　790
ナシホソガ　821
ナシマダラメイガ　822
ナシマルアブラムシ　824
ナシマルカイガラムシ　947
ナシミドリオオアブラムシ　822
ナシミハバチ　822
ナシモンエダシャク　824
ナシモンクロマダラメイガ　320
ナスコナカイガラムシ　1023
ナストラセセリ　1086
ナスノミハムシ　1023
ナスノメイガ　371
ナスハモグリバエ　168
ナタールミバエ　741
ナタリカタテハモドキ　159
ナトビハムシ　178
ナナカマドノキクイムシ　821
ナナフシ　580
ナナフシ科　1167
ナナフシ目　1167
ナナホシテントウ　970
ナノメイガ　300
ナボコフジャノメ　737
ナポレオンフクロウチョウ　146
ナミアゲハ　230
ナミエシロチョウ　207, 634
ナミガタウスキアオシャク　651
ナミガタエダシャク　1177
ナミガタシロナミシャク　1177
ナミギングチ　383
ナミシャク亜科　196
ナミスジツルギタテハ　1167
ナミニクバエ　422

ナミモンカギバヒメハマキ　347
ナミモンフクロチョウ　245
ナモグリバエ　448
ナライガタマバチ　884
ナライガフシバチ　763
ナライナズマ　155
ナラタマカイガラムシ　594
ナラヒラタキクイムシ　765
ナラフサカイガラムシ　763
ナラリンゴタマバチ　884
ナワタマカイガラムシ　742
ナンアフタオツバメ　741
ナンキンムシ　125
ナンベイウスキシロチョウ　807
ナンベイオオヤガ　453
ナンベイタテハモドキ　317
ナンベイヒメアカタテハ　147

に

ニイジマナガウンカ　749
ニイニイゼミ　590
ニオベウラギンヒョウモン　750
ニカメイガ　919
ニクテウスアメリカヒョウモンモドキ　988
ニクバエ科　422
ニジイロシジミタテハ　54
ニシインドシジミ　199
ニシインドミバエ　1181
ニジオビイナズマ　129
ニシガハラワタカイガラムシ　731
ニシキアオツバメガ　997
ニシキオオツバメガ　671
ニシキシジミ属　584
ニシキヒョウモンダマシ　236
ニシシマヒョウモンモドキ　370
ニジタテハモドキ　405
ニシツバメシジミ　1188
ニシヒメアカタテハ　1181
ニジュウシトリバ　570
ニジュウシトリバガ科　682
ニジュウヤホシテントウ　1138
ニズラリアカイガラムシ　748
ニセアカアシクビナガキバチ　1250
ニセアメリカタバコガ　1118
ニセインゲンハモグリバエ　82
ニセウスグロヒメスガ　96, 997
ニセクビボソムシ科　29
ニセクモマベニヒカゲ　617
ニセクロセセリ　1125
ニセクワガタカミキリ亜科　1
ニセケチャタテ科　402
ニセケバエ科　712
ニセダイコンアブラムシ　1136
ニセタマカイガラムシ科　403
ニセタマナヤガ　825
ニセチャマダラギンボシヒョウモン　557
ニセハイイロベニヒカゲ　401
ニセヒメガガンボ科　871
ニセビロウドカミキリ　997
ニセフシトビムシ　690
ニセフトオビホソハマキ　1074
ニセマイコガ科　1059
ニセマキムシ科　714
ニセマツアカヒメハマキ　1049
ニセミギワバエ科　80
ニセミナミコモンマダラ　1147
ニセムギキモグリバエ　1192
ニセモトモンキチョウ　91
ニセモンシロスソモンヒメハマキ　84
ニセリンゴハマキモドキ　36
ニッポンオマルアブラムシ　662
ニッポンカキカイガラムシ　599
ニッポンキクハモグリバエ　224
ニッポンクサカゲロウ　263
ニッポンコノハカイガラムシ　279
ニッポンネギハモグリバエ　1063
ニッポンホオナガスズメバチ　954
ニトベエダシャク　750
ニトベミスジ　93
ニトベミノガ　54
ニブイロミナミシジミ　126
ニホンアカズヒラタハバチ　900
ニホンウンカ　1175
ニホンカバイロキクイムシ　750
ニホンカブラハバチ　179

ニホンキクイムシ　574
ニホンキバチ　577
ニホンケクダアブラムシ　750
ニホンゴマフカミキリ　1203
ニホンタケナガシンクイ　574, 580
ニホンチャイロヒメカミキリ　915
ニホンチュウレンジ　927
ニホンミツバチ　577
ニュージーランドヒカリキノコバエ　464
ニルギリアサギマダラ　750
ニレイボフシ　377
ニレウスルリアゲハ　495
ニレカワノキクイムシ　376
ニレキリガ　640
ニレクロマダラアブラムシ　1253
ニレザイノキクイムシ　33
ニレタマフシ　580
ニレチュウレンジ　576
ニレハマキ　576
ニレハムシ　377
ニレヨスジワタムシ　377
ニレワタムシ　576
ニワウメクロコブアブラムシ　212
ニワトコアブラムシ　373
ニワトリオオハジラミ　217
ニワトリナガハジラミ　217
ニワトリノミ　217
ニワトリハジラミ　217
ニワトリフトノミ　1062
ニンジンアブラムシ　203
ニンジンサビバエ　197
ニンジンゾウムシ　197
ニンジンフタオアブラムシ　197

## ぬ

ヌカカ科　99
ヌカビラネジロキリガ　711
ヌルデイボフシ　220
ヌルデノハナフシアブラムシ　977
ヌルデベニフシアブラムシ　220

## ね

ネアブラキモグリバエ　1001
ネアブラムシ科　75
ネギアザミウマ　778
ネギアブラムシ　778
ネギコガ　16
ネギハムシ　1063
ネギハモグリバエ　1063
ネキヘリグロシロチョウ　205
ネクイハムシ亜科　657
ネグロキジラミ　560
ネグロシマメイガ　801
ネグロフタオシジミ　133
ネコノミ　200
ネコハジラミ　200
ネジレバネ目　1074
ネジロカミキリ　224, 1193
ネジロコンボウハバチ　577
ネジロフタオチョウ　429
ネジロフトクチバ　1021
ネジロミズメイガ　919
ネスイムシ科　926
ネスジキノカワガ　215
ネズヒメシロカイガラムシ　589
ネズミサシオオアブラムシ　1112
ネズミサシミモグリガ　772
ネッカコキクイムシ　582
ネッタイアカセセリ　806
ネッタイイエカ　1030
ネッタイオオミスジ　250
ネッタイキイロミスジ　1012
ネッタイキクキンウワバ　995
ネッタイシバスズ　625
ネッタイシマカ　1236
ネッタイハサミムシ科　106
ネッタイモンキアゲハ　1238
ネパールトラフシジミタテハ　784
ネバダタカネヒカゲ　746
ネバダヤマベニシジミ　370
ネフテミスジ　250
ネプトウヌスホソバジャオウアゲハ　1234
ネマルハキバガ科　961

ネムスガ　711
ネムノキマメゾウムシ　991
ネムノヒゲナガキジラミ　951
ネムリミヤマセセリ　995
ネムロウスモンヤガ　896

の

ノイエバエ　790
ノグチクダアザミウマモドキ　751
ノゲシフクレアブラムシ　641
ノコギリカミキリ　970
ノコギリカミキリ亜科　871
ノコギリカメムシ　970
ノコギリスズメ　970
ノコギリヒラタムシ　953
ノコスジモンヤガ　931
ノコメトガリキリガ　819
ノサシバエ　549
ノシメマダラメイガ　564
ノヒラキヨトウ　770
ノブドウミタマバエ　23
ノミカメムシ科　586
ノミバエ科　556
ノミバッタ　882
ノミバッタ科　882
ノミハムシ亜科　422
ノミ目　422
ノメイガ亜科　630
ノンネマイマイ　760

は

バーカラスシジミ　89
バージニアシロチョウ　1182
ハーフォードモンキチョウ　524
ハイイロアミメヒメハマキ　607
ハイイロウスモンハマキ　772
ハイイロオオエダシャク　1250
ハイイロキシタヤガ　512
ハイイロクビグロクチバ　956
ハイイロゴキブリ　226
ハイイロタカネヒカゲ　700
ハイイロタテハモドキ　510
ハイイロチョッキリ　312
ハイイロツマキチョウ　487
ハイイロハナカミキリ　511
ハイイロハナムグリ　679
ハイイロビロウドコガネ　1013
ハイイロベニヒカゲ　335
ハイイロボクトウ　911
ハイイロヤハズカミキリ　486
ハイイロヨトウ　1084
バイオリンムシ　410
ハイジマハナアブ　778
ハイトビスジハマキ　58
パイナップルクロマルカイガラムシ　164
パイナップルコナカイガラムシ　845
ハイビスカスネコナカイガラムシ　538
ハイマダラノメイガ　180
ハイマツキジラミ　1054
ハイマツハバチ　716
パエナレタルリマダラ　454
ハエヤドリクロバチ科　336
ハエ目　423
パオナメスルリシジミ　813
ハガタキコケガ　1249
ハガタキリガ　1038
ハガタナミシャク　815
ハガタムラサキ　671
ハキリアリ　53
ハキリバチ科　627
ハギルリオトシブミ　175
バクガ　27
ハグルマトモエ　1158
ハグロハバチ　1026
ハコネマツハバチ　521
ハコネマルツノゼミ　521
ハコベハナバエ　194
ハゴロモ科　852
ハサミコムシ科　364
ハサミチュウレンジ　91
ハサミツノカメムシ　915
ハサミムシ科　901
ハサミムシ目　43, 364
ハシドイヒゲナガアブラムシ　1091

ハジマヨトウ　67
バショウゾウムシ　69
ハジラミ目　217
ハスオビエダシャク　768
ハスオビキエダシャク　703
ハスオビチビタテハ　375
ハスクビレアブラムシ　1175
ハスジカツオゾウムシ　769
ハスジゾウムシ　173
ハスムグリユスリカ　663
ハスモンヨトウ　258
ハゼアブラムシ　1146
パタライナズマ　478
ハチネジレバネ科　1074
ハチノスツヅリガ　494（2）
ハチミツガサムライコマユバチ　494
ハチ亜目　832
ハチ目　1171
ハッカイボアブラムシ　711
ハッカトビハムシ　829
ハツカネズミジラミ　1023
ハッカネムシガ　712
ハッカノメイガ　829
ハッカハムシ　829
ハッカハモグリバエ　829
ハッカヒメゾウムシ　829
バッタ亜目　485
バッタ科　485
バッタ上科　485
バッタ目　655
ハツハルカラスシジミ　363
ハトシラミバエ　435
ハトナガハジラミ　996
ハトマルハジラミ　153, 1008
ハナアザミウマ　426
ハナアブ科　426
ハナカミキリ亜科　426
ハナカメムシ科　426
ハナクダアザミウマ　228
ハナゾウムシ亜科　442
ハナダカバチ　1189
ハナダカバチ亜科　91
ハナダカバチ科　948
バナナセセリ　68
バナナツヤオサゾウムシ　68
ハナノミ科　1134
ハナバエ科　30
ハナムグリ　426
ハナムグリハネカクシ　858
ハナムグリ亜科　426
ハネオレバエ科　938
ハネカクシ亜科　617
ハネカクシ科　934
ハネカクシ上科　1058
ハネカ科　761
ハネナガイナゴ　917
ハネナガウンカ科　331
ハネナガオオアブラムシ　414
ハネナガコバネナミシャク　78
ハネナガヒシバッタ　661
ハネナガフキバッタ　661
ハネナシタマバチ　39
ハネフリバエ科　835
ハバチ亜目　550
ハバチ科　953
ハバチ上科　953
ハバビロナガハジラミ　217
ハビロイトトンボ　532
パプアシロオビアゲハ　19
ハマオモトヨトウ　646
ハマカイガラムシ科　382
ハマキガ科　629
ハマキモドキガ科　703
ハマスズ　80
ハマダラカ亜科　28
ハマダラカ属　676
ハマダラシギアブ　1240
ハマダラナガレアブ　1240
ハマナスオナガアブラムシ　250
ハマベシジミ　157
ハマベバエ科　965
ハマベハサミムシ　688
ハマベホソメイガ　241
ハマベヤブカ　946
ハマヤガ　947
ハマヤマトシジミ　318

ハミスジエダシャク　491
ハムグリカキカイガラムシ　975
ハムシダマシ科　658
ハムシ亜科　626
ハムシ科　626
ハモグリガ科　629
ハモグリバエ科　628
ハヤトビバエ科　1002
ハラアカクロテントウ　111
ハラアカコブカミキリ　765
ハラアカマイマイ　415
パラオオナガシジミ　57
ハラオカメコオロギ　773
パラカキンミスジ　829
バラクキバチ　929
バラクキハバチ　929
バラシロエダシャク　237
ハラジロオナシカワゲラ科　926
バラシロカイガラムシ　929
ハラジロカツオブシムシ　540
バラシロハマキ　928
バラトゲタマフシバチ　928
ハラナガハバチ　53
バラハキリバチ　928
バラハマキ　1067
バラハモグリバエ　928
バラヒメヨコバイ　928
ハラビロカタカイガラムシ　4
ハラビロクロバチ科　853
ハラビロナガカイガラムシ　977
ハラビロヘリカメムシ　152
ハラビロマキバサシガメ　1125
ハラホソバチ亜科　554
バラミドリアブラムシ　503
パラメデスアゲハ　801
バラモグリハナバエ　655
バラモンオナガコバチ　929
バラモンハマキ　1067
バラルリツツハムシ　928
ハランナガカイガラムシ　408
ハリアリ亜科　593
ハリエンジュハベリタマバエ　654
ハリカメムシ　1143
ハリスシロホシタテハ　525
ハリナシバチ亜科　1062
ハリモミヒメカサアブラムシ　534
バルカンヒメヒョウモン　64
バルカンベニヒカゲ　114
バルカンベニモンキチョウ　64
ハルゼミ　1051
ハレギチョウ　676
ハレギチョウ属　602
ハワードシロナガカイガラムシ　67
ハワードワラジカイガラムシ　554
ハワイカキカイガラムシ　527
ハワイシジミ　526
ハンエンカタカイガラムシ　533
ハンショウヅルオオワタムシ　233
パンドラヒョウモン　192
ハンノウスブチアブラムシ　16
ハンノカミキリ　13
ハンノキカバイロキクイムシ　12
ハンノキキクイムシ　16
ハンノキキジラミ　13
ハンノキシロカイガラムシ　574
ハンノキハムシ　12
ハンノキホソキクイムシ　725
ハンノクビナガキバチ　574
ハンノケンモン　13
ハンノスジキクイムシ　75
ハンノトビスジエダシャク　574
ハンノナガコキクイムシ　573
ハンノナガヨコバイ　12
ハンノナミシャク　339
ハンノハムグリバチ　12
ハンノヒゲナガアブラムシ　16
ハンノヒメヨコバイ　441
ハンノヒロズヨコバイ　12
ハンノブチアブラムシ　574
ハンノモグリカイガラムシ　574
ハンミョウ科　1113

ひ

ヒアリ　415
ヒイラギハマキワタムシ　794

ヒイロコジャノメ　904
ヒイロシジミ　285
ヒイロシジミ属　285
ヒイロベニシジミ　936
ヒイロホソチョウ　151
ヒエアブラムシ　189
ヒエウンカ　812
ヒエホソメイガ　76
ヒオウギハモグリバエ　568
ヒオドシチョウ　960
ヒオドシチョウ属　26
ヒカゲシジミ属　324
ヒカゲタテハ　509
ヒガシコツバメ　368
ヒガシヒョウモン　65
ビクトリアトリバネアゲハ　883
ピグミーシジミ　1187
ヒグラシ　395
ヒゲコガネ　307
ヒゲジロキバチ　841
ヒゲジロハサミムシ　540
ヒゲナガアメイロアリ　519
ヒゲナガアリズカムシ亜科　29
ヒゲナガオトシブミ　657, 1239
ヒゲナガカスミカメムシ　14
ヒゲナガカミキリ　279
ヒゲナガカメムシ　657
ヒゲナガガ亜科　656
ヒゲナガクロバチ科　205
ヒゲナガゴマフカミキリ　116
ヒゲナガシラホシカミキリ　658
ヒゲナガゾウムシ科　444
ヒゲナガタテハ　53
ヒゲナガトビケラ科　657
ヒゲナガハバチ　1163
ヒゲナガハムシ亜科　303
ヒゲナガヒメカミキリ　165
ヒゲナガヒメルリカミキリ　999
ヒゲナガヘリカメムシ　65
ヒゲナガモモブトカミキリ　689
ヒゲブトアザミウマ　1115
ヒゲブトオサムシ科　29
ヒゲブトカメムシ科　19
ヒゲブトキジラミ　410
ヒゲブトコバエ科　301
ヒゲブトコメツキ科　1111, 1131
ヒゲブトハネカクシ亜科　770
ヒゲブトルリミズアブ　978
ヒコサンナガカイガラムシ　540
ヒサカキコナジラミ　394
ヒサカキコノハカイガラムシ　951
ヒサゴスズメ　1115
ヒサゴトビハムシ　127
ヒサゴナガカメムシ　116
ヒシウンカ　915
ヒシウンカモドキ　408
ヒシウンカ科　231
ヒシカミキリ　975
ヒシバッタ　577
ヒシバッタ科　514
ヒシモンヨコバイ　915
ヒスイシジミ　561
ヒツジキンバエ　155
ヒツジシラミバエ　973
ヒツジバエ　973
ヒツジバエ科　142
ヒツジハジラミ　973
ビドーカカトアルキ　94
ヒトジラミ　138
ヒトジラミ科　555
ヒトスジオオハナノミ　1171
ヒトスジオオメイガ　403
ヒトスジシマカ　1114
ヒトスジタイマイ　295
ヒトツメカギバ　397
ヒトツメヨコバイ　120
ヒトテントガリバ　951
ヒトノミ　555
ヒトノミ科　261
ヒトホシアリバチ　901
ヒトモントガリバ　777
ヒトリガカゲロウ科　168
ヒトリガ亜科　1114
ヒトリガ科　1114
ヒナシャチホコ　1008
ヒナバッタ　411

ヒノキカワムグリガ　310
ヒノキノキクイムシ　310
ヒノキハモグリガ　310
ヒノキマルカイガラムシ　219
ヒノキモンオナガコバチ　208
ヒバノキクイムシ　1111
ヒバノコキクイムシ　1013
ヒポワッタンアサギマダラ　719
ヒマラヤウスバ　255
ヒマラヤシロチョウ　541
ヒマラヤスギキバガ　600
ヒマラヤミスジ　541
ヒマラヤミドリシジミ　1223
ヒメアカカツオブシムシ　594
ヒメアカキリバ　589
ヒメアカタテハ　801
ヒメアカホシカメムシ　1001
ヒメアカマエヤガ　1063
ヒメアカマダラメイガ　575
ヒメアケビコノハ　440
ヒメアサクラミスジ　44
ヒメアシナガコガネ　1013
ヒメアミメエダシャク　624
ヒメアヤメハモグリバエ　568
ヒメアリ　650
ヒメアルプスベニヒカゲ　384
ヒメイエバエ　638
ヒメイエバエ科　553
ヒメイチモジマダラメイガ　664
ヒメイチモンジセセリ　207
ヒメウスアオシャク　1007
ヒメウチスズメ　1217
ヒメウラシモフリシジミ　139
ヒメウラナミシジミ　266
ヒメウラベニヒョウモン　1006
ヒメエグリバ　440
ヒメオトシブミ　1006
ヒメオナガコモンタイマイ　274
ヒメオリオンタテハ　181
ヒメカゲロウ科　162, 1010
ヒメカゲロウ上科　602
ヒメカツオブシムシ　104
ヒメカミナリハムシ　247
ヒメガムシ　1015
ヒメカメノコハムシ　1122
ヒメカメムシ　1010
ヒメカラマツハバチ　607
ヒメカレハ　1014
ヒメカンショコガネ　1014
ヒメキオビイチモンジ　585
ヒメキシタヒトリ　1224
ヒメキノコムシ科　353
ヒメキバネサルハムシ　82
ヒメキベリトゲハムシ　1240
ヒメキマダラタテハ　584
ヒメキリウジガガンボ　1014
ヒメキンミスジ　62
ヒメギンヤンマ　1151
ヒメクサキリ　757
ヒメクチバスズメ　578
ヒメクモヘリカメムシ　66
ヒメクモマツマキチョウ　514
ヒメクロイラガ　831
ヒメクロオトシブミ　1239
ヒメクロカイガラムシ　230
ヒメクロカメムシ　1013
ヒメクロスジホソガ　1002
ヒメクロバエ　109
ヒメクロホウジャク　999
ヒメクロミスジノメイガ　626
ヒメクロミヤマセセリ　799
ヒメグンバイ　215
ヒメケブカチョッキリ　520
ヒメゲンゴロウ　286
ヒメコガネ　1034
ヒメゴキブリ科　161
ヒメコクヌストモドキ　1003
ヒメコシボソバチ亜科　32
ヒメコチャバネセセリ属　3
ヒメコナジラミ　459
ヒメコバエ科　779
ヒメコバチ科　387
ヒメコブガ　630
ヒメゴマダラ　1015
ヒメゴマダラオトシブミ　578
ヒメゴミムシダマシ　108

ヒメコモンアサギマダラ　462
ヒメサクラコガネ　1013
ヒメササキリ　917
ヒメサザナミスズメ　1014
ヒメサスライアリ亜科　45
ヒメシカシラミバエ　329
ヒメシギゾウムシ　713
ヒメシジミ　987
ヒメシジミ亜科　135
ヒメシジミ属　135
ヒメシャク亜科　1176
ヒメシャチホコ　1067
ヒメジャノメ　219
ヒメシラフヒゲナガカミキリ　1012
ヒメシロオビアワフキ　1011
ヒメシロオビオナガタテハ　809
ヒメシロコブゾウムシ　1146
ヒメシロシタバ　1011
ヒメシロドクガ　1015
ヒメシロモンドクガ　580
ヒメジンガサハムシ　1014
ヒメスカシバ　831
ヒメスギカミキリ　1005, 1014
ヒメスジコガネ　1013
ヒメスズメ　1013
ヒメスズメバチ　1015
ヒメゾウムシ亜科　426
ヒメダイコンバエ　886
ヒメタイマイ　1047
ヒメタマカイガラムシ　215
ヒメチャイロタテハ　300
ヒメチャタテ　286
ヒメチャタテ科　405
ヒメチャバネゴキブリ　402
ヒメチャマダラセセリ　512
ヒメツチハンミョウ　999
ヒメツマアカカラスシジミ　135
ヒメツマアカシロチョウ　933, 1017
ヒメツユムシ亜科　884
ヒメトガリノメイガ　1228
ヒメトゲムシ科　1228
ヒメトビイロケアリ　285
ヒメトビウンカ　1000
ヒメトビケラ科　707
ヒメトビネマダラメイガ　855
ヒメトビムシ科　558
ヒメトラガ　479
ヒメドロムシ科　920
ヒメナガカキカイガラムシ　692
ヒメナガカメムシ　1013
ヒメナガサビカミキリ　773
ヒメナガメ　1000
ヒメナストラセセリ　742
ヒメニワトリハジラミ　427, 636
ヒメハガタナミシャク　1008
ヒメハサミムシ　107
ヒメバチ　559
ヒメバチ科　559
ヒメバチ上科　559
ヒメハナカメムシ　730
ヒメハナバチ科　25
ヒメハナムシ科　976
ヒメハマキガ亜科　775
ヒメハリカメムシ　996
ヒメヒカゲ　403
ヒメヒカゲ属　922
ヒメヒゲナガカミキリ　230
ヒメヒトツメジャノメ　256
ヒメヒョウホンムシ　165
ヒメヒョウモン　974
ヒメヒョウモン属　438
ヒメビロウドコガネ　1015
ヒメフタオチョウ　218
ヒメフタテンナガアワフキ　1009
ヒメフチグロヒョウモンモドキ　1047
ヒメフンバエ　1235
ヒメベニシジミ　138
ヒメベニモンキチョウ　781
ヒメヘリカメムシ科　962
ヒメホシキホソガ　1248
ヒメマキムシ科　852
ヒメマダラカツオブシムシ　1170
ヒメマルカツオブシムシ　1155
ヒメマルカメムシ　1013
ヒメマルヒメシジミ　1024
ヒメミイロヤドリギシジミ　877

ヒメミズカマキリ　1173
ヒメミツオシジミ　1163
ヒメミノガ　831
ヒメミヤマセセリ　339
ヒメムラサキツルギタテハ　283
ヒメムラサキミドリシジミ　564
ヒメモクメヨトウ　877
ヒメヤママユ　1014
ヒメリンゴカミキリ　650
ヒメリンゴケンモン　317
ヒモワタカイガラムシ　1069
ビャクシンカミキリ　588
ビャクシンコノハカイガラムシ　588
ビャクシンハモグリガ　588
ヒュウイットソンルリマダラ　537
ヒョウタンカスミカメムシ　477
ヒョウホンムシ　1203
ヒョウホンムシ科　867, 1039
ヒョウモンチョウ　685
ヒョウモンツバメ　344
ヒョウモンツバメ属　633
ヒョウモンドクチョウ　517
ヒョウモンヒメキマダラツバメ　332
ヒョウモンモドキ　489
ヒラアシキバチ　420
ヒラアシハバチ　13
ヒラズネヒゲボソゾウムシ　40
ヒラズハナアザミウマ　426
ヒラタアオコガネ　498
ヒラタアシバエ科　419
ヒラタアブ　1091
ヒラタカゲロウ亜目　1044
ヒラタカゲロウ科　1069
ヒラタカタカイガラムシ　165
ヒラタカメムシ科　419
ヒラタキクイムシ　868
ヒラタキクイムシ亜科　667, 867
ヒラタコクヌストモドキ　278
ヒラタタマバチ科　559
ヒラタチャタテ　141
ヒラタツユムシ亜科　1131
ヒラタドロムシ科　1173
ヒラタハナムグリ　421
ヒラタハネカクシ亜科　421
ヒラタハバチ科　1178
ヒラタムシ科　419
ヒラタモグリガ科　396
ヒラマメゾウムシ　633
ピラミッドアリ　882
ヒラヤマアミメケブカミバエ　542
ヒラヤマカマガタアブラムシ　578
ヒルガオトリバ　95
ヒルガオハモグリガ　719
ピレネークロベニヒカゲ　632
ビロウドカミキリ　1158
ビロウドコガネ　1158
ビロウドコヤガ　1158
ビロウドセセリ属　59
ビロウドチャタテ科　955
ビロウドツリアブ　86
ビロードスズメ　1158
ビロードマネシアゲハ　136
ヒロオビナミシャク　694
ヒロオビルリマダラ　151
ヒロクチバエ科　152
広腰亜目　550
ヒロズキンバエ　496
ヒロズキンヨコバイ　863
ヒロズコガ科　236
ヒロズマダラヨコバイ　689
ビロードハマキ　1158
ヒロバカゲロウ科　794
ヒロバカレハ　605
ヒロバキバガ科　1230
ヒロバツバメアオシャク　819
ヒロバビロウドハマキ　1054
ヒロムネカワゲラ科　923
ビワコカタカイガラモドキ　581
ビワハゴロモ科　605
ビワハナアザミウマ　654

ふ

ファウストハマキチョッキリ　406
ファブリシャンタカネヒカゲ　858
フイリカツオブシムシ　438

フィリッピンザイノキクイムシ　570
ブースモンキチョウ　41
フェルダーウラナミシジミ　407
フェルラジャノメ　492
フカミドリシジミ　867
フカヤカタカイガラムシ　442
不完全変態類　537
フキアブラムシ　575
フキクロハバチ　177
フキシマハバチ　177
フキトリバ　177
フキハモグリバエ　177
不均翅亜目　351
腹吻群　852
フクラスズメ　888
フクロカイガラムシ科　697
フクロチョウ亜科　185
フクロチョウ属　795
フサカイガラムシ科　849
フサクビヨトウ　188
フサヤガ　452
フシギノモリノオナガシジミ　269
フジコナカイガラムシ　578
フジコナヒゲナガトビコバチ　697
フジシロナガカイガラムシ　1222
フシダカバチ亜科　87
フジタマモグリバエ　1222
フジツボカイガラムシ科　793
フジツボミタマバエ　1222
フジツボロウムシ　76
フジノキクイムシ　581
フシバチ　447
フジハモグリバエ　1222
フジフサキバガ　581
フジマメトリバ　140
フスクスアゲハ　1238
フタイロキクイムシ　93
フタエヘリボシジャコウアゲハ　847
フタオカゲロウ科　871
フタオガ科　296
フタオシジミ属　950
フタオタマムシ　1144
フタオチョウ　491
フタオチョウ属　742, 888
フタオツバメ属　1117
フタオビアツバ　1019
フタオビキヨトウ　348
フタオビコヤガ　503
フタオビツヤゴミムシダマシ　1172
フタオビハトムネヨコバイ　1141
フタオビミドリトラカミキリ　105
フタオムラサキシジミ　222
フタオルリシジミ　134
フタガタカメムシ科　712
フタキボシゾウムシ　1144
ブタクサハムシ　886
ブタジラミ　543
フタシロモンヒメハマキ　96
フタスジイエバエ　80
フタスジカスミカメムシ　1115
フタスジクリイロハマキ　1141
フタスジコナカイガラムシ　1072
フタスジコヤガ　984
フタスジシマメイガ　478
フタスジチョウ　556
フタスジツツハムシ　661
フタスジヒトリ　1141
フタスジヒメハマキ　709
フタスジヒメハムシ　1143
フタツメケシカミキリ　1141
フタテンオエダシャク　1141
フタテンオオヨコバイ　480
フタテンツヅリガ　1076
フタテンツマジロナミシャク　972
フタテントガリバ　266
フタテンヒメヨコバイ　480
フタテンミドリヒメヨコバイ　774
フタテンヨコバイ　52
フタトガリコヤガ　538
フタナミトビヒメシャク　1144
フタバカゲロウ　860
フタフシアリ亜科　10
フタホシオオノミハムシ　1141
フタホシコオロギ　1142
フタホシシロエダシャク　1143, 1205
フタホシテントウ　1142

フタホシナシキジラミ　823
フタホシヒメハマキ　1142
フタモンカスミカメムシ　1142
フタモンキバネエダシャク　955
フタモンマダラメイガ　831
フチグロキシタアゲハ　522
フチグロシロジャノメ　1031
フチグロシロヒメシャク　601
フチグロベニシジミ　957
フチトリゲンゴロウ　688
フチナシツマアカシロチョウ　176
ブチヒゲカメムシ　997
ブチヒゲヤナギドクガ　951
フチベニクロカミキリ　907
フチベニヒメシャク　448
ブチミャクヨコバイ　689
ブチローサムモンキチョウ　369
フトアナアキゾウムシ　382
ブドウオオトリバ　613
ブドウコナジラミ　482
ブドウサルハムシ　157
ブドウスカシクロバ　480
ブドウスカシバ　480
ブドウスズメ　480
ブドウタマバエ　480
ブドウドクガ　481
ブドウトラカミキリ　479
ブドウトリバ　481
ブドウナガタマムシ　420
ブドウネアブラムシ　480
ブドウハマキチョッキリ　481
ブドウハムグリガ　481
ブドウヒメハマキ　479
ブドウホソハマキ　480
フトオハカマジャノメ　603
フトオビアゲハ　25
フトオビキンミスジ　779
フトオビキンモンホソガ　153
フトオビルリアゲハ　1152
フトカミキリ亜科　419
フトケジラミ科　1006
フトスジモンヒトリ　768
フトチャタテ科　1105
フトヒゲトビケラ科　721
フトフタオビエダシャク　382, 1002
フトヘリシロチョウ　56
ブナアオシャチホコ　87
ブナカイガラタマバエ　398
フナガタタマムシ亜科　1240
ブナハアブラムシ　1227
ブナハスジトガリタマバエ　574
不妊性型　1061
フユガガンボダマシ　1221
ブユ科　108
フラーバラゾウムシ　442
プライヤハマキ　874
ブラジルマメゾウムシ　146
プラバラミスジ　1147
ブラベルスゴキブリ科　244
ブランコヤドリバエ　580
ブルーキシタアゲハ　175
ブルドッグアリ　171
ブロミウスルリアゲハ　151
フロリダフタオカラスシジミ　1030
フロリダロウムシ　425
フンバエモドキ科　1235
フンバエ科　356

へ

ベイエリーウグイスコガネ　93
兵蟻　338
ヘカテシロモンマダラ　108
ヘクトールベニモンアゲハ　298
ベスタツマアカシロチョウ　1157
ベダリアテントウ　290, 1156
ペッカリジラミ　201
ペックアカセセリ　826
ベッケリーキイロタテハ　85
ベッコウガガンボ　788
ベッコウバエ科　354
ベッコウハゴロモ　574
ベッコウバチ科　1040
ベッコウバチ上科　859
ヘッセルスギカラスシジミ　537
ベニイタヤノキクイムシ　2

ベニイロキノハタテハ　1129
ベニイロタテハ　899
ベニオビシロチョウ　1059
ベニオビタテハモドキ　1214
ベニオビホソチョウ　792
ベニオビムラサキタテハ　80
ベニカミキリ　894
ベニカメノコハムシ　422
ベニキジラミ　11, 901
ベニゴマダラヒトリ　533
ベニシジミ　1001
ベニシジミ亜科　282
ベニシタバ　931
ベニシタホソチョウ　827
ベニジャノメ　620
ベニシロチョウ　779
ベニスジシジミタテハ　894
ベニスジドクチョウ　1003
ベニスジヒメシャク　907
ベニスズメ　375
ベニトンボ　298
ベニハレギチョウ　901
ベニヒカゲ　574
ベニヒカゲ属　922
ベニヒメシャク　877
ベニヒメヒカゲ　824
ベニフキノメイガ　830
ベニヘリコケガ　930
ベニヘリシロチョウ　1148
ベニボタル科　745
ベニモンアオリンガ　60
ベニモンアゲハ　270
ベニモンオオキチョウ　780
ベニモンカザリシロチョウ　1225
ベニモンクロアゲハ　935
ベニモンシロオビタテハ　405
ベニモンシロチョウ　801
ベニモンシロムラサキ　905
ベニモンタイマイ　3
ベニモンタテハモドキ　133
ベニモンツノカメムシ　903
ベニモンヒョウモンモドキ　464
ベニモンマダラガ　173
ベニモンマネシアゲハ　935
ベニモンミズイロタテハ　756
ヘビトンボ亜目　12
ヘビトンボ科　342
ヘビノボラズツトアブラムシ　74
ヘラクヌギカメムシ　1250
ヘラクレスオオカブトムシ　536
ベラドンナカザリシロチョウ　541
ベラニアツルギタテハ　18
ヘリアカタテハ　298
ベリアクモマツマキチョウ　720
ペリアンデルツバメシジミタテハ　129
ヘリカメムシ　173
ヘリカメムシ科　283
ヘリキスジノメイガ　335
ヘリグロキイロタテハ　584
ヘリグロキマダラタテハ　265
ヘリグロシロチョウ属　191
ヘリグロチャバネセセリ　1010
ヘリグロテントウノミハムシ　243
ヘリグロネキシロチョウ　259
ヘリグロフタオチョウ　1242
ヘリグロベニカミキリ　112
ヘリグロリンゴカミキリ　34
ヘリブトタカネマダラシロチョウ　991
ヘリブトチャイロジャノメ　1030
ヘリブトホソチョウ　461
ヘリブトルリシジミ　772
ヘリボシトンボマダラ　1190
ヘリボシフタオチョウ　216
ヘリボシルリモンジャノメ　538
ヘリモンイシガケチョウ　7
ヘリモンキチョウ　725
ベルスアオジャコウ　91
ヘルマンアカザキバガ　779
ペレイデスモルフォ　380
ヘレナキシタアゲハ　254
ベンケイソウスガ　1138
ヘンリックコツバメ　535

## ほ

ホウオウボククチバ　857

ホウジャク　555
ホウジャクガ亜科　555
膨職蟻型　854
ホウジロアシナガゾウムシ　404
ホウセキフタオチョウ　584
ホウセンカコブアブラムシ　561
ホウセンカヒゲナガアブラムシ　1015
ホオズキカメムシ　1221
ホオノキヒゲナガアブラムシ　576
ボカシハマキ　409
ホクオウベニヒカゲ　41
ホクチチビハナカミキリ　1118
ボクトウガ　465
ボクトウガ科　196
ホクトギンウワバ　959
ボケヒメハバチ　207
ホシアシブトハバチ　577
ホシアワフキ　1047
ホシカカツオブシムシ　637
ホシガタキクイムシ　992
ホシカメムシ科　896
ホシカレハ　862
ホシキオビマダラ　697
ホシササキリ　671
ホシシャク　347
ホシチャタテ科　728
ホシチョウバエ　1052
ホシハトムネヨコバイ　116
ホシハラビロヘリカメムシ　1149
ホシヒメホウジャク　1013
ホシブドウマダラメイガ　887
ホシベニカミキリ　906
ホシボシアゲハ　313
ホシボシキチョウ　1004
ホシボシシジミタテハ　319
ホシボシジャコウアゲハ　671
ホシボシホソガ　671
ホシボシホソチョウ　845
ホシホソバ　346
ホシミミヨトウ　1192
ホシヨコバイ　160
ホソアオバヤガ　507, 864
ホソアトキハマキ　50
ホソアメリカオオトラフトンボ　343
ホソアワフキ　303
ホソウスバフユシャク　576
ホソオタイマイ　832
ホソオツルギタテハ　936
ホソオビアシブトクチバ　738
ホソオビクジャクアゲハ　253
ホソオビトドアワフキ　738
ホソオビフタオチョウ　1222
ホソオビミカズキタテハ　302
ホゾオビミスジ　232
ホソオビミドリシジミ　1145
ホソカタカイガラムシ　739
ホソカタムシ科　309
ホソカバスジナミシャク　606
ホソカブトゴミムシダマシ　119
ホソカミキリ　378
ホソカ科　341
ホソガ科　626, 993
ホソキオビヘリホシヒメハマキ　832
ホソキリンゴカミキリ　1222
細腰亜目　832
ホソクシヒゲムシ科　203
ホソクチゾウムシ亜科　967
ホソクビゴミムシ科　140
ホソクビナガハムシ　378
ホソクモヘリカメムシ　916
ホソケジラミ科　1042
ホソコバネカミキリ　739
ホソコバネナガカメムシ　66
ホソサジヨコバイ　656
ホソサビキコリ　378
ホソショウジョウバエ科　336
ホソチビコクヌスト　981
ホソチビナミシャク　1228
ホソチャタテ科　738
ホソチョウ　1235
ホソチョウシジミ　599
ホソチョウシジミ属　3
ホソチョウ亜科　910
ホソチョウ属　3
ホソツツリンゴカミキリ　37
ホソトガリノメイガ　460

ホソトガリバ　739
ホソネクイハムシ　911
ホソノミ科　954
ホソバアイイロタテハ　976
ホソバウスキヨトウ　667
ホソバエ科　699
ホソバオオゴマダラ　275
ホソバジャコウアゲハ　257
ホソバシャチホコ　740
ホソバタイマイ　3
ホソバトガリエダシャク　436
ホソバトビケラ科　546
ホソバネキンウワバ　1135
ホソハネコバチ科　398
ホソバハイイロハマキ　1118
ホソバハレギチョウ　1163
ホソバヒメハマキ　482
ホソバヒヨウモン　1108
ホソバヒョウモンモドキ　740
ホソバホッキョクヒョウモン　857
ホソハマキガ科　832
ホソハマキモドキガ科　966
ホソバマダラセセリ　566
ホソバマネシミカズキタテハ　661
ホソバルリオビコノハチョウ　956
ホソヒラタアブ　553
ホソヒラタムシ科　420
ホソヘリカメムシ　81
ホソヘリカメムシ科　152
ホソマイコガ科　150
ホソミスジノメイガ　1111
ホソミモリトンボ　755
ホソメダカナガカメムシ　790
ホタルガ　1194
ホタルカミキリ　416
ホタルハムシ　888
ホタル科　416
ホタル上科　190
ボタンズルナミシャク　1011
ボタンヅルフトオヒゲナガアブラムシ　233
ホッキョクタカネヒカゲ　41, 752
ホッキョクヒョウモン　41
ホッキョクベニヒカゲ　69
ポプラシロハモグリ　567
ポプラハバチ　863
ポプラハムシ　626
ポプラヒメハマキ　150
ホホアカクロバエ　127
ホホジロオビキンバエ　521
ホメルスアゲハ　544
ホリイコシジミ　1116
ホリイコノハカイガラムシ　548
ホリシャミスジ　1243
ホリシャルリシジミ　850
ホリシャルリマダラ　361
ホルバートケシカタビロアメンボ　552
ホレースミヤマセセリ　548
ホンシュウマツカサアブラムシ　792
ホンスンキクイムシ　840

## ま

マーガレットシジミタテハ　1253
マーブルベニヒカゲ　686
マーラットコナジラミ　689
マイコガ科　1082
マイトリアヤマヒカゲ　78
マイマイガ　518
マイマイカブリ　577
マイムナウズマキタテハ　373
マイラツマジロウラジャノメ　620
マエアカスカシノメイガ　645
マエアカヒトリ　897
マエウスキノメイガ　82
マエオビアオジャコウ　294
マエキアワフキ　1216
マエキオエダシャク　1235
マエキトビエダシャク　577
マエキヒメシャク　1074
マエキヒロズヨコバイ　573
マエグロハネマダラアブラムシ　1115
マエグロマイマイ　751
マエジロオオヨコバイ　1203
マエジロヤガ　418, 1197
マエトガリベニヒカゲ　727
マエモンオオヤマキチョウ　452

マエモンシロチョウ 401
マガリガ科 1251
マガリキドクガ 1050
マガリキンウワバ 1156
マキアカマルカイガラムシ 50
マキシンハアブラムシ 856
マキバカスミカメムシ 816
マキバサシガメ科 314
マキバジャノメ 695
マキバジャノメ属 695
マキムシモドキ科 1121
マグソコガネ亜科 32
マゴウルリマダラ 673
マサカカツブシムシ 772
マサキスガ 387
マサキタマバエ 387
マサキナガカイガラムシ 387
マサキルリマダラ 365
マスイフサカイガラムシ 692
マスダクロホシタマムシ 116
マダガスカルタテハモドキ 462, 934
マタケコバチ 66
マダラアワフキ 742
マダラエグリバ 689
マダラカギバ 689
マダラカゲロウ亜目 445
マダラカゲロウ科 1042
マダラカスミカメムシ 689
マダラカマドウマ 422, 575
マダラカモドキサシガメ 1108
マダラガ科 629
マダラシミ 416
マダラシロチョウ 1049
マダラシロチョウ属 953
マダラチョウ亜科 716
マダラバエ科 793
マダラバッタ 1014
マダラハネナガウンカ 907
マダラヒメヨコバイ 1014
マダラヒロズヨコバイ 861
マダラマドガ 395
マダラミズメイガ 1175
マダラムラサキヨトウ 304
マダラメイガ亜科 206
マダラヤンマ 708
マダラヨコバイ 1069
マツアカシンムシ 843
マツアカマダラメイガ 842
マツアトキハマキ 844
マツアナアキゾウムシ 844
マツアワフキ 840
マツエダオオアブラムシ 579
マツオオエダシャク 951
マツカキカイガラムシ 843
マツカレハ 841
マツカワノキクイムシ 839
マツキボシゾウムシ 1244
マツキリガ 839
マツキンノニオオアゲハ 670
マツクチナガオオアブラムシ 841
マツクロスズメ 841
マツコナカイガラムシ 841
マツコブキクイゾウムシ 845
マツザイシバンムシ 838
マツシラホシゾウムシ 844
マツシントメタマバエ 839
マツズアカシンムシガ 843
マツスジキクイムシ 840
マツタケチョウバエ 838
マツタケバエ 838
マツチビヒメハマキ 711
マツヅアカシンムシ 579
マツツマアカシンムシ 348, 908
マツトビゾウムシ 163
マツトビヒメハマキ 844
マツノイトカケハバチ 951
マツノカバイロキクイムシ 163
マツノキクイムシ 843
マツノキシロチョウ 839
マツノキハバチ 435
マツノギョウレツケムシガ 842
マツノクロキクイムシ 114
マツノクロホシハバチ 842
マツノコキクイムシ 843
マツノシンマダラメイガ 843
マツノスジキクイムシ 838

マツノツノキクイムシ　27
マツノネキクイムシ　842
マツノヒロスジキクイムシ　838
マツノホソスジキクイムシ　838
マツノマダラカミキリ　579
マツノミドリハバチ　840
マツノムツバキクイムシ　841
マツバノタマバエ　842
マツハバチ科　279
マツバラシラクモヨトウ　357
マツヒメヨコバイ　841
マツヒラタナガカメムシ　839
マツヒラタハバチ　840
マツヘリカメムシ　1184
マツホソオオアブラムシ　838
マツマダラメイガ　841
マツモグリカイガラムシ　843
マツモトコナカイガラムシ　693
マツモトシロトビムシ　693
マツモムシ　1110
マツモムシ科　62
マツリクロホシカイガラムシ　207
マツワラジカイガラムシ　840
マデイラゴキブリ　672
マデイラコナカイガラムシ　672
マテバシイキクイムシ　650
マドガ　580
マドガ科　1220
マドギワアブ科　1219
マドタイスアゲハ　1036
マドチャタテ科　1063
マネアシジミ　994
マネシアゲハ　267
マネシシジミ属　828
マネシミカズキタテハ　710
マメアブラムシ　292
マメクダアザミウマ　82
マメクロアブラムシ　81, 889
マメコガネ　574
マメコバチ　578
マメシンクイガ　1035
マメゾウムシ亜科　819
マメチビタマムシ　82
マメドクガ　83
マメトビコバチ科　1095
マメノメイガ　82
マメハモグリバエ　632
マメハンミョウ　81
マメヒメサヤムシガ　1035
マメホソガ　1035
マメホソクチゾウムシ　82
マメミヤマセセリ　352
マメヨトウ　156
マラヤツマグロヨコバイ　503
マリアナトガリシロチョウ　688
マリポーサベニシジミ　688
マリンカクモンシジミ　688
マルアワフキ　795
マルウンカ　463
マルウンカ科　570
マルオナガキクイムシ　933
マルカイガラムシ科　45
マルガタゴミムシ　463
マルガタビロウドコガネ　933
マルカメムシ　463
マルカメムシ科　853
マルクビクシコメツキ　1089
マルクビケマダラカミキリ　520
マルクビツチハンミョウ　933
マルクビバイオリンムシ　452
マルクロホシカイガラムシ　207
マルケシムシ科　712
マルコガタノゲンゴロウ　642
マルコブスジコガネ　993
マルコポーロモンキチョウ　687
マルシラホシカメムシ　1208
マルスフタオチョウ　569
マルスミフタオチョウ　330
マルズヤセバエ科　1062
マルチャタテ科　707
マルツノゼミ　463
マルトゲムシ科　837
マルトビムシ科　463
マルドロムシ科　713
マルハキバガ科　277
マルハジラミ　610

マルハナノミダマシ科　853
マルハナノミ科　689
マルハナバチ属　172
マルバネウスバ　592
マルバネカスリタテハ　1059
マルバネカラスシジミ　308
マルバネキイロミスジ　1156
マルバネキオビアゲハ　1122
マルバネコヒオドシ　602
マルバネサカハチアゲハ　1184
マルバネシロチョウ属　517
マルバネツマアカシロチョウ　615
マルバネヒメヒョウモン　1186
マルバネヒョウモンモドキ　370
マルバネモンキタテハ　429
マルバネルリマダラ　782
マルバネワモン　260
マルバネワモンチョウ　587
マルバヒトツメコジャノメ　316
マルハラコバチ科　830
マルビナアイイロタテハ　892
マルミズムシ科　881
マルモンサビカミキリ　1007
マレーウラギンシジミ　565
マレーコノハチョウ　626
マレーミヤマオオミスジ　345
マンゴーカタカイガラムシ　680
マンゴーキジラミ　679
マンゴーハフクレタマバエ　679
マンシュウイトトンボ　136
マントベニヒカゲ　1244
マントラヤドリギツバメ　407

み

ミイロタイマイ　879
ミイロヤドリギシジミ　450
ミカズキタテハ　1107
ミカズキタテハ属　297
ミカドアゲハ　265
ミカドアリバチ　1157
ミカドウスバアゲハ　561
ミカドオオアリ　195
ミカドキクイムシ　708
ミカドハマダラミバエ　708
ミカドフキバッタ　1156
ミカドマダラメイガ　708
ミカンカキカイガラムシ　879
ミカンキイロアザミウマ　1185
ミカンキジラミ　230
ミカンクロアブラムシ　228
ミカンクロトゲコナジラミ　227
ミカンコナカイガラムシ　229
ミカンコナジラミ　231
ミカンコミバエ　790
ミカンセマルヒゲナガゾウムシ　658
ミカンツボミタマバエ　575
ミカントゲカメムシ　230
ミカントゲコナジラミ　230
ミカンナガカイガラムシ　230
ミカンナガカキカイガラムシ　464
ミカンナガタマムシ　420
ミカンネコナカイガラムシ　228
ミカンバエ　228, 579
ミカンハモグリガ　229
ミカンヒメコナカイガラムシ　229
ミカンヒメヨコバイ　1013
ミカンヒメワタカイガラムシ　290
ミカンヒモワタカイガラムシ　1013
ミカンマルカイガラムシ　188
ミカンマルハキバガ　229
ミカンワタカイガラムシ　290
ミカンワタコナジラミ　1227
ミギワバエ科　977
ミグドニアアイイロタテハ　124
ミコバチ科　950
ミジカオカワゲラ　979
ミジカオカワゲラ科　1221
ミジントビムシ科　978
ミジンハサミムシ　637
ミジンムシダマシ科　1130
ミジンムシ科　713
ミズアオフタオチョウ　128
ミズアブ　573
ミズアブ科　1023
ミズイロオビモンフタオチョウ　809

ミズイロタテハ　538
ミズイロフタオチョウ　19
ミズカゲロウ科　1044
ミズカマキリ　220, 1173
ミズカメムシ科　1174
ミズキカタカイガラムシ　389
ミズキヒラタアブラムシ　343
ミズギワカメムシ科　977
ミスジアオリンガ　372
ミスジコナフエダシャク　275
ミスジシロチョウ　1252
ミスジツマキリエダシャク　606
ミスジトガリバ　1238
ミスジトガリヨコバイ　556
ミスジノメイガ　82
ミスジハマダラミバエ　223
ミスジミバエ　1071
ミスジモドキ　955
ミスジモドキ属　848
ミズスマシ科　1193
ミズタカラシアブラムシ　192
ミズトビムシ　1174
ミズトビムシ科　1020
ミズムシ科　1172
ミズメイガ亜科　218
ミゾガシラシロアリ科　1075
ミゾヒメアリ　333
ミダムスルリマダラ　133, 136
ミダレカクモンハマキ　39
ミツアリ　545
ミツオシジミ　268
ミツオトラフアゲハ　1111
ミツギリゾウムシ科　1064
ミツクリハバチ　13
ミツツボアリ　545
ミツバセイボウ　303
ミツバチシラミバエ　87
ミツバチシラミバエ科　87
ミツバチ科　88
ミツバチ上科　88
ミツハリキクイムシ　1109
ミツボシタテハ　136
ミツボシフタオツバメ　240
ミツモンキンウワバ　1110
ミデイアツマキチョウ　399
ミドリカスミカメムシ　1096
ミドリカタカイガラムシ　503
ミドリカミキリ　996
ミドリカメノコハムシ　505
ミドリカワゲラ科　505
ミドリキンバエ　496
ミドリコツバメ　499
ミドリシジミ亜科　519
ミドリタテハ　675
ミドリツチハンミョウ　496
ミドリツヅリガ　503
ミドリトビハムシ　565
ミドリヒゲナガ　501
ミドリヒメヨコバイ　1004
ミドリヒョウモン　987
ミドリフトヨコバイ　502
ミドリモンキチョウ　89
ミドリリンガ　538
ミドリワタカイガラムシ　503
ミナミアオカメムシ　1030
ミナミアメリカミバエ　679
ミナミイトトンボ科　1108
ミナミウラナミジャノメ　339
ミナミカバマダラ　1023
ミナミキイロアザミウマ　700
ミナミキチョウ　1004
ミナミケモノハジラミ科　691
ミナミコモンマダラ　134, 316
ミナミススケセセリ　1033
ミナミハンノオオカミキリ　614
ミナミヒカゲ　256
ミナミヒョウモン属　1249
ミナミフタオチョウ　1093
ミナミミカドアゲハ　807
ミナミモンキチョウ　747
ミノウスバ　827
ミノガ科　63
ミノムシ　941
ミバエ科　440
ミフシハバチ科　42
ミミズク　54

ミミモンエダシャク　363
ミヤケカレハ　715
ミヤザキキクイムシ　715
ミヤマアカネ　70
ミヤマアカネシロチョウ　895
ミヤマアカヤガ　877
ミヤマアワフキ　726
ミヤマイナズマ　259
ミヤマウスバアゲハ　616
ミヤマカギバヒメハマキ　1213
ミヤマカバキリガ　237
ミヤマカミキリ　216
ミヤマカラスシジミ　1201
ミヤマクロスジキノカワガ　945
ミヤマクロバエ　128
ミヤマクワガタ　715
ミヤマコホソハマキ　77
ミヤマシジミ　913
ミヤマシジミ属　135
ミヤマシロオビヒカゲ　261
ミヤマセセリ属　360
ミヤマダイコクコガネ　576
ミヤマナミシャク　1180
ミヤマヒゲボソゾウムシ　726
ミヤマヒョウモン　824
ミヤマヒラタハムシ　726
ミヤママルツノゼミ　59
ミヤマモンキチョウ　718
ミヤマヤナギヒメハマキ　1219
ミヤマヨトウ　806
ミルミドーネモンキチョウ　315
ミンミンゼミ　924

## む

ムカシシロアリ科　57
ムカシタイマイ　432
ムカシトンボ　912
ムカシトンボ亜目　341
ムカシハナバチ亜科　852
ムカシハナバチ科　1236
ムカシヒカゲ　677
ムカシヒカゲ属　796
ムカシヤンマ科　488
ムギアカタマバエ　1191
ムギウスイロアブラムシ　928
ムギカスミカメムシ　1191
ムギキイロハモグリバエ　76
ムギキカラバエ　1192
ムギキベリハモグリバエ　76
ムギキモグリバエ　483, 1192
ムギクビボソハムシ　1191
ムギクビレアブラムシ　767
ムギクロタマバエ　121
ムギクロハモグリバエ　76
ムギスジハモグリバエ　284, 1191
ムギチャイロカメムシ　1083
ムギトガリヨコバイ　1191
ムギハバチ　1192
ムギヒゲナガアブラムシ　381
ムギヒサゴトビハムシ　76
ムギミドリアブラムシ　506
ムギヤガ　483
ムギワラギクオマルアブラムシ　626
ムクゲエダシャク　149
ムクゲカメムシ科　586
ムクゲキノコムシ科　403, 406
ムクゲコノハ　440
ムクツマキシャチホコ　31
無翅亜綱　40
ムシクソハムシ　59
ムシヒキアブモドキ科　735
ムシヒキアブ科　923
ムジホソバ　170
ムツアカネ　105
ムツテンヨコバイ　992
ムツボシキジラミ　992
ムツボシタマムシ　992
ムツボシツツハムシ　992
ムツボシヒメヨコバイ　992
ムツモンオトシブミ　992
ムツレタマカイガラムシ　650
ムナカタミズメイガ　733
ムナキルリハムシ　910
ムナグロズキンヨコバイ　118
ムナブトヒメスカシバ　927

ムネアカアワフキ　893
ムネアカウマバエ　1111
ムネアカオオアリ　610
ムネツヤサビカミキリ　938
ムネホシシロカミキリ　1202
ムネボソアリ　552
ムネマダラトラカミキリ　488
無弁翅類　2
ムモンアケボノアゲハ　253
ムモンウラアオシジミ　560
ムモンキスジノミハムシ　178
ムモンキチョウ　1126
ムモンキチョウ属　1126
ムモンギンボシヒョウモン　4
ムモンシロオオメイガ　692
ムモンチャイロベニヒカゲ　897
ムモンニセクロセセリ　354
ムモンハモグリガ科　1132
ムモンベニヒカゲ　715
ムラサキイチモンジ　1197
ムラサキウスモンヤガ　1203
ムラサキエダシャク　879
ムラサキオオツチハンミョウ　1163
ムラサキオオベニシジミ　879
ムラサキオナガウラナミシジミ　430
ムラサキカメムシ　879
ムラサキキンウワバ　706
ムラサキコノハチョウ　564
ムラサキシタバ　235, 878
ムラサキシャチホコ　880
ムラサキタテハ　934
ムラサキツバメ　867
ムラサキツマキリヨトウ　623
ムラサキテングチョウ　55
ムラサキフクロチョウ　879
ムラサキベニシジミ　880
ムラサキミドリシジミ　355
ムラサキミドリシジミ属　519
ムラサキヨトウ　84
ムラサキワモンチョウ　756

## め

メアカンキクイムシ　696
メイガヒゲナガコマユバチ　794
メイガ科　484
メインコツバメ　138
メガネトリバネアゲハ　870
メガミニシキシジミ　934
メキシコキスジシロチョウ　1160
メキシコフクロチョウ　795
メキシコマルバネカラスシジミ　704
メキシコミバエ　705
メゲラツマジロウラジャノメ　1168
メスアカケバエ　574
メスアカシロチョウ　812
メスアカハバチ　336
メスアカフタオチョウ　135
メスアカムラサキ　314
メスアカモンアゲハ　611
メスキオビタテハ　975
メスキギンボシヒョウモン　751
メスクロキアゲハ　118
メスグロヒョウモン　942
メスグロベニシジミ　878
雌職蟻型　336
メスシロキチョウ　1241
メスシロキチョウ属　564
メスジロコノハチョウ　7
メスシロシジミタテハ　715
メスジロルリモンジャノメ　811
メスチャヒカゲ　26
メスベニルリシジミ　128
メスルリツバメシジミ　1188
メダカナガカメムシ　999
メダカハネカクシ亜科　1174
メダケタマバエ　854
メドウスニセコジャノメ　749
メナシシミ科　1075
メナデンシスアサギマダラ　678
メナモミトックリアブラムシ　578
メネラウスモルフォ　132
メバエ科　1105
メミズムシ科　1158

メムシガ科　976
メムノーンフクロチョウ　795
メリッサミヤマシジミ　781
メルポメネーアカスジドクチョウ　865
メロアザミウマ科　587
メロンサビカミキリ　700
メンガタスズメ　327

## も

モウソウタマゴバチ　66
モオリフタオチョウ　677
モーレイキンジャノメ　1011
モクゲンジニタイケアブラムシ　472
モクメクチバ　204
モクメシャチホコ　881
モクメヨトウ　418
モグリチビガ科　708
モクレンヒゲナガマダラアブラムシ　576
モッコクトガリキジラミ　1103
モトモンキチョウ　802
モニナイナズマ　676
モニマアイイロタテハ　339
モノサシトンボ科　853
モフクセセリ　443
モミイボアブラムシ　580
モミカキカイガラムシ　580
モミジニタイケアブラムシ　184
モミシロカイガラムシ　580
モミジワタカイガラムシ　290, 875
モミノオオキバチ　550
モミノコキクイムシ　598
モミモンオナガコバチ　1
モモアカアブラムシ　502
モモイロツマアカシロチョウ　135
モモキバガ　820
モモグロチビツツハムシ　816
モモコフキアブラムシ　696
モモシンクイガ　819
モモスズメ　819
モモチョッキリ　819
モモノゴマダラノメイガ　819
モモハバチ　819
モモハモグリガ　819
モモブトジマメゾウムシ　514
モリシロジャノメ　148
モルフォチョウ属　720
モルモンギンボシヒョウモン　719
モロコシクキイエバエ　451
モロコシマダラメイガ　636
モロッコツマアカシロチョウ　333
モンオビヒメヨトウ　1044
モンカゲロウ科　174
モンカゲロウ上科　174
モンキアカタテハ　55
モンキアゲハ　900
モンキキリガ　944
モンキクロカスミカメムシ　731
モンキクロノメイガ　481
モンキシロシャチホコ　1205
モンキシロノメイガ　412
モンキチョウ　790
モンキチョウ亜科　1249
モンキチョウ属　238
モンキヒロズヨコバイ　1242
モンクキバチ　1160
モンクロギンシャチホコ　117
モンクロシャチホコ　212
モンクロベニカミキリ　117
モンシロチョウ　180, 276
モンシロチョウ亜科　1213
モンシロチョウ属　1213
モンシロツマキリエダシャク　1209
モンシロドクガ　166
モンスズメバチ　549
モンセマルホソヒラタムシ　333
モントガリバ　819, 1046
モンヘリアカヒトリ　237
モンヤガ亜科　1247

## や

ヤエナミシャク　955
ヤエヤマイチモンジ　1057
ヤエヤマシロチョウ　1070
ヤエヤマムラサキ　676, 1046

ヤガ科　796
ヤギジラミ　1075
ヤギシロトビムシ　1231
ヤギハジラミ　465
ヤクシマルリシジミ　264
ヤサイゾウムシ　1156
ヤシオオオサゾウムシ　50
ヤシコナカイガラムシ　810
ヤシシロマルカイガラムシ　623
ヤシトビイロマルカイガラムシ　1042
ヤジリシジミ　46
ヤスジシャチホコ　373
ヤスシハカマカイガラムシ　1232
ヤスジマルバヒメシャク　295
ヤセバチ科　382
ヤセバチ上科　394
ヤチダモノオオキクイムシ　622
ヤチダモノキクイムシ　1085
ヤチダモノクロキクイムシ　118
ヤチダモノナガキクイムシ　579
ヤチダモハバチ　115
ヤチバエ科　690
ヤツデキジラミ　406
ヤツバキクイムシ　372
ヤツボシツツハムシ　373
ヤツメカミキリ　373
ヤドカリチョッキリ　814
ヤドリギアブラムシ　598
ヤドリギツバメ　820
ヤドリギツバメ属　934
ヤドリキバチ科　814
ヤドリスズメバチ　303
ヤドリタマバチ科　413
ヤドリチビシギゾウ　1015
ヤドリバエ科　1092
ヤナギアカモンハバチ　1218
ヤナギアブラムシ　944
ヤナギカキカイガラムシ　1218
ヤナギカラスシジミ　2
ヤナギカワウンカ　1215
ヤナギキジラミ　1218
ヤナギキリガ　348
ヤナギギンモンホソガ　659
ヤナギグンバイ　1217
ヤナギケアブラムシ　580, 944
ヤナギコハマキ　1216
ヤナギコハモグリ　989
ヤナギコブオオアブラムシ　620
ヤナギコブタマバエ　944
ヤナギサザナミヒメハマキ　922
ヤナギシリジロゾウムシ　1215
ヤナギシロカイガラムシ　1218
ヤナギシントメタマバエ　393
ヤナギチュウレンジバチ　1218
ヤナギツマジロヒメハマキ　945
ヤナギトガリキジラミ　1219
ヤナギドクガ　951
ヤナギナガタマムシ　88
ヤナギナミシャク　587
ヤナギノミゾウムシ　1216, 1218
ヤナギハトムネヨコバイ　506
ヤナギハマキ　151
ヤナギハマキホソガ　1126
ヤナギハムシ　862
ヤナギハモグリバエ　1217
ヤナギヒメヨコバイ　1217
ヤナギフタオアブラムシ　944
ヤナギマルタマバエ　1215
ヤナギメフシハバチ　1216
ヤナギモンキチョウ　458
ヤナギルリチョッキリ　1216
ヤナギルリハムシ　1217
ヤナギワタカイガラムシ　1216
ヤノイスアブラムシ　1231
ヤノクチナガオオアブラムシ　1231
ヤノナミガタチビタマムシ　1253
ヤノネカイガラムシ　46
ヤノハモグリバエ　76
ヤハズカミキリ　323
ヤハズナミシャク　689
ヤブカラスシジミ　1106
ヤブキリ　981
ヤブコウジハマカイガラムシ　123
ヤブツバキウロコタマバエ　187
ヤブニッケイシロカイガラムシ　188
ヤブニッケイマルカイガラムシ　226

ヤホシテントウ　671
ヤマアサキジラミ　539
ヤマアリ亜科　1144
ヤマイモハムシ　339
ヤマオオイナズマ　41
ヤマキチョウ　149
ヤマキチョウ属　774
ヤマクダマキモドキ　229
ヤマダカレハ　884
ヤマトカギバ　576
ヤマトキジラミ　991
ヤマトゴキブリ　575
ヤマトシジミ　804
ヤマトシミ　792
ヤマトシロアリ　580
ヤマトタマムシ　577
ヤマトツノアブラムシ　577
ヤマトニジュウシトリバ　1231
ヤマトハキリバチ　573
ヤマトビケラ科　941
ヤマトフタオアブラムシ　25
ヤマトンボ科　923
ヤマノイモコガ　1231
ヤママユ　580
ヤママユガ科　457
ヤマモモコナジラミ　735
ヤリバエ科　1037
ヤンマ科　324
ヤンマ上科　5

## ゆ

有翅亜綱　1220
有翅職蟻　874
有性型　971
ユウヅキミスジ　804
有吻亜目　915
有弁翅類　186
ユウマダラエダシャク　673
ユーラシアヒメヒカゲ　215
ユーラシアベニヒカゲ　963
ユウレイセセリ　919
ユキシリアゲムシ科　1020
ユキヤナギアブラムシ　1043
ユキワリベニヒカゲ　1051
ユスリカバエ科　1024
ユスリカ科　708
ユスリカ属　125
ユズリハノキクイムシ　315
ユベンタヒメゴマダラ　510
ユリキイロアザミウマ　646
ユリクダアザミウマ　646
ユリクビナガハムシ　646
ユリノキヒゲナガアブラムシ　830

## よ

蛹生類　876
ヨーロッパオウトウミバエ　213
ヨーロッパキタテハ　365
ヨーロッパシロチョウ　999
ヨーロッパタイマイ　959
ヨーロッパチビムカシハナバチ　691
ヨーロッパニレノキクイムシ　376
ヨーロッパネズミノミ　757
ヨーロッパヒオドシチョウ　619
ヨーロッパヒゲコガネ　442
ヨーロッパフタオチョウ　1144
ヨーロッパベニモンカラスシジミ　560
ヨーロッパミヤマクワガタ　1057
ヨーロッパリンゴアブラムシ　33
ヨコスジヨトウ　235
ヨコバイ亜科　630
ヨコバイ亜目　544
ヨコヤマヒゲナガカミキリ　88
ヨシウスオビカザリバ　281
ヨシウンカ　834
ヨシカレハ　352
ヨシノキヨトウ　1017
ヨシブエナガキクイムシ　1250
ヨシヨトウ　619
ヨスジナミシャク　432, 619
ヨスジノメイガ　574
ヨスジヒシウンカ　434
ヨツスジシラホシサビカミキリ　304
ヨツスジトラカミキリ　731

ヨツスジハナカミキリ　434
ヨツスジヒメシンクイ　534
ヨツテンアオシャク　434
ヨツテンヨコバイ　434
ヨツボシイエカ　945
ヨツボシオオアリ　434
ヨツボシカミキリ　434
ヨツボシカメムシ　434
ヨツボシクサカゲロウ　500
ヨツボシトンボ　433
ヨツボシナガサルハムシ　434
ヨツボシハムシ　434
ヨツボシホソバ　433
ヨツボシヤシコクゾウムシ　811
ヨツメアオシャク　224
ヨツメキクイムシ　214
ヨツメハネカクシ亜科　771
ヨツメヒメシャク　96
ヨツモンカスミカメムシ　434
ヨツモンヒメヨコバイ　1013
ヨツモンマエシロアオシャク　126
ヨツモンマメゾウムシ　292
ヨトウオオサムライコマユバチ　287
ヨトウガ　178
ヨトウガ亜科　285
ヨナクニサン　53
ヨパスニセコジャノメ　1080
ヨメナシロハモグリバエ　52
ヨメナスジハモグリバエ　52
ヨメナヒメヒゲナガアブラムシ　1250
ヨモギイボタマバエ　730
ヨモギウストビホソハマキ　729
ヨモギエダシャク　730
ヨモギガ　729, 1046
ヨモギキリガ　578
ヨモギクキコブタマバエ　727
ヨモギケブカツツミノガ　965
ヨモギコブアブラムシ　1013
ヨモギシロケフシタマバエ　729
ヨモギシロテンヨコバイ　487
ヨモギタマバエ　729
ヨモギトリバ　998
ヨモギネムシガ　729
ヨモギハアブラムシ　730
ヨモギハナツツミノガ　729
ヨモギハマダラミバエ　729
ヨモギハムシ　729
ヨモギヒゲナガアブラムシ　730
ヨモギフシアブラムシ　729
ヨモギホソガ　730
ヨモギヨコバイ　729
ヨモギワタタマバエ　730
ヨロイバエ科　89

## ら

ラクダムシ亜目　1018
ラクダムシ科　1018
ラダックモンキチョウ　602
ラックカイガラムシ　601
ラックカイガラムシ科　601
ラッフルズセセリ　911
ラトタイユベニモンアゲハ　929
ラヌスマルカイガラムシ　403
ラマムラサキシジミ　319
ラミーカミキリ　888
ラリムナミスジ　492
ランガオオミスジ　120
ランクロホシカイガラムシ　1152
ランシロカイガラムシ　788
ランタナアフリカゴマシジミ　817
ランタナカラスシジミ　614
ランタナコツバメ　1014
ランツボミタマバエ　125
ランノアザミウマ　331
ランノオビアザミウマ　789
ランミモグリバエ　788

## り

リサチビイシガケ　266
リスハジラミ科　826
リュウガンコノハカイガラムシ　661
リュウキュウアサギマダラ　130, 207
リュウキュウウラボシシジミ　430
リュウキュウクロコガネ　104

リュウキュウツヤハナムグリ 305
リュウキュウミスジ 270
リュウキュウムラサキ 259
リュウキュウムラサキ属 371
リュウグウニシキシジミ 738
両生カメムシ群 860
リンゴアオナミシャク 503
リンゴアナアキゾウ 39
リンゴカキカイガラムシ 796
リンゴカミキリ 38
リンゴカレハ 34
リンゴカワノキクイムシ 980
リンゴキジラミ 38
リンゴクロカスミカメムシ 36
リンゴケンモン 35
リンゴコカクモンハマキ 1082
リンゴコシンクイ 678
リンゴコブアブラムシ 36
リンゴコブガ 38
リンゴコフキゾウムシ 35
リンゴシジミ 109
リンゴシロスジカミキリ 932
リンゴシロヒメハマキ 397
リンゴスガ 35
リンゴスカシクロバ 822
リンゴツツミノガ 34
リンゴツノエダシャク 36
リンゴツボミタマバエ 34
リンゴツマキリアツバ 34
リンゴドクガ 1247
リンゴノコキクイムシ 37
リンゴハイイロハマキ 35
リンゴハナゾウムシ 34
リンゴハバチ 33
リンゴハマキホソガ 59
リンゴハマキモドキ 36
リンゴハモグリガ 753
リンゴピストルミノガ 38
リンゴヒメシンクイ 35
リンゴマダラヨコバイ 37
リンゴミバエ 35
リンゴムツボシタマムシ 420
リンゴワタムシ 1226
リンドウハモグリバエ 450
リンネセイボウ 935

## る

ルイスオオキクイムシ 642
ルイスクビナガハムシ 118
ルイスザイノキクイムシ 642
ルイスナガキクイムシ 642
ルーミスシジミ 1094
ルソンカラスアゲハ 666
ルビーアカヤドリコバチ 847
ルビーロウムシ 909
ルリアカガネタテハ 460
ルリアゲハ 739
ルリイクビチョッキリ 681
ルリウラナミシジミ 317
ルリウラナミシジミ属 207
ルリエンマムシ 148
ルリオトシブミ 131
ルリオビウラベニタテハ 898
ルリオビトガリバワモンチョウ 952
ルリオビナミシャク 1233
ルリオビヤイロタテハ 127
ルリカミキリ 821
ルリクチブトカメムシ 128
ルリコンボウハバチ 573
ルリシジミ 543
ルリシジミ属 59
ルリダキイロタテハ 666
ルリタテハ 126
ルリチュウレンジ 59
ルリハダホソクロバ 137
ルリハムシ 131
ルリヒラタカミキリ 1164
ルリフチアイイロタテハ 464
ルリヘリコイナズマ 552
ルリボシアカタテハ 1186
ルリボシカミキリ 116
ルリホシカムシ 255
ルリボシタテハモドキ 1242
ルリボシヤンマ 263
ルリマダラ 348, 1141

ルリマダラフタオチョウ　953
ルリマダラ属　300
ルリムラサキタテハモドキ　462, 934
ルリモモブトハバチ　128
ルリモンアゲハ　814
ルリモンウラスジタテハ　52
ルリモンエダシャク　137
ルリモンジャノメ　268
ルリモンジャノメ属　811
ルリモンフタオチョウ　1183
ルリモンワモンチョウ　587
ルリワモンチョウ　316

## れ

レイビシロアリ科　354
レサスオナガタイマイ　717
レタオオミスジ　676
レダカラスシジミ　631
レタミドリシジミ　1176
裂額亜目　733
レックスマダラアゲハ　911
レテキオビアカタテハ　779
レテノールモルフォ　132

## ろ

ローゼンベルクカザリシロチョウ　930
ロードスベニヒカゲ　748
ロクスシジミ　1064
ロクセラナキマダラモドキ　624
ロシアヒメヒカゲ　937
ロスチャイルドトリバネアゲハ　931
ロッキーウラアオシジミ　1202
ロッキーベニシジミ　750
ロッキーベニヒカゲ　758
ロッキーモンキチョウ　1188
ロルキンイチモンジ　662

## わ

ワイデマイヤーイチモンジ　1180
ワイルマンネグロシャチホコ　749
ワオオビシジミタテハ　385
ワカヤマシロカイガラムシ　1167
ワキジロマルツノゼミ　175
ワケギコブアブラムシ　971
ワタアカキリバ　288
ワタアカミムシ　845
ワタアブラムシ　287
ワタアブラムシ科　1226
ワタコナカイガラムシ　539
ワタナベシジミ　260
ワタナベトゲミギワバエ　918
ワタナベトビムシモドキ　1172
ワタノメイガ　288
ワタフキカイガラムシ科　454
ワタヘリクロノメイガ　287
ワタミガ　288
ワタミハナゾウムシ　140
ワタミヒゲナガゾウムシ　248
ワタムシヤドリコバチ　1226
ワタリウスアオシロチョウ　619
ワタリオオキチョウ　238
ワタリンガ　1046
ワダンコブアブラムシ　602
ワモンキシタバ　921
ワモンゴキブリ　20
ワモンノメイガ　1054
ワモンハマダラミバエ　91
ワモンヒョウタンゾウムシ　642
ワラビツメナシアブラムシ　144
ワレモコウシリキリアブラムシ　949

# 世界の昆虫
# 英名辞典
# vol. 3 索引
# 学名索引

# A

*Abagratis barnesi* 235
*Abagrotis alternata* 494
*Abagrotis anchocelioides* 134
*Abagrotis cupida* 304
*Abantiades marcidus* 74
*Abantis bismarcki* 98
*Abantis ja* 341
*Abantis leucogaster* 1068
*Abantis meru* 702
*Abantis paradisea* 814
*Abantis rubra* 937
*Abantis tettensis* 1050
*Abantis venosa* 1157
*Abantis zambesiaca* 1252
*Abebaea cervella* 472
*Abedus indentatus* 1119
*Abegesta remellalis* 1212
*Abgrallaspis cyanophylli* 308
*Abgrallaspis ithacae* 534
*Abgrallaspis palmae* 810
*Abia iridescens* 568
*Abisara* 585
*Abisara chela* 1044
*Abisara delicata* 9
*Abisara echerius* 854
*Abisara echerius suffusa* 564
*Abisara fylla* 319
*Abisara kausambi* 1064
*Abisara neavei* 742
*Abisara neophron* 1093
*Abisara rogersi dollmani* 926
*Abisara saturata kausambioides* 677
*Abisara savitri* 676
*Abisara talantus* 131
*Abispa ephippium* 56
*Abraxas* 1
*Abraxas grossulariata* 673
*Abraxas grossulariata conspurata* 673
*Abraxas miranda* 673
*Abraxas pantaria* 644
*Abraxas plumbeata* 673
*Abraxas sylvata* 237
*Abraxas sylvata microtate* 237
*Abraximorpha davidii ermasis* 673
*Abricta curvicosta* 425
*Abrocomophaga chilensis* 219
*Abrostola microvalis* 713
*Abrostola ovalis* 795
*Abrostola trigemina* 1038
*Abrostola tripartita* 1038
*Abrostola triplasia* 322
*Abrostola urentis* 1038
*Abrota ganga* 969
*Abryna obscura* 653
*Acada biseriata* 59
*Acallurothrips nogutii* 751
*Acalolepta argentata* 299
*Acalolepta fraudatrix* 1158
*Acalolepta ginkgovora* 460
*Acalolepta luxuriosa* 1146
*Acalolepta sejuncta* 997
*Acalolepta vastator* 412
*Acalymma trivittata* 1188
*Acalymma vittatum* 1071
Acalyptrata 2
Acanaloniidae 2
*Acanthaeschna victoria* 1112
*Acanthagrion quadratum* 706
*Acanthinothrips spectrum* 458
*Acanthobemisia distylii* 341
*Acanthobrahmaea europaea* 525
*Acanthocephala* 627
*Acanthocephala femorata* 424
*Acanthocephala terminalis* 627
Acanthocerinae 281
*Acanthocinus aedilis* 1115
*Acanthocinus griseus* 689
*Acanthococcus carolinae* 81

*Acanthococcus devoniensis* 531
*Acanthocoris sordidus* 1221
*Acantholipes trimeni* 1127
*Acantholyda* 844
*Acantholyda erythrocephala* 840
*Acantholyda maculiventris* 404
*Acantholyda nemoralis* 119
*Acantholyda nipponica* 900
*Acantholyda sasakii* 951
*Acanthomia* 1042
*Acanthomyops claviger* 1015
*Acanthomyops interjectus* 623
*Acanthomytilus hawaiiensis* 527
*Acanthomytilus miscanthi* 714
*Acanthophila alacella* 643
*Acanthoplus longipes* 658
*Acanthops falcata* 1026
*Acanthops falcataria* 1026
*Acanthopsyche atra* 360
*Acanthopsyche tristis* 1105
Acanthopteroctetidae 41
*Acanthoscelides obtectus* 83
*Acanthoscelides puniceus* 711
*Acanthosoma denticauda* 893
*Acanthosoma haemorrhoidale* 528
*Acanthosoma labiduroides* 915
Acanthosomatidae 975
*Acanthosphinx guessfeldti* 1214
*Acanthotomicus spinosus* 762
*Acanthoxyla* 870
*Acanthoxyla geisovii* 870
*Acanthoxyla inermis* 1147
*Acanthoxyla prasina* 870
Acartophthalmidae 2
*Acasis viretata viretata* 1233
*Acasis viridata* 775
*Acentria ephemerella* 1174
*Aceratagallia sanguinolenta* 239
*Acerella* 1022
Acerentomidae 2
*Acericecis ocellaris* 771
*Acetropis americana* 21
*Achaea catella* 69
*Achaea exea* 679
*Achaea janata* 299
*Achaea obvia* 784
*Achalarus casica* 705
*Achalarus lyciades* 542
*Achalarus tehuacana* 1101
*Achalarus toxeus* 292
*Achallarus albociliatus* 993
*Acharia horrida* 132
*Acharia stimulea* 941
*Achatodes zeae* 374
*Acherdoa ferraria* 222
*Acherontia* 327
*Acherontia atropos* 327
*Acherontia lachesis* 327
*Acherontia styx* 1001
*Acherontia styx crathis* 327
*Acheta* 410
*Acheta domesticus* 553
Achilidae 3
*Achillides paris* 814
*Achillides polyctor* 268
*Achilus flammeus* 899
*Achlya flavicornis* 1238
*Achlya ridens* 439
*Achlyodes busirus* 1155
*Achlyodes busirus heros* 457
*Achlyodes pallida* 809
*Achlyodes thraso* 982
*Achroia grisella* 641
*Achurum sumichrasti* 1082
*Achyra affinitalis* 1179
*Achyra llaguenalis* 449
*Achyra occidentalis* 1185
*Achyra rantalis* 449
*Acia lineatifrons* 482
*Aciagrion* 997

*Aciagrion dondoense* 778
*Aciagrion fragilis* 133
*Aciagrion occidentale* 49
*Aciagrion pimheyi* 379
*Acidalia decorata* 374
*Acigona chrysographella* 799
*Acilius sulcatus* 859
*Acinia picturata* 1026
*Acinopterus angulatus* 27
*Acisoma* 838
*Acisoma panorpoides* 837, 848
*Acisoma trifidum* 571
*Acisoma variegatum* 512
*Acizzia acaciaebaileyanae* 281
*Acizzia jamatonica* 991
*Acizzia sasakii* 951
*Aclerda tokionis* 67
Aclerdidae 3
Acleridae 484
*Acleris affinitana* 874
*Acleris albicomana* 898
*Acleris aspersana* 1075
*Acleris boscana ulmicola* 576
*Acleris britannia* 150
*Acleris caledoniana* 182
*Acleris chalybeana* 638
*Acleris comariana* 1067
*Acleris cristana* 1212
*Acleris effractana* 546
*Acleris ferrugana* 939
*Acleris flavivittana* 732
*Acleris forbesana* 428
*Acleris forsakaleana* 431
*Acleris fuscana* 998
*Acleris gloverana* 1183
*Acleris hastiana* 526
*Acleris holmiana* 1062
*Acleris hyemana* 215
*Acleris laterana* 151
*Acleris latifasciana* 151
*Acleris lipstana* 595
*Acleris literana* 1051
*Acleris logiana* 655
*Acleris lorquiniana* 324
*Acleris maccana* 723
*Acleris maculidorsana* 1058
*Acleris minuta* 1237
*Acleris negundana* 1037
*Acleris nivisellana* 1021
*Acleris notana* 1124
*Acleris permutana* 170
*Acleris platynotana* 1141
*Acleris rhombana* 915
*Acleris robinsoniana* 924
*Acleris rufana* 348
*Acleris scabrana* 487
*Acleris schalleriana* 655
*Acleris shepherdana* 974
*Acleris sparsana* 48
*Acleris tripunctana* 1124
*Acleris undulana* 203
*Acleris variana* 109
*Acleris variegana* 448
*Acleros mackenii* 670
*Acleros nigrapex* 867
*Acleros ploetzi* 854
*Acmaeodera* 1047
*Acmaeodera pulchella* 420
*Acmaeodera scalaris* 181
Acmaeoderinae 1240
*Acoloithus falsarius* 234
*Acoloithus rectarius* 1149
*Acompsia cinerella* 47
*Aconopsylla sterculiae* 599
*Acontia cretata* 208
*Acontia dacia* 159
*Acontia lucida* 806
*Acontia nitidula* 150
*Acosmeryx castanea* 480
*Acosmetia caliginosa* 910

*Acossus populi* 50
*Acraea* 3
*Acraea abdera* 1
*Acraea acara* 2
*Acraea acerata* 1087
*Acraea acrita* 411
*Acraea admatha* 887
*Acraea aganice* 1169
*Acraea aglaonice* 232
*Acraea alcione* 12
*Acraea alciope* 12
*Acraea althoffi* 17
*Acraea andromacha* 461
*Acraea anemosa* 151
*Acraea asboloplintha* 121
*Acraea atolmis* 960
*Acraea aubyni* 53
*Acraea aurivillii* 54
*Acraea axina* 650
*Acraea barberi* 74
*Acraea bonasia* 140
*Acraea boopis* 887
*Acraea cabira* 1232
*Acraea caecilia* 845
*Acraea caldarena* 119
*Acraea chaeribula* 1003
*Acraea egina* 374
*Acraea encedana* 836
*Acraea encedon* 1195
*Acraea endoscota* 625
*Acraea epaea* 254
*Acraea eponina* 1007
*Acraea esebria* 357
*Acraea horta* 447
*Acraea igola* 359
*Acraea issoria* 1235
*Acraea jodutta* 584
*Acraea johnstoni* 584
*Acraea leucographa* 915
*Acraea lycoa* 666
*Acraea lygus* 667
*Acraea machequena* 670
*Acraea mima* 710
*Acraea natalica* 741
*Acraea neobule* 1170
*Acraea nohara* 644
*Acraea obliqua* 1232
*Acraea oncaea* 926
*Acraea oreas* 99
*Acraea orestia* 789
*Acraea orina* 792
*Acraea parrhasia* 1247
*Acraea penelope* 827
*Acraea perenna* 399
*Acraea petraea* 124
*Acraea pharsalus* 364
*Acraea pudorina* 593
*Acraea quadricolor* 432
*Acraea quirina* 261
*Acraea rabbaiae* 233
*Acraea rogersi* 926
*Acraea sambavae* 461
*Acraea satis* 222
*Acraea serena* 1007
*Acraea sotikensis* 1026
*Acraea stenobea* 1076
*Acraea sykesi* 1090
*Acraea tellus* 780
*Acraea terpsicore* 1098
*Acraea trimeni* 1127
*Acraea utengulensis* 1096
*Acraea uvui* 1116
*Acraea vesperalis* 889
*Acraea vesta* 1235
*Acraea violae* 1098
*Acraea violarum* 1038
*Acraea zetes* 618
Acraeinae 910
*Acrida cinerea* 791
*Acrida conica* 455

*Acrida hungarica mediterranea* 1019
Acrididae 485
Acridinae 1131
Acridoidea 485
*Acripeza reticulata* 726
*Acritocera negligens* 611
*Acrobasis advenella* 350
*Acrobasis angusella* 539
*Acrobasis belludella* 320
*Acrobasis betulella* 97
*Acrobasis caryae* 826
*Acrobasis caryivorella* 825
*Acrobasis comptoniella* 1087
*Acrobasis consociella* 151
*Acrobasis demotella* 1169
*Acrobasis exsulella* 283
*Acrobasis grossbecki* 825
*Acrobasis hebescella* 825
*Acrobasis indigenella* 36
*Acrobasis juglandis* 825
*Acrobasis kearfottella* 592
*Acrobasis nuxvorella* 826
*Acrobasis palliolella* 681
*Acrobasis pyrivorella* 822
*Acrobasis repandana* 1171
*Acrobasis rubrifasciella* 13
*Acrobasis rufilimbalis* 855
*Acrobasis sodalella* 186
*Acrobasis sylviella* 569
*Acrobasis tokiella* 36
*Acrobasis tricolorella* 1127
*Acrobasis tumidana* 176
*Acrobasis tumidella* 1171
*Acrobasis vaccinii* 293
*Acrocercops amurensis* 23
*Acrocercops brongniardella* 1105
*Acrocercops cathedraea* 628
*Acrocercops chionosema* 669
*Acrocercops imperialella* 666
*Acrocercops laciniella* 123
*Acrocercops plebeia* 1176
*Acrocercops zygonoma* 680
Acroceridae 1005
*Acrocinus longimanus* 524
*Acroclita subsequana* 242
*Acrodectes philopagus* 17
*Acrodipsas* 29
*Acrodipsas aurata* 469
*Acrodipsas brisbanensis* 608
*Acrodipsas cuprea* 304
*Acrodipsas decima* 328
*Acrodipsas hirtipes* 100
*Acrodipsas illidgei* 560
*Acrodipsas melania* 508
*Acrodipsas mortoni* 157
*Acrodipsas myrmecophila* 998
*Acrodispas arcana* 120
*Acrolepia alliella* 981
*Acrolepia assectella* 632
*Acrolepia autumnitella* 339
Acrolepiidae 401
*Acrolepiopsis incertella* 197
*Acrolepiopsis sapporensis* 16
*Acrolepiopsis suzukiella* 1231
Acrolophidae 175
*Acrolophus arcanella* 485
*Acrolophus cressoni* 297
*Acrolophus mycetophagus* 437
*Acrolophus panamae* 812
*Acrolophus piger* 836
*Acrolophus plumifrontella* 367
*Acrolophus popeanella* 234
*Acrolophus propinquus* 1169
*Acrolophus sacchari* 1079
*Acrolophus texanella* 1104
*Acromachus dubius* 339
*Acromachus pygmaeus* 837
*Acromachus stigmata* 1157
*Acromyrmex* 627
*Acroneuria* 273

*Acroneuria californica* 185
*Acronicta aceris* 1090
*Acronicta afflicta* 6
*Acronicta americana* 312
*Acronicta auricoma* 312
*Acronicta betulae* 96
*Acronicta brumosa* 210
*Acronicta clarescens* 232
*Acronicta connecta* 280
*Acronicta dactylina* 414
*Acronicta euphorbiae* 1086
*Acronicta euphorbiae myricae* 1086
*Acronicta exilis* 396
*Acronicta fallax* 501
*Acronicta fragilis* 436
*Acronicta funeralis* 443
*Acronicta grisea* 486
*Acronicta haesitata* 537
*Acronicta hamamelis* 1222
*Acronicta hasta* 1037
*Acronicta hastulifera* 438
*Acronicta heitzmani* 532
*Acronicta impleta* 1237
*Acronicta impressa* 562
*Acronicta inclara* 1147
*Acronicta increta* 1031
*Acronicta innotata* 1149
*Acronicta intermedia* 890
*Acronicta interrupta* 567
*Acronicta laetifica* 853
*Acronicta leporina* 709
*Acronicta leporina leporella* 709, 1197
*Acronicta lepusculina* 289
*Acronicta lithospila* 1068
*Acronicta lobeliae* 494
*Acronicta longa* 661
*Acronicta major* 156
*Acronicta marmorata* 685
*Acronicta megacephala* 862
*Acronicta menyanthidis* 644
*Acronicta modica* 699
*Acronicta morula* 771
*Acronicta noctivaga* 749
*Acronicta oblinita* 1015
*Acronicta ovata* 795
*Acronicta psi* 509
*Acronicta radcliffei* 886
*Acronicta retardata* 913
*Acronicta rubricoma* 936
*Acronicta spinigera* 752
*Acronicta strigosa* 690
*Acronicta superans* 1044
*Acronicta tridens* 317
*Acronicta tritona* 1128
*Acronicta vinnula* 330
*Acronicta vulpina* 709
Acronictinae 312
*Acrophtalmia* 806
*Acrophylla titan* 1117
*Acrosathe annulata* 242
*Acrossidius tasmaniae* 1097
*Acrosternum hilare* 504
*Acrotelsa collaris* 988
*Acrotylus insubricus* 337
*Acrydium granulatum* 479
Actatinae 1155
*Actebia fennica* 101
*Actenicerus pruinosus* 438
*Actias artemis aliena* 665
*Actias dubernardi* 219
*Actias gnoma* 665
*Actias isabellaea* 1036
*Actias luna* 665
*Actias selene* 564
*Actias selene ningpoana* 718
*Actinor radians* 1157
*Actinote anteas* 252
*Actinote guatemalena guatemalena* 515
*Actinote lapitha lapitha* 801
*Actinote lapithaca lderoni* 801

*Actinote melampeplos melampeplos* 143
*Actinote pellenea* 1005
*Actinotia polyodon* 877
*Actizera lucida* 892
*Actizera stellata* 238
*Actrix nyssaecolella* 1135
Aculeata 4
*Acupicta delicatum* 322
*Acutaspis albopicta* 11
*Acutaspis perseae* 909
*Acyphas leucomelas* 777
*Acyrthosiphon caraganae* 192
*Acyrthosiphon cercidiphylli* 591
*Acyrthosiphon chelidonii* 889
*Acyrthosiphon genistae* 1222
*Acyrthosiphon kondoi* 126
*Acyrthosiphon linderae* 91
*Acyrthosiphon malvae* 827
*Acyrthosiphon perillae* 830
*Acyrthosiphon pisum* 818
*Acyrthosiphon scariolae* 641
*Acyrthosiphon spartii* 157
*Acyrthosiphon syringae* 1091
*Acysta perseae* 58
*Acytolepis lilacea* 523
*Adaina ambrosiae* 19
*Adaina microdactyla* 534
*Adalia bipunctata* 1142
*Adalia decempunctata* 1102
*Adela* 398
*Adela caeruleella* 1030
*Adela cuprella* 945
*Adela degeerella* 329
*Adela fibulella* 438
*Adela flammeusella* 418
*Adela purpurea* 1216
*Adela reaumurella* 501
*Adela ridingsella* 920
*Adela rufimitrella* 892
*Adela trigrapha* 1110
*Adela viridella* 501
*Adelges abietis* 1054
*Adelges cooleyi* 350
*Adelges japonicus* 577
*Adelges nuesslini* 985
*Adelges piceae* 65
*Adelges viridis* 1053
Adelgidae 279
Adelinae 656
*Adelium brevicorne* 156
*Adelotypa annuliera* 214
*Adelotypa eudocia* 1116
*Adelotypa huebneri* 555
*Adelpha* 991
*Adelpha abyla* 573
*Adelpha affica* 6
*Adelpha alala* 11
*Adelpha aricia* 236
*Adelpha barnesia* 76
*Adelpha barnesia leucas* 641
*Adelpha basiloides* 1044
*Adelpha boeotia* 138
*Adelpha boeotia oberthuri* 768
*Adelpha boreas* 449
*Adelpha bredowii* 185
*Adelpha californica* 185
*Adelpha capucinus* 191
*Adelpha cocala lorzae* 663
*Adelpha cocala* 243
*Adelpha cytherea* 417
*Adelpha cytherea marcia* 687
*Adelpha delinita* 439
*Adelpha delinita utina* 1150
*Adelpha demialba* 1209
*Adelpha diazi* 336
*Adelpha diocles* 979
*Adelpha donysa donysa* 344
*Adelpha epione* 1195
*Adelpha erotia* 384
*Adelpha erymanthis* 466

*Adelpha erymanthis esperanza* 385
*Adelpha ethelda* 385
*Adelpha eulalia* 44
*Adelpha felderi* 407
*Adelpha fessonia* 706
*Adelpha fessonia fessonia* 69
*Adelpha gelania* 30
*Adelpha heraclea* 535
*Adelpha iphicleola iphicleola* 568
*Adelpha iphiclus* 568
*Adelpha irmina* 569
*Adelpha jordani* 585
*Adelpha justina* 589
*Adelpha leuceria leuceria* 1246
*Adelpha leucerioides leucerioides* 1099
*Adelpha leucophthalma* 1207
*Adelpha levona* 642
*Adelpha lycorias* 845
*Adelpha lycorias melanthe* 845
*Adelpha malea* 407
*Adelpha malea fundania* 443
*Adelpha melanthe* 892
*Adelpha melona* 701
*Adelpha mesentina* 702
*Adelpha messana* 702
*Adelpha milleri* 710
*Adelpha mythra* 736
*Adelpha naxia naxia* 742
*Adelpha nea* 959
*Adelpha nea sentia* 968
*Adelpha olynthia* 777
*Adelpha paraena* 692
*Adelpha paraena massilia* 692
*Adelpha paroeca paroeca* 815
*Adelpha phylaca phylaca* 834
*Adelpha pithys* 849
*Adelpha plesaure* 554
*Adelpha radiata* 1069
*Adelpha salmoneus salmonides* 469
*Adelpha salus* 946
*Adelpha saundersii* 780, 952
*Adelpha seriphia* 466
*Adelpha serpa* 203
*Adelpha serpa celerio* 203
*Adelpha syma* 1091
*Adelpha thesprotia* 1105
*Adelpha thessalia* 1105
*Adelpha thoasa* 1107
*Adelpha tracta* 1123
*Adelpha ximena* 1230
*Adelpha zea* 1252
*Adelphocoris albonotatus* 434
*Adelphocoris lineolatus* 14
*Adelphocoris rapidus* 889
*Adelphocoris superbus* 1083
*Adelphocoris suturalis* 118
*Adelphocoris variabilis* 1142
Adephaga 194
Aderidae 29
*Aderorhinus crioceroides* 1234
*Adhemarius blanchardorum* 123
*Adhemarius eurysthenes* 152
*Adisura atkinsoni* 58
*Adlerodea petrovna* 832
*Adoneta spinuloides* 878
*Adopaeoides bistriata* 986
*Adopaeoides prittwitzi* 1083
*Adoretus bicaudatus* 207
*Adoretus sinicus* 220
*Adoretus tenuimaculatus* 159
*Adorypharus coulonii* 900
*Adoxophyes fasciculana* 786
*Adoxophyes honmai* 1014
*Adoxophyes negundana* 975
*Adoxophyes orana* 1082
*Adoxophyes orana fasciata* 1082
*Adoxophyes privatana* 36
*Adoxophyes templana* 230
*Adrama determinata* 1100
*Adrasteia proximella* 116

*Adrasteia seduitella* 763
*Adreppus fallaz* 252
*Adreppus* sp. 807
*Adris suthepensis* 440
*Adscita geryon* 227
*Adscita statices* 430
*Adversaeschna brevistyla* 136
*Aedes* 411, 1020
*Aedes aboriginis* 758
*Aedes aegypti* 1236
*Aedes albopictus* 1114
*Aedes alternans* 963
*Aedes australis* 946
*Aedes camptorhynchus* 1032
*Aedes caspius* 946
*Aedes cinerous* 1012
*Aedes communis* 1020
*Aedes detritus* 946
*Aedes dorsalis* 164
*Aedes nocturnus* 749
*Aedes notoscriptus* 1072
*Aedes sierrensis* 1189
*Aedes sinicus* 428
*Aedes sollicitans* 473
*Aedes solliicitans* 946
*Aedes squamiger* 185
*Aedes sticticus* 423
*Aedes taeniorhynchus* 115
*Aedes triseriatus* 1125
*Aedes ventrovittis* 115
*Aedes vexans* 566, 1160
*Aedes vexans nipponii* 1160
*Aedes vigilax* 946
*Aedes vittiger* 511
*Aedia leucomelas* 1088
*Aegeria geliformis* 639
*Aegeria pyri* 821
*Aegiale hesperiaris* 1102
Aegialitidae 5
Aegialitinae 5
*Aelia acuminata* 98
*Aelia fieberi* 403
*Aellopos clavipes* 232
*Aellopos fadus* 398
*Aellopos tantalus* 1096
*Aellopos titan* 1117
*Aemilia ambigua* 894
*Aemona amathusia* 1235
*Aenalis lewisi* 1203
*Aenasoidea varia* 847
*Aeneolamia* 1079
*Aenetus* 1044
*Aenetus eximius* 252
*Aenetus ligniveren* 273
*Aenetus virescens* 877
Aenictinae 45
Aenochromatidae 190
*Aeolesthes chrysothrix* 1235
*Aeolesthes sarta* 231
*Aeolophides tenuipennis* 739
*Aeoloplides turnbulli* 938
Aeolothripidae 73
*Aeolothrips fasciatus* 1073
*Aepophilus bonnairei* 688
*Aeria eurimedia* 73
*Aeria eurimedia pacifica* 799
*Aeromachus* 964
*Aeromachus jhora* 511
*Aeromachus kali* 136
*Aeromachus pygmaeus* 882
*Aeropedellus clavatus* 240
*Aeropetes tulbaghia* 1092
*Aeschna affinis* 1031
*Aeschna caerulea* 60
*Aeschna canadensis* 188
*Aeschna clepsydra* 723
*Aeschna crenata* 981
*Aeschna cyanea* 1030
*Aeschna eremita* 603
*Aeschna grandis* 161

*Aeschna interrupta* 1153
*Aeschna juncea* 263
*Aeschna mixta* 708
*Aeschna multicolor* 255
*Aeschna palmata* 799
*Aeschna serrata* 65
*Aeschna subarctica* 138
*Aeschna tuberculifera* 119
*Aeschna umbrosa* 971
*Aeschna verticalis* 365, 505
*Aeschna viridis* 499
Aeschnidae 324
Aeschnoidea 5
*Aeschynteles maculatus* 197
*Aesiotes leucurus* 310
*Aesiotes notabilis* 839
Aetalionidae 5
*Aethalura ignobilis* 574
*Aethalura intertexta* 432
*Aethalura punctulata* 508
*Aetherastis circulata* 934
*Aethes dilucidana* 1243
*Aethes francillana* 436
*Aethes hartmanniana* 80
*Aethes hospes* 72
*Aethes margaritana* 780
*Aethes razowskii* 892
*Aethes rubigana* 173
*Aethes rutilana* 77
*Aethes seriatana* 969
*Aethes smeathmanniana* 1015
*Aethes sonorae* 1068
*Aethes tesserana* 1103
*Aethes williana* 988
*Aethilla chiapa* 540
*Aethilla echina echina* 370
*Aethilla eleusinia* 951
*Aethilla lavochrea* 1242
*Aethina concolor* 538
*Aethina tumida* 1005
*Aethiopana honorius* 261
*Aethriamanta* 4
*Aethriamanta brevipennis* 378
*Aethriamanta rezia* 881
*Africallagma elongatum* 995
*Africallagma glaucum* 1085
*Africallagma sapphirinum* 950
*Africallagma sinuatum* 43
*Afrida ydatodes* 361
*Afroclanis calcareus* 935
*Afroclanis neavi* 742
*Afroposia oenotherana* 871
*Afrosphinx amabilis* 958
*Agabus* 922
*Agabus undulatus* 1056
*Agalope infausta* 16
Agaonidae 413
*Agapanthia daurica* 1237
*Agapanthia villosoviridescens* 469
*Agapata hamana* 546
*Agapema anona* 704
*Agapema galbina* 488
*Agapeta zoegana* 1255
*Agapostemon* 703
*Agarista agricola* 585
Agaristidae 430
*Agasicles hygrophila* 15
*Agasphaerops nigra* 646
*Agatasa calydonia* 463
*Agathia carissima* 507
Agathiphagidae 592
*Agathon comstocki* 277
*Agathymus alliae* 715
*Agathymus aryxna* 43
*Agathymus baueri* 1232
*Agathymus belli* 90
*Agathymus comstocki* 277
*Agathymus dawsoni* 326
*Agathymus escalantei* 384
*Agathymus estelleae* 158

*Agathymus evansi* 147
*Agathymus fieldi* 411
*Agathymus gilberti* 1182
*Agathymus hoffmanni* 543
*Agathymus indecisa* 515
*Agathymus juliae* 586
*Agathymus mariae* 826
*Agathymus micheneri* 707
*Agathymus neumoegeni* 183
*Agathymus neumoegeni judithae* 746
*Agathymus polingi* 858
*Agathymus remingtoni* 241
*Agathymus rethon* 109
*Agathymus ricei* 920
*Agathymus stephensi* 183
*Agdistis bennettii* 965
*Agdistis tamaricis* 1095
*Agelaia panamaensis* 194
*Agelastica alni* 12
*Agelastica coerulea* 12
*Ageneotettix deorum* 1213
*Agenocimbex jucunda* 577
*Aglais* 1123
*Aglais cashmirensis* 565
*Aglais ladakensis* 602
*Aglais milberti* 708
*Aglais urticae* 1011
*Aglais urticae connexa* 1011
*Aglaope infausta* 1003
*Aglaothorax diminutiva* 337
*Aglaothorax gurneyi* 517
*Aglaothorax longipennis* 677
*Aglaothorax morsei* 721
*Aglaothorax ovata* 795
*Aglia tau* 1097
*Aglia tau microtau* 1250
*Aglossa caprealis* 1011
*Aglossa cuprina* 488
*Aglossa dimidiata* 114
*Aglossa disciferalis* 846
*Aglossa pinguinalis* 619
*Agnorisma badinodis* 802
*Agnorisma bugrai* 249
*Agonopterix* 419
*Agonopterix alstroemeriana* 17
*Agonopterix angelicella* 25
*Agonopterix arenella* 150
*Agonopterix assimilella* 360
*Agonopterix atomella* 506
*Agonopterix canadensis* 189
*Agonopterix capreolella* 191
*Agonopterix carduella* 1107
*Agonopterix ciliella* 610
*Agonopterix cnicella* 965
*Agonopterix conterminella* 1218
*Agonopterix curvilinella* 307
*Agonopterix curvipunctosa* 867
*Agonopterix heracliana* 260
*Agonopterix kaekeritziana* 494
*Agonopterix nanatella* 194
*Agonopterix nervosa* 476
*Agonopterix ocellana* 902
*Agonopterix pallorella* 804
*Agonopterix propinquella* 772
*Agonopterix purpurea* 639
*Agonopterix robiniella* 432
*Agonopterix rotundella* 926
*Agonopterix subpropinquella* 936
*Agonopterix thelmae* 1105
*Agonopterix ulicetella* 618
*Agonopterix umbellana* 476
*Agonopterix walsinghamella* 1169
*Agonopterix yeatiana* 1232
*Agonoscelidus nubila* 662
*Agonoscelis rutila* 548
*Agonoxena argaula* 245
*Agonoxena pyrogramma* 246
Agonoxenidae 810
*Agonum* 1133
*Agonum belleri* 90

*Agonum maculicolle* 1133
*Agonum scitulum* 425
*Agopostemon texanus* 1086
*Agraulis* 661
*Agraulis vanillae* 517
*Agraulis vanillae incarnata* 517
*Agriades cassiope* 530
*Agriades franklinii* 540
*Agriades glandon* 41
*Agriades glandon podarce* 982
*Agriades pheretiades* 1113
*Agriades pyrenaicus* 450
*Agriades zullichi* 1255
*Agrianome spinicollis* 857
*Agrias aedon rodriguezi* 489
*Agrias amydon* 1207
*Agrias claudina* 465
Agrilinae 145
*Agrilus* 1139
*Agrilus alesi* 13
*Agrilus angustulus* 762
*Agrilus anixus* 155
*Agrilus aurichalceus* 929
*Agrilus auriventris* 420
*Agrilus biguttatus* 1142
*Agrilus bilineatus* 1141
*Agrilus coxalis* 468
*Agrilus cyaneoniger* 420
*Agrilus hyperici* 1057
*Agrilus komareki* 420
*Agrilus liragus* 156
*Agrilus marginicollis* 420
*Agrilus occipitalis* 227
*Agrilus planipennis* 379
*Agrilus ruficollis* 903
*Agrilus sinuatus* 990
*Agrilus sinuatus yokoyamai* 990
*Agrilus spinipennis* 420
*Agrilus sulcicollis* 391
*Agrilus viridis* 88
*Agriocnemis* 1222
*Agriocnemis exilis* 652
*Agriocnemis falcifera* 1203
*Agriocnemis femina femina* 837
*Agriocnemis gratiosa* 477
*Agriocnemis pinheyi* 845
*Agriocnemis pygmaea* 882
*Agriocnemis ruberrima* 787
Agrionidae 740
*Agriopis aurantiaria* 960
*Agriopis leucophaearia* 1051
*Agriopis marginaria* 346
*Agriotes* 235
*Agriotes lineatus* 257
*Agriotes litigiosus* 234
*Agriotes maneus* 1192
*Agriotes obscurus* 769
*Agriotes ograe fuscicollis* 76
*Agriotes sputator* 234
*Agriphila culmella* 1065
*Agriphila inquinatellus* 77
*Agriphila ruricolellus* 640
*Agriphila straminella* 484
*Agriphila vulgivagella* 1151
*Agrius cingulatus* 847
*Agrius convolvuli* 1087
*Agrochola circellaris* 147
*Agrochola emmedonia* 159
*Agrochola haematidea* 1029
*Agrochola helvola* 425
*Agrochola litura* 165
*Agrochola lota* 902
*Agrochola lychnidis* 81
*Agrochola macilenta* 1240
*Agroiconota judaica* 585
*Agromyza albipennis* 76
*Agromyza betulae* 92
*Agromyza flaviceps* 547
*Agromyza frontella* 13
*Agromyza morivora* 731

*Agromyza nigripes* 126
*Agromyza oryzae* 918
*Agromyza parvicornis* 283
*Agromyza potentillae* 928
*Agromyza wistariae* 1222
*Agromyza yanonis* 76
Agromyzidae 628
*Agrotera nemoralis* 83
*Agrotis* 308
*Agrotis cinerea* 644
*Agrotis clavis* 529
*Agrotis crassa* 490
*Agrotis crinigera* 621
*Agrotis dislocata* 1013
*Agrotis exclamationis* 530
*Agrotis exclamationis informis* 530
*Agrotis graslini* 1225
*Agrotis herzogi* 1036
*Agrotis infusa* 138
*Agrotis ipsilon* 105
*Agrotis longidentifera* 159
*Agrotis malefida* 807
*Agrotis munda* 159
*Agrotis orthogonia* 808
*Agrotis photophila* 644
*Agrotis porphyricollis* 1153
*Agrotis puta* 981
*Agrotis radians* 159
*Agrotis ripae* 947
*Agrotis segetum* 308
*Agrotis spinifera* 508
*Agrotis tokionis* 308
*Agrotis trux* 297
*Agrotis venerabilis* 358
*Agrotis vestigialis* 41
*Agrotis vetusta* 774
*Agrypnus binodulus* 159
*Agrypnus fuliginosus* 378
*Agrypnus variabilis* 1079
*Agulla* 272
*Agulla adnixa* 269
*Aguna albistria leucogramma* 1210
*Aguna asander* 468
*Aguna aurunce* 537
*Aguna claxon* 379
*Aguna coeloides* 54
*Aguna metophis* 1092
*Aguriahana quercus* 764
*Aguriahana stellulata* 986
*Agymnastus ingens* 664
*Agyrtacantha dirupta* 1127
*Ahasver advena* 428
*Ahlbergia haradai* 870
*Aiceona actinodaphnis* 4
*Aides brilla* 149
*Aides dysoni* 362
*Aiolomorphus rhopalvides* 66
*Aiolopus tamulus* 1014
*Aiolopus thalassinus* 661
*Akajimatora bella* 894
*Akkaia polygoni* 831
*Alabama argillacea* 288
*Alaena* 1255
*Alaena amazoula* 1050
*Alaena amazoula ochroma* 1248
*Alaena interposita hauttecoeuri* 397
*Alaena johanna* 584
*Alaena margaritacea* 1222
*Alaena picata* 1255
*Alainites muticus* 569
*Alalomantis muta* 187
*Alarodia slossoniae* 799
*Alatuncusia bergii* 91
*Alaus lusciosus* 43
*Alaus melanops* 397
*Alaus myops* 124
*Alaus oculatus* 366
*Alaus zunianus* 1034
*Albulina* 42
*Albulina asiatica* 60

*Albulina omphisa* 358
*Albulina orbitulus* 16
*Albulina pheretes* 725
*Albuna fraxini* 1165
*Albuna oberthuri* 470
*Albuna pyramidalis* 416
*Alcaeorrhynchus grandis* 869
*Alcathoe carolinensis* 233
*Alcides zodiaca* 1255
*Alcidion cereicola* 525
*Alcidodes dentipes* 1073
*Alcis angulifera* 707
*Alcis jubata* 346
*Alcis jubata melanonota* 346
*Alcis repandata* 723
*Aldania imitans* 12
*Alectoria superba* 297
*Aleimma loeflingiana* 655
*Alenia namaqua* 737
*Alenia sandaster* 591
*Aleochara bilineata* 934
Aleocharinae 770
*Alera haworthiana* 495
*Aletia argillacea* 289
*Aletia griseipennis* 320
*Aletia mellifera* 490
*Aleucis distinctata* 998
*Aleurocanthus camelliae* 187
*Aleurocanthus cheni* 211
*Aleurocanthus cinnamomi* 188
*Aleurocanthus husaini* 556
*Aleurocanthus spiniferus* 230
*Aleurocanthus woglumi* 227
*Aleurodicus destructor* 246
*Aleurodicus dispersus* 1043
*Aleurodicus dugesii* 459
*Aleurolobus barodensis* 1079
*Aleurolobus marlatti* 689
*Aleurolobus olivinus* 777
*Aleurolobus szechwanensis* 1091
*Aleurolobus taonabae* 482
*Aleuroplatus coronata* 300
*Aleurothrixus floccosus* 1227
*Aleurothrixus howardii* 554
*Aleurothrixus proletella* 180
*Aleurotrachelus atratus* 811
*Aleurotrachelus camelliae* 187
*Aleurotrachelus ishigakiensis* 570
*Aleurotrachelus jelinekii* 1160
*Aleurotrachelus trachoides* 1088
*Aleurotuberculatus aucubae* 53
*Aleurotuberculatus euryae* 394
*Aleurotuberculatus hikosanensis* 544
*Aleurotuberculatus minutus* 571
*Aleurotuberculatus similis* 836
*Aleurotubulus anthuricola* 30
*Alexicles aspersa* 13
*Aleyrodes brassicae* 180
*Aleyrodes elevatus* 413
*Aleyrodes fragariae* 1067
*Aleyrodes lonicerae* 546
*Aleyrodes shizuokensis* 796
*Aleyrodes spiraeoides* 568
Aleyrodidae 1199
Aleyrodina 1199
*Algarobius bottimeri* 594
*Algia fasciata* 146
*Aliograpta obliqua* 268
*Allacrotelsa spinulata* 1041
*Allagrapha aerea* 1149
*Allancastria cerisyi* 366
*Allantus albicinctus* 1067
*Allantus cinctus* 72
*Allantus luctifer* 1026
*Allantus meridionalis* 929
*Allantus nakabusensis* 213
Alleculidae 251
*Allenius iviei* 1221
*Allocnemis leucosticta* 468
*Allograpta* 264

*Allomyrina dichotoma dichotoma* 577
*Allonemobius* 512
*Allonemobius allardi* 15
*Allonemobius fasciatus* 1072
*Allonemobius fultoni* 442
*Allonemobius funeralis* 358
*Allonemobius griseus* 486
*Allonemobius maculatus* 1047
*Allonemobius shalontaki* 222
*Allonemobius socius* 1030
*Allonemobius sparsalus* 946
*Allonemobius tinnulus* 1116
*Allonemobius walkeri* 1167
*Allophyes oxyacanthae* 496
*Allora* 59
*Allora doleschallii* 820
*Allora major* 494
*Allosmaitia strophius* 1074
*Allotinus* 324
*Allotinus drumila* 296
*Allotinus fabius* 26
*Allotinus horsfieldi* 258
*Allotinus multistrigatus* 490
*Allotinus subviolaceus* 128
*Allotinus taras* 166
*Allotinus unicolor* 637
*Allotopus moellenkampi moseri* 473
*Allotria elonympha* 404
*Allotrichosiphum kashicola* 395
*Alnella alneti* 441
*Alniphagus aspericollis* 12
*Alniphagus costatus* 12
*Alobaldia tobae* 1118
*Alobates* 324
*Alobates pennsylvanica* 402
*Aloeides almeida* 16
*Aloeides apicalis* 857
*Aloeides aranda* 40
*Aloeides arida* 43
*Aloeides bamptoni* 67
*Aloeides barbarae* 74
*Aloeides barklyi* 76
*Aloeides braueri* 146
*Aloeides caffrariae* 141
*Aloeides caledoni* 182
*Aloeides carolynnae* 195
*Aloeides clarki* 246
*Aloeides conradsi* 280
*Aloeides damarensis* 313
*Aloeides dentatis* 926
*Aloeides depicta* 331
*Aloeides dicksoni* 336
*Aloeides dryas* 1124
*Aloeides egerides* 900
*Aloeides gowani* 477
*Aloeides henningi* 535
*Aloeides juana* 585
*Aloeides kaplani* 591
*Aloeides lutescens* 1227
*Aloeides macmasteri* 694
*Aloeides maluti* 678
*Aloeides margaretae* 688
*Aloeides mbuluensis* 694
*Aloeides merces* 1167
*Aloeides molomo* 716
*Aloeides monticola* 203
*Aloeides nollothi* 751
*Aloeides nubilus* 236
*Aloeides oreas* 789
*Aloeides pallida* 456
*Aloeides penningtoni* 828
*Aloeides pierus* 1068
*Aloeides pringlei* 871
*Aloeides quickelbergei* 884
*Aloeides rileyi* 921
*Aloeides rossouwi* 930
*Aloeides simplex* 590
*Aloeides stevensoni* 1061
*Aloeides susanae* 1084
*Aloeides swanepoeli* 1086

*Aloeides talkosama* 6
*Aloeides thyra* 726
*Aloeides titei* 1117
*Aloeides trimeni* 1127
*Aloeides vansoni* 1152
*Aloephagus myersi* 16
*Aloha ipomoeae* 1088
*Alosterna tabacicolor* 1118
*Alphitobius diaperinus* 637
*Alphitobius laevigatus* 108
*Alphitophagus bifasciatus* 1172
*Alsophila aescularia* 687
*Alsophila japonensis* 821
*Alsophila pometaria* 399
*Altica* 703
*Altica caerulescens* 247
*Altica calinata* 376
*Altica canadensis* 868
*Altica chalybea* 480
*Altica cyanea* 427
*Altica ericeti* 531
*Altica ignita* 1066
*Altica latericosta* 1071
*Altica lythri* 609
*Altica sylvia* 135
*Altica ulmi* 376
*Altica viridicyanea* 1013
Alticinae 422
*Altinote alcione sodalis* 781
*Altinote dicaeus* 894
*Altinote hilaris* 585
*Altinote momina* 831
*Altinote negra demonica* 449
*Altinote neleus* 845
*Altinote ozomene* 603
*Altinote ozomene nox* 603
*Altinote stratonice* 781
*Altinote stratonice oaxaca* 781
*Alucita flavofascia* 449
*Alucita hexadactyla* 1138
*Alucita japonica* 1231
*Alucita monospilalis* 1205
*Alucita montana* 991
*Alucita objurgatella* 768
*Alucita spilodesma* 570
Alucitidae 682
Alydidae 152
*Alypia langtonii* 416
*Alypia octomaculata* 373
*Alypia ridingsi* 920
*Alypia wittfeldii* 1222
*Alypiodes bimaculata* 1142
*Amara chalcites* 463
*Amara communis* 1082
*Amara plebeja* 1082
Amarini 967
*Amarynthis meneria* 894
*Amata fortunei* 821
*Amata germana* 1115
*Amata germana nigricauda* 1099
*Amata phegea* 750
*Amata trigonophora* 1114
*Amathusia andamanensis* 24
*Amathusia phidippus phidippus* 810
*Amathuxidia amythaon* 598
*Amathuxidia amythaon dilucida* 598
*Amauris albimaculata* 625
*Amauris dannfelti* 315
*Amauris ellioti* 28
*Amauris hecate* 108
*Amauris niavius* 437
*Amauris niavius dominicanus* 437
*Amauris nossima* 671
*Amauris ochlea* 760
*Amauris tartarea* 717
*Amauromyza belamcandae* 568
*Amauromyza maculosa* 125
*Amauronematus fallax* 1218
*Amaurosoma* 1115
*Amaurosoma armillatum* 919

*Amaurosoma flavipes* 919
*Ambeodontus tristis* 1144
*Ambionoxia palpalis* 360
*Amblopala avidiena* 219
*Amblycera* 19
*Amblycorypha* 932
*Amblycorypha alexanderi* 235
*Amblycorypha arenicola* 949
*Amblycorypha bartrami* 78
*Amblycorypha cajuni* 182
*Amblycorypha carinata* 193
*Amblycorypha floridana* 424
*Amblycorypha huasteca* 1104
*Amblycorypha insolita* 94
*Amblycorypha longinicta* 275
*Amblycorypha oblongifolia* 769
*Amblycorypha parvipennis* 1187
*Amblycorypha rivograndis* 922
*Amblycorypha rotundifolia* 892
*Amblycorypha uhleri* 1146
*Amblypelta cocophaga* 497
*Amblypelta lutescens lutescens* 68
*Amblypelta nitida* 441
*Amblypodia alax* 984
*Amblypodia alesia* 809
*Amblypodia anita* 878
*Amblypodia apidanus* 851
*Amblypodia suffusa* 1145
*Amblypodia yendava* 989
*Amblyptilia acanthodactyla* 85
*Amblyptilia pica* 451
*Amblyscirtes* 923
*Amblyscirtes aenus* 156
*Amblyscirtes aesculapius* 601
*Amblyscirtes alternata* 129
*Amblyscirtes anubis* 522
*Amblyscirtes belii* 90
*Amblyscirtes brocki* 154
*Amblyscirtes carolina* 195
*Amblyscirtes cassus* 199
*Amblyscirtes celia* 923
*Amblyscirtes elissa* 376
*Amblyscirtes eos* 347
*Amblyscirtes exoteria* 617
*Amblyscirtes fimbriata* 782
*Amblyscirtes fimbriata pallida* 1198
*Amblyscirtes fluonia* 146
*Amblyscirtes folia* 622
*Amblyscirtes hegon* 828
*Amblyscirtes linda* 44
*Amblyscirtes nereus* 995
*Amblyscirtes novimmaculatus* 560
*Amblyscirtes nysa* 724
*Amblyscirtes oslari* 794
*Amblyscirtes patriciae* 817
*Amblyscirtes phylace* 900
*Amblyscirtes prenda* 870
*Amblyscirtes raphaeli* 457
*Amblyscirtes reversa* 913
*Amblyscirtes simius* 784
*Amblyscirtes texanae* 1104
*Amblyscirtes tolteca* 1119
*Amblyscirtes vialis* 923
*Ambrosiodmus lewisi* 642
*Ambrycorypha floridana* 932
*Ambrysus amargosus* 48
*Ambrysus californicus* 183
*Ambrysus femoratus* 296
*Ambrysus mormon* 719
*Ambrysus occidentalis* 1184
*Amegilla* 127
*Amegilla bombiformis* 1101
*Amegilla cingulata* 127
*Amegilla dawsoni* 326
*Amegilla pulchra* 127
*Ameletus inopinatus* 1149
*Amenia imperialis* 1018
*Ametastegia glabrata* 342
*Ametastegia pallipes* 1164
*Ametastegia polygoni* 941

*Ametris nitocris* 965
*Ametrodiplosis acutissima* 884
Ametropodidae 948
*Amiota picta* 1123
*Amitermes* 333
*Amitermes meridionalis* 672
*Ammophila* 948
*Ammophila azteca azteca* 60
*Ammophila procera* 274
*Ammophila sabulosa nipponica* 948
*Ammophila sabulosa* 948
*Ammophila wrightii* 1228
*Amnemus quadrituberculatus* 23
*Amolita fessa* 407
*Amolita obliqua* 769
*Amorbia cuneana* 1182
*Amorbia emigratella* 705
*Amorbia essigana* 23
*Amorbia humerosana* 1202
*Amorbus* 23
*Ampedus apicatus* 118
*Ampedus cardinalis* 192
*Ampedus rufipennis* 900
*Ampeloglypter ater* 480
*Ampeloglypter sesostris* 480
*Ampelophaga rubiginosa* 480
*Amphiagrion abbreviatum* 1187
*Amphiagrion saucium* 368
Amphibicorisa 860
*Amphicallia bellatrix* 85
*Amphicercidus japonicus* 662
*Amphicerus bicaudatus* 39
*Amphicerus cornutus* 868
*Amphicyrta dentipes* 816
*Amphidecta calliomma* 186
Amphientomidae 1128
*Amphimallon solstitialis* 1082
*Amphion floridensis* 745
*Amphion nessus* 745
*Amphipoea americana* 20
*Amphipoea crinanensis* 298
*Amphipoea fucosa* 946
*Amphipoea interoceanica* 567
*Amphipoea lucens* 611
*Amphipoea oculea* 363
*Amphipsalta cingulata* 231
*Amphipsalta zealandica* 222
Amphipsocidae 521
*Amphipyra berbera svenssoni* 1084
*Amphipyra erebina* 616
*Amphipyra glabella* 1017
*Amphipyra livida corvina* 113
*Amphipyra pyramidea* 282
*Amphipyra pyramidea obscura* 282
*Amphipyra pyramidoides* 282
*Amphipyra tragopoginis* 728
Amphipyrinae 45
*Amphisbatis incongruella* 649
*Amphiselenis chama* 27
Amphitheridae 348
*Amphitornus coloradus* 1071
Amphizoidae 1131
*Ampholophora varians* 1153
*Amphonyx duponchel* 356
*Amphorophora ampullata* 408
*Amphorophora idaei* 616
*Amphorophora rubi* 935
*Amphorophora rubicola* 1008
*Ampittia* 176
*Ampittia capenas* 6
*Ampittia dioscorides* 176
*Ampittia dioscorides camertes* 176
*Ampittia virgata miyakei* 1070
*Ampulex compressa* 379
Ampulicidae 23
Ampulicinae 244
*Amrasca biguttula* 774
*Amrasca terraereginae* 288
*Amsacta albistriga* 899
*Amsacta lactinea* 897

*Amsacta marginata* 344
*Amyelois transitella* 742
*Amyna axis* 372
*Amyna bullula* 546
*Amyna natalis* 560
*Amysoria galgala* 894
*Amystax fasciatus* 1203
*Anabasis ochrodesma* 199
*Anabrus cerciata* 95
*Anabrus longipes* 658
*Anabrus simplex* 719
*Anacampsis anisogramma* 213
*Anacampsis coverdalella* 291
*Anacampsis fragariella* 1066
*Anacampsis innocuella* 319
*Anacampsis niveopulvella* 804
*Anacampsis populella* 863
*Anacampsis tenerella* 115
*Anacamptodes clivinaria* 726
*Anacamptodes fragilaria* 436
*Anacamptodes pergracilis* 310
*Anacanthocoris striicornis* 622
*Anaciaeschna* 394
*Anaciaeschna donaldi* 318
*Anaciaeschna isosceles* 752
*Anaciaeschna jaspidea* 55
*Anaciaeschna triangulifera* 395
*Anacridium aegyptium* 372
*Anadastus filiformis* 898
*Anadevidia peponis* 303
*Anaea aidea* 1129
*Anaea aidea morrisonii* 720
*Anaea andria* 465
*Anaea cubana* 630
*Anaea echemus* 215
*Anaea eurypyle* 857
*Anaea floridalis* 424
*Anaea forreri* 515
*Anaea glycerium* 298
*Anaea halice* 824
*Anaea oenomaiis* 131
*Anaea pithyusa* 131
*Anaea ryphea* 127
*Anaea troglodyta* 424
*Anagasta* 812
*Anagasta kuehniella* 698
*Anageshna primordialis* 1245
*Anaglyptus mysticus* 936
*Anaglyptus subfasciatus* 301
*Anagrapha falcifera* 204
*Anagrus optabilis* 56
*Anagrus osborni* 284
*Anaitis efformata* 977
Anajapygidae 23
*Analtis plagiata* 997
*Ananea bicolor* 893
*Anania funebris* 1209
*Anania funebris assimilis* 1209
*Anania funebris astrifera* 1209
*Anania quebecensis* 883
*Anania verbascalis* 1228
*Anaphaeis* 848
*Anaphe panda* 138
*Anaphe reticulata* 1105
*Anaphes diana* 991
*Anaphothrips cecili* 1119
*Anaphothrips obscurus* 21
*Anaphothrips orchidaceus* 147
*Anaphothrips sudanensis* 435
*Anaphothrips swezeyi* 526
*Anaphrothrips orchidaceus* 1241
*Anapleotoides prasina* 495
*Anapsaltodea pulchra* 470
*Anarsia ephippias* 514
*Anarsia lineatella* 820
*Anarsia spartiella* 1170
*Anarta cordigera* 323
*Anarta melanopa* 152
*Anarta myrtilli* 85
*Anartia amathea* 961

*Anartia chrysopelea* 302
*Anartia fatima* 405
*Anartia jatrophae* 1205
*Anasa armigera* 549
*Anasa tristis* 1056
*Anastostoma australasiae* 56
*Anastrangalia laetifica* 337
*Anastrangalia sanguinolenta* 124
*Anastrepha fraterculus* 679
*Anastrepha ludens* 705
*Anastrepha pallens* 172
*Anastrepha serpentina* 318
*Anastrepha suspensa* 193
*Anastrus luctuosus* 1181
*Anastrus meliboea* 956
*Anastrus neaeris* 129
*Anastrus petius peto* 832
*Anastrus sempiternus sempiternus* 252
*Anastrus tolimus tolimus* 137
*Anastrus virens albopannus* 54
*Anathix ralla* 347
*Anaticola* 475
*Anaticola anseris* 996
*Anaticola crassicornis* 995
*Anatis ocellata* 397
*Anatoecus dentatus* 259
*Anatrepha obliqua* 1181
*Anatrytone logan* 329
*Anatrytone mazai* 464
*Anatrytone mella* 700
*Anatrytone perfida* 830
*Anatrytone potosiensis* 866
*Anavitrinelia pampinaria* 294
*Anavitrinella atristrigaria* 516
*Anax* 380
*Anax amazili* 18
*Anax chloromelas* 318
*Anax concolor* 135
*Anax georgius* 595
*Anax gibbosulus* 498
*Anax guttatus* 807
*Anax immaculifrons* 411
*Anax imperator* 380
*Anax indicus* 375
*Anax junius* 263
*Anax longipes* 251
*Anax parthenope* 637
*Anax parthenope julius* 637
*Anax speratus* 782
*Anax strenuus* 455
*Anax tristis* 107
*Anax walsinghami* 454
*Anaxipha* 166
*Anaxipha delicatula* 221
*Anaxipha exigua* 954
*Anaxipha imitator* 302
*Anaxipha litarena* 81
*Anaxipha scia* 680
*Anaxipha* sp. 186, 405, 442, 847, 998, 1051, 1107, 1113
Anaxyelidae 203
*Anayrus echeria* 217
*Ancema blanka* 986
*Ancema cotys* 1195
*Ancema ctesia* 93
*Ancistrocerus gazella* 392
*Ancistroides nigrita* 221
*Ancistrona vagelli* 453
*Anclylis geminana* 347
*Ancylis achatana* 686
*Ancylis albacostana* 1198
*Ancylis angulifasciana* 238
*Ancylis apicella* 546
*Ancylis burgessiana* 765
*Ancylis comptana fragariae* 1066
*Ancylis comptana* 1066
*Ancylis diminutana* 409
*Ancylis discigerana* 1234
*Ancylis divisana* 1144
*Ancylis laetana* 546

*Ancylis mandarinana* 822
*Ancylis metamelana* 112
*Ancylis mitterbachariana* 715
*Ancylis muricana* 899
*Ancylis myrtillana* 1213
*Ancylis nubeculana* 36
*Ancylis partifana* 312
*Ancylis selenana* 1142
*Ancylis subarcuana* 972
*Ancylis uncella* 147
*Ancylis unculana* 546
*Ancylis unguicella* 154
*Ancylis upupana* 321
*Ancylolomia japonica* 625
*Ancylostomia stercorea* 836
*Ancyloxypha arene* 1129
*Ancyloxypha numitor* 631
*Ancyluris aulestes* 54
*Ancyluris etias* 385
*Ancyluris inca inca* 562
*Ancyluris jurgensenii jurgensenii* 287
*Ancyluris meliboeus* 902
*Ancyluris melior* 1061
*Andaspis crawii* 975
*Andaspis tokyoensis* 1119
*Andes marmoratus* 1215
*Andraca bipunctata* 1099
*Andrena* 25
*Andrena armata* 1098
*Andrena carlini* 711
*Andrena cuneilabris* 507
*Andrena flavipes* 1239
*Andrena haemorrhoa* 711
*Andrena prunorum* 780
*Andrena vicina* 711
Andrenidae 25
*Andriasa contraria* 281
*Andricus curvator* 762
*Andricus fecundator* 46, 606
*Andricus gallaetinctoriae* 447
*Andricus japonicus* 763
*Andricus kollari* 685
*Andricus lignicola* 248
*Andricus mukaigawae* 884
*Andricus quercuscalicis* 3
*Andricus quercus-californicus* 184
*Andricus quercuslanigera* 1226
*Andricus quercusramuli* 287
*Androloma maccullochii* 669
*Andronymus caesar* 1197
*Andronymus helles* 639
*Andronymus hero* 957
*Andronymus neander neander* 259
*Andropolia contacta* 189
*Anechura harmandi* 642
*Anerastia ablutella* 496
*Anerastia lotella* 241
*Anergates atratulus* 1022
*Anetia thirza thirza* 236
*Aneuretus simoni* 1057
Aneurinae 62
*Aneurus laevis* 253
*Angerona prunaria* 786
*Angochlora pura* 27
*Anicetus beneficus* 847
*Anicetus communis* 1212
*Anicla infecta* 498
*Anicla lubricans* 997
*Anisochoria bacchus* 758
*Anisochoria pedaliodina* 1019
*Anisodactylus signatus* 911
*Anisogomphus* 241
*Anisogomphus solitaris* 1023
*Anisolabis littorea* 965
*Anisolabis maritima* 688
*Anisomorpha buprestoides* 1143
*Anisoplia* 206
*Anisoplia segetum* 206
Anisopodidae 1224
Anisoptera 351

*Anisostephus betulinum* 96
*Anisosticta novemdecimpunctata* 1173
*Anisota consularis* 280
*Anisota finlaysoni* 414
*Anisota manitobensis* 681
*Anisota oslari* 794
*Anisota peigleri* 826
*Anisota pellucida* 232
*Anisota senatoria* 786
*Anisota stigma* 1042
*Anisota virginiensis* 847
*Anisoura nicobaria* 758
*Anisozyga pieroides* 99
Anisozygoptera 341
*Anisynta albovenata* 1212
*Anisynta cynone* 309
*Anisynta dominula* 344
*Anisynta monticolae* 727
*Anisynta sphenosema* 1179
*Anisynta tillyardi* 1115
*Annaphila* 28
*Annaphila diva* 1193
*Annthene bjoernstadi* 99
Anobiidae 327
*Anobium pertinax* 444
*Anobium punctatum* 261
*Anobium punctatum* 867
*Anobium striatum* 444
*Anoecia corni* 343
*Anoecia vagans* 1190
*Anomala albopilosa* 497
*Anomala antigua* 1200
*Anomala cuprea* 304
*Anomala cupripes* 498
*Anomala daimiana* 212
*Anomala dubia* 688
*Anomala geniculata* 1013
*Anomala lucens* 976
*Anomala oblivia* 839
*Anomala octiescostata* 498
*Anomala orientalis* 49
*Anomala rufocuprea* 1034
*Anomala undulata* 125
*Anomala vitis* 1161
*Anomis erosa* 288
*Anomis flava* 288
*Anomis illita* 774
*Anomis involuta* 589
*Anomis mesogona* 539
*Anomis planalis* 258
*Anomis privata* 538
*Anomis sabulifera* 26
*Anomma nigricans* 45
*Anomoea laticlavia* 232
*Anomoneura mori* 731
Anomosetidae 57
*Anonaepestis bengalella* 172
*Anopheles* 676
*Anopheles annulipes* 253
*Anopheles bancroftii* 101
*Anopheles darlingi* 1027
*Anopheles farauti* 56
*Anopheles freeborni* 1186
*Anopheles maculatus* 1045
*Anopheles maculipennis* 252
*Anopheles maculipennis freeborni* 436
*Anopheles maculipennis treeborni* 252
*Anopheles pseudopunctipennis* 1177
*Anopheles punctipennis* 1225
*Anopheles quadrimaculatus* 675
*Anopheles sinensis* 675
Anophelinae 28
*Anopholepis gracilipes* 1235
*Anoplium inerme* 784
*Anoplodera mites* 214
*Anoplodera sexguttata* 992
*Anoplognathus* 222
*Anoplognathus pallidicollis* 222
*Anoplognathus viridiaeneus* 595
*Anoplolepis gracilipes* 658

*Anoplolepis longipes* 294
*Anoplonyx destructor* 607
*Anoplophora chinensis* 229
*Anoplophora glabripennis* 49
*Anoplophora malasiaca* 1208
*Anoplotermes* 1023
Anoplura 1075
*Anormenis antillarum* 1181
*Anstenoptilia marmarodactyla* 712
*Antaeotricha arizonensis* 409
*Antaeotricha humilis* 346
*Antaeotricha leucillana* 804
*Antaeotricha schlaegeri* 962
*Antaeotricha vestalis* 1159
*Antanartia* 8
*Antanartia delius* 779
*Antanartia dimorphica* 337
*Antanartia hippomene hippomene* 978
*Antanartia schaeneia* 660
*Antarctophthirus trichechi* 1169
*Anteos clorinde* 452
*Anteos maerula* 1234
*Anteos menippe* 491
*Antepione thisoaria* 1152
*Anterastria atrata* 1158
*Anterastria teratophora* 487
*Anteros carausius* 195
*Anteros chrysoprasta roratus* 374
*Anteros cruentatus* 1061
*Anteros formosus* 431
*Anteros formosus micon* 102
*Anteros kupris* 491
*Anteros principalis* 871
*Antestiopsis* 30
*Antestiopsis faceta* 187
*Antestiopsis lineaticollis* 1155
*Anthanassa acesas* 236
*Anthanassa ardys ardys* 42
*Anthanassa ardys subota* 42
*Anthanassa argentea* 215
*Anthanassa atronia* 159
*Anthanassa crithona* 299
*Anthanassa dracaena phlegias* 759
*Anthanassa drusilla* 783
*Anthanassa drymaea* 1178
*Anthanassa frisia* 302
*Anthanassa nebulosa alexon* 13
*Anthanassa nebulosa nebulosa* 743
*Anthanassa otanes fulviplaga* 236
*Anthanassa otanes oaxaca* 768
*Anthanassa ptolyca* 875
*Anthanassa sitacles cortes* 717
*Anthanassa sitacles sitacles* 717
*Anthanassa texana* 1103
*Anthanassa tulcis* 802
*Anthaxia* 30
*Anthela acuta* 252
*Anthela nicothoe* 1150
*Anthela ocellata* 397
Anthelidae 56
*Anthene amarah* 117
*Anthene butleri livida* 804
*Anthene butleri* 804
*Anthene contrastata* 1116
*Anthene crawshayi* 294
*Anthene definita* 263
*Anthene emolus* 226
*Anthene emolus goberus* 226
*Anthene hobleyi* 542
*Anthene hodsoni* 543
*Anthene irumu* 569
*Anthene juanitae* 585
*Anthene kersteni* 594
*Anthene lachares lachares* 983
*Anthene lamprocles* 635
*Anthene larydas* 1046
*Anthene lasti* 623
*Anthene lemnos* 611
*Anthene leptines* 634
*Anthene lindae* 647

*Anthene liodes* 649
*Anthene locuples* 305
*Anthene lunulata lunulata* 905
*Anthene lusones* 617
*Anthene lycaenina* 857
*Anthene lycaenina miya* 857
*Anthene lycaenoides* 802
*Anthene lysicles* 1164
*Anthene millari* 709
*Anthene minima* 651
*Anthene opalina* 778
*Anthene otacilia* 1127
*Anthene pitmani* 849
*Anthene princeps* 304
*Anthene rufoplagata* 783
*Anthene schoutedeni* 962
*Anthene scintillula* 470
*Anthene seltuttus* 317
*Anthene seltuttus affinis* 317
*Anthene starki* 1183
*Anthene sylvanus* 265
*Anthene talboti* 1094
*Anthene wilsoni* 1219
*Antheraea assamensis* 729
*Antheraea mylitta* 1097
*Antheraea mylitta* 1137
*Antheraea oculea* 1187
*Antheraea paphia* 1097, 1137
*Antheraea pernyi* 1137
*Antheraea polyphemus* 859
*Antheraea roylei* 541
*Antherina suraka* 1084
Anthicidae 29
*Anthicus floralis* 739
*Anthidium* 692
*Anthidium manicatum* 1223
*Anthidium septemspinosum* 1226
*Anthocharis belia* 720
*Anthocharis cardamines* 786
*Anthocharis cardamines isshikii* 786
*Anthocharis cethura pima* 333
*Anthocharis cethura* 333
*Anthocharis damone* 368
*Anthocharis euphenoides* 720
*Anthocharis gruneri* 514
*Anthocharis lanceolata* 487
*Anthocharis limonea* 705
*Anthocharis midea* 399
*Anthocharis pima* 837
*Anthocharis sara* 950
*Anthocharis scolymus* 1246
*Anthocharis stella* 1060
*Anthocharis thoosa inghami* 1034
Anthocoridae 426
*Anthocoris* 713
*Anthocoris gallarumulmi* 377
*Anthocoris nemorum* 261
*Anthocoris sarothamni* 156
*Anthocoris visci* 714
*Anthomyia ochripes* 926
*Anthomyia oculifera* 926
Anthomyiidae 30
Anthomyiinae 30
Anthomyzidae 30
Anthonominae 442
*Anthonomus* 125
*Anthonomus amygdali* 16
*Anthonomus bisignifer* 1065
*Anthonomus eugenii* 829
*Anthonomus grandis* 140
*Anthonomus grandis thurbeiriae* 1112
*Anthonomus musculus* 294
*Anthonomus pomorum* 34
*Anthonomus pyri* 34
*Anthonomus rectirostris* 214
*Anthonomus rubi* 1065
*Anthonomus signatus* 1067
*Anthophila fabriciana* 398
*Anthophila nemorana* 412
*Anthophora* 520

*Anthophora edwardsii* 370
*Anthophora plumipes* 425
*Anthophora retusa* 866
*Anthophora urbana* 1150
Anthophoridae 660
Anthophorinae 337
*Anthoptus epictetus* 337
*Anthoptus inculta* 563
*Anthoptus insignis* 560
*Anthoptus macalpinei* 694
*Anthores leuconotus* 1197
*Anthraea pernyi* 220
*Anthraea yamamai* 580
*Anthrax analis* 86
*Anthrax tigrinus* 1113
*Anthrenocerus australis* 55
*Anthrenus* 196
*Anthrenus flavipes* 444
*Anthrenus museorum* 733
*Anthrenus sarnicus* 516
*Anthrenus scrophulariae* 170
*Anthrenus sophonisba* 196
*Anthrenus verbasci* 1155
Anthribidae 444
*Antianthe expansa* 1022
*Anticarsia gemmatalis* 1158
*Antichloris caca* 342
*Antichloris eriphia* 68
*Antichloris viridis* 68
*Anticlea badiata* 980
*Anticlea derivata* 1069
*Anticlea multiferata* 682
*Anticlea vasiliata* 1153
*Anticollix sparsata* 331
*Antigastra catalaunalis* 460
*Antigonus corrosus* 1010
*Antigonus decens* 682
*Antigonus emorsus* 1209
*Antigonus erosus* 867
*Antigonus funebris* 1182
*Antigonus mutilatus* 829
*Antigonus nearchus* 686
*Antigonus stator* 907
*Antillicharis oriobates* 565
*Antinephele achlora* 338
*Antinephele anomala* 936
*Antinephele lunulata* 779
*Antinephele maculifera* 83
*Antinephele muscosa* 495
*Antipodia atralba* 100
*Antipodogomphus acolythus* 1029
*Antipodogomphus dentosus* 1122
*Antipodogomphus edentulus* 191
*Antipodogomphus hodgkini* 837
*Antipodogomphus neophytus* 755
*Antipodogomphus proselythus* 1041
*Antirrhea philoctetes casta* 753
*Antirrhea watkinsi* 1175
*Antispila metallella* 1244
*Antispila nysaefoliella* 1135
*Antitrogus morbillosus* 1092
*Antitrogus mussoni* 1031
*Antitrogus parvulus* 218
*Antitype chi* 217
*Antivaleria viridimacula* 501
*Antonina crawii* 67
*Antonina graminis* 914
*Antoninoides parrotti* 484
*Anuraphis farfarae* 821
*Anuraphis maidiradicis* 284
*Anuraphis subterranea* 543
*Anurida maritima* 965
Anuridae 965
*Anuritodus atlinsoni* 679
*Anurogryllus* 979
*Anurogryllus arboreus* 271
*Anurogryllus celerinictus* 565
*Anurogryllus muticus* 979
*Anzora unicolor* 510
*Aomma* 45

*Aon noctuiformis* 31
*Aonidia lauri* 624
*Aonidiella aurantii* 184
*Aonidiella citrina* 1243
*Aonidiella comperei* 405
*Aonidiella inornata* 567
*Aonidiella orientalis* 791
*Aonidiella sotetsu* 403
*Aonidiella taxus* 50
*Aonidomytilus albus* 198
*Apamea amputatrix* 1237
*Apamea anceps* 615
*Apamea apamiformis* 920
*Apamea aquila oriens* 910
*Apamea arctica* 1237
*Apamea basilinea* 363
*Apamea characterea* 611
*Apamea cogitata* 1108
*Apamea crenata* 237
*Apamea devastator* 461
*Apamea dubitans* 350
*Apamea epomidion* 237
*Apamea exulis* 753
*Apamea finitima* 155
*Apamea furva* 278
*Apamea helva* 1246
*Apamea indocilis* 559
*Apamea infesta* 615
*Apamea inficita* 648
*Apamea lateritia* 957
*Apamea lignicolora* 1223
*Apamea lintneri* 948
*Apamea lithoxylaea* 643
*Apamea maillardi* 396
*Apamea marmorata* 396
*Apamea monoglypha* 315
*Apamea nigrior* 105
*Apamea niveivenosa* 1021
*Apamea oblonga* 297
*Apamea obscura* 357
*Apamea occidens* 1182
*Apamea pabulatricula* 1148
*Apamea plutonia* 357
*Apamea remissa* 357
*Apamea scolopacina* 995
*Apamea sordens* 1191
*Apamea sordens basistriga* 1191
*Apamea sublustris* 910
*Apamea unanimis* 1001
*Apamea vulgaris* 252
*Apamea vultuosa* 11
*Apamea zeta assimilis* 753
Apameinae 150
*Apanisagrion lais* 100
*Apanteles* 255
*Apanteles bedelliae* 628
*Apanteles erionotae* 68
*Apanteles galleriae* 494
*Apanteles glomeratus* 180
*Apanteles marginiventris* 625
*Apanteles militaris* 817
*Apantesis arge* 42
*Apantesis carlotta* 194
*Apantesis nais* 737
*Apantesis ornata* 1114
*Apantesis phalerata* 525
*Apantesis phyllira* 834
*Apantesis proxima* 706
*Apantesis quenselii* 601
*Apantesis quenselii daisetsuzana* 601
*Apantesis virgo* 1164
*Apantesis virguncula* 652
*Apantesis vittata* 73
*Apantesis williamsii* 1215
*Apapeta zoegana* 597
*Apate* 103
*Apate monachus* 31
*Apatele cuspis* 611
*Apatele euphorbiae* 1087
*Apatele megacephala* 861

*Apatele rumicis* 358
Apatelinae 312
*Apatelodes* 1252
*Apatelodes torrefacta* 1045
Apateloididae 31
*Apatetris melanombra* 510
*Apatura* 380
*Apatura ilia* 639
*Apatura iris* 878
*Apatura laverna* 624
*Apatura metis* 437
*Apatura metis substitula* 878
Apaturinae 380
*Apaturopsis cleochares* 800
*Apaustus gracilis* 330
*Apeira syringaria* 645
*Aperitmetus brunneus* 1100
*Apethymus kuri* 216
*Aphaenogaster araneoides* 1040
*Aphaenogaster pythia* 444
*Aphaneus marshalli* 691
*Aphanisticus cochinchinae* 1078
*Aphanostigma iaksuiense* 822
*Aphantopus hyperantus* 922
*Apharitis myrmecophilia* 332
*Aphelia alleniana* 15
*Aphelia paleana* 1116
*Aphelia viburniana* 95
Aphelinidae 443
*Aphelinus asychis* 32
*Aphelinus lapisligni* 238
*Aphelinus mali* 1226
*Apheliona ferruginea* 229
*Aphelocheirus aestivalis* 952
*Aphenogaster* 526
*Aphidecta obliterata* 606
Aphididae 32
Aphidiidae 32
Aphidiinae 32
Aphidina 32
Aphidinae 32
*Aphidius* 32
*Aphidius ervi* 664
*Aphidius smithi* 818
Aphidoidea 32
*Aphidoletes aphidimyza* 32
*Aphilaenus abieti* 943
*Aphilaenus guttatus* 746
*Aphilaenus nigripectus* 117
*Aphis citricola* 1043
*Aphis craccivora* 292
*Aphis cytisorum* 601
*Aphis euonymi* 387
*Aphis fabae* 81
*Aphis farinosa* 1012
*Aphis farinosa yanagicola* 944
*Aphis forbesi* 1067
*Aphis fukii* 575
*Aphis genistae* 450
*Aphis glycines* 1034
*Aphis gossypii* 287
*Aphis grossulariae* 475
*Aphis hederae* 571
*Aphis ichigo* 935
*Aphis idaei* 889
*Aphis ilicis* 543
*Aphis illinoisensis* 482
*Aphis kurosawai* 730
*Aphis laburni* 511
*Aphis lambersi* 830
*Aphis malifoliae* 930
*Aphis mammulata* 169
*Aphis middletonii* 383
*Aphis mizutakarashi* 192
*Aphis nasturtii* 169
*Aphis nerii* 775
*Aphis newtoni* 568
*Aphis pomi* 33
*Aphis robiniae* 102
*Aphis ruborum* 830

*Aphis rumicis* 342
*Aphis salicariae* 1215
*Aphis sambuci* 373
*Aphis sanguisorbicola* 949
*Aphis schneideri* 830
*Aphis symphyti* 251
*Aphis triglochinis* 897
*Aphis verbasci* 732
*Aphis viburni* 1160
*Aphis viburniphila* 1160
*Aphnaeus* 986
*Aphnaeus argyrocyclus* 889
*Aphnaeus asterius* 147
*Aphnaeus coronae* 300
*Aphnaeus flavescens* 296
*Aphnaeus gabriel* 511
*Aphnaeus hutchinsonii* 556
*Aphnaeus jacksoni* 572
*Aphnaeus jefferyi* 582
*Aphnaeus lilacinus* 646
*Aphnaeus neavei* 742
*Aphnaeus orcas* 264
Aphodiinae 32
*Aphodius* 356
*Aphodius fimetarius* 356
*Aphodius fossor* 356
*Aphodius frenchi* 652
*Aphodius merdarius* 356
*Aphodius niger* 83
*Aphodius pseudotasmaniae* 109
*Aphodius rufipes* 749
*Aphodius tasmaniae* 110
*Apholistus puncticolis* 304
*Aphomia sapozhnikovi* 1076
*Aphomia sociella* 87
*Aphomia terrenella* 1103
*Aphrastasia tsugae* 534
*Aphrissa boisduvalii* 139
*Aphrissa schausi* 962
*Aphrissa statira* 807
*Aphrodes bicinctus* 1066
*Aphrophora alni* 12
*Aphrophora annulata* 28
*Aphrophora flavipes* 840
*Aphrophora intermedia* 273
*Aphrophora major* 808
*Aphrophora obliqua* 1011
*Aphrophora parallela* 843
*Aphrophora pectoralis* 1216
*Aphrophora salicina* 1216
*Aphrophora saratogensis* 950
*Aphrophora scutellata* 738
*Aphrophora stictica* 1047
*Aphrophora vitis* 481
*Aphrophora vittatus* 117
Aphrophoridae 1043
*Aphthona euphorbiae* 612
*Aphthona nonstriata* 568
*Aphylla* 493
*Aphylla angustifolia* 153
*Aphylla protracta* 739
*Aphylla theodorina* 921
*Aphylla williamsoni* 1143
*Aphysoneura* 801
*Aphysoneura pigmentaria* 801
*Aphytis chrysomphalis* 904
*Aphytis holoxanthus* 226
*Aphytis lepidosaphes* 734
*Aphytis lingnanensis* 904
*Aphytis melinus* 904
Apidae 88
*Apilocrocis pimalis* 837
*Apina callisto* 816
*Apinae* 172
Apinae 545
Apioceridae 426
*Apiomerus* 924
*Apiomerus crassipes* 86
Apiomorphidae 826
*Apion aestivum* 240

*Apion antiquum* 1026
*Apion apricans* 239
*Apion assimile* 239
*Apion carduorum* 46
*Apion collare* 82
*Apion corchori* 589
*Apion dichroum* 1197
*Apion flavipes* 1197
*Apion frumentarium* 904
*Apion godmani* 1167
*Apion longirostre* 544
*Apion occidentale* 118
*Apion pisi* 818
*Apion pomonae* 823
*Apion ulicis* 476
Apioninae 967
*Apis andreniformis* 106
*Apis cerana* 791
*Apis cerana indica* 564
*Apis cerana japonica* 577
*Apis dorsata* 455
*Apis florea* 638
*Apis mellifera* 545, 595
*Apis mellifera scutella* 9
*Apis mellifera scutellata* 595
*Apis mellifica carnica* 194
*Apis mellifica cecropia* 495
*Apis mellifica cyprica* 311
*Apis mellifica ligustica* 570
*Aplasta ononaria* 912
*Aplocera efformata* 640
*Aplocera perelegans* 908
*Aplocera plagiata* 1124
*Aplocera praeformata* 879
*Aploneura graminis* 1190
*Aplopus mayeri* 694
*Apocheima hispidaria* 1000
*Apocheima pilosaria* 802
*Apochima excavata* 731
*Apochima juglansiaria* 774
Apochrysidae 436
Apocrita 832
*Apoda avellana* 409
*Apoda biguttata* 971
*Apoda latomia* 1187
*Apoda limacodes* 409
*Apoda rectilinea* 893
*Apoda y-inversum* 1234
*Apodemia chisoensis* 221
*Apodemia duryi* 357
*Apodemia hepburni* 535
*Apodemia hypoglauca hypoglauca* 399
*Apodemia hypoglauca wellingi* 399
*Apodemia mejicanus deserti* 333
*Apodemia mejicanus* 1024
*Apodemia mejicanus maxima* 456
*Apodemia mejicanus mejicanus* 705
*Apodemia mormo langei* 719
*Apodemia mormo mejicanus* 719
*Apodemia mormo mormo* 719
*Apodemia multiplaga* 740
*Apodemia murphyi* 733
*Apodemia nais* 737
*Apodemia palmerii* 487
*Apodemia palmerii arizona* 811
*Apodemia phyciodoides* 297
*Apodemia virgulti dialeuca* 63
*Apodemia virgulti peninsularis* 827
*Apodemia virgulti virgulti* 89
*Apodemia walkeri* 1167
*Apoderus balteatus* 316
*Apoderus coryli* 529
*Apoderus erythrogaster* 1239
*Apoderus geminus* 910
*Apoderus jekelii* 215
*Apoderus praecellens* 992
*Apogeshna stenialis* 210
*Apogonia amida* 1014
*Apoica pallens* 751
Apoidea 88

*Apomecyna excavaticeps* 700
*Apomecyna histrio* 304
*Apomecyna naevia* 1013
*Apomecyna saltator* 303
Apoprogonidae 9
*Aporandria specularia* 613
*Aporia* 120
*Aporia agathon* 489
*Aporia bieti* 768
*Aporia crataegi* 120
*Aporia crataegi adherbal* 120
*Aporia crataegi crataegi* 120
*Aporia goutellei* 1251
*Aporia harrietae* 93
*Aporia leucodice* 541
*Aporia martineti* 981
*Aporia nabellica* 357
*Aporia peloria* 1112
*Aporia procris* 1112
*Aporophyla australis* 406
*Aporophyla australis pascuea* 406
*Aporophyla lueneburgensis* 755
*Aporophyla lunula* 115
*Aporophyla lutulenta* 328
*Aporophyla nigra* 115
*Aposthonia oceania* 771
*Apote notabilis* 759
*Apote robusta* 924
*Apotomis* 442
*Apotomis capreana* 945
*Apotomis deceptana* 327
*Apotomis funerea* 443
*Apotomis removana* 495
*Apotomis sauciana* 320
*Apotomis semifasciana* 977
*Apotomis turbidana* 493
*Appias* 875
*Appias ada* 889
*Appias albina* 252
*Appias albina semperi* 252
*Appias athama* 798
*Appias aurosa* 469
*Appias celestina* 267
*Appias clementina* 234
*Appias drusilla* 1131
*Appias drusilla neumoegnii* 425
*Appias drusilla tenuis* 425
*Appias epaphia contracta* 341
*Appias epaphia* 341
*Appias galba* 1168
*Appias galene* 1056
*Appias indra* 851
*Appias lalage* 1044
*Appias lasti* 623
*Appias libythea* 1070
*Appias lyncida* 221
*Appias lyncida formosana* 221
*Appias lyncida vasava* 221
*Appias mariana* 688
*Appias mata* 594
*Appias melania* 508
*Appias nero* 779
*Appias olferna* 369
*Appias panda chrysea* 748
*Appias pandione lagela* 72
*Appias paulina distanti* 634
*Appias paulina minato* 207
*Appias phaola* 279
*Appias placidia* 221
*Appias sabina* 941
*Appias sylvia* 1225
*Appias wardii* 1170
*Appias zarinda* 418
*Apporasa atkinsoni* 296
*Apriona cinerea* 38
*Apriona germarii* 572
*Apriona japonica* 730
*Aproaerema anthyllidella* 595
*Aproaerema modicella* 514
*Aptenopedes sphenarioides* 648

*Apterobittacus apterus* 1220
*Apterocyclus honoluluensis* 592
*Apterona helix* 1018
*Apterygida albipennis* 979
*Apterygida media* 979
Apterygota 40
*Aptinothrips rufus* 484
*Aptinothrips stylifer* 484
*Apuecla maeonis* 672
*Apuecla upupa* 1149
*Apyrrothrix araxes* 40
*Apyrrothrix araxes arizonae* 43
*Aquarius najas* 923
*Arachnis aulaea* 1114
*Arachnis picta* 801
*Arachnis zuni* 1255
*Arachnocampa luminosa* 464
*Arachnocampa richardsae* 464
*Arachnocampa* 464
Aradidae 419
*Aradus* 419
*Aradus cinnamomeus* 840
*Aradus depressus* 261
*Aradus robustus* 419
*Araecerus fasciculatus* 248
*Araecerus levipennis* 598
*Araecerus palmaris* 352
*Araeocorynus cunningi* 693
*Araotes lapithis* 1222
*Araotes lapithis uruwela* 1222
*Araschnia davidis* 220
*Araschnia levana* 683
*Araschnia levana obscura* 683
*Araschnia prorsoides* 716
*Arawacus dolylas* 724
*Arawacus hypocrita* 809
*Arawacus jada* 572
*Arawacus leucogyna* 739
*Arawacus separata* 1253
*Arawacus sito* 414
*Arawacus togarna* 1119
*Arbela dea* 196
*Arboridia apicalis* 480
*Arboridia kermansbat* 480
*Arboridia suzukii* 1084
*Arcas cypria* 704
*Arcas imperialis* 561
*Arcas tuneta* 439
Archaecoccoidea 871
*Archaeoprepona amphimachus* 1137
*Archaeoprepona demophoon gulina* 1143
*Archaeoprepona demophoon mexicana* 1143
*Archaeoprepona licomedes* 293
*Archaeoprepona meander phoebus* 1111
*Archaeoprepona phaedra aelia* 399
*Archaeopsylla erinacei* 532
*Archaioprepona centralis* 778
*Archaioprepona demophon* 778
*Archaioprepona occidentalis* 778
*Archanara algae* 911
*Archanara cannae* 937
*Archanara dissoluta* 166
*Archanara geminipuncta* 1139
*Archanara neurica* 1204
*Archanara sparganii* 1178
*Archarius salicivorus* 1217
*Archibasis* 1052
*Archibasis lieftincki* 643
*Archiearias parthenias* 268
Archiéariinae 787
*Archiearis infans* 566
*Archiearis notha* 644
*Archiearis parthenias* 787
*Archiearis parthenias bella* 787
*Archilestes californica* 185
*Archilestes grandis* 458
*Archimandrita tesselata* 829
*Archimantis* 610
*Archimantis latistyla* 1061
*Archinemapogon laterellus* 831

*Archipetalia auriculata* 1097
*Archips argyrospilus* 441
*Archips breviplicanus* 50
*Archips cerasivoranus* 213
*Archips crataegana* 163
*Archips dissitana* 139
*Archips endoi* 731
*Archips fervidanus* 767
*Archips fuscocupreanus* 39
*Archips grisea* 486
*Archips infumatana* 1016
*Archips ingentanus* 608
*Archips mortuana* 357
*Archips negundana* 621
*Archips operana* 841
*Archips oporanus* 844
*Archips packardiana* 1051
*Archips piceana* 841
*Archips podana* 490
*Archips pulcher* 1073
*Archips purpurana* 777
*Archips rileyana* 1033
*Archips rosana* 929
*Archips semiferana* 764
*Archips sorbiana* 529
*Archips strianus* 1069
*Archips xylosteanus* 37
Archipsocidae 24
*Archlagocheirus funestus* 779
*Archon apollinus* 400
*Archonias brassolis* 401
*Archonias brassolis approximata* 201
*Archytas cirphis* 704
*Arcola malloi* 16
*Arcte coerula* 888
*Arctia caja* 121
*Arctia caja phaeosoma* 121
*Arctia fasciata* 1114
*Arctia hebe* 531
*Arctia opulenta* 1114
*Arctia purpurea* 1050
*Arctia villica* 295
Arctiidae 1114
Arctiinae 1114
*Arctornis chichibense* 1015
*Arctornis lingrum ussuricum* 601
*Arctornis l-nigrum* 120
*Arcyptera fusca* 608
*Arcyptera microptera* 999
*Ardis brunniventris* 929
*Arenipses sabella* 493
*Areniscythris brachypteris* 947
*Arenivaga* 948
*Arenivaga bolliana* 140
*Arenivaga erratica* 384
*Arenopsaltria fullo* 947
*Arenopsaltria nibivena* 368
*Arenopsaltria pygmaea* 882
*Arenostola phragmitidis* 408
*Arethaea* 1108
*Arethaea ambulator* 1168
*Arethaea arachnopyga* 1040
*Arethaea brevicauda* 978
*Arethaea carita* 193
*Arethaea constricta* 280
*Arethaea coyotero* 292
*Arethaea gracilipes* 1106
*Arethaea gracilipes papago* 1108
*Arethaea grallator* 1062
*Arethaea mescalero* 702
*Arethaea phalangium* 369
*Arethaea phantasma* 922
*Arethaea polingi* 858
*Arethaea sellata* 967
*Arethaea semialata* 968
*Arethusana arethusa* 402
*Arethusana boabdii* 24
*Aretonotus lucidus* 83
*Arge berberides* 91
*Arge captiva* 576

*Arge enodis* 1218
*Arge jonasi* 585
*Arge mali* 33
*Arge nigrinodosa* 927
*Arge nipponensis* 927
*Arge ochropus* 617
*Arge pagana* 927
*Arge pectoralis* 97
*Arge pullata* 92
*Arge similis* 59
*Arge simillima* 60
*Argema* 983
*Argema mimosae* 8
*Argema mittrei* 718
*Argia* 314
*Argia agrioides* 183
*Argia alberta* 801
*Argia apicalis* 129
*Argia barretti* 251
*Argia bipunctulata* 967
*Argia carlcooki* 1231
*Argia cuprea* 282
*Argia emma* 380
*Argia extranea* 1041
*Argia fumipennis* 1017
*Argia harknessi* 524
*Argia hinei* 624
*Argia huanacina* 554
*Argia immunda* 596
*Argia lacrimans* 982
*Argia leonorae* 633
*Argia lugens* 1025
*Argia moesta* 867
*Argia munda* 31
*Argia nahuana* 60
*Argia oenea* 411
*Argia pallens* 23
*Argia pima* 837
*Argia plana* 1052
*Argia rhoadsi* 474
*Argia sabino* 941
*Argia sedula* 133
*Argia tezpi* 1104
*Argia tibialis* 136
*Argia tonto* 1121
*Argia translata* 358
*Argia violacea* 1163
*Argia vivida* 1165
*Argia westfalli* 1190
Argidae 42
*Argina amanda* 210
*Argina astrea* 786
*Argon lota* 42
*Argosarchus horridus* 458
*Argosarchus spiniger* 618
*Argropistes coccineliformis* 243
*Argynnina cyrila* 311
*Argynnina hobartia* 1097
*Argynnis cydippe* 540
*Argynnis pandora* 192
*Argynnis paphia* 987
*Argynnis sagana* 942
*Argyramoela trifasciata* 1107
*Argyraspodes argyraspis* 1171
*Argyresthia abdominalis* 1207
*Argyresthia albistria* 880
*Argyresthia anthocephala* 301
*Argyresthia aurulentella* 468
*Argyresthia chamaecypariae* 310
*Argyresthia conjugella* 35
*Argyresthia cornella* 149
*Argyresthia cupressella* 310
*Argyresthia curvella* 295
*Argyresthia dilectella* 1163
*Argyresthia eugeniella* 515
*Argyresthia glaucinella* 131
*Argyresthia goedartella* 495
*Argyresthia ivella* 467
*Argyresthia laevigatella* 607
*Argyresthia laricella* 607

*Argyresthia nemorivaga* 415
*Argyresthia oreasella* 214
*Argyresthia praecocella* 772
*Argyresthia pruniella* 213
*Argyresthia pygmaeella* 466
*Argyresthia sabinae* 588
*Argyresthia sorbiella* 468
*Argyresthia subreticulata* 1037
*Argyresthia thuiella* 40
Argyresthiidae 976
*Argyreus hyperbius hyperbius* 564
*Argyreus hyperbius sumatrensis* 564
*Argyria critica* 1064
*Argyria lacteella* 709
*Argyria rufisignella* 722
*Argyrocheila undifera* 399
*Argyrogramma verruca* 471
*Argyrogrammana caelestina* 1137
*Argyrogrammana sticheli* 981
*Argyrogrammana stilbe holosticta* 347
*Argyronome laodice* 809
*Argyronome laodice japonica* 809
*Argyrophorus argenteus* 985
*Argyrophylax proclinata* 1242
*Argyroploce lacunana* 563
*Argyroploce leucotreta* 401
*Argyrospodes argyraspis* 617
*Argyrostrotis anilis* 978
*Argyrostrotis carolina* 195
*Argyrostrotis erasa* 383
*Argyrostrotis flavistriaria* 1240
*Argyrostrotis quadrifilaris* 432
*Argyrostrotis sylvarum* 1225
*Argyrotaenia alisellana* 1208
*Argyrotaenia amatana* 860
*Argyrotaenia citrana* 787
*Argyrotaenia franciscana* 787
*Argyrotaenia ivana* 571
*Argyrotaenia juglandana* 539
*Argyrotaenia kimballi* 595
*Argyrotaenia mariana* 486
*Argyrotaenia occultana* 399
*Argyrotaenia pinatubana* 844
*Argyrotaenia pulchellana* 510
*Argyrotaenia quadrifasciana* 432
*Argyrotaenia quercifoliana* 1248
*Argyrotaenia tabulala* 572
*Argyrotaenia velutinana* 844
*Arhopala* 762
*Arhopala aberrans* 802
*Arhopala abseus* 1
*Arhopala ace* 1145
*Arhopala aedias* 989
*Arhopala aedias agnis* 615
*Arhopala agaba* 878
*Arhopala agrata* 326
*Arhopala aida aida* 1209
*Arhopala alax* 564
*Arhopala alea* 590
*Arhopala alemon* 564
*Arhopala allata* 1145
*Arhopala amantes* 615
*Arhopala ammon* 676
*Arhopala anarte* 673
*Arhopala arvina* 877
*Arhopala asopia* 851
*Arhopala athada* 1162
*Arhopala atosia* 1093
*Arhopala atosia malayana* 1093
*Arhopala bazaloides* 1095
*Arhopala bazalus* 867
*Arhopala bazalus turbata* 867
*Arhopala bazalus zalinda* 867
*Arhopala birmana* 173
*Arhopala camdeo* 645
*Arhopala centaurus* 355
*Arhopala centaurus nakula* 355
*Arhopala chinensis* 220
*Arhopala comica* 251
*Arhopala democritus democritus* 1198

*Arhopala diardi* 94
*Arhopala dodonaea* 804
*Arhopala dohertyi* 343
*Arhopala ellisi* 376
*Arhopala epimuta epiala* 259
*Arhopala eumolphus maxwelli* 502
*Arhopala eumolphus* 502
*Arhopala fulla* 1045
*Arhopala hellenore* 343
*Arhopala khamti* 594
*Arhopala madytus* 148
*Arhopala micale* 268
*Arhopala micale amphis* 268
*Arhopala oenea* 537
*Arhopala opalina* 778
*Arhopala ormistoni* 793
*Arhopala paraganesa* 357
*Arhopala paralea* 462
*Arhopala paramuta* 251
*Arhopala perimuta* 1235
*Arhopala pseudomuta* 886
*Arhopala rama* 319
*Arhopala silhetensis* 1090
*Arhopala silhetensis adorea* 1090
*Arhopala singla* 1235
*Arhopala straatmani* 1064
*Arhopala wildei* 1007
*Arhopala zeta* 24
*Arhopalus coreanus* 405
*Arhopalus ferus* 174
*Arhopalus productus* 747
*Arhopalus rusticus* 938
*Ariadne* 199
*Ariadne albifascia* 1194
*Ariadne ariadne pallidior* 26
*Ariadne ariadne* 26
*Ariadne celebensis* 203
*Ariadne enotrea* 6
*Ariadne merione ginosa* 257
*Ariadne merione* 257
*Ariadne merionoides* 543
*Ariadne pagenstecheri* 800
*Ariathisa comma* 251
*Aricerus eichhoffi* 412
*Arichanna melanaria fraterna* 1238
*Aricia* 42
*Aricia acmon* 3
*Aricia agestis* 157
*Aricia anteros* 127
*Aricia artaxerxes* 754
*Aricia cramera* 1028
*Aricia eumedon* 451
*Aricia icarioides* 254
*Aricia icarioides missionensis* 714
*Aricia lupini* 666
*Aricia morronensis* 1036
*Aricia neurona* 787
*Aricia nicias* 988
*Aricia saepiolus* 507
*Aricia shasta* 973
*Aricia shasta pitkinensis* 973
*Ariconias albinus* 11
*Aricoris incana* 562
*Aridaeus thoracicus* 1114
*Arigomphus* 859
*Arigomphus cornutus* 549
*Arigomphus furcifer* 646
*Arigomphus lentulus* 1062
*Arigomphus maxwelli* 80
*Arigomphus pallidus* 486
*Arigomphus submedianus* 572
*Arigomphus villosipes* 1148
*Arilus cristatus* 1192
*Arippara indicator* 220
*Aristotelia* 514
*Aristotelia brizella* 1111
*Aristotelia elegantella* 374
*Aristotelia ericinella* 531
*Aristotelia subdecurtella* 407
*Arita arita* 43

Arixeniidae 43
*Armagomphus armiger* 45
*Arnetta* 137
*Arnetta atkinsoni* 53
*Arnetta mercara* 281
*Arnetta verones* 1081
*Arnetta vindhiana* 1161
*Arniocera erythropyga* 416
*Arnoldiola quercus* 766
*Aroa discalis* 73
*Aroga compositella* 992
*Aroga trialbamaculella* 907
*Aroga velocella* 348
*Aroga websteri* 942
*Arogalea cristifasciella* 1069
*Aromia bungii* 903
*Aromia moschata* 734
*Aromia moschata ambrosiaca* 734
*Arphia conspersa ramona* 787
*Arphia pseudonietana* 125
*Arphia sculphurea* 1081
*Arrhaphogaster pilosa* 521
*Arrhenes dshillus iris* 568
*Arrhenes marmas* 6
*Arrhenodes minutus* 766
Arrhenophanidae 624
*Arsilonche albovenosa* 868
*Arta olivalis* 775
*Arta statalis* 865
*Artace cribrarius* 346
*Artena dotata* 440
*Arteurotia tractipennis* 1059
*Artitropa erinnys erinnys* 176
*Artitropa milleri* 710
*Artogeia balcana* 64
*Artona catoxantha* 245
*Arugisa latiorella* 1175
*Arugisa lutea* 252
*Arumecla galliena* 894
*Arumecla nisaee* 750
*Arunia perulata* 1198
*Arunta interclusa* 680
*Aryxna baueri* 1231
*Aryxna polingi* 23
*Asaphodes megaspilata* 1005
*Asarcopus palmarum* 325
*Ascalapha odorata* 121
Ascalaphidae 795
*Aschistonyx eppoi* 588
*Ascia monuste* 492
*Asciodes gordialis* 143
*Ascotis selenaria* 730
*Ascotis selenaria reciprocaris* 456
*Asemum moestum* 639
*Asemum striatum* 779
*Asholis capucinus* 717
*Asiates holodendri* 907
*Asiemphytus deutziae* 580
Asilidae 923
Asilinae 923
*Asilus crabroniformis* 550
*Aslauga australis* 1032
*Aslauga vininga* 127
*Asmicridea edwardsii* 1204
*Asmicridea grisea* 972
*Asphondylia artemisiae* 942
*Asphondylia aucubae* 53
*Asphondylia baca* 23
*Asphondylia itoi* 341
*Asphondylia miki* 14
*Asphondylia morivorella* 730
*Asphondylia opuntiae* 181
*Asphondylia sesami* 970
*Asphondylia sphaera* 645
*Asphondylia websteri* 14
*Asphondylia yushimai* 1035
*Aspidiella sacchari* 1079
*Aspidiotus acutiformis* 44
*Aspidiotus camelliae* 494
*Aspidiotus cryptomeriae* 933

*Aspidiotus cyanophylli* 309
*Aspidiotus destructor* 246
*Aspidiotus excisus* 10
*Aspidiotus hartii* 1231
*Aspidiotus hederae* 775
*Aspidiotus nerii* 571
*Aspidobyctiscus lacunipennis* 481
*Aspidomorpha* 1088
*Aspidomorpha indica* 1122
*Aspidomorpha transparipennis* 827
*Aspilapteryx tringipennella* 916
*Aspilates gilvaria* 1065
*Aspilates ochrearia* 1233
*Aspitha aegencria* 896
*Aspledon himachala sangaica* 1013
*Assara seminivale* 594
*Assara terebrella* 319
Astalinae 52
*Astegopteryx bambusifoliae* 67
*Astegopteryx styracophila* 1074
Asteiidae 52
*Asteralobia sasakii* 577
*Asterobemisia carpini* 549
*Asterocampa antonia* 381
*Asterocampa celtis* 519
*Asterocampa celtis alicia* 381
*Asterocampa celtis antonia* 519
*Asterocampa clyton* 1098
*Asterocampa clyton louisa* 381
*Asterocampa clyton texana* 1098
*Asterocampa flora* 381
*Asterocampa idyja* 358
*Asterocampa idyja argus* 295
*Asterocampa leilia* 381
*Asterocampa montis* 726
*Asterocampa subpallida* 803
*Asterocampa texana* 1104
Asterolecanidae 849
*Asterolecanium arabidis* 850
*Asterolecanium bambusicola* 65
*Asterolecanium coffeae* 1058
*Asterolecanium gerplexum* 884
*Asterolecanium japonicum* 763
*Asterolecanium masuii* 692
*Asterolecanium minutum* 712
*Asterolecanium pustulans* 775
*Asterolecanium quercicola* 472
*Asterolecanium variolosa* 472
*Asterolecanius bambusae* 66
*Asterope degandii* 537
*Asterope leprieuri* 634
*Asterope markii* 346
*Asteropetes noctuina* 479
*Asthena albulata* 1012
*Asthena candidata* 1012
*Asthena pulchraria* 804
*Asthena subpurpureata* 802
*Astictopterus inornatus* 715
*Astictopterus jama* 429
*Astictopterus stellata* 1049
*Astraeodes areuta* 329
*Astraptes alardus* 439
*Astraptes alector hopfferi* 459
*Astraptes anaphus* 355
*Astraptes apastus apastus* 151
*Astraptes aulestis* 54
*Astraptes brevicauda* 979
*Astraptes chiriquensis chiriquensis* 221
*Astraptes creteus crana* 1213
*Astraptes egregius* 1010
*Astraptes enotrus* 1208
*Astraptes fulgerator* 419
*Astraptes gilberti* 459
*Astraptes janeira* 962
*Astraptes latimargo bifascia* 500
*Astraptes megalurus* 660
*Astraptes phalaecus* 1235
*Astraptes* sp. 1060
*Astraptes talus* 498
*Astraptes tucuti* 1133

*Astraptes weymeri* 1190
*Asturodes fimbriauralis* 468
*Astylus atromaculatus* 1048
*Asura dharma* 1248
*Asynapta hopkinsi* 278
*Asynarchus amurensis* 23
*Ataenius spretulus* 119
*Atalopedes campestris* 411
*Atarnes sallei* 785
*Ateloplus coconino* 245
*Ateloplus hesperus* 1187
*Ateloplus joaquin* 584
*Ateloplus luteus* 1243
*Ateloplus minor* 639
*Ateloplus notatus* 759
*Ateloplus schwarzi* 962
*Ateloplus splendidus* 1044
*Atemeles pubicollis* 735
*Atemnora westermanni* 1182
*Aterica galene* 429
*Aterpia approximana* 1037
*Atethmia centrago* 205
*Atethmia xerampelina* 205
*Athalia* 1136
*Athalia colibri* 749
*Athalia infumata* 179
*Athalia japonica* 179
*Athalia lugens proxima* 734
*Athalia rosae ruficornis* 179
*Atheloca subrufella* 246
*Athemus suturellus* 631
*Athemus vitellinus* 116
Athericidae 52
*Atherigona* 919
*Atherigona biseta* 451
*Atherigona boninensis* 1079
*Atherigona exigua* 919
*Atherigona falcata* 1192
*Atherigona orientalis* 791
*Atherigona oryzae* 919
*Atherigona reversura* 92
*Atherigona soccata* 1025
*Atherigona varia* 156
*Atherix ibis* 1240
*Atherix ibis japonica* 1240
*Athesapeuta cyperi* 761
*Athetis hospes* 864
*Athetis lineosa* 1198
*Athetis pallustris* 690
*Athetis tarda* 998
*Athous haemorrhoidalis* 448
*Athrips mouffetella* 347
*Athrips rancidella* 287
*Athyma asura* 1074
*Athyma asura idita* 1074
*Athyma cama* 785
*Athyma eulimene* 1080
*Athyma inara* 250
*Athyma jina* 93
*Athyma kanwa* 345
*Athyma larymna* 492
*Athyma nefte* 250
*Athyma nefte subrata* 250
*Athyma opalina* 541
*Athyma perius perius* 271
*Athyma pravara* 1147
*Athyma pravara helma* 603
*Athyma ranga* 120
*Athyma reta* 676
*Athyma reta moorei* 676
*Athyma rufula* 24
*Athyma selenophora* 1057
*Athyma selenophora amharina* 1057
*Athyma selenophora ishiana* 1057
*Athyma sulpitia* 1049
*Athyma zeroca* 1010
*Athysanopsis salicis* 944
*Atimia okayamensis* 520
*Atlanticus* 368
*Atlanticus americanus* 22

*Atlanticus calcaratus* 659
*Atlanticus dorsalis* 487
*Atlanticus gibbosus* 924
*Atlanticus glaber* 1017
*Atlanticus monticola* 631
*Atlanticus testaceus* 873
*Atlides atys* 53
*Atlides carpasia* 583
*Atlides gaumeri* 1211
*Atlides halesus* 492
*Atlides inachus* 1055
*Atlides polybe* 618
*Atlides rustan* 938
*Atolmis rubricollis* 903
*Atomaria linearis* 882
*Atrachea nitens* 937
*Atrachya menetriesi* 402
*Atractocerus kreuslerae* 386
*Atractomorpha lata* 791
*Atractomorpha similis* 499
*Atractomorpha sinensis* 847
*Atractotomus mali* 101
*Atrichonotus taeniatulus* 1006
*Atrichops crassipes* 631
*Atrophaneura aidoneus* 635
*Atrophaneura jophon* 207
*Atrophaneura latreillei* 929
*Atrophaneura neptunus* 1234
*Atrophaneura palu* 1080
*Atrophaneura polyphontes* 1080
*Atrophaneura priapus* 870
*Atrophaneura varuna* 253
Atropidae 360
*Atrytone arogos* 83
*Atrytonopsis cestus* 90
*Atrytonopsis deva* 334
*Atrytonopsis edwardsii* 974
*Atrytonopsis frappenda* 826
*Atrytonopsis hianna* 360
*Atrytonopsis loammi* 1029
*Atrytonopsis lunus* 718
*Atrytonopsis ovinia* 974
*Atrytonopsis pittacus* 814
*Atrytonopsis python* 882
*Atrytonopsis vierecki* 1161
*Atrytonopsis zweifeli* 1255
*Atta* 53, 627
*Atta cephalotes* 627
*Atta fervens* 814
*Atta insularis* 302
*Atta octospinosa* 627
*Atta sexdens* 627
*Atta texana* 1104
*Attacus atlas* 53
*Attacus wardi* 55
*Attagenus fasciatus* 1170
*Attagenus japonicus* 104
*Attagenus megatoma* 104
*Attagenus pellio* 444
*Attagenus piceus* 104
*Attagenus smirnovi* 158
*Attagenus unicolor* 104
*Attaphila fungicola* 53
Attelabidae 53
Attelabinae 629
*Attelabus montanus* 1006
*Attelabus nitens* 764
*Atteva aurea* 10
*Atteva punctella* 10
*Atteva zebra* 1253
Attevidae 1129
*Atylotus fulvus* 471
*Atylotus latistriatus* 946
*Atylotus plebejus* 214
*Atylotus plebejus sibiricus* 214
*Atylotus rusticus* 432
*Aubergina* 137
*Aubergina alda* 12
*Aubergina hicetas* 539
*Aubergina paetus* 800

Auchenorrhyncha 436
*Auchmeromyia luteola* 279
*Auclocara femoratum* 1197
*Augasma aeratella* 447
*Augosoma centaurus* 204
*Aulacaspis difficilis* 403
*Aulacaspis latissima* 341
*Aulacaspis madiunensis* 1079
*Aulacaspis rosae* 929
*Aulacaspis spinosa* 1015
*Aulacaspis tegalensis* 1079
*Aulacaspis trifolium* 239
*Aulacaspis tubercularis* 679
*Aulacaspis wakayamaensis* 1167
*Aulacaspis yabunikkei* 188
*Aulacaspis yasumatsui* 49
Aulacidae 54
Aulacigastridae 54
*Aulaconotus pachypezoides* 1072
*Aulacophora abdominalis* 851
*Aulacophora femoralis* 303
*Aulacophora hilaris* 876
*Aulacophora nigripennis* 105
*Aulacorthum circumflexum* 723
*Aulacorthum geranii* 452
*Aulacorthum pseudosolanii* 502
*Aulacorthum solani* 865
*Aulacorthum speyeri* 646
*Aulacosternus nigrorubrum* 288
*Auletobius uniformis* 1065
*Aulocara elliotti* 95
*Aulocera brahminus* 738
*Aulocera padma* 492
*Aulocera saraswati* 1069
*Aulocera swaha* 271
*Aurivillius triamis* 457
*Australicoccus grevilleae* 508
*Australostoma* 56
*Austramathes purpurea* 1003
*Austroaeschna anacantha* 1184
*Austroaeschna atrata* 726
*Austroaeschna christine* 941
*Austroaeschna cooloola* 1168
*Austroaeschna eungella* 387
*Austroaeschna flavomaculata* 17
*Austroaeschna forcipata* 505
*Austroaeschna hardyi* 640
*Austroaeschna inermis* 1212
*Austroaeschna muelleri* 194
*Austroaeschna multipunctata* 732
*Austroaeschna obscura* 1090
*Austroaeschna parvistigma* 1085
*Austroaeschna pulchra* 428
*Austroaeschna sigma* 982
*Austroaeschna speciosa* 1131
*Austroaeschna subapicalis* 277
*Austroaeschna tasmanica* 1097
*Austroaeschna unicornis* 1148
*Austroaeschna weiskei* 771
*Austroagallia torrida* 1047
*Austroasca alfalfae* 664
*Austroasca viridigrisea* 1156
*Austroconops* 99
*Austroepigomphus gordoni* 1187
*Austroepigomphus melaleucae* 1139
*Austroepigomphus turneri* 418
*Austrogomphus amphiclitus* 804
*Austrogomphus angelorum* 733
*Austrogomphus arbustorum* 1121
*Austrogomphus australis* 566
*Austrogomphus bifurcatus* 319
*Austrogomphus collaris* 1186
*Austrogomphus cornutus* 1148
*Austrogomphus divaricatus* 431
*Austrogomphus doddi* 757
*Austrogomphus guerini* 1245
*Austrogomphus mjobergi* 837
*Austrogomphus mouldsorum* 595
*Austrogomphus ochraceus* 572
*Austrogomphus prasinus* 633

*Austrogomphus pusillus* 1116
*Austroicetes cruciata* 1008
*Austropeplus* sp. 227
*Austropetalia partricia* 1175
*Austropetalia tonyana* 17
*Austrophlugis malidupa* 341
*Austroplatypus incompertus* 548
*Austroplebeia* 1062
*Austrosciapus connexus* 658
*Austrosimulium pestilens* 326
*Autochton bipunctatus* 1139
*Autochton cellus* 469
*Autochton cincta* 221
*Autochton longipennis* 1040
*Autochton neis* 253
*Autochton pseudocellus* 402
*Autochton siermadror* 364
*Autochton vectilucis* 204
*Autochton zarex* 973
*Autographa ampla* 614
*Autographa biloba* 95
*Autographa bimaculata* 1143
*Autographa bractea* 468
*Autographa buractica* 706
*Autographa californica* 14
*Autographa gamma* 987
*Autographa jota* 474
*Autographa mappa* 1177
*Autographa nigrisigna* 89
*Autographa precationis* 266
*Autographa pulchrina* 84
*Autographa v-aureum* 84
*Automeris io* 567
*Automeris iris* 568
*Automeris zephyria* 1254
*Autoplusia egena* 82
*Autosticha kyotensis* 600
*Auzakia danava* 251
*Auzata superba* 397
*Aventiola pusilla* 1090
*Awafukia nawae* 742
*Axenus arvalis* 695
Axiidae 468
*Axiocerses* 961
*Axiocerses amanga* 176
*Axiocerses bambana* 271
*Axiocerses coalescens* 119
*Axiocerses croesus* 316
*Axiocerses harpax ugandana* 271
*Axiocerses punicea* 876
*Axiocerses styx* 242
*Axiocerses tjoane* 271
*Axion plagiatum* 1228
*Axionicus insignis* 599
*Axylia putris* 418
Axymyiidae 59
*Azanus* 62
*Azanus isis* 570
*Azanus jesous* 1122
*Azanus mirza* 802
*Azanus moriqua* 103
*Azanus natalensis* 741
*Azanus sitalces* 615
*Azanus ubaldus* 331
*Azanus uranus* 563
*Azanus urios* 981
*Azelina fortinata* 26
*Azelina galleria* 769
*Azelina variabilis* 769
*Azenia obtusa* 770
*Azochis gripusalis* 412
*Azonax typhaon* 1144
*Azteca alfari* 40
*Azteca chartifex* 244
*Azteca trigona* 1103
*Azteca ulei* 852
*Azuragrion nigridorsum* 118

# B

*Babia quadriguttata* 433
*Baccha clavata* 433
*Bacchisa fortunei japonica* 821
Bacillidae 1061
*Bacillus rossii* 930
*Bacillus rossius* 699
*Bacillus whitei* 1213
*Bacotia sepium* 975
*Bactericera salicivora* 1219
*Bactra furfurana* 723
*Bactra lancealana* 360
*Bactra venosoma* 761
*Bactra verutana* 582
*Bactrocera dorsalis* 790
*Bactrocera latifrons* 1023
*Bactrocera tau* 832
*Bactrocera tryoni* 883
*Bactrocera tsuneonis* 579
*Bactrocera zonata* 819
*Badamia* 59
*Badamia exclamationis* 157
*Badecla lanckena* 894
*Badisis ambulans* 11
*Baeotis bacaenis* 538
*Baeotis barce barce* 74
*Baeotis macularia* 1081
*Baeotis nesaea* 745
*Baeotis staudingeri* 312
*Baeotis sulphurea macularia* 1081
*Baeotis sulphurea sulphurea* 1081
*Baeotis zonata* 407
*Baeotus aeilus* 18
*Baeotus baeotus* 62
*Baeotus deucalion* 634
*Baeotus japetus* 739
Baetidae 1006
*Baetis* 1006
*Baetis buceratus* 958
*Baetis fuscatus* 808
*Baetis rhodani* 611
*Baetis scambus* 1001
*Baetis tricaudatus* 134
*Baetis vernus* 699
Baetiscidae 44
*Baeturia varicolor* 895
*Bagisara rectifascia* 1064
*Bagisara repanda* 1177
*Bagrada* 524
*Bagrada hilaris* 800
*Baileya australis* 998
*Baileya dormitans* 995
*Baileya doubledayi* 349
*Baileya levitans* 802
*Baileya ophthalmica* 397
*Balataea funeralis* 67
*Balataea gracilis* 1246
*Balclutha beardsleyi* 83
*Balclutha incisa hospes* 651
*Balclutha punctata* 1043
*Balclutha saltuella* 83
*Baliochila* 170
*Baliochila amanica* 18
*Baliochila aslanga* 256
*Baliochila hildegarda* 540
*Baliochila lipara* 649
*Baliosus nervosus* 79
*Baliosus ruber* 79
*Balsa malana* 682
*Baltia* 361
*Baltia butleri* 176
*Baltia shawi* 973
*Bambalina* 730
*Bambalina consorta* 79
*Bambusana banbusae* 66
*Bambusiphila vulgaris* 67
*Banasa dimiata* 893
*Banisia myrsusalis* 950
*Bankesia douglasii* 1058

*Baoris* 1089
*Baoris chapmani* 1007
*Baoris farri* 800
*Baoris oceia* 800
*Baoris pagana* 413
*Baoris penicillata* 1089
*Baoris unicolor* 113
*Bapta distinctata* 196
*Baptria tibiale aterimma* 1212
*Baracus* 532
*Baracus hampsoni* 523
*Baracus vittatus* 532
*Barangas caranus* 617
*Barbara colfaxina* 350
*Barbitistes constrictus* 368
*Barbitistes fischeri* 417
*Barbitistes obtusus* 1032
*Barbitistes serricauda* 953
*Barbitistes* 175
*Bardistus cibarius* 74
*Barea* 327
*Barea confusella* 1007
Baridinae 426
*Baris chlorizans* 300
*Baris deplanata* 731
*Baris ezoana* 1250
*Baris laticollis* 300
*Baris lepidii* 561
*Baris menthae* 829
*Baris pilosa* 622
*Baris strenua* 1083
*Baris traegardhi* 701
*Barynotus obscurus* 513
*Baryopadus corrugatus* 931
*Barypeithes araneiformis* 1066
*Basiaeschna janata* 1052
*Basilepta fulvipes* 471
*Basilepta pallidula* 1080
*Basilodes pepita* 468
*Basiothia aureata* 467
*Basiothia charis* 636
*Basiothia medea* 1011
*Basiothia schenki* 166
*Baspa melampus* 565
*Bassaris gonerilla* 893
*Bassaris itea* 1232
*Bassarona dunya dunya* 491
*Bassarona durga* 129
*Bassarona iva* 478
*Bassarona labotas* 1080
*Bassarona recta* 907
*Bassarona recta monilis* 905
*Bassarona teuta* 71
*Bassarona teuta goodrichi* 71
*Bastrychopsis parallela* 101
*Batanogastris kolae* 598
*Batesia hypochlora* 800
*Bathytricha truncata* 190
*Batia lunaris* 640
*Batia unitella* 470
*Batocera boisduvali* 490
*Batocera lineolata* 1210
*Batocera rubus* 412
*Batocera rufomaculata* 906
*Batocnema africanus* 524
*Batodes angustioranus* 739
*Batophila aerata* 890
*Batophila rubi* 890
*Batrachedra amydraula* 637
*Batrachedra arenosella* 246
*Batrachedra curvilineella* 528
*Batrachedra enomis* 453
*Batrachedra pinicolella* 840
*Batracomorphus angustatus* 613
*Battaristis vittella* 1069
*Battus* 848
*Battus belus* 91
*Battus crassus* 294
*Battus devilliersii* 334
*Battus eracon* 1182

*Battus ingenuus* 361
*Battus laodamas copanae* 502
*Battus laodamas iopas* 502
*Battus lycidas* 293
*Battus philenor* 848
*Battus philenor acauda* 1251
*Battus philenor insularis* 913
*Battus philenor orsua* 1126
*Battus polydamas* 859
*Bebearia absolon* 1
*Bebearia barombina* 613
*Bebearia carshena* 975
*Bebearia cocalioides* 616
*Bebearia cutteri* 307
*Bebearia demetra* 509
*Bebearia eliensis* 848
*Bebearia laetitia* 603
*Bebearia mandinga* 678
*Bebearia micans* 975
*Bebearia oxione* 71
*Bebearia paludicola* 1085
*Bebearia phranza* 1207
*Bebearia plistonax* 1038
*Bebearia sophus* 1025
*Bebearia tessmanni* 1103
*Bebearia zonara* 644
*Bedellia minor* 424
*Bedellia orchilella* 1088
*Bedellia somnulentella* 719
*Beesonia napiformis* 767
*Behemothia godmanii* 466
Behningidae 519
*Belenois* 191
*Belenois aurota* 166
*Belenois calypso* 186
*Belenois crawshayi* 294
*Belenois creona* 6
*Belenois gidica* 9
*Belenois java* 191
*Belenois margaritacea* 687
*Belenois raffrayi* 886
*Belenois rubrosignata rubrosignata* 898
*Belenois solilucis* 1234
*Belenois subeida* 754
*Belenois sudanensis* 1076
*Belenois theora* 428
*Belenois theuszi* 205
*Belenois thysa thysa* 401
*Belenois victoria* 1160
*Belenois zochalia zochalia* 430
*Bellura densa* 835
*Bellura gortynoides* 1211
*Bellura obliqua* 201
*Belocephalus* 979
*Belocephalus davisi* 325
*Belocephalus micanopy* 841
*Belocephalus sabalis* 811
*Belocephalus sleighti* 594
*Belocephalus subapterus* 522
*Belostoma* 459
*Belostoma flumineum* 652
Belostomatidae 459
*Bematistes poggei* 857
*Bembecia chrysidiformis* 411
*Bembecia hylaeiformis* 890
*Bembecia ichneumoniformis* 991
*Bembecia muscaeformis* 1111
*Bembecia scopigera* 991
Bembicidae 948
Bembicinae 91
Bembidiini 713
*Bembix* 948
*Bembix americana spinolae* 271
*Bembix cornata* 1187
*Bembix pruinosa* 948
*Bembix spinolae* 948
*Bemisia argentifolii* 986
*Bemisia giffardi* 459
*Bemisia shinanoensis* 732
*Bemisia tabaci* 1119

*Bemisia tuberculata* 1088
*Bephratelloides cubensis* 28
Beraeidae 1002
*Berberia abdelkader* 455
*Berginus pumilus* 520
*Beris chalybata* 733
*Beris clavipes* 958
*Beris fuscipes* 978
*Beris geniculata* 657
*Beris morrisii* 1239
*Beris vallata* 268
*Bermiella acuta* 341
*Bermius brachycerus* 448
*Bermius odontocercus* 296
Berothidae 81
*Bertholdia trigona* 512
Berytidae 1062
*Besma endropiaria* 1065
*Besma quercivoraria* 762
Bethylidae 92
Bethyloidea 92
*Bhagadatta austenia* 509
*Bhutanitis lidderdalii* 93
*Bhutanitis thaidina* 1112
*Bia actorion* 279
*Blaps mucronata* 225
*Bibarrambla allenella* 138
*Bibasis imperialis* 561
*Bibasis phul* 669
*Bibasis sena* 786
*Bibasis sena uniformis* 786
*Bibasis tuckeri* 1133
*Bibio albipennis* 1213
*Bibio hortulanus* 687
*Bibio imitator* 448
*Bibio marci* 1057
*Bibio rufiventris* 574
Bibionidae 687
*Biblis hyperia* 298
*Biblis hyperia aganisa* 904
*Bicyclus* 175
*Bicyclus angulosa* 1059
*Bicyclus anynana* 1056
*Bicyclus auricruda* 1006
*Bicyclus campus* 540
*Bicyclus cooksoni* 281
*Bicyclus dentata* 331
*Bicyclus dubia* 354
*Bicyclus ena* 512
*Bicyclus ephorus* 255
*Bicyclus golo* 475
*Bicyclus hewitsoni* 127
*Bicyclus ignobilis* 559
*Bicyclus italus* 610
*Bicyclus jefferyi* 582
*Bicyclus kenia* 593
*Bicyclus mandanes* 615
*Bicyclus medontias* 1202
*Bicyclus pavonis* 924
*Bicyclus safitza* 256
*Bicyclus sambulos* 1093
*Bicyclus sandace* 323
*Bicyclus sangmelinae* 277
*Bicyclus saussurei* 953
*Bicyclus sebetus* 127
*Bicyclus sophrosyne* 619
*Bicyclus sweadneri* 435
*Bicyclus taenias* 509
*Bicyclus trilophus* 1133
*Bidaspa micans* 900
*Biduanda melisa* 132
*Bindahara phocides* 57
*Bindahara phocides yargama* 851
*Biolleyana pictifrons* 745
*Biorhiza nawai* 884
*Biorhiza pallida* 762
*Biosteres arisanus* 790
*Biosteres longicaudatus* 660
Biphyllidae 403
*Biprorulus bibax* 1041

*Birrima castanea* 908
*Birrima varians* 119
*Biselachista albidella* 493
*Biselachista cinereopunctella* 160
*Biselachista scirpi* 945
*Biselachista trapeziella* 1209
*Bissetia steniella* 517
*Biston betularia* 829
*Biston betularia parvus* 829
*Biston cognataria* 828
*Biston regalis comitata* 1250
*Biston robustum* 455
*Biston strataria hasegawai* 762
*Biston strataria* 762
Bistoninae 149
Bittacidae 523
*Bittacomorpha* 401
*Bittacus chlorostigma* 504
*Bittacus italicus* 523
*Bityla defigurata* 464
*Bixadus sierricola* 1180
*Bizia aexaria* 970
Blaberidae 244
*Blaberus craniifer* 327
*Blaberus discoidalis* 340
*Blaberus giganteus* 454
*Blaesoxipha* 485
*Blaps* 204
*Blaps mortisaga* 204
*Blaps mucronata* 204
*Blaps polychresta* 372
*Blaptica dubia* 1026
*Blaptina caradrinalis* 91
*Blastesthia posticana* 1170
*Blastesthia turionella* 278
*Blasticotoma filiceti* 408
Blasticotomidae 408
Blastobasidae 961
*Blastodacna atra* 34
*Blastodacna hellerella* 528
*Blastodacna putripennella* 849
*Blastophaga callida* 409
*Blastophaga nipponica* 576
*Blastophaga psenes* 413
*Blastoppa* 413
*Blastopsylla occidentalis* 386
*Blastotere arceuthina* 155
*Blastotere glabratella* 1054
*Blastotere illuminatella* 1084
*Blastotere laevigatella* 606
*Blastotere thujella* 203
*Blatta lateralis* 1135
*Blatta orientalis* 257
Blattaria 244
*Blattella asahinai* 49
*Blattella germanica* 451
*Blattella lituricollis* 402
*Blattella vaga* 410
Blattellidae 451
Blattidae 244
Blattiformia 244
Blattoidea 244
Blattopteroidea 244
*Blenina senex* 76
*Blennocampa pusilla* 629
Blephariceridae 745
*Blepharidopterus angulatus* 111
*Blepharipa sericareae* 983
*Blepharipa zebina* 1150
*Blepharita adusta* 316
*Blepharita satura* 83
*Blepharita solieri* 86
*Blepharomastix ebulealis* 235
*Blepharomastix ranalis* 543
*Blepharopsis mendica* 334
*Bletogona inexspectata* 747
*Bletogona mycalesis* 257
*Blissus* 219
*Blissus insularis* 625
*Blissus leucopterus* 218

*Blissus leucopterus hirtus* 520
*Blissus occiduus* 1183
*Blitopertha conspurcata* 115
*Blitophaga opaca* 88
*Blosyrus asellus* 932
Boarmiinae 83
*Bobilla* 1003
*Bocchoris adipalis* 700
*Bocchoris fatualis* 680
*Bocchoris inspersalis* 347
*Bocydium globulare* 463
*Bohemannia pulverosella* 360
*Boisea rubrolineata* 1183
*Bolbe* 1000
*Bolbe pygmaea* 513
*Bolbena hottentotta* 552
*Bolboneura sylphis sylphis* 1152
*Bolitophagus reticulatus* 119
*Bolitotherus cornutus* 431
*Bolitotherus* 324
*Bolla atahuallpai* 467
*Bolla brennus* 769
*Bolla clytius* 723
*Bolla cupreiceps* 282
*Bolla cybele* 1159
*Bolla cyclops* 308
*Bolla cylindus* 210
*Bolla eusebius* 1037
*Bolla evippe* 932
*Bolla fenestra* 768
*Bolla giselus* 669
*Bolla guerra* 516
*Bolla imbras* 933
*Bolla litus* 683
*Bolla morona* 720
*Bolla oriza* 792
*Bolla orsines* 546
*Bolla solitaria* 1024
*Bolla subapicatus* 414
*Bolla zorilla* 1255
*Boloria* 438
*Boloria aquilonaris* 293
*Boloria euphrosyne* 824
*Boloria graeca* 64
*Boloria napaea* 726
*Boloria pales* 974
Bombinae 172
Bombini 172
*Bombus* 172
*Bombus agrorum* 256
*Bombus barbutellus* 74
*Bombus bohemicus* 518
*Bombus borealis* 472
*Bombus californicus* 107
*Bombus cullumanus* 304
*Bombus derhamellus* 904
*Bombus distinguendus* 493
*Bombus fervidus* 472
*Bombus funebris* 728
*Bombus helferanus* 157
*Bombus hortorum* 612
*Bombus humilis* 157
*Bombus hypnorum* 1124
*Bombus hypnorum koropokkrus* 1124
*Bombus impatiens* 259
*Bombus jonellus* 530
*Bombus lapidarius* 907
*Bombus lapponicus* 726
*Bombus latreillellus* 978
*Bombus lucorum* 1211
*Bombus monticola* 725
*Bombus muscorum* 610
*Bombus pascuorum* 192
*Bombus pennsylvanicus* 20
*Bombus pomorum* 34
*Bombus pratorum* 363
*Bombus ruderarius* 597
*Bombus ruderatus* 612
*Bombus sonorus* 1024
*Bombus soroensis* 154

*Bombus sylvarum* 981
*Bombus sylvestris* 432
*Bombus ternarius* 907
*Bombus terrestris* 170
*Bombus terricola occidentalis* 1183
*Bombus vestalis* 1159
*Bombus vosnesenskii* 1236
Bombycidae 983
*Bombycomorpha bifascia* 829
*Bombycomorpha pallida* 829
*Bombycopsis indecora* 563
Bombyliidae 86
*Bombylius* 608
*Bombylius canescens* 1182
*Bombylius discolor* 346
*Bombylius major* 86
*Bombylius minor* 530
*Bombyx mandarina* 1215
*Bombyx mori* 983
*Boopedon nubilum* 370
Boopidae 691
*Bootettix punctatus* 296
*Borbo* 1089
*Borbo bevani* 92
*Borbo borbonica* 141
*Borbo cinnara* 919
*Borbo detecta* 939
*Borbo fallax* 404
*Borbo fatuellus fatuellus* 428
*Borbo ferruginea* 409
*Borbo gemella* 1140
*Borbo holtzii* 1154
*Borbo impar* 1246
*Borbo kaka* 590
*Borbo lugens* 638
*Borbo micans* 690
*Borbo perobscura* 1011
Boreidae 1020
*Boreioglycaspis melaleucae* 699
*Boreioides subulatus* 1221
*Boreus* 1020
*Boreus californicus* 185
*Boreus hyemalis* 1020
*Boreus mucronata* 1020
*Boreus notoperatus* 333
*Borkhausenia chlorodelpha* 1004
*Borocera madagascariensis* 93
Bostrichidae 403
*Bostrichus capucinus* 191
*Bostrychopsis jesuita* 608
*Bothrinia chennellii* 531
*Bothrogonia ferruginea* 119
*Bothynoderes punctiventris* 1077
*Botyodes diniasalis* 863
*Botyodes principalis* 863
*Bourletiella arvalis* 625
*Bourletiella hortensis* 448
*Bourletiella lutea* 1245
*Bourletiella* 449
*Bovicola* 653
*Bovicola alpinus* 209
*Bovicola bovis* 201
*Bovicola caprae* 910
*Bovicola crassipes* 27
*Bovicola equi* 550
*Bovicola limbatus* 27
*Bovicola penicillata* 1248
*Boyeria vinosa* 406
Brachinidae 140
*Brachinus* 140
*Brachinus crepitans* 140
*Brachinus tschernikhi* 140
*Brachionycha nubeculosa* 888
*Brachionycha nubeculosa jezoensis* 888
*Brachionycha sphinx* 1050
*Brachmia blandella* 1214
*Brachmia macroscopa* 1088
Brachodidae 83
*Brachyacma palpigera* 1036
*Brachycaudus amygdalinus* 16

*Brachycaudus cardui* 1106
*Brachycaudus helichrysi* 626
*Brachycaudus heraclei* 203
*Brachycaudus persicae* 113
*Brachycaudus persicaecola* 113
*Brachycaudus rumexicolens* 342
*Brachycaudus schwartzi* 819
*Brachycaudus tragopogonia* 465
Brachycentridae 556
*Brachycentrus subnubilus* 479
Brachycera 978
*Brachycercus harrisellus* 609
*Brachycerus* 171
*Brachycistis* 751
*Brachyclytus singularis* 905
*Brachycolus frequens* 1189
*Brachycolus muehlei* 1115
*Brachycorynella asparagi* 50
*Brachycyttarus griseus* 483
*Brachyderes incanus* 978
*Brachydiplax* 643
*Brachydiplax sobrina* 1024
*Brachygastra mellifica* 545
*Brachyglenis dodone* 780
*Brachyglenis esthema* 1206
*Brachyinsara hemiptera* 630
*Brachylomia viminalis* 711
*Brachymera* 144
*Brachymeria ovata* 177
*Brachymesia furcata* 908
*Brachymesia herbida* 1098
*Brachynemurus* 29
*Brachynus explodens* 635
*Brachypsectra fulva* 1104
Brachypsectridae 1104
*Brachyptera putata* 755
*Brachypterolus pulicarius* 31
*Brachypterolus vestitus* 31
Brachyrhininae 153
*Brachyrhinus cribricollis* 1019
*Brachystethus rubromaculatus* 906
*Brachystola magna* 663
*Brachythemis* 514
*Brachythemis contaminata* 341
*Brachythemis fuscopalliata* 323
*Brachythemis lacustris* 899
*Brachythemis leucosticta* 71
*Brachythemis wilsoni* 1219
*Brachytron pratense* 520
*Brachytrupes portentosus* 610
Brachytrupinae 979
*Brachytrypes megacephalus* 981
*Brachytrypes membranaceus* 1118
Braconidae 144
*Bradinopyga cornuta* 344
*Bradinopyga geminata* 565
*Bradinopyga* 924
Bradyporidae 45
*Bradysia agrestis* 108
*Bradysia impatiens* 461
*Bradysia tritici* 461
*Brahmaea wallichii* 645
*Brahmaea wallichii japonica* 645
Brahmaeidae 145
*Brangas carthaea* 504
*Brangas coccineifrons* 120
*Brangas getus* 148
*Brangas neora* 255
Brassolinae 185
Brathinidae 484
*Brathinus nitidus* 484
*Braula coeca* 87
Braulidae 87
*Brennania belkini* 90
*Brennus ventricosus* 1018
*Brenthia pavonacella* 820
*Brenthis daphne rabdia* 685
*Brenthis daphne* 685
*Brenthis hecate* 1139
*Brenthis ino* 638

*Brenthis ino tigroides* 638
*Brenthus anchorago* 147
Brentidae 1064
*Brephidium exilis* 1187
*Brephidium isophthalma* 368
*Brephidium metophis* 1116
*Brevennia rehi* 918
*Brevianta busa* 1206
*Brevianta tolmides* 1200
*Brevicoryne brassicae* 178
*Brintesia circe* 489
*Brithys crini* 646
*Brithys pancratii* 646
*Brochymena affinis* 932
*Brochymena quadripustulata* 932
*Brochymena* 932
*Brochyrhinus ovatus* 1067
*Bromius obscurus* 157
*Brontes* 419
*Brontispa chalybeipennis* 128
*Brontispa longissima* 810
*Brontispa mariana* 688
*Brooksetta althaeae* 544
*Bruchidius japonicus* 1142
*Bruchidius sahlbergi* 870
*Bruchidius terrenus* 991
*Bruchidius villosus* 156
Bruchinae 168, 819
*Bruchophagus fellis* 228
*Bruchophagus gibbus* 239
*Bruchophagus kolovae* 1126
*Bruchophagus platypterus* 239
*Bruchophagus roddi* 664
*Bruchus affinis* 1036
*Bruchus brachialis* 1160
*Bruchus ervi* 633
*Bruchus gonager* 1094
*Bruchus lentis* 633
*Bruchus pallidicornis* 818
*Bruchus pisi* 818
*Bruchus pisorum* 818
*Bruchus rufimanus* 151
*Bruchus signaticornis* 633
*Brumoides suturalis* 1110
*Bruneria brunnea* 168
*Brychius hungerfordi* 556
*Bryobia cristata* 484
*Bryobia ribis* 475
*Bryobia rubrioculus* 33
*Bryocoris pteridis* 408
*Bryodema tuberculata* 1038
*Bryotropha affinis* 316
*Bryotropha boreella* 446
*Bryotropha domestica* 344
Bucculatrigidae 915
*Bucculatrix ainsliella* 766
*Bucculatrix albertiella* 653
*Bucculatrix canadensisella* 97
*Bucculatrix cidarella* 13
*Bucculatrix cristatella* 297
*Bucculatrix gossypii* 288
*Bucculatrix maritima* 946
*Bucculatrix nigricomella* 772
*Bucculatrix pomifoliella* 34
*Bucculatrix pyrivorella* 822
*Bucculatrix quadrigemina* 915
*Bucculatrix staintonella* 289
*Bucculatrix thurberiella* 288
*Buckleria parvulus* 1082
*Bucrates* 1180
*Bucrates malivolans* 201
*Buenoa* 998
*Buenoa scimitra* 962
*Bulia deducta* 383
*Bullis buto* 62
*Bunaea alcinoe* 260
*Bunaea aslauga* 671
*Bungalotis astylos* 317
*Bungalotis erythus* 1049
*Bungalotis midas* 707

*Bungalotis milleri* 710
*Bungalotis quadratum quadratum* 809
*Bupalus piniarius* 142
Buprestidae 420
Buprestinae 964
*Buprestis adjecta* 839
*Buprestis apricans* 1137
*Buprestis aurulenta* 470
*Buprestis gibbsi* 762
*Buprestis haemorrhoidalis japonensis* 112
*Burana gomata lalita* 804
*Burana gomata* 804
*Burana harisa* 779
*Burana jaina* 785
*Burana oedipodea* 145
*Burara amara* 1004
*Burara anadi* 850
*Burara etelka* 491
*Burara vasutana* 495
*Burbunga gilmorei* 75
*Burmagomphus pyramidalis sinuatus* 990
*Burmagomphus* 241
*Busseola fusca* 674
*Busseola sorghicida* 674
*Buzura suppressaria* 1135
*Byasa alcinous alcinous* 221
*Byasa crassipes* 121
*Byasa dasarada* 492
*Byasa nevilli* 747
*Byasa plutonius* 827
*Byasa polla* 326
*Byasa polyeuctes* 492
*Byblia* 584
*Byblia acheloi acheloia* 265
*Byblia anvantara* 265
*Byblia ilithyia* 584
*Byctiscus betulae* 822
*Byctiscus fausti* 406
*Byctiscus populi* 862
*Byctiscus puberulus* 862
*Byctiscus rugosus* 937
*Byctiscus venustus* 684
Byrrhidae 837
*Byrrhus pilula* 837
Byturidae 442
*Byturus bakeri* 1187
*Byturus fumatus* 890
*Byturus rubi* 368
*Byturus tomentosus* 890
*Byturus univolor* 890

## C

*Cabares potrillo* 866
*Cabera erythemaria* 1235
*Cabera exanthemata* 275
*Cabera pusaria* 276
*Cabera quadrifasciaria* 432
*Cabera variolaria* 1159
*Cabirus procas* 338
*Cacodacnus planicollis* 844
*Cacoecimorpha pronubana* 698
*Caconemobius howarthi* 554
*Caconemobius varius* 592
*Cacopsylla buxi* 144
*Cacopsylla coccinea* 11
*Cacopsylla fatsiae* 406
*Cacopsylla usubai* 1072
*Cacozelia basiochrealis* 1233
*Cactoblastis cactorum* 181
*Cacyreus audeoudi* 53
*Cacyreus dicksoni* 336
*Cacyreus lingeus* 175
*Cacyreus marshalli* 451
*Cacyreus palemon* 1173
*Cacyreus tespis* 1172
*Cacyreus virilis* 365
*Cadra cautella* 16
*Cadra figulilella* 887

Caeciliidae 653
*Caecilius pilipennis* 75
*Caedicia simplex* 261
*Caedicia strenua* 229
Caelifera 485
Caenidae 1010
*Caenides dacela* 270
*Caenides dacena* 1200
*Caenides hidaroides* 54
*Caenides xychus* 1147
*Caenis* 26
*Caenocara* 875
*Caenohomotoma radiata* 410
*Caenurgia chloropha* 1160
*Caenurgina crassiuscula* 239
*Caenurgina erechtea* 428
*Caeruleuptychia coelestis* 246
*Caeruleuptychia helios* 533
*Caeruleuptychia lobelia* 654
*Cagosima sanguinolenta* 13
*Cahela ponderosella* 182
*Calamia tridens* 174
*Calamia virens* 174
*Calamoblus filum* 478
Calamoceratidae 251
*Calamotropha leptogrammella* 485
*Calamotropha okanoi* 952
*Calamotropha shichito* 692
Calandrinae 95
*Calaphis flava* 96
*Calathus ruficollis* 936
*Calendra* 95
*Calendra aequalis* 232
*Calendra maidis* 674
*Calendra parvulus* 130
*Calendra pertinax* 201
*Calendra zeae* 1115
*Calephelis* sp. 182
*Calephelis acapulcoensis* 2
*Calephelis argyrodines* 43
*Calephelis arizonensis* 44
*Calephelis aymaran* 59
*Calephelis azteca* 60
*Calephelis bajaensis* 63
*Calephelis borealis* 756
*Calephelis browni* 167
*Calephelis costaricicola* 287
*Calephelis dreiesbachi* 751
*Calephelis freemani* 436
*Calephelis huasteca* 554
*Calephelis laverna laverna* 624
*Calephelis matheri* 693
*Calephelis maya* 694
*Calephelis mexicana* 704
*Calephelis montezuma* 718
*Calephelis muticum* 1085
*Calephelis nemesis* 405
*Calephelis nilus* 933
*Calephelis perditalis* 663
*Calephelis rawsoni* 892
*Calephelis sacapulas* 941
*Calephelis sinaloensis nuevoleon* 989
*Calephelis sinaloensis sinaloensis* 989
*Calephelis sixola* 493
*Calephelis stallingsi* 1058
*Calephelis tikal* 1115
*Calephelis velutina* 317
*Calephelis virginiensis* 652
*Calephelis wellingi* 1180
*Calephelis wrighti* 1228
*Calephelis yautepequensis* 719
*Calephelis yucatana* 1250
*Caleta caleta* 26
*Caleta decidia* 26
*Caleta roxus pothus* 1064
*Caleta roxus* 1064
*Calicosama lilina* 1205
*Calidea* 128
*Calidota laqueata* 1068
*Calidota strigosa* 1068

*Caligo* 795
*Caligo atreus* 467
*Caligo beltrao* 879
*Caligo brasiliensis* 147
*Caligo brasiliensis sulanus* 1080
*Caligo euphorbus* 387
*Caligo eurilochus* 429
*Caligo eurilochus minor* 429
*Caligo idomeneus* 559
*Caligo illioneus* 560
*Caligo illioneus oberon* 359
*Caligo memnon* 795
*Caligo oedipus* 773
*Caligo oedipus fruhstorferi* 439
*Caligo oileus* 773
*Caligo placidanus* 850
*Caligo telamonius* 1236
*Caligo telamonius memmon* 806
*Caligo teucer* 1103
*Caligo teucer insularis* 245
*Caligo uranus* 795
*Caligula japonica* 457
*Caligula jonasi* 1014
*Calinaga aborica* 1
*Calinaga buddha* 436
*Calinaga davidis* 768
*Calinaga gautama* 983
*Calineuria californica* 1233
*Caliothrips fasciatus* 83
*Caliothrips indicus* 818
*Caliroa annulipes* 766
*Caliroa cerasi* 823
*Caliroa matsumotonis* 819
*Caliroa oishii* 773
*Caliroa quercuscoccineae* 961
*Caliroa zelkovae* 1253
*Calisto archebates* 1077
*Calisto herophile* 554
*Callambulyx tatarinovii gabyae* 1253
*Callaphis juglandis* 620
*Calleagris jamesoni jamesoni* 1049
*Calleagris kobela* 728
*Calleagris krooni* 599
*Calleagris lacteus* 709
*Calleagris landbecki* 604
*Calledapteryx dryopterata* 164
*Callerebia annada* 921
*Callerebia hybrida* 557
*Callerebia kalinda* 958
*Callerebia nirmala* 252
*Callerebia scanda* 809
*Callerebia shallada* 725
*Calliades zeutus* 1254
*Callibaetus* 422
*Callibaetis californicus* 620
*Callibaetis pacificus* 799
*Callibaetis pictus* 1037
*Callichroma holochlora* 467
*Callicilix abraxata* 689
*Callicore astarte* 52
*Callicore astarte casta* 136
*Callicore astarte patelina* 136
*Callicore atacama* 1233
*Callicore brome* 433
*Callicore cynosura* 80
*Callicore eunomia* 387
*Callicore excelsior* 1083
*Callicore felderi* 373
*Callicore hesperis* 537
*Callicore hydaspes* 557
*Callicore hystaspes* 1254
*Callicore lyca aegina* 5
*Callicore lyca* 5
*Callicore maimuna* 373
*Callicore pitheas* 1141
*Callicore pygas* 466
*Callicore sorana* 1025
*Callicore texa* 1103
*Callicore texa heroica* 1242
*Callicore texa loxicha* 1242

*Callicore texa tacana* 1242
*Callicore texa titania* 1242
*Callicore tolima* 1119
*Callicore tolima guatemalena* 127
*Callicore tolima pacifica* 127
*Callicore tolima tehuana* 127
*Callidiellum rufipenne* 1005
*Callidium antennatum hesperum* 110
*Callidium violaceum* 1164
Callidulidae 774
*Calligrapha* 185
*Calligrapha philadelphica* 343
*Calligrapha rowena* 934
*Calligrapha scalaris* 376
*Calligrapha serpentina* 463
*Calligrapha wickhami* 1214
Callimomidae 85
*Callimormus corades* 337
*Callimormus juventus* 589
*Callimormus radiola radiola* 886
*Callimormus saturnus* 952
*Callimorpha dominula* 961
*Callimorpha jacobaea* 779
*Callionima falcifera* 399
*Callioratis millari* 709
*Callipappus* 97
*Calliphora* 126
*Calliphora albifrontalis* 1185
*Calliphora augur* 636
*Calliphora dubia* 636
*Calliphora erythrocephala* 255
*Calliphora hilli* 541
*Calliphora quadrimaculata* 747
*Calliphora stygia* 158
*Calliphora varifrons* 1182
*Calliphora vicina* 127
*Calliphora vomitoria* 128
Calliphoridae 126
*Callipogon cinnamomeus* 226
*Calliptamus italicus* 570
*Callirhopalus bifasciatus* 1140
*Callirhytis glauduliferae* 1006
*Callirhytis tobiiro* 39
*Callirus haroldi* 844
*Calliste denticulella* 1209
*Callisto multimaculata* 671
*Callitala major* 501
*Calliteara abietis* 279
*Calliteara argentata* 203
*Calliteara horsfieldii* 620
*Calliteara lunulata* 216
*Calliteara pseudabietis* 1247
*Calliteara pudibunda* 808
*Calliteara taiwana aurifera* 1238
Callithipidae 203
*Callithomia hezia hedila* 538
*Callithomia hezia wellingi* 538
*Callithomia lenea* 633
*Callizzia amorata* 487
*Callona rimosa* 702
*Callophrys* 375
*Callophrys affinis* 560
*Callophrys apama* 190
*Callophrys augustinus* 160
*Callophrys augustinus annettae* 160
*Callophrys augustinus iroides* 160
*Callophrys avis* 210
*Callophrys dospassosi dospassosi* 345
*Callophrys dospassosi searsi* 345
*Callophrys dumetorum* 145
*Callophrys estela* 385
*Callophrys fotis* 332
*Callophrys gryneus* 588
*Callophrys gryneus castalis* 1104
*Callophrys gryneus cedrosensis* 203
*Callophrys gryneus loki* 655
*Callophrys gryneus mansfieldi* 681
*Callophrys gryneus nelsoni* 744
*Callophrys gryneus plicataria* 78
*Callophrys gryneus siva* 991

*Callophrys gryneus sweadneri* 1086
*Callophrys gryneus thornei* 1107
*Callophrys gryneus turkingtoni* 218
*Callophrys guatemalena* 515
*Callophrys henrici* 535
*Callophrys hesseli* 537
*Callophrys irus* 439
*Callophrys johnsoni* 584
*Callophrys lanoraieensis* 138
*Callophrys miserabilis* 714
*Callophrys mossii* 722
*Callophrys muiri* 730
*Callophrys niphon* 368
*Callophrys perplexa perplexa* 663
*Callophrys polios* 542
*Callophrys rubi* 499
*Callophrys scaphia* 217
*Callophrys sheridanii* 1202
*Callophrys sheridanii comstocki* 332
*Callophrys sheridanii lemberti* 17
*Callophrys spinetorum* 1106
*Callophrys viridis* 136
*Callophrys xami* 1230
*Callopistria* 408
*Callopistria cordata* 986
*Callopistria floridensis* 424
*Callopistria granitosa* 479
*Callopistria juventina* 623
*Callopistria latreillei* 623
*Callopistria mollissima* 847
*Callosamia angulifera* 1134
*Callosamia promethea* 1039
*Callosamia securifera* 1087
*Callosobruchus* 292
*Callosobruchus analis* 477
*Callosobruchus chinensis* 5
*Callosobruchus maculatus* 292
*Callygris compositata* 1177
Calobatidae 1062
*Calociasma nycteus* 157
*Calocoris fulvomaculatus* 547
*Calocoris norvegicus* 865
*Calocoris sexguttatus* 263
*Calolampra elegans* 1220
*Calolampra solida* 1220
*Calomycterus setarius* 562
*Calophasia lunula* 1117
*Calophasia platyptera* 31
*Calophya mangiferae* 679
*Calophya nigridorsalis* 602
*Calophya rubra* 829
*Calophya schini* 829
*Calopteron discrepans* 72
*Calopteron reticulatum* 913
Calopterygidae 154
*Calopteryx* 69
*Calopteryx aequabilis* 922
*Calopteryx amata* 1083
*Calopteryx angustipennis* 33
*Calopteryx dimidiata* 1037
*Calopteryx exul* 463
*Calopteryx maculata* 370
*Calopteryx splendens* 69
*Calopteryx virgo* 330
*Caloptilia alnivorella* 12
*Caloptilia azaleella* 59
*Caloptilia cuculipennella* 302
*Caloptilia fraxinella* 872
*Caloptilia invariabilis* 213
*Caloptilia ligustrinella* 302
*Caloptilia mabaella* 526
*Caloptilia murtfeldtella* 857
*Caloptilia negundella* 143
*Caloptilia populetorum* 237
*Caloptilia rhoifoliella* 1081
*Caloptilia sassafrasella* 951
*Caloptilia semifascia* 968
*Caloptilia soyella* 1035
*Caloptilia stigmatella* 1126
*Caloptilia syringella* 645

*Caloptilia theivora* 1099
*Caloptilia zachrysa* 59
*Calosima dianella* 368
*Calosoma* 200
*Calosoma blaptoides tehuacanum* 869
*Calosoma calidum* 411
*Calosoma schayeri* 497
*Calosoma scrutator* 200
*Calosoma semilaeve* 103
*Calosoma sycophanta* 428
*Calospila emylius* 381
*Calospila pelarge* 827
*Calostigia didymata* 1011
*Calostigia pectinataria* 1051
*Calotermes tectonae* 1100
*Calothysanis amata* 609
*Calpodes ethlius* 147
*Caltoris* 1089
*Caltoris aurociliata* 1236
*Caltoris brunnea* 316
*Caltoris cahira austeni* 249
*Caltoris cahira* 249
*Caltoris canaraica* 590
*Caltoris cormasa* 442
*Caltoris kumara* 123
*Caltoris philippina* 834
*Caltoris plebeia* 1134
*Caltoris tulsi* 879
*Calvia quattuordecimguttata* 295
*Calybites phasianipenella* 467
*Calycomyza humeralis* 52
*Calycomyza lantanae* 605
*Calycopis atnius* 53
*Calycopis calus* 466
*Calycopis cecrops* 894
*Calycopis cerata* 205
*Calycopis clarina* 1210
*Calycopis demonassa* 976
*Calycopis drusilla* 353
*Calycopis gentilla* 450
*Calycopis isobeon* 357
*Calycopis malta* 678
*Calycopis origo* 792
*Calycopis pisis* 848
*Calycopis tamos* 1095
*Calycopis trebula* 1124
*Calycopis xeneta* 149
*Calydna sturnula* 1074
*Calydna venusta venusta* 1158
*Calymmaderus incisus* 884
*Calyocolum marmoreum* 84
*Calyocolum proximum* 643
*Calyocolum tricolorella* 297
*Calyocolum vicinella* 145
*Calyocolum viscariella* 666
*Calyptra canadensis* 189
*Calyptra eustrigata* 1152
*Calyptra gruesa* 440
*Calyptra hokkaida* 440
*Calyptra lata* 440
*Calyptra thalictri* 440
Calyptrata 186
Calyptratae 186
*Cameraria aceriella* 683
*Cameraria agrifoliella* 764
*Cameraria betulivora* 96
*Cameraria caryaefoliella* 825
*Cameraria cincinnatiella* 508
*Cameraria hamadryadella* 1024
*Cameraria ohridella* 551
*Cameronella* 322
Camillidae 187
*Camissecla vespasianus* 1159
*Camnula pellucida* 233
*Campaea margaritata* 644
*Campaea perlata* 802
*Campanulotes bidentatus compar* 1008
*Campanulotes compar* 153
*Campiglossa hirayamae* 542
*Campodea folsomi* 427

Campodeidae 996
*Camponotus* 195
*Camponotus consobrinus* 1076
*Camponotus ferrugineus* 896
*Camponotus festinatus* 1104
*Camponotus floridanus* 896
*Camponotus gigas* 455
*Camponotus herculeanus* 535
*Camponotus herculeanus pennsylvanicus* 536
*Camponotus inflatus* 545
*Camponotus japonicus* 104
*Camponotus kiusiuensis* 195
*Camponotus laevigatus* 453
*Camponotus ligniperda* 535
*Camponotus maculatus* 1049
*Camponotus nigripes* 1076
*Camponotus obscuripes* 610
*Camponotus pennsylvanicus* 104
*Camponotus planatus* 859
*Camponotus quadrinotatus* 434
*Camponotus senex textor* 1178
*Camponotus variegatus* 526
*Campsomeris marginella modesta* 963
*Campsomeris tasmaniensis* 1236
*Campsomeris tolteca* 1119
*Camptogramma bilineata* 1243
*Camptoloma interiorata* 404
*Camptonotus carolinensis* 629
*Camptopleura auxo* 58
*Camptopleura oaxaca* 768
*Camptopleura termon* 880
*Camptopleura theramenes* 669
*Campylomma* 329
*Campylomma liebknechti* 35
*Campylomma verbasci* 732
*Campylomyza ormerodi* 896
*Campylotes desgodinsi* 411
Canaceidae 80
*Canarsia ulmiarrosorella* 377
*Candalides absimilis* 827
*Candalides acastus* 126
*Candalides consimilis* 320
*Candalides cyprotus* 311
*Candalides delospila* 1046
*Candalides erinus* 1002
*Candalides geminus* 1139
*Candalides gilberti* 459
*Candalides heathi* 892
*Candalides helenita* 976
*Candalides hyacinthinus* 259
*Candalides margarita* 1127
*Candalides noelkeri* 472
*Candalides xanthospilos* 1244
*Candiaspina densitexta* 846
*Canephora unicolor* 63
*Cannaphila insularis* 488
*Canoixus japonicus* 939
*Canonura princeps* 860
*Cantha roraimae* 927
*Canthaphorus niveimarginatus* 1075
Cantharidae 1023
*Cantharis consors* 162
*Cantharis fusca* 1023
*Cantharis rustica* 1023
Cantharoidea 190
*Canthon* 1134
*Canthon imitator* 1189
*Canthon pilularius* 369
*Canthon septemmaculatus* 1134
*Capila* 326
*Capila jayadeva* 1071
*Capila lidderdali* 643
*Capila pennicillatum* 438
*Capila pieridoides* 1197
*Capila zennara* 807
*Capis curvata* 307
*Capitophorus elaeagni* 46
*Capnia* 363
*Capnia lacustra* 1092
Capniidae 1017

*Capnobotes arizonensis* 44
*Capnobotes attenuatus* 996
*Capnobotes bruneri* 168
*Capnobotes fuliginosus* 1025
*Capnobotes granti* 479
*Capnobotes occidentalis* 1186
*Capnobotes unodontus* 778
*Capnodis carbonaria* 16
*Capnodis tenebrionis* 819
*Cappaea taprobanensis* 859
*Capperia britanniodactyla* 1045
*Caprona* 26
*Caprona adelica* 1187
*Caprona agama* 1045
*Caprona cassualalla* 886
*Caprona pillaana* 886
*Caprona ransonnetii* 469
*Capsodes sulcatus* 482
*Capsula oblonga* 769
*Capsula subflava* 1074
*Capua reticulana* 1082
*Capua vulgana* 772
*Capys* 873
*Capys alphaeus* 873
*Capys collinsi* 249
*Capys cupreus* 305
*Capys disjunctus* 937
*Capys juliae* 586
*Capys penningtoni* 828
Carabidae 512
Carabini 966
*Carabus auratus* 471
*Carabus granulatus* 411
*Carabus granulatus yezoensis* 411
*Carabus hortensis* 448
*Carabus intricatus* 130
*Carabus violaceus* 1163
*Caradrina clavipalpis* 805
*Caradrina flavirena* 662
*Caradrina meralis* 889
*Caradrina montana* 231
*Caradrina morpheus* 724
Caradrinae 939
*Carales astur* 52
*Carausius morosus* 565
*Carbatina picrocarpa* 167
*Carcharodes flocciferus* 1134
*Carcharodes orientalis* 791
*Carcharodes tripolinus* 402
*Carcharodus alceae* 678
*Carcharodus baeticus* 1031
*Carcharodus floccifera* 1134
*Carcharodus lavatherae* 686
*Carcharodus orientalis* 792
*Carcina quercana* 766
Carcinophoridae 901
*Cardiaspina albitextura* 1201
*Cardiaspina fiscella* 158
*Cardiaspina maniformis* 414
*Cardiaspina retator* 899
*Cardiaspina vittaformis* 569
*Cardiocondyla pirata* 848
*Carea subtilis* 27
*Carectocultus perstrialis* 911
*Caria castalia* 199
*Caria domitianus vejento* 1007
*Caria fulvimargo* 443
*Caria ino* 895
*Caria mantinea lampeto* 603
*Caria mantinea* 501
*Caria melino* 700
*Caria rhacotis* 524
*Caria sponsa* 463
*Caria stillaticia* 468
*Caria trochilus* 887
*Caripeta aequaliaria* 899
*Caripeta angustiorata* 163
*Caripeta aretaria* 1031
*Caripeta divisata* 488
*Caripeta piniata* 756

*Caristanius decoloralis* 193
*Carmenta anthracipennis* 123
*Carmenta auritincta* 43
*Carmenta bassiformis* 569
*Carmenta mimosa* 711
*Carmenta minuli* 285
*Carmenta phoradendri* 714
*Carmenta prosopis* 702
*Carmenta pyralidiformis* 140
*Carmenta texana* 1104
*Carnarvonella* 496
*Carneocephala flaviceps* 1237
*Carneocephala sagittifera* 91
Carnidae 194
*Carolella bimaculana* 1142
*Carolella sartana* 153
*Carphoides setigera* 497
*Carpocoris purpureipennis* 879
*Carpophilus* 352
*Carpophilus antiquus* 30
*Carpophilus dimidiatus* 352
*Carpophilus hemipterus* 352
*Carpophilus lugubris* 359
*Carpophilus pallipennis* 181
*Carpophilus sexpustulatus* 439
*Carposina autologa* 521
*Carposina fernaldana* 306
*Carposina niponensis* 819
*Carposina viridis* 497
Carposinidae 442
*Carrhenes bamba* 65
*Carrhenes calidius* 887
*Carrhenes callipetes* 236
*Carrhenes canescens* 542
*Carrhenes fuscescens fuscescens* 1096
*Carrhenes leada* 626
*Carrhenes santes* 1164
*Carsia sororiata anglica* 678
*Carteris oculatalis* 346
*Carterocephalus mandan* 41
*Carterocephalus phalaemon* 211
*Carterocephalus phalaemon akaishianus* 211
*Carterocephalus sylvicola* 754
*Carthaea saturnioides* 354
Carthaeidae 57
*Cartodere constricta* 852
*Cartodere filum* 535
*Carulaspis juniperi* 588
*Carulaspis minima* 712
*Caryedon fuscus* 514
*Caryedon serratus* 514
*Caryobruchus gleditsiae* 810
*Caryocolum fraternella* 1209
*Caryomyia tubicola* 539
*Carystoides abrahami* 1
*Carystoides basoches* 79
*Carystoides escalantei* 384
*Carystoides floresi* 437
*Carystoides hondura* 544
*Carystoides lila* 645
*Carystoides mexicana* 706
*Carystoides sicania orbius* 1244
*Carystus phorcus phorcus* 1204
*Cassida* 1122
*Cassida bivittata* 1073
*Cassida circumdata* 1088
*Cassida deflorata* 46
*Cassida denticollis* 1231
*Cassida erudita* 505
*Cassida flaveola* 807
*Cassida fuscorufa* 1014
*Cassida lineola* 1073
*Cassida murraea* 422
*Cassida nebulosa* 89
*Cassida nobilis* 468
*Cassida pallidula* 371
*Cassida piperata* 1122
*Cassida rubiginosa* 1107
*Cassida versicolor* 38
*Cassida vibex* 1107

*Cassida viridis* 505
*Cassida vittata* 89
Cassidinae 1122
*Cassionympha camdeboo* 186
*Cassionympha cassius* 887
*Cassionympha detecta* 190
*Castalius* 836
*Castalius hintza* 542
*Castalius rosimon* 269
*Castilia angusta* 27
*Castilia castilla* 249
*Castilia chiapaensis* 217
*Castilia chinantlensis* 218
*Castilia eranites* 710
*Castilia griseobasalis* 486
*Castilia myia* 694
*Castilia ofella* 1198
*Castilia perilla* 3
*Castnia licoides* 456
*Castnia licus* 458
Castniidae 1082
*Castniomera humboldti* 68
*Catabena lineolata* 414
*Catacanthus incarnatus* 678
*Cataclysta lemnata* 1001
*Catacroptera* 848
*Catacroptera cloanthe* 848
*Cataenococcus ensete* 382
*Catamacta gavisana* 450
*Catamola marmorea* 1100
*Catamola thyrisalis* 1101
Catantopidae 1041
*Catapaecilma* 1116
*Catapaecilma elegans* 274
*Catapaecilma major* 274
*Catapaecilma major emas* 488
*Catapaecilma subochrea* 1246
*Cataplectica farreni* 405
*Cataplectica profugella* 651
*Catarhoe cuculata* 934
*Catarhoe rubidata* 936
*Catasarcus impressipennis* 901
*Catastega timidella* 767
*Catasticta apaturina* 31
*Catasticta chelidonis* 211
*Catasticta corcyra* 283
*Catasticta ctemene* 301
*Catasticta flisa flisa* 738
*Catasticta flisa flisandra* 738
*Catasticta flisa flisella* 738
*Catasticta hegemon* 439
*Catasticta nimbice* 704
*Catasticta notha* 923
*Catasticta pieris* 548
*Catasticta prioneris hegemon* 532
*Catasticta sisamnus* 991
*Catasticta teutila flavifasciata* 876
*Catasticta teutila teutila* 876
*Cataulax pudens* 340
*Catephia squamosa* 955
*Catephria alchymista* 12
*Cathartus quadricollis* 1055
*Cathopsyche reidi* 647
*Cathormiocerus britannicus* 653
*Catoblemma dubia* 954
*Catoblepia berecynthia* 163
*Catocala* 1148
*Catocala abbreviatella* 1
*Catocala actaea* 1203
*Catocala agrippina* 10
*Catocala aholibah* 10
*Catocala alabamae* 11
*Catocala amatrix* 1087
*Catocala amestris* 1110
*Catocala amica* 460
*Catocala andromache* 25
*Catocala andromedae* 25
*Catocala angusi* 27
*Catocala antinympha* 1087
*Catocala atocala* 156

*Catocala badia* 80
*Catocala blandula* 210
*Catocala briseis* 150
*Catocala cara* 156
*Catocala carissima* 193
*Catocala cerogama* 1233
*Catocala clintonii* 235
*Catocala coccinata* 961
*Catocala concumbena* 847
*Catocala connubialis* 280
*Catocala consors* 280
*Catocala crataegi* 528
*Catocala dejecta* 329
*Catocala delilah* 330
*Catocala dissimilis* 1193
*Catocala dula* 765
*Catocala dulciola* 1086
*Catocala electa* 931
*Catocala electa zalmunna* 931
*Catocala epione* 383
*Catocala flebilis* 728
*Catocala fraxini* 235
*Catocala fraxini jezoensis* 878
*Catocala fraxini jezoensis* 235
*Catocala fulminea xarippe* 921
*Catocala gracilis* 477
*Catocala grisatra* 512
*Catocala grynea* 1226
*Catocala habilis* 519
*Catocala herodias* 536
*Catocala ilia* 560
*Catocala illecta* 672
*Catocala innubens* 92
*Catocala insolabilis* 563
*Catocala jair* 573
*Catocala jessica* 583
*Catocala judith* 585
*Catocala junctura* 584
*Catocala lacrymosa* 1100
*Catocala lara* 622
*Catocala lincolnana* 647
*Catocala lineella* 651
*Catocala louiseae* 663
*Catocala luciana* 665
*Catocala luctuosa* 555
*Catocala maestosa* 941
*Catocala marmorata* 687
*Catocala meskei* 702
*Catocala messalina* 702
*Catocala micronympha* 1116
*Catocala minuta* 652
*Catocala mira* 1223
*Catocala miranda* 714
*Catocala mirifica* 112
*Catocala muliercula* 652
*Catocala nagioides* 1011
*Catocala nebulosa* 238
*Catocala neogama* 147
*Catocala nivea* 1201
*Catocala nupta nozawae* 908
*Catocala nupta* 908
*Catocala nuptialis* 689
*Catocala nymphagoga* 767
*Catocala obscura* 770
*Catocala orba* 787
*Catocala palaeogama* 774
*Catocala paranympha* 149
*Catocala parta* 722
*Catocala patala* 1238
*Catocala piatrix* 827
*Catocala praeclara* 868
*Catocala praegnax esther* 1012
*Catocala promissa* 644
*Catocala relicta* 1212
*Catocala residua* 912
*Catocala retecta* 1237
*Catocala robinsonii* 924
*Catocala sappho* 950
*Catocala semirelicta* 968
*Catocala serena* 969

*Catocala similis* 989
*Catocala sordida* 1025
*Catocala sponsa* 317
*Catocala subnata* 1250
*Catocala ulalume* 1146
*Catocala ultronia* 855
*Catocala umbrosa* 1147
*Catocala unijuga* 777
*Catocala vidua* 1214
*Catocala whitneyi* 1213
Catocalinae 1147
*Catochrysops amasea* 242
*Catochrysops lithargyria* 985
*Catochrysops panormus* 985
*Catochrysops panormus exiguus* 985
*Catochrysops strabo luzonensis* 430
*Catochrysops strabo strabo* 430
*Catonephele acontius* 3
*Catonephele chromis* 223
*Catonephele cortesi* 1181
*Catonephele mexicana* 364
*Catonephele numilia* 136
*Catonephele numilia esite* 130
*Catonephele numilia immaculata* 130
*Catonephele salambria* 943
Catopidae 200
*Catopryops florinda* 1038
*Catopsilia* 380
*Catopsilia florella* 7
*Catopsilia gorgophone* 1241
*Catopsilia pomona* 632
*Catopsilia pyranthe* 724
*Catopsilia pyranthe crokera* 267
*Catopsilia scylla* 783
*Catopsilia scylla cornelia* 783
*Catoptria falsella* 211
*Catoptria latiradiellus* 1110
*Catoptria margaritella* 824
*Catoptria oregonica* 789
*Catoptria permutatella* 824
*Catoptria pinella* 824
*Catopyrops ancyra* 407
*Catorama tabaci* 1118
*Catuna angustatum* 616
*Catuna oberthueri* 768
*Caudellia apyrella* 297
*Caulocampus acericaulis* 684
*Caulophilus oryzae* 153
*Cautethia grotei* 512
*Cautethia spuria* 1055
*Cavariella* 1215
*Cavariella aegopodii* 197
*Cavariella angelicae* 25
*Cavariella araliae* 219
*Cavariella archangelicae* 203
*Cavariella konoi* 203
*Cavariella oeneanthi* 1172
*Cavariella pastinacae* 1215
*Cavariella salicicola* 944
*Cavelerius saccharivorus* 790
Cebrionidae 924
*Cebysa leucotelus* 643
*Cecidomya* sp. 228
*Cecidomyia bisetosa* 1029
*Cecidomyia grossulariae* 476
*Cecidomyia pini* 392
*Cecidomyia piniinopis* 477
*Cecidomyia resinicola* 572
*Cecidomyia resinicoloides* 718
*Cecidomyia tiliaria* 648
Cecidomyiidae 447
Cecidosidae 447
*Cedarinia* sp. 94
*Cedestis gysselinella* 1052
*Cedestis subfasciella* 425
*Celaena haworthii* 528
*Celaena leucostigma* 297
*Celaenorrhinus* 1047
*Celaenorrhinus ambareesa* 675
*Celaenorrhinus aspersa* 618

*Celaenorrhinus aurivittata* 323
*Celaenorrhinus aurivittata cameroni* 323
*Celaenorrhinus badia* 956
*Celaenorrhinus cameroni* 323
*Celaenorrhinus chrysoglossa* 205
*Celaenorrhinus cynapes cynapes* 1003
*Celaenorrhinus dhanada* 541
*Celaenorrhinus eligius* 154
*Celaenorrhinus ficulnea* 1158
*Celaenorrhinus flavocincta* 93
*Celaenorrhinus fritzgaertneri* 438
*Celaenorrhinus galenus* 785
*Celaenorrhinus illustris* 560
*Celaenorrhinus leucocera* 273
*Celaenorrhinus meditrina* 615
*Celaenorrhinus mokeezi* 223
*Celaenorrhinus monartus* 346
*Celaenorrhinus morena* 835
*Celaenorrhinus munda* 541
*Celaenorrhinus nigricans* 998
*Celaenorrhinus ovalis* 394
*Celaenorrhinus patula* 618
*Celaenorrhinus pero* 734
*Celaenorrhinus pulomaya* 732
*Celaenorrhinus putra* 273
*Celaenorrhinus pyrrha* 349
*Celaenorrhinus ruficornis* 1095
*Celaenorrhinus rutilans* 618
*Celaenorrhinus spilothyrus* 107
*Celaenorrhinus stallingsi* 1058
*Celaenorrhinus stola* 1063
*Celaenorrhinus sumitra* 326
*Celaenorrhinus suthina* 1139
*Celama centonalis* 956
*Celama sorghiella* 1025
*Celastrina* 59
*Celastrina argiolus* 543
*Celastrina argiolus jynteana* 589
*Celastrina argiolus kollari* 541
*Celastrina argiolus ladonides* 543, 989
*Celastrina argiolus sikkima* 541
*Celastrina cardia* 804
*Celastrina dipora* 357
*Celastrina ebenina* 1025
*Celastrina echo* 63
*Celastrina echo cinerea* 1034
*Celastrina echo echo* 798
*Celastrina gozora* 704
*Celastrina huegelii* 614
*Celastrina huegelii dipora* 357
*Celastrina ladon* 1051
*Celastrina ladon argentata* 681
*Celastrina ladon humulus* 548
*Celastrina ladon idella* 53
*Celastrina ladon lucia* 1051
*Celastrina ladon neglecta* 1082
*Celastrina ladon violacea* 370
*Celastrina lavendularis himilcon* 850
*Celastrina lavendularis isabella* 850
*Celastrina lavendularis lavendularis* 850
*Celastrina melaena* 703
*Celastrina neglecta major* 33
*Celastrina nigra* 357
*Celastrina philippina* 833
*Celastrina puspa* 264
*Celastrina puspa ishigakiana* 264
*Celastrina puspa lambi* 264
*Celatoblatta* 741
*Celatoxia albidisca* 1197
*Celatoxia marginata* 688
*Celatoxia marginata splendens* 688
*Celerio hippophaes* 966
*Celiptera frustulum* 102
*Celithemis* 1049
*Celithemis elisa* 375
*Celithemis eponina* 522
*Celithemis fasciata* 72
*Celmia celmus* 204
*Celmia conoveria* 280
*Celotes* 1068

*Celotes limpia* 1182
*Celotes nessus* 273
*Celtisaspis japonica* 634
*Celypha cespitana* 204
*Celypha rosaceana* 880
*Celypha striana* 1064
*Celypha woodiana* 714
Celyphidae 89
*Cenopis albicaudana* 1211
*Cenopis diluticostana* 1051
*Cenopis niveana* 39
*Cenopis pettitana* 683
*Cenopis reticulatana* 913
*Centroctena imitaus* 1121
*Centrodera spurca* 1074
*Centroptilum* 808
*Centroptilum luteolum* 1010
*Centrotus cornutus* 549
*Cephalcia abietis* 404
*Cephalcia alpina* 607
*Cephalcia fallenii* 1054
*Cephalcia issikii* 900
*Cephalcia koebelei* 578
*Cephalcia lariciphila* 1178
*Cephalcia nigricoxae* 840
Cephaloidae 402
*Cephalonomia waterstoni* 814
*Cephalopina titillator* 752
*Cephalotes atratus* 104
*Cephalotes specularis* 714
*Cephanodes kingii* 86
*Cephenomyia auribarbis* 329
*Cephenomyia multispinosa* 400
*Cephenomyia trompe* 193
*Cephenomyia ulrichi* 376
Cephenomyiinae 759
*Cephetola cephena* 205
*Cephetola maculata* 671
*Cephetola sublustris* 489
*Cepheuptychia* 812
*Cepheuptychia cephus* 132
*Cepheuptychia glaucina* 340
Cephidae 1060
*Cephis advenaria* 1217
*Cephise aelius* 660
*Cephise guatemalaensis* 515
*Cephise mexicanus* 706
*Cephise nuspesez* 174
Cephoidea 1060
*Cephonodes* 86
*Cephonedes hylas* 622
*Cephonodes kingi* 596
*Cephrenes augiades sperthias* 783
*Cephrenes chrysozona* 850
*Cephrenes trichopepla* 1242
*Cephus cinctus* 1192
*Cephus pygmaeus* 1192
*Cepora* 517
*Cepora judith malaya* 782
*Cepora nadina* 638
*Cepora nadina andersoni* 638
*Cepora nerissa* 263
*Cepora nerissa dapha* 263
*Cepora perimale* 56
*Cepphis advenaria* 652
*Cepphis armataria* 955
*Cepphis decoloraria* 321
*Cerace xanthocosma* 1158
Cerambycidae 657
Cerambycinae 933
*Cerambyx cerdo* 490
*Cerambyx scopolii* 191
*Ceramius palaestinensis* 858
*Ceranemota albertae* 11
Ceraphronidae 205
*Cerapteryx graminis* 31
*Cerasatis rubricosa* 896
*Cerastis leucographa* 1203
*Cerastis salicarum* 1216
*Cerataphis lataniae* 788

*Cerataphis orchidearum* 438
*Cerataphis variabilis* 809
*Ceratina* 1000
*Ceratina dupla* 651
*Ceratinia tutia* 1137
Ceratinini 1000
*Ceratitis capitata* 698
*Ceratitis coffeae* 247
*Ceratitis cosyra* 679
*Ceratitis rosa* 741
*Ceratogomphus pictus* 274
*Ceratogomphus triceraticus* 191
*Ceratomia amyntor* 377
*Ceratomia catalpae* 200
*Ceratomia hageni* 519
*Ceratomia sonorensis* 1024
*Ceratomia undulosa* 1176
*Ceratophaga vastella* 549
*Ceratophaga vicinella* 476
Ceratophyllidae 97
*Ceratophyllus columbae* 836
*Ceratophyllus elongatus* 1233
*Ceratophyllus farreni* 1085
*Ceratophyllus gallinae* 217
*Ceratophyllus gallinae dilatus* 217
*Ceratophyllus gibsoni* 189
*Ceratophyllus hirundinis* 1085
*Ceratophyllus niger* 1183
*Ceratophyllus styx* 1089
*Ceratophysella armata* 734
*Ceratophysella denticulata* 734
Ceratopogonidae 99
*Ceratothrips frici* 315
*Ceratovacuna japonica* 577
*Ceratovacuna lanigera* 1077
*Ceratrichia argyrosticta* 824
*Ceratrichia brunnea* 160
*Ceratrichia flava* 1236
*Ceratrichia hollandi* 543
*Ceratrichia nothus* 1213
*Ceratrichia semilutea* 1133
*Ceratrichia semlikensis* 1246
*Ceratrichia wollastoni* 1222
*Cerautola ceraunia* 988
*Cerautola crowleyi* 300
*Cerautola miranda* 1223
*Cerautola semibrunnea* 968
Cercerinae 205
*Cerceris* 1180
*Cerceris arenaria* 948
Cercophanidae 24
Cercopidae 1043
*Cercopis vulnerata* 99
Cercopoidea 1043
Cercphanidae 718
*Cercyonis meadii* 696
*Cercyonis oetus* 323
*Cercyonis pegala* 620
*Cercyonis pegala nephele* 620, 1224
*Cercyonis sthenele* 489
*Ceresium longicorne* 165
*Ceresium unicolor* 206
*Ceriagrion* 1177
*Ceriagrion cerinorubellum* 801
*Ceriagrion coromandelianum* 1248
*Ceriagrion glabrum* 257
*Ceriagrion suave* 1074
*Ceriagrion tenellum* 1009
*Cerma cerintha* 1133
*Cerma cora* 795
*Cermatulus nasalis* 869
*Cerobasis guestfalica* 478
Cerococcidae 793
*Cerococcus quercus* 767
*Cerodontha bimaculata* 692
*Cerodontha denticornis* 76
*Cerodontha dorsalis* 484
*Cerodontha incisa* 76
*Cerodontha iraeos* 568
*Cerodontha ireos* 568

*Cerodontha iridicola* 568
*Cerodontha iridis* 508
*Cerodontha lateralis* 76
Ceropalidae 303
Cerophytidae 206
*Ceroplastes ceriferus* 565
*Ceroplastes cirripediformis* 76
*Ceroplastes destructor* 1213
*Ceroplastes floridensis* 425
*Ceroplastes insulanus* 662
*Ceroplastes japonicus* 581
*Ceroplastes rubens* 909
*Ceroplastes rusci* 1177
*Ceroplastes sinensis* 220
*Cerotoma ruficornis* 1088
*Cerotoma trifurcata* 82
*Ceroxys latiuscula* 794
*Cerseium sinicum* 1060
*Cerura* 22
*Cerura menciana* 621
*Cerura scitiscripta* 107
*Cerura scitiscripta multiscripta* 1102
*Cerura vinula* 881
*Cerura vinula felina* 881
*Ceruraphis viburnicola* 1020
*Cervicola meyeri* 925
Cerylonidae 712
*Ceryx imaon* 121
*Cethosia* 602
*Cethosia biblis* 901
*Cethosia biblis pemanggilensis* 901
*Cethosia biblis perakana* 901
*Cethosia cyane* 633
*Cethosia cydippe* 368
*Cethosia cydippe chrysippe* 368
*Cethosia hypsea* 676
*Cethosia hypsea Double dayhypsina* 676
*Cethosia myrina* 1163
*Cethosia nietneri* 1095
*Cethosia penthesilea* 783
*Cethosia penthesilea methypsea* 850
*Cetonia aurata* 927
Cetoninae 426
*Ceuthophilus* 186
*Ceuthophilus californianus* 183
*Ceuthophilus maculatus* 1046
*Ceuthophilus uhleri* 1146
*Ceuthorhynchidius albosuturalis* 312
Ceutorhynchinae 714
*Ceutorhynchus assimilis* 179
*Ceutorhynchus contractus* 210
*Ceutorhynchus napi* 888, 1136
*Ceutorhynchus picitarsis* 121
*Ceutorhynchus pleurostigma* 1136
*Ceutorhynchus quadridens* 180
*Ceutorhynchus rapae* 178
*Ceutorhynchus rubripes* 534
*Ceutorhynchus sulcicollis* 178
*Chaerocampa elpenor* 1002
*Chaetaglaea sericea* 984
*Chaetanaphothrips orchidii* 789
*Chaetocnema aridula* 206
*Chaetocnema australica* 291
*Chaetocnema concinna* 146
*Chaetocnema confinis* 1087
*Chaetocnema cylindrica* 76
*Chaetocnema denticulata* 1121
*Chaetocnema ectypa* 332
*Chaetocnema hortensis* 284
*Chaetocnema ingenua* 127
*Chaetocnema pulicaria* 146
*Chaetocnema tibialis* 88
*Chaetocneme beata* 270
*Chaetocneme critomedia* 72
*Chaetocneme denitza* 889
*Chaetocneme porphyropsis* 877
*Chaetococcus bambusae* 66
*Chaetocoelopa littoralis* 520
*Chaetocoelopa sydneyensis* 1090
*Chaetoprocta odata* 1169

*Chaetopsylla globiceps* 435
*Chaetosiphon fragaefolii* 1065
*Chaetosiphon minor* 1066
*Chaetosiphon tetrarhodus* 927
Chaitophorinae 208
*Chaitophorus beuthami* 794
*Chaitophorus capreae* 944
*Chaitophorus dorocolus* 575
*Chaitophorus leucomelas* 862
*Chaitophorus saliapterus* 944
*Chaitophorus salijaponicus* 580
*Chaitophorus saliniger* 219
Chalcedectidae 208
*Chalceria ferrisi* 409
Chalcididae 208
Chalcidoidea 208
*Chalcoides aurata* 1216
*Chalcoides aurea* 861
*Chalcolepidius erythroloma* 453
*Chalcolepidius webbi* 100
*Chalcophora japonica* 702
*Chalcophora virginiensis* 612
*Chalcosia remota yaeyamana* 1201
*Chalcosoma atlas* 53
*Chalcosoma caucasus* 202
*Chalcostephia flavifrons* 567
*Chaleodermus aeneus* 292
*Chalicodoma* 889
*Chalicodoma monticola* 109
*Chalicodoma muraria* 1168
*Chalicodoma sculpturalis* 614
*Chalinga elwesi* 768
*Chalioides kondonis* 1205
*Chalodeta chaonitis* 209
*Chalodeta theodora* 1105
*Chalybion caeruleum* 132
*Chalybion californicum* 132
*Chalybs hassan* 526
*Chalybs janias* 573
*Chalypyge chalybea chalybea* 784
*Chalypyge chalybea chloris* 784
*Chalypyge zereda* 1254
*Chamaelimnas briola* 151
*Chamaelimnas cydonia* 309
*Chamaelimnas tircis* 738
Chamaemyiidae 31
*Chamunda chamunda* 776
*Changeondelphax velitchkovskyi* 579
Chaoboridae 833
*Chaoborus* 833
*Chaoborus* sp. 599
*Chaoborus astictopus* 232
*Chaoborus crystallinus* 452
*Characoma stictigrapta* 245
*Charadra deridens* 624
*Charana* 678
*Charana cepheis* 181
*Charana jalindra* 72
*Charana mandarinus* 678
*Charanyca trigrammica* 1124
*Charaxes* 888
*Charaxes achaemenes* 175
*Charaxes acuminatus* 727
*Charaxes ameliae amelina* 19
*Charaxes ansorgei* 28
*Charaxes antamboulou* 671
*Charaxes anticlea* 1003
*Charaxes aristogiton* 959
*Charaxes aubyni* 53
*Charaxes baileyi* 63
*Charaxes baumanni* 80
*Charaxes berkeleyi* 91
*Charaxes bernardus* 1098
*Charaxes bipunctatus* 1142
*Charaxes bocqueti* 138
*Charaxes bohemani* 128
*Charaxes boueti* 899
*Charaxes brutus* 1195
*Charaxes brutus natalensis* 1195
*Charaxes candiope* 506

*Charaxes castor* 453
*Charaxes catachrous* 988
*Charaxes cedreatis* 498
*Charaxes chanleri* 209
*Charaxes cithaeron* 135
*Charaxes contrarius* 281
*Charaxes cynthia* 1187
*Charaxes dilutus* 337
*Charaxes doubledayi* 350
*Charaxes druceanus* 984
*Charaxes durnfordi* 216
*Charaxes etesipe* 953
*Charaxes ethalion* 241
*Charaxes etheocles* 330
*Charaxes eudoxus* 386
*Charaxes eupale* 263
*Charaxes eurinome* 261
*Charaxes fionae* 414
*Charaxes fulvescens* 429
*Charaxes guderiana* 133
*Charaxes hadrianus* 519
*Charaxes hansali* 294
*Charaxes hildebrandti* 540
*Charaxes imperialis* 561
*Charaxes jahlusa* 824
*Charaxes jasius* 1144
*Charaxes jasius saturnus* 436
*Charaxes kahruba* 1156
*Charaxes karkloof* 591
*Charaxes kirki* 596
*Charaxes lactetinctus* 132
*Charaxes lasti* 987
*Charaxes latona* 782
*Charaxes lecerfi* 625
*Charaxes lucretius* 1164
*Charaxes lycurgus* 605
*Charaxes macclouni* 896
*Charaxes marieps* 688
*Charaxes marmax* 1242
*Charaxes mars* 569
*Charaxes musashi* 1080
*Charaxes mycerina* 735
*Charaxes nichetes* 682
*Charaxes nitebis* 503
*Charaxes nobilis* 751
*Charaxes numenes* 635
*Charaxes paphianus* 399
*Charaxes pelias* 873
*Charaxes phaeus* 330
*Charaxes pleione* 1056
*Charaxes pollux* 103
*Charaxes pondoensis* 860
*Charaxes porthos* 864
*Charaxes protoclea* 418
*Charaxes pythodoris* 867
*Charaxes setan* 114
*Charaxes smaragdalis* 1183
*Charaxes solon* 1222
*Charaxes subornatus* 793
*Charaxes superbus* 1083
*Charaxes tiridates* 255
*Charaxes trajanus* 1123
*Charaxes vansoni* 1152
*Charaxes varanes* 824
*Charaxes viola* 1162
*Charaxes violetta* 1164
*Charaxes virilis* 129
*Charaxes xiphares* 429
*Charaxes zelica* 1253
*Charaxes zingha* 976
*Charaxes zoolina* 240
Charaxinae 630
*Chariaspilates formosaria* 1213
*Charidon delphinii* 825
Charipidae 210
*Charis anius* 293
*Charissa obscurata* 28
*Charixena iridoxa* 245
*Charonias eurytele nigrescens* 1115
*Chasmia defixaria* 1141

*Chasmoptera hutii* 1044
*Chauliodes* 417
*Chauliodes rastiicornis* 417
*Chauliognathus lugubris* 850
*Chauliognathus pennsylvanicus* 828
*Chauliognathus pulchellus* 504
*Chauliognathus* 1023
*Chauliopus fallax* 999
*Chazara briseis* 536
*Chazara heydenreichi* 972
*Chazara persephone* 321
*Chazara prieuri* 1030
*Cheilosia intonsa* 553
*Cheimatobia boreata* 758
*Chelcophora angulicollis* 964
*Chelepteryx collesi* 453
*Chelicerca rubra* 909
*Chelidonium cinctum* 647
*Chelidonium gibbicolle* 497
*Chelidura aptera* 17
*Chelidurella mutica* 1145
*Chelinidea tabulata* 870
*Chelisoches morio* 106
Chelisochidae 106
Chelonariidae 1137
*Chelonarium lecontei* 211
*Chelonus melanoscelus* 518
*Chelopistes meleagridis* 619
*Chelymorpha cassidea* 42
*Chelymorpha constellata* 1059
*Cheritra freja* 264
*Cheritra freja frigga* 264
*Cheritrella truncipennis* 1132
*Cheritrella* 561
*Chersonesia* 685
*Chersonesia intermedia* 567
*Chersonesia peraka peraka* 651
*Chersonesia rahria* 1177
*Chersonesia risa* 266
*Chesias legatella* 1067
*Chesias rufata* 156
*Chesias spartiata* 1067
*Chiasmia clathrata* 624
*Chiasmia liturata* 1097
*Chiasmia liturata pressaria* 1097
*Chiasognathus grantii* 325
*Chilacis typhae* 911
*Chilades* 583
*Chilades contracta* 1001
*Chilades galba* 831
*Chilades kiamurae* 308
*Chilades lajus* 647
*Chilades lajus tavoyanus* 647
*Chilades naidina kedonga* 592
*Chilades pandava* 851
*Chilades parrhasius* 563
*Chilades putli* 366
*Chilades trochylus* 483
*Chilasa agestor* 1098
*Chilasa clytia* 267
*Chilasa epycides* 639
*Chilasa paradoxa* 491
*Chilasa paradoxa aenigma* 489
*Chilasa slateri* 136
*Childrena childreni* 617
*Chilo agamemnon* 1008
*Chilo auricilius* 467
*Chilo diffusillioneus* 316
*Chilo infuscatellus* 363
*Chilo orichalcociliella* 242
*Chilo partellus* 846
*Chilo phragmitellus* 1167
*Chilo plejadellus* 22
*Chilo polychrysus* 319
*Chilo pulveratus* 346
*Chilo sacchariphagus* 1079
*Chilo sacchariphagus indicus* 567
*Chilo suppressalis* 919
*Chilo zacconius* 8
Chilocorini 906

*Chilocorus bailey* 792
*Chilocorus bipunctulatus* 531
*Chilocorus circumdatus* 1203
*Chilocorus orbus* 1143
*Chilocorus similis* 50
*Chilocorus stigma* 1138
*Chilodes maritimus* 984
*Chilomenes sexmaculata* 992
*Chimastrum argentea argentea* 989
*Chimoptesis pennsylvaniana* 414
*Chioides albofasciatus* 1210
*Chioides catillus* 1210
*Chioides zilpa* 1255
*Chiomara asychis* 1204
*Chiomara georgina* 1204
*Chiomara mithrax* 995
*Chionaspis alnus* 574
*Chionaspis americana* 377
*Chionaspis corni* 343
*Chionaspis furfura* 964
*Chionaspis heterophyllae* 843
*Chionaspis saccharifolii* 189
*Chionaspis saitamensis* 1006
*Chionaspis salicis* 1218
*Chionaspis salicisnigrae* 1218
*Chionaspis wistariae* 1222
*Chionea* 1020
*Chionea nivicola* 1020
*Chionodes continuella* 1051
*Chionodes discoocellella* 397
*Chionodes formosella* 1051
*Chionodes mediofuscella* 115
*Chionodes obscurusella* 143
Chironomidae 708
*Chironomus* 125
*Chironomus annularis* 707
*Chironomus attenuatus* 267
*Chironomus cavazzai* 125
*Chironomus oryzae* 918
*Chironomus plumosus* 856
*Chironomus tepperi* 916
*Chirothrips manicatus* 1115
*Chitoria sordida* 1025
*Chitoria ulupi* 1098
*Chizuella bonneti* 980
Chlaeniini 1165
*Chlaenius pennsylvanicus* 954
*Chlaenius sericeus* 499
*Chlamisus mimosae* 710
*Chlamisus spilotus* 59
*Chlamydatus associatus* 887
*Chlenias* 841
*Chliara cresus* 299
*Chliaria* 1117
*Chliaria kina* 134
*Chliaria nilgirica* 750
*Chliaria othona* 789
*Chloealtis conspersa* 1052
*Chloraspilates bicoloraria* 93
*Chloreuptychia agatha* 10
*Chloreuptychia arnaca* 45
*Chloreuptychia chlorimene* 554
*Chloreuptychia herseis* 465
*Chloreuptychia marica* 688
*Chloreuptychia sericeella* 136
*Chloriasa obliterata* 1202
*Chloridea maritima* 443
*Chloridolum japonicum* 901
*Chloridolum viride* 996
*Chlorion aerarium* 132
*Chlorion cyaneum* 880
*Chloriona japonica* 834
*Chloriona kolophron* 484
*Chlorissa cloraria* 543
*Chlorissa viridata* 1004
*Chlorochlamys chloroleucaria* 122
*Chlorochlamys phyllinaria* 1106
*Chlorochroa* 505
*Chlorochroa ligata* 277
*Chlorochroa sayi* 954

*Chloroclanis virescens* 502
*Chloroclysta approximata* 213
*Chloroclysta concinnata* 45
*Chloroclysta miata* 899
*Chloroclysta siterata* 899
*Chloroclysta truncata* 685
*Chloroclystis* 875
*Chloroclystis coronata* 1151
*Chloroclystis debiliata* 95
*Chloroclystis dryas* 610
*Chloroclystis lichenodes* 723
*Chloroclystis lunata* 167
*Chloroclystis muscosata* 379
*Chloroclystis sandycias* 1153
*Chloroclystis semialbata* 1001
*Chloroclystis sphragitis* 644
*Chloroclystis testulata* 859
*Chloroclystis v-ata* 1151
*Chlorocoma dichloraria* 516
*Chlorocypha consueta* 935
*Chlorocysta vitripennis* 1000
*Chlorolestes apricans* 18
*Chlorolestes conspicuus* 280
*Chlorolestes draconicus* 352
*Chlorolestes elegans* 374
*Chlorolestes fasciatus* 727
*Chlorolestes nylephtha* 883
*Chlorolestes peringueyi* 925
*Chlorolestes tessellatus* 429
*Chlorolestes umbratus* 1203
*Chloromyia formosa* 152
*Chloroperla viridis* 1243
Chloroperlidae 505
*Chlorophanus grandis* 621
*Chlorophorus annularis* 66
*Chlorophorus diadema inhirsutus* 598
*Chlorophorus japonicus* 1041
*Chlorophorus muscosus* 105
*Chlorophorus quinquefasciatus* 731
Chloropidae 438
*Chlorops hypostigma* 1239
*Chlorops mugivorus* 1192
*Chlorops oryzae* 919
*Chlorops pumilionis* 221
*Chlorops taeniops* 517
*Chloropteryx tepperaria* 26
*Chloropulvinaria psidii* 515
*Chloroselas* 450
*Chloroselas azurea* 60
*Chloroselas esmeralda* 1024
*Chloroselas mazoensis* 878
*Chloroselas minima* 1116
*Chloroselas pseudozeritis* 450
*Chloroselas trembathi* 1126
*Chloroselas vansomereni* 1152
*Chlorostrymon maesites* 23
*Chlorostrymon simaethis* 984
*Chlorostrymon simaethis sartia* 984
*Chlorostrymon telea* 1101
*Chlosyne acastus* 943
*Chlosyne californica* 184
*Chlosyne chinatiensis* 218
*Chlosyne cyneas* 309
*Chlosyne cynisca* 768
*Chlosyne definita* 329
*Chlosyne ehrenbergii* 1206
*Chlosyne endeis* 72
*Chlosyne erodyle erodyle* 384
*Chlosyne eumeda* 387
*Chlosyne fulvia* 442
*Chlosyne fulvia coronado* 442
*Chlosyne gabbii* 446
*Chlosyne gaudialis gaudialis* 449
*Chlosyne gaudialis wellingi* 1180
*Chlosyne gorgone* 476
*Chlosyne harrisii* 525
*Chlosyne hippodrome hippodrome* 989
*Chlosyne hoffmanni* 52, 543
*Chlosyne janais* 298
*Chlosyne janais gloriosa* 464

*Chlosyne kendallorum* 593
*Chlosyne lacinia* 141
*Chlosyne leanira* 630
*Chlosyne marina* 906
*Chlosyne melanarge* 104
*Chlosyne melitaeoides* 700
*Chlosyne narva* 740
*Chlosyne nycteis* 988
*Chlosyne palla* 754
*Chlosyne rosita* 930
*Chlosyne theona* 1105
*Chlosyne whitneyi* 925
*Chlumetia euthysticha* 680
*Chlumetia transversa* 680
*Choaspes* 59
*Choaspes benjaminii* 563
*Choaspes benjaminii flavens* 563
*Choaspes benjaminii formosana* 506
*Choaspes furcata* 546
*Choaspes hemixanthus furcatus* 784
*Choaspes plateni* 145
*Choaspes xanthopogon* 989
*Choerades gilvus* 460
*Choerades marginatus* 471
*Choeradodis columbica* 250
*Choeradodis rhombicollis* 832
*Choeradodis strumaria* 628
*Choevadodis stalii* 1130
*Chokkirius truncatus* 153
*Chonala masoni* 225
*Chondacris rosae* 229
*Chondrolepis leggei* 632
*Chondrolepis niveicornis* 1020
*Choranthus haitensis* 521
*Choranthus radians* 886
*Choreocoris paganus* 513
Choreutidae 703
*Choreutis diana* 336
*Choreutis hyligenes* 579
*Choreutis pariana* 36
*Choreutis vinosa* 36
*Chorinea amazon* 18
*Chorinea faunus* 86
*Chorinea octauius* 398
*Chorinea sylphina* 1091
*Chorisops nagatomii* 148
*Chorisops tibialis* 355
*Choristoneura biennis* 1188
*Choristoneura conflictana* 608
*Choristoneura diversana* 684
*Choristoneura fractivittana* 154
*Choristoneura fumiferana* 1053
*Choristoneura murinana* 415
*Choristoneura occidentalis* 1188
*Choristoneura parallela* 1047
*Choristoneura pinus* 572
*Choristoneura rosaceana* 768
*Choristoneura zapulata* 1252
*Chorthippus albomarginatus* 638
*Chorthippus apricarius* 1149
*Chorthippus brunneus* 411
*Chorthippus curtipennis* 695
*Chorthippus dorsatus* 1061
*Chorthippus longicornis* 695
*Chorthippus mollis* 637
*Chorthippus montanus* 1173
*Chorthippus parallelus* 695
*Chorthippus pullus* 486
*Chorthippus vagans* 530
*Chortoicetes terminifera* 1170
*Chortophaga viridifasciata* 505
*Chremastocheilus* 426
*Chromagrion conditum* 54
*Chromaphis juglandicola* 1168
*Chromatomyia fuscula* 753
*Chromatomyia gentianae* 450
*Chromatomyia horticola* 448
*Chromatomyia nigra* 1191
*Chromatomyia suikazurae* 545
*Chromatomyia syngenesiae* 204

*Chromocallis nirecola* 1253
*Chrysanympha formosa* 431
*Chrysendeton medicinalis* 139
Chrysididae 303
Chrysidoidea 225
*Chrysina gloriosa* 463
*Chrysiphona occultaria* 902
*Chrysiridia madagascarensis* 1083
*Chrysiridia rhipheus* 671
*Chrysis coerulans* 609
*Chrysis cyanea* 303
*Chrysis ignita* 935
*Chrysis pacifica* 798
*Chrysis viridula* 935
*Chrysobothris* 420
*Chrysobothris femorata* 420
*Chrysobothris lepida* 420
*Chrysobothris mali* 798
*Chrysobothris nixa* 203
*Chrysobothris succedanea* 992
*Chrysobothris tranquebarica* 57
*Chrysochraon brachypterus* 1004
*Chrysochraon dispar* 612
*Chrysochroa fulgidissima* 577
*Chrysochroa fulminans* 583
*Chrysochus auratus* 343
*Chrysochus cobaltinus* 242
*Chrysoclista linneella* 649
*Chrysocrambus craterellus* 958
*Chrysodeixis acuta* 1135
*Chrysodeixis argentifera* 1118
*Chrysodeixis chalcites* 474
*Chrysodeixis eriosoma* 987
*Chrysodeixis subsidens* 662
*Chrysoesthia drurella* 962
*Chrysoesthia hermannella* 779
*Chrysoesthia roesella* 926
*Chrysoesthia sexguttella* 686
*Chrysolina americana* 929
*Chrysolina angusticollis* 622
*Chrysolina aurichalcea* 729
*Chrysolina cerealis* 887
*Chrysolina exanthematica* 829
*Chrysolina fastuosa* 326
*Chrysolina graminis* 1096
*Chrysolina hyperici* 597
*Chrysolina menthastri* 712
*Chrysolina quadrigemina* 596
*Chrysolina varians* 1057
*Chrysolopus spectabilis* 335
*Chrysomela* 626
*Chrysomela crotchi* 51
*Chrysomela lapponica* 1217
*Chrysomela populi* 904
*Chrysomela scripta* 289
*Chrysomela tremula* 626
*Chrysomela vigintipunctata* 862
Chrysomelidae 626
Chrysomelinae 626
*Chrysomphalus bifasciculatus* 94
*Chrysomphalus dictyospermi* 336
*Chrysomphalus ficus* 424
*Chrysomphalus pinnulifer* 848
*Chrysomphalus rosii* 954
*Chrysomya* 1128
*Chrysomya albiceps* 69
*Chrysomya bezziana* 774
*Chrysomya chloropyga* 9
*Chrysomya megacephala* 791
*Chrysomya rufifacies* 521
*Chrysomya saffranea* 1060
*Chrysomya varipes* 1005
*Chrysopa* 500, 602
*Chrysopa californica* 500
*Chrysopa comanche* 251
*Chrysopa oculata* 470
*Chrysopa perla* 470
*Chrysopa phyllochroma* 500
*Chrysopa septempunctata* 500
*Chrysoperla carnea* 263

*Chrysophana placida* 420
*Chrysophtharta* 386
*Chrysophtharta bimaculata* 1097
Chrysopidae 500
*Chrysopilus asiliformis* 652
*Chrysopilus cristatus* 115
*Chrysopilus erythrophthalmus* 984
*Chrysopilus laetus* 1125
*Chrysoplectrum epicincea* 1074
*Chrysoplectrum perniciosus* 830
Chrysopolomidae 9
*Chrysops* 551
*Chrysops caecutiens* 1043
*Chrysops callidus* 185
*Chrysops coecutiens* 551
*Chrysops dimidiata* 653
*Chrysops niger* 105
*Chrysops relictus* 1139
*Chrysops sepulchralis* 105
*Chrysops viduatus* 1056
*Chrysops vittatus* 328
*Chrysorithrum amatum* 175
*Chrysoritis adonis* 5
*Chrysoritis aethon* 667
*Chrysoritis aridus* 737
*Chrysoritis aureus* 532
*Chrysoritis azurius* 60
*Chrysoritis beaufortius* 83
*Chrysoritis beulah* 92
*Chrysoritis blencathrae* 1167
*Chrysoritis braueri* 146
*Chrysoritis brooksi* 156
*Chrysoritis chrysantas* 591
*Chrysoritis chrysaor* 470
*Chrysoritis daphne* 315
*Chrysoritis dicksoni* 336
*Chrysoritis endymion* 381
*Chrysoritis felthami* 407
*Chrysoritis irene* 568
*Chrysoritis lycegenes* 741
*Chrysoritis lyncurium* 1133
*Chrysoritis midas* 707
*Chrysoritis natalensis* 741
*Chrysoritis nigricans* 320
*Chrysoritis oreas* 351
*Chrysoritis orientalis* 367
*Chrysoritis palmus* 1173
*Chrysoritis pan* 812
*Chrysoritis pelion* 670
*Chrysoritis penningtoni* 828
*Chrysoritis perseus* 831
*Chrysoritis phosphor* 959
*Chrysoritis plutus* 856
*Chrysoritis pyramus* 882
*Chrysoritis pyroeis* 947
*Chrysoritis rileyi* 921
*Chrysoritis swanepoeli* 1086
*Chrysoritis thyshe* 778
*Chrysoritis trimeni* 1127
*Chrysoritis turneri* 1136
*Chrysoritis uranus* 1150
*Chrysoritis violescens* 1163
*Chrysoritis zeuxo* 584
*Chrysoritis zonarius* 344
*Chrysoteuchia culmella* 484
*Chrysoteuchia topiaria* 293
*Chrysotoxum arcuatum* 460
*Chrysotoxum bicinctum* 553
*Chrysotoxum integre* 1249
*Chrysotoxum octomaculatum* 471
*Chrysozephyrus birupa* 406
*Chrysozephyrus duma* 703
*Chrysozephyrus jakamensis* 573
*Chrysozephyrus kabrua* 590
*Chrysozephyrus khasia* 1094
*Chrysozephyrus kirbariensis* 596
*Chrysozephyrus letha* 1176
*Chrysozephyrus paona* 813
*Chrysozephyrus suroia* 206
*Chrysozephyrus syla* 985

*Chrysozephyrus vittatus* 1145
*Chrysozephyrus zoa* 867
Chyromyidae 225
*Chytolita morbidalis* 719
*Chytonix palliatricula* 235
*Cibdelis blaschkei* 653
*Cicada orni* 681
*Cicada tibicen* 525
*Cicadella aurata* 865
*Cicadella viridis* 500
Cicadellidae 630
*Cicadetta crucifera* 166
*Cicadetta denisoni* 416
*Cicadetta froggatti* 898
*Cicadetta hackeri* 813
*Cicadetta labeculata* 349
*Cicadetta melete* 894
*Cicadetta montana* 725
*Cicadetta murrayensis* 882
*Cicadetta oldfieldi* 1176
*Cicadetta quadricincta* 1113
*Cicadetta stradbrokensis* 1168
*Cicadetta sulcata* 782
*Cicadetta waterhousei* 1016
Cicadidae 225
Cicadina 225
Cicadoidea 225
*Cicadulina bimaculata* 674
*Cicadulina bipunctella* 674
*Cicadulina mbila* 674
*Cicindela* 1113
*Cicindela albissima* 283
*Cicindela campestris* 505
*Cicindela columbiana* 250
*Cicindela denikei* 624
*Cicindela dorsalis* 365, 1196
*Cicindela formosa* 85
*Cicindela formosa generosa* 751
*Cicindela oregona* 789
*Cicindela patruela* 753
*Cicindela puritana* 877
*Cicindela repanda* 156
*Cicindela scutellaris* 337
*Cicindela sexguttata* 992
*Cicindela splendida* 1043, 1044
*Cicindela sylvatica* 1224
*Cicindela trifasciata sigmoidea* 729
Cicindelidae 1113
*Cicinnus melscheimeri* 701
*Ciconiphilus decimfasciatus* 536
*Cidaria deltoidata* 315
*Cidaria fulvata* 78
*Cifuna locuples confusa* 83
*Cigaritis* 633
*Cigaritis acamas* 1099
*Cigaritis allardi* 15
*Cigaritis crustaria* 1164
*Cigaritis elima* 959
*Cigaritis ella* 376
*Cigaritis elwesi* 379
*Cigaritis epargyros* 1243
*Cigaritis homeyeri* 544
*Cigaritis ictis* 271
*Cigaritis lilacinus* 643
*Cigaritis lohita* 656
*Cigaritis lohita senama* 656
*Cigaritis mozambica* 728
*Cigaritis namaquus* 737
*Cigaritis natalensis* 741
*Cigaritis nilus* 943
*Cigaritis nipalicus* 985
*Cigaritis nubilus* 237
*Cigaritis nyassae* 761
*Cigaritis phanes* 988
*Cigaritis rukmini* 594
*Cigaritis schistacea* 855
*Cigaritis siphax* 272
*Cigaritis somalina* 1024
*Cigaritis syama* 240
*Cigaritis syama terana* 240

*Cigaritis tavetensis* 1097
*Cigaritis victoriae* 1160
*Cigaritis zohra* 344
Ciidae 714
*Cilix glaucata* 219
*Cilnia humeralis* 1214
*Cimbex americana* 377
*Cimbex femoratus femoratus* 97
*Cimbex japonica* 128
Cimbicidae 226
*Cimex columbarius* 836
*Cimex dissimilis* 977
*Cimex hemipterus* 86
*Cimex lectularius* 86
*Cimex pipistrelli* 79
*Cimex rotundatus* 86
Cimicidae 86
*Cimpla aridaria* 163
*Cinara atlantica* 195
*Cinara carolina* 195
*Cinara costata* 835
*Cinara cuneomaculata* 606
*Cinara cupressi* 310
*Cinara curvipes* 331
*Cinara ezoana* 1249
*Cinara fornacula* 504
*Cinara fresia* 310
*Cinara juniperi* 1112
*Cinara laricis* 606
*Cinara longipennis* 414
*Cinara matsumurana* 495
*Cinara pilicornis* 1054
*Cinara pinea* 616
*Cinara pini* 1091
*Cinara pinidensiflorae* 579
*Cinara shinjii* 581
*Cinara thujaphilina* 40
*Cinara todocola* 457
Cinarinae 226
*Cingilia catenaria* 207
*Cionus helleri* 817
*Cionus hortulanus* 732
*Cionus scrophulariae* 413
*Circellium bacchus* 423
*Circotettix thalassinus* 982
*Circulifer tenellus* 89
*Cirrhia gilvago palleago* 359
*Cirrhia icteritia* 270
*Cirrhochrista brizoalis* 412
*Cirrhophanus triangulifer* 473
*Cirrochroa* 1249
*Cirrochroa aoris* 620
*Cirrochroa emalea emalea* 676
*Cirrochroa nicobarica* 748
*Cirrochroa orissa orissa* 73
*Cirrochroa thais* 1095
*Cirrochroa tyche* 277
*Cirrochroa tyche rotundata* 277
*Cisseps* 956
*Cisseps fulvicollis* 1234
*Cissia cleophes* 234
*Cissia confusa* 279
*Cissia labe* 601
*Cissia myncea* 293
*Cissia palladia* 176
*Cissia penelope* 827
*Cissia pompilia* 851
*Cissia proba* 1190
*Cissia pseudoconfusa* 468
*Cissia similis* 777
*Cissia terrestris* 176
*Cissia themis* 1142
*Cissusa indiscreta* 566
*Cissusa spadix* 106
*Cissusa valens* 1161
*Cisthene* 643
*Cisthene angelus* 25
*Cisthene barnesii* 76
*Cisthene kentuckiensis* 593
*Cisthene packardii* 799

*Cisthene plumbea* 625
*Cisthene striata* 1069
*Cisthene subjecta* 1075
*Cisthene tenuifascia* 1106
*Cithaerias esmeralda* 385
*Cithaerias phantoma* 814
*Cithaerias pireta* 137
*Cithaerias pyropina* 882
*Cithecia excisa* 59
*Citheronia regalis* 934
*Citheronia sepulcralis* 840
*Citrinophila erastus* 620
*Citripestis sagittiferella* 228
*Citriphaga mixta* 145
Cixiidae 231
*Cixiopsis punctatus* 408
*Cizara ardeniae* 231
*Cladara anguilineata* 26
*Cladara atroliturata* 964
*Cladara limitaria* 723
*Cladardis elongatulus* 929
*Cladius difformis* 150
*Cladius pectinicornis* 929
Clambidae 438
Clamisinae 1171
*Clania crameri* 398
*Clania ignobilis* 398
*Clanis bilineata tsinglauica* 507
*Clastoptera achatina* 826
*Clastoptera obtusa* 13
*Clastoptera proteus* 343
*Clastoptera saintcyri* 530
*Clastoptera xanthocephala* 1083
*Clavaspis herculeana* 536
Clavicornia 232
*Claviger testaceus* 735
Clavigeridae 29
*Clavigesta purdeyi* 841
*Clavigesta sylvestrana* 843
*Clemensia albata* 652
*Clemora smithi* 1200
*Cleobora mellyi* 1030
Cleoninae 309
*Cleonus japonicus* 173
*Cleonus mendicus* 89
*Cleonus piger* 998
*Cleonus punctiventris* 89
*Cleoporus variabilis* 1154
*Cleora cinctaria* 921
*Cleora cinctaria superfumata* 921
*Cleora inflexaria* 510
*Cleora insolita* 137
*Cleora projecta* 872
*Cleora sublunaria* 348
*Cleorodes lichenaria* 168
*Clepsis clemensiana* 234
*Clepsis melaleucanus* 113
*Clepsis peritana* 449
*Clepsis persicana* 1212
*Clepsis spectrana* 308
Cleridae 210
*Clerotilia flavomarginata* 1239
*Clethrobius comes* 96
*Clethrophora distincta* 538
*Cletus rusticus* 1143
*Cletus trigonus* 996
*Clidia geographica* 683
*Climacia californica* 185
*Climaciella brunnea* 162
*Clinodiplosis rhododendri* 914
*Clinopleura flavomarginata* 1240
*Clinopleura infuscata* 359
*Clinopleura melanopleura* 115
*Clinopleura minuta* 714
*Cliorismia rustica* 1032
*Clitarchus hookeri* 273
*Clitea metallica* 703
*Clito aberrans* 754
*Clito zelotes* 537
*Clivina impressifrons* 966, 997

*Clivina taemaniensis* 117
*Clivina vagans* 674
*Cloantha hyperici* 807
*Cloeon dipterum* 860
*Cloeon simile* 603
*Clonopsis gallica* 1061
*Clossiana acrocnema* 1147
*Clossiana alaskensis* 726
*Clossiana alberta* 11
*Clossiana astarte* 52
*Clossiana bellona* 695
*Clossiana bellona toddi* 367
*Clossiana chariclea* 41
*Clossiana chariclea arctica* 41
*Clossiana dia* 1163
*Clossiana distincta* 340
*Clossiana epithore* 1186
*Clossiana freija asahidakeana* 437
*Clossiana improba* 360
*Clossiana improba harryi* 1219
*Clossiana jerdoni* 582
*Clossiana kriemhild* 599
*Clossiana montinus* 880
*Clossiana natazhati* 854
*Clossiana polaris* 857
*Clossiana selene* 1007
*Clossiana selene atrocostalis* 985
*Clossiana selene myrina* 985
*Clossiana thore* 1108
*Clossiana thore jezoensis* 1108
*Clossiana titania* 1117
*Clossiana titania boisduvalii* 878
*Clostera anachoreta* 863
*Clostera anastomosis* 863
*Clostera apicalis* 32
*Clostera curtula* 222
*Clostera inclusa* 26
*Clostera pigra* 1001
*Clostera strigosa* 1071
*Closterocoris* 852
*Closterocoris ornatus* 793
*Clovia punctata* 1009
Clusiidae 241
*Clydonopteron sacculana* 1132
*Clytie illunaris* 1126
*Clytra arida* 434
*Clytra quadripunctata* 434
Clytrinae 198
*Clytus arietis* 1171
*Clytus blaisdelli* 350
*Clytus rhamni* 1171
*Cnaphalocrocis exigua* 579
*Cnaphalocrocis medinalis* 918
*Cnaphalocrocis poeyalis* 639
*Cnemoplites blackburni* 677
*Cnemoplites edulis* 677
*Cnephasia asseclana* 421
*Cnephasia chrysantheana* 493
*Cnephasia cinereipalpana* 1118
*Cnephasia communana* 140
*Cnephasia conspersana* 241
*Cnephasia imbriferana* 1002
*Cnephasia incertana* 15
*Cnephasia incessana* 164
*Cnephasia interjectaria* 421
*Cnephasia jactatana* 546
*Cnephasia longana* 777
*Cnephasia pascuana* 695
*Cnephasia sitephensiana* 511
*Cnephasia virgaureana* 638
*Cnephia pecuarum* 170
*Cnidocampa flavescens* 791
*Cnodontes* 171
*Cnodontes penningtoni* 828
*Cnodontes vansomereni* 1152
*Cobalopsis autumna* 58
*Cobalopsis miaba* 706
*Cobalopsis nero* 744
*Cobalus virbius fidicula* 1196
Coccidae 1022

Coccidulini 990
*Coccinella californica* 184
*Coccinella leonina* 785
*Coccinella magnifica* 959
*Coccinella novemnotata* 750
*Coccinella quinquepunctata* 417
*Coccinella septempunctata* 970
*Coccinella transversalis* 1124
*Coccinella transversoguttata* 367
*Coccinella transversoguttata richardsoni* 367
*Coccinella trifasciata* 1108
*Coccinella undecimpunctata* 375
Coccinellidae 602
Coccinellini 116
*Coccivora californica* 713
Coccoidea 954
*Coccotorus hirsutus* 947
*Coccotorus scutellaris* 854
*Coccotrypes carpophagus* 810
*Coccotrypes dactyliperda* 177
*Coccura suwakoensis* 1084
*Coccus acuminatus* 680
*Coccus acutissimus* 739
*Coccus alpinus* 1022
*Coccus citricola* 486
*Coccus elongatus* 656
*Coccus hesperidum* 165
*Coccus longulus* 656
*Coccus pseudohesperidum* 788
*Coccus pseudomagnoliarum* 227
*Coccus viridis* 503
*Cochiochila conchata* 575
*Cochliomyia* 964
*Cochliomyia hominivorax* 964
*Cochliomyia macellaris* 966
*Cochliotis melolonthoides* 1079
Cochylidae 832
*Cochylidia implicitana* 209
*Cochylidia richteriana* 729
*Cochylidia rupicola* 208
*Cochylidia subroseana* 339
*Cochylimorpha alternana* 77
*Cochylimorpha straminea* 1065
*Cochylis atricapitana* 109
*Cochylis dubitana* 350
*Cochylis flaviciliana* 1236
*Cochylis hoffmanana* 543
*Cochylis hybridella* 404
*Cochylis nana* 77
*Cochylis pallidana* 803
*Cochylis ringsi* 922
*Cochylis roseana* 930
*Coclebotys coclesalis* 67
*Cocytius antaeus* 458
*Codatractus alcaeus* 1197
*Codatractus arizonensis* 44
*Codatractus bryaxis* 472
*Codatractus carlos carlos* 194
*Codatractus cyda* 309
*Codatractus cyledis* 309
*Codatractus hyster* 558
*Codatractus melon* 700
*Codatractus mysie* 1151
*Codatractus sallyae* 945
*Codatractus uvydixa* 1154
*Codatractus valeriana* 1152
*Codatractus yucatanus* 1251
Coedialinae 617
*Coeliades anchises* 777
*Coeliades bixana* 316
*Coeliades chalybe* 857
*Coeliades forestan* 1073
*Coeliades hanno* 1187
*Coeliades keithloa* 907
*Coeliades libeon* 1045
*Coeliades lorenzo* 662
*Coeliades pisistratus* 1142
*Coeliades sejuncta* 242
Coeliadinae 59
*Coelioxys* 302

*Coelites nothis* 957
*Coelocephalapion aculeatum* 710
*Coelonia fulvinotata* 443
*Coelopa frigida* 965
*Coelopa pilipes* 965
*Coelopa vanduzeei* 419
*Coelophora inaequaris* 1153
*Coelophora pupillata* 1102
Coelopidae 965
*Coelostathma discopunctana* 80
*Coelus ciliatus* 932
*Coenagirion mercuriale* 1029
*Coenagrion armatum* 752
*Coenagrion hastulatum* 1037
*Coenagrion johanssoni* 41
*Coenagrion lunulatum* 297
*Coenagrion puella* 60
*Coenagrion pulchellum* 1153
*Coenagrion resolutum* 1092
*Coenagrion scitulum* 313
*Coenobia rufa* 936
*Coenobioides abietiella* 711
*Coenocalpe lapidata* 997
*Coenonycha testacea* 587
*Coenonympha* 922
*Coenonympha aedippus* 403
*Coenonympha aedippus annulifer* 403
*Coenonympha arcania* 824
*Coenonympha arcanioides* 720
*Coenonympha austauti* 54
*Coenonympha corinna* 286
*Coenonympha darwiniana* 325
*Coenonympha dorus* 358
*Coenonympha elbana* 373
*Coenonympha gardetta* 17
*Coenonympha glycerion* 215
*Coenonympha haydenii* 529
*Coenonympha hero* 958
*Coenonympha hero latifasciata* 958
*Coenonympha inornata* 868
*Coenonympha iphioides* 1036
*Coenonympha kodiak* 598
*Coenonympha leander* 937
*Coenonympha meadii* 898
*Coenonympha nipisquit* 750
*Coenonympha ochracea* 771
*Coenonympha orientalis* 64
*Coenonympha pamphilus* 1005
*Coenonympha rhodopensis* 367
*Coenonympha sinica* 1113
*Coenonympha thyrsis* 297
*Coenonympha tullia* 613
*Coenonympha tullia ampelos* 758
*Coenonympha tullia california* 184
*Coenonympha tullia inornata* 566
*Coenonympha tullia nipisiquit* 946
*Coenonympha tullia ochracea* 771
*Coenonympha vaucheri* 1156
*Coenophila opacifrons* 135
*Coenophlebia archidona* 673
*Coenopoeus palmeri* 181
*Coenorrhinus aeneovirens* 1066
*Coenorrhinus germanicus* 1067
*Coenorrhinus interpunctatus* 1138
*Coenosia attenuata* 556
*Coenosia tigrina* 1113
*Coenotes eremophilae* 948
*Coenyra aurantiaca* 860
*Coenyra hebe* 1255
*Coenyra rufiplaga* 966
*Coenyropsis natalii* 741
*Coequosa triangularis* 348
*Cofana spectra* 918
*Cofana unimaculatus* 1206
*Cogia aventinus* 1128
*Cogia caicus* 182
*Cogia cajeta cajeta* 1237
*Cogia cajeta eluina* 324
*Cogia calchas* 711
*Cogia hippalus* 2

*Cogia hippalus hiska* 364
*Cogia hippalus peninsularis* 63
*Cogia mala* 515
*Cogia outis* 795
*Coladenia* 835
*Coladenia agni* 163
*Coladenia agnioides* 379
*Coladenia indrani* 1127
*Colaspidema atrum* 99
*Colaspis brunnea* 480
*Colaspis flavida* 480
*Colaspis hypochlora* 68
*Colaspis pini* 839
*Colaspoides foveiventris* 664
*Colasposoma dauricum* 1087
*Colasposoma fulgidum* 130
*Colasposoma sellatum* 1088
*Colatis evenina* 786
*Colemania sphenarioides* 585
*Coleomegilla fuscilabris* 1047
*Coleophora adjunctella* 946
*Coleophora albicosta* 1198
*Coleophora albitarsella* 1162
*Coleophora alcyonipennella* 597
*Coleophora alticolella* 411
*Coleophora anatipennella* 475
*Coleophora argentula* 988
*Coleophora artemisicolella* 729
*Coleophora artemisiella* 965
*Coleophora atromarginata* 849
*Coleophora badiipennella* 80
*Coleophora bernoulliella* 475
*Coleophora binderella* 13
*Coleophora caespitiella* 772
*Coleophora caryaefoliella* 825
*Coleophora cerasivorella* 225
*Coleophora chalcogrammella* 1230
*Coleophora comptoniella* 96
*Coleophora conspicuella* 597
*Coleophora cratipennella* 1068
*Coleophora discordella* 988
*Coleophora elaegnisella* 1037
*Coleophora fletcherella* 225
*Coleophora follicularis* 534
*Coleophora frischella* 239
*Coleophora fuscedinella* 892
*Coleophora fuscocuprella* 159
*Coleophora genistae* 832
*Coleophora glaucicolella* 806
*Coleophora glitzella* 888
*Coleophora gryphipennella* 1166
*Coleophora hemerobiella* 510
*Coleophora ibipennella* 559
*Coleophora juncicolella* 630
*Coleophora klimeschiella* 938
*Coleophora kuehnella* 419
*Coleophora kurokoi* 223
*Coleophora lamella* 606
*Coleophora laricella* 606
*Coleophora laripenella* 517
*Coleophora laticomella* 825
*Coleophora limosipennella* 729
*Coleophora lineolea* 905
*Coleophora lithargyrinella* 776
*Coleophora luscinaepennella* 794
*Coleophora lutipennella* 806
*Coleophora malivorella* 38
*Coleophora maritimella* 622
*Coleophora mayrella* 703
*Coleophora milvipennis* 596
*Coleophora multipulvella* 849
*Coleophora murinipennella* 625
*Coleophora nigricella* 33
*Coleophora obducta* 606
*Coleophora occidentis* 226
*Coleophora ochrea* 987
*Coleophora octagonella* 772
*Coleophora orbitella* 1215
*Coleophora paripannella* 597
*Coleophora parthenica* 938

*Coleophora pennella* 1068
*Coleophora peribenanderi* 747
*Coleophora piceaella* 1053
*Coleophora potentillae* 156
*Coleophora pruniella* 212
*Coleophora pyrrhulipennella* 530
*Coleophora ringoniella* 38
*Coleophora sacramenta* 184
*Coleophora salicorniae* 1084
*Coleophora salinella* 965
*Coleophora saturatella* 317
*Coleophora saxicolella* 292
*Coleophora serratella* 34
*Coleophora siccifolia* 161
*Coleophora silenella* 1058
*Coleophora solitariella* 1243
*Coleophora spinella* 33
*Coleophora spissicornis* 70
*Coleophora sylvaticella* 536
*Coleophora taenipennella* 959
*Coleophora trifolii* 611
*Coleophora ulmifoliella* 376
*Coleophora vibicella* 956
*Coleophora violacea* 464
*Coleophora virgaureella* 1058
*Coleophora wockeella* 490
Coleophoridae 197
Coleoptera 89
Coleopteroidea 248
*Coleotechnites albicostatus* 1198
*Coleotechnites bacchariella* 292
*Coleotechnites canusella* 71
*Coleotechnites chilcotti* 218
*Coleotechnites coniferella* 279
*Coleotechnites florae* 248
*Coleotechnites laricis* 783
*Coleotechnites macleodi* 161
*Coleotechnites milleri* 655
*Coleotechnites piceaella* 785
*Coleotechnites resinosae* 903
*Coleotechnites starki* 655
*Coleotechnites thujaella* 158
*Coleotichus blackburniae* 597
*Colgar peracutum* 230
*Colgaroides acuminata* 679
Coliadinae 1249
*Colias* 238
*Colias alexandra* 883
*Colias alfacariensis* 91
*Colias aurorina* 326
*Colias australis* 747
*Colias balcanica* 64
*Colias behrii* 89
*Colias berylla* 395
*Colias boothi* 41
*Colias caesonia* 1029
*Colias caucasica* 64
*Colias chrysotheme* 636
*Colias croceus* 238
*Colias dubia* 361
*Colias electo electo* 6
*Colias eogene* 411
*Colias erate* 790
*Colias erate poliographus* 790
*Colias eurydice* 183
*Colias eurytheme* 13
*Colias euxanthe* 876
*Colias flaveola* 421
*Colias gigantea* 458
*Colias harfordii* 524
*Colias hecla* 507
*Colias hyale* 802
*Colias interior interior* 846
*Colias ladakensis* 602
*Colias lesbia* 634
*Colias libanotica heldreichii* 494
*Colias marcopolo* 687
*Colias meadii* 695
*Colias myrmidone* 315
*Colias nastes nastes* 601

*Colias nilgiriensis* 749
*Colias nina* 406
*Colias occidentalis* 1188
*Colias palaeno* 718
*Colias palaeno aias* 718
*Colias palaeno chippewa* 801
*Colias pelidne pelidne* 135
*Colias phicomone* 725
*Colias philodice guatemalena* 515
*Colias philodice philodice* 237
*Colias sareptensis* 91
*Colias scudderii* 964
*Colias stoliczkana* 781
*Colias thrasibulus* 632
*Colias thula* 1112
*Colias tyche* 801
*Colias tyche boothii* 141
*Colladonus elitellarius* 942
*Colladonus montanus* 726
Collembola 1052
*Colletes compactus* 852
*Colletes daviesanus* 325
Colletidae 1236
Colletinae 852
*Collicularia microgrammana* 912
*Collops nigriceps* 110
*Collops quadrimaculatus* 433
*Collops vittatus* 1141
*Colobesthes falcata* 245
*Colobochyla interpuncta* 1240
*Colobochyla salicalis* 944
*Colobura annulata* 28
*Colobura dirce* 1252
*Colocasia coryli* 761
*Colocasia flavicornis* 1238
*Colocasia propinquilinea* 236
*Coloceras damicorne* 549
*Colomerus gardeniella* 996
Colonidae 249
*Colopha kansugei* 632
*Colopha ulmicola* 376
*Colopterus* 949
*Coloradia doris* 345
*Coloradia luski* 666
*Coloradia pandora* 812
*Coloradoa rufomaculata* 802
*Colostygia multistrigaria* 724
*Colostygia olivata* 87
*Colostygia pectinataria* 497
*Colotis* 787, 953
*Colotis agoye* 1038
*Colotis amata calais* 1122
*Colotis amata* 1122
*Colotis antevippe* 615
*Colotis antevippe gavisa* 908
*Colotis aurigineus* 7
*Colotis aurora* 1081
*Colotis aurora dissociatus* 1081
*Colotis auxo* 1241
*Colotis calais* 1009
*Colotis celimene* 672
*Colotis celimene amina* 646
*Colotis chrysonome* 469
*Colotis daira* 112
*Colotis danae* 961
*Colotis doubledayi angolanus* 350
*Colotis elgonensis* 375
*Colotis eris* 71
*Colotis erone* 242
*Colotis etrida* 652
*Colotis eucharis* 850
*Colotis euippe omphale* 1017
*Colotis eunoma* 1110
*Colotis evagore* 333
*Colotis evagore antigone* 1007
*Colotis evippe* 933
*Colotis fausta* 617
*Colotis halimede* 1242
*Colotis hetaera* 298
*Colotis hildebrandti* 474

*Colotis ione* 879
*Colotis lais* 590
*Colotis lucasi* 457
*Colotis pallene* 176
*Colotis phisadia* 135
*Colotis pleione* 783
*Colotis protomedia* 1243
*Colotis regina* 883
*Colotis rogersi* 926
*Colotis subfasciatus subfasciatus* 633
*Colotis venosa* 751
*Colotis vesta* 1157
*Colotis vestalis* 1193
*Colotois pennaria ussuriensis* 760
*Colpocephalum turbinatum* 836
*Columbicola columbae* 996
Colydiidae 309
*Colymbomorpha vittata* 1051
*Colymychus talis* 340
*Comachara cadburyi* 181
*Comadia bertholdi* 666
*Comadia suaedivora* 15
*Comibaena bajularia* 126
*Comibaena diluta* 434
*Comibaena pustulata* 126
*Commophila aeneana* 988
*Comocritis pieria* 75
*Comperiella bifasciata* 904
*Comperiella lemniscata* 792
*Composia fidelissima* 399
*Comstockaspis perniciosus* 947
*Comstockiella sabalis* 811
Conchaspididae 400
*Conchaspis angraeci* 27
*Conchylodes ovulalis* 1252
*Conchylodes salamisalis* 137
*Condica sutor* 242
*Condylolomia participalis* 351
*Condylorrhiza vestigialis* 11
*Condylostylus* 658
*Condylostylus occidentalis* 658
*Condylostylus pilicornis* 448
*Conga chydaea* 539
*Conicera tibialis* 248
*Coniesta ignefusalis* 710
*Conifericoccus agathidis* 592
*Coninomus nodifer* 852
*Coniodes plumigeraria* 1169
Coniopterygidae 361
*Coniopteryx* 259
*Conistra ardescens* 312
*Conistra erythrocephala* 899
*Conistra ligula* 317
*Conistra rubiginea* 346
*Conistra vaccinii* 216
*Conobathra bifidella* 822
Conocephalinae 695
*Conocephalus* 657
*Conocephalus aigialus* 965
*Conocephalus allardi* 15
*Conocephalus attenuatus* 660
*Conocephalus brevipennis* 695
*Conocephalus cinereus* 193
*Conocephalus dimidiatus* 917
*Conocephalus discolor* 661
*Conocephalus dorsalis* 979
*Conocephalus fasciatus* 996
*Conocephalus gracillimus* 477
*Conocephalus hygrophilus* 517
*Conocephalus japonicus* 980
*Conocephalus maculatus* 671
*Conocephalus melas* 1073
*Conocephalus nemoralis* 1225
*Conocephalus nigropleuroides* 1113
*Conocephalus nigropleurum* 115
*Conocephalus occidentalis* 798
*Conocephalus resacensis* 167
*Conocephalus saltans* 868
*Conocephalus saltator* 657
*Conocephalus semivittatus* 123

*Conocephalus spartinae* 946
*Conocephalus spinosus* 947
*Conocephalus stictomerus* 1047
*Conocephalus strictus* 1064
*Conochares arizonae* 43
*Conoderus amphicollis* 517
*Conoderus exsul* 257
*Conoderus falli* 1032
*Conoderus vespertinus* 1119
*Conogethes punctiferalis* 819
*Conognathus platon* 474
*Conomyrma* 882
*Conomyrma insana* 882
*Conophorus fenestratus* 745
*Conophthorus coniperda* 1205
*Conophthorus edulis* 848
*Conophthorus lambertianae* 1080
*Conophthorus ponderosae* 860
*Conophthorus resinosae* 903
*Conophthrous banksianae* 572
*Conopia scitula* 825
Conopidae 1105
*Conopomorpha cramerella* 245
*Conops quadrifasciata* 280
*Conotelus* 949
*Conotelus mexicanus* 949
*Conotrachelus crataegi* 885
*Conotrachelus juglandis* 177
*Conotrachelus nenuphar* 854
*Conotrachelus retentus* 121
*Conozoa wallula* 1168
*Conservula anodonta* 972
*Consul electra adustus* 825
*Consul electra electra* 825
*Consul excellens excellens* 120
*Consul excellens genini* 120
*Consul fabius* 1114
*Consul fabius cecrops* 1114
*Consul panariste* 236
*Contarinia* 121
*Contarinia acerplicans* 1090
*Contarinia baeri* 743
*Contarinia bromicola* 155
*Contarinia canadensis* 48
*Contarinia catalpae* 200
*Contarinia chrysanthemi* 973
*Contarinia coloradensis* 839
*Contarinia dactylidis* 244
*Contarinia fagi* 87
*Contarinia gossypii* 287
*Contarinia humuli* 548
*Contarinia inouei* 301
*Contarinia johnsoni* 479
*Contarinia juniperina* 588
*Contarinia loti* 1126
*Contarinia maculipennis* 125
*Contarinia mali* 34
*Contarinia matsusintome* 839
*Contarinia merceri* 435
*Contarinia nasturtii* 1086
*Contarinia negundinis* 143
*Contarinia okadai* 575
*Contarinia onobrychidis* 943
*Contarinia petioli* 861
*Contarinia pisi* 818
*Contarinia pseudotsugae* 350
*Contarinia pyri* 821
*Contarinia pyrivora* 822
*Contarinia ribis* 475
*Contarinia rubicola* 122
*Contarinia rugosa* 310
*Contarinia schulzi* 1083
*Contarinia texana* 514
*Contarinia tiliarum* 648
*Contarinia torquens* 179
*Contarinia tritici* 1191
*Contarinia violicola* 1163
*Contarinia virginiae* 222
*Contarinia viticola* 482
*Contrafacia ahola* 522

*Contrafacia bassania* 1199
*Contrafacia imma* 560
*Conwentzia hageni* 360
*Cooloola propator* 281
*Copaeodes aurantiaca* 784
*Copaeodes minimus* 1033
*Copera* 406
*Copera marginipes* 1236
*Copestylum mexicanum* 704
*Copila phanaeus* 443
*Copipanolis styracis* 406
Copiphorinae 278
*Copivaleria grotei* 512
*Copris* 1134
*Copris fallaciosus* 593
*Copris hispanus* 1036
*Copris incertus prociduus* 106
*Copris lunaris* 1134
*Copris pecuarius* 576
Copromorphidae 1129
*Coptocercus rubripes* 932
*Coptodisca* 975
*Coptodisca arbutiella* 672
*Coptodisca splendorferella* 912
*Coptops aedificator* 283
*Coptosoma biguttulum* 1013
*Coptosoma xanthogramma* 117
*Coptotermes* 1075
*Coptotermes acinaciformis* 1075
*Coptotermes formosanus* 431
*Coptotermes frenchi* 1075
*Coptotermes gestroi* 935
*Coptotermes lacteus* 709
*Coptotermes sjostedti* 9
*Coptotermes vastator* 834
*Coptotriche aenea* 122
*Coquillettidia xanthogaster* 472
*Corades chelonis* 194
*Corades enyo* 382
*Corades medeba* 1207
*Corades pannonia* 107
*Corades ulema* 1071
*Coraebus florentinus* 762
*Coraebus rubi* 927
*Coranus subapterus* 530
*Corcyra cephalonica* 918
*Cordillacris crenulata* 305
*Cordillacris occipitalis* 1050
*Cordulegaster annulatus* 472
*Cordulegaster bidentata* 1024
*Cordulegaster bilineata* 165
*Cordulegaster boltonii* 472
*Cordulegaster diadema* 31
*Cordulegaster diastatops* 330
*Cordulegaster dorsalis* 1232
*Cordulegaster erronea* 1114
*Cordulegaster heros* 64
*Cordulegaster maculata* 1140
*Cordulegaster obliqua* 46
*Cordulegaster sarracenia* 950
*Cordulegaster sayi* 954
*Cordulegaster talaria* 795
*Cordulegaster trinacriae* 570
Cordulegasteridae 94
*Cordulephya bidens* 1130
*Cordulephya divergens* 240
*Cordulephya montana* 727
*Cordulephya pygmaea* 272
*Cordulia aenea* 351
*Cordulia aenea amurensis* 351
*Cordulia shurtleffii* 20
Corduliidae 498
*Cordylobia anthropophaga* 1135
Cordyluridae 1235
Coreidae 283
*Corethra plumicornis* 833
*Coreus marginatus orientalis* 173
*Corgatha dictaria* 1202
*Corimelaena* 267
*Corimelaena pulicaria* 744

Corimelaeninae 744
*Corisella* 275
*Corixa* 1174
*Corixa geoffroyi* 394
*Corixa punctata* 258
Corixidae 1172
Corizidae 483
*Corizus sidae* 483
*Cornicacoecia lafauryana* 53
*Coroebus quadriundulatus* 935
*Correbia lycoides* 666
*Corrhenes stigmatica* 664
*Corthylus columbianus* 250
*Corticea corticea* 908
*Corticea lysias lysias* 667
*Corticea similea* 989
*Cortinicara* 713
*Cortinicara histalis* 714
*Cortodera subpilosa* 1186
*Corudulegaster picta* 1135
Corydalidae 342
*Corydalus* 342
*Corydalus cornutus* 342
*Corylobium avellanae* 529
Corylophidae 713
*Corymbia succedanea* 898
*Corymbites* 1149
*Corymbites castaneus* 1149
*Corymbites cupreus* 1149
*Corymbites purpureus* 1149
*Corymbites tessellatus* 1149
*Corymbitodes gratus* 304
*Coryna* 858
Corynetidae 522
*Coryphaeschna adnexa* 129
*Coryphaeschna ingens* 911
*Coryphista meadi* 74
*Coryphistes ruricola* 75
*Coryphodema tristis* 884
*Corythucha* 265
*Corythucha arcuata* 764
*Corythucha celtides* 519
*Corythucha ciliata* 1090
*Corythucha confraterna* 1090
*Corythucha coryli* 529
*Corythucha cydoniae* 528
*Corythucha gossypii* 247
*Corythucha marmorata* 224
*Corythucha monacha* 601
*Corythucha morrilli* 720
*Corythucha pergandei* 12
*Corythucha ulmi* 377
*Coscinia cribraria* 116
*Coscinia striata* 406
*Coscinocera hercules* 536
*Coscinoptycha improbana* 515
*Cosipara tricoloralis* 1127
*Cosmia affinis* 640
*Cosmia calami* 20
*Cosmia camptostigma* 1194
*Cosmia diffinis* 1208
*Cosmia exigua* 683
*Cosmia pyralina* 665
*Cosmia subtilis* 39
*Cosmia trapezina* 356
*Cosmiotes stahilella* 1005
*Cosmoderus maculatus* 870
*Cosmodes elegans* 1036
*Cosmophila sabulifera* 589
*Cosmopolites sordidus* 69
Cosmopterigidae 286
*Cosmopterix clemensella* 234
*Cosmopterix dulcivora* 1078
*Cosmopterix fernaldella* 409
*Cosmopterix lienigiella* 281
*Cosmopterix orichalcea* 962
*Cosmopterix pulchrimella* 84
*Cosmopterix schmidiella* 1165
*Cosmopteryx eximia* 752
*Cosmorhoe ocellata* 877

*Cosmosalia chrysocoma* 1247
*Cosmosoma myrodora* 960
*Cosmotriche lunigera* 364
*Cosmotriche lunigera takamukuana* 1094
Cossidae 196
Cossoninae 75
*Cossonus* 153
*Cossula magnifica* 825
*Cossus cossus* 465
*Cossus cossus orientalis* 465
*Cossus jezoensis* 465
Cossyphodinae 653
*Costaconvexa centrostrigaria* 91
*Costaconvexa polygrammata* 682
*Costelytra zealandica* 483
*Cotalpa lanigera* 474
*Cotinis aliena* 594
*Cotinis mutabilis* 499
*Cotinis nitida* 500, 587
*Cotinis texana* 412
*Crabro cribrarius* 995
Crabronidae 292
*Craesus japonicus* 13
*Crambidia casta* 825
*Crambidia cephalica* 1237
*Crambidia lithosioides* 318
*Crambidia pallida* 805
*Crambidia pura* 877
*Crambidia uniformis* 1148
Crambinae 484
*Crambus* 1022
*Crambus agitatellus* 485
*Crambus albellus* 1011
*Crambus alboclavellus* 1197
*Crambus bidens* 94
*Crambus bonifatellus* 406
*Crambus caliginosellus* 1119
*Crambus ericellus* 530
*Crambus flexuosellus* 262
*Crambus furcatellus* 755
*Crambus girardellus* 460
*Crambus hortuellus* 448
*Crambus laqueatellus* 367
*Crambus lathoniellus* 319
*Crambus leachellus* 625
*Crambus multilinellus* 732
*Crambus mutabilis* 1074
*Crambus perlellus* 1243
*Crambus praefectellus* 262
*Crambus pratella* 546
*Crambus quinquareatus* 618
*Crambus saltuellus* 816
*Crambus selasellus* 807
*Crambus silvella* 1224
*Crambus simplex* 276
*Crambus sperryellus* 1039
*Crambus trisectus* 631
*Crambus unistrialellus* 1214
*Crambus vitellus* 256
*Crambus watsonellus* 1176
*Crambus whitmerellus* 1213
*Crambus youngellus* 1250
*Craniophora fasciata* 1071
*Craniophora ligustri* 285
*Craponius inaequalis* 480
*Crataerina melbae* 1089
*Crataerina pallida* 1089
*Cratidus osculans* 1227
*Cratilla* 430
*Cratilla lineata calverti* 803
*Credidomimas concordia* 1038
*Creiis corniculata* 367
*Creis periculosa* 1185
*Cremastobombycia lantanella* 604
*Cremastocheilus* 30
*Crematogaster darwiniana* 161
*Crematogaster laboriosa* 158
*Crematogaster laeviceps chasei* 244
*Crematogaster lineolata* 3
*Crematogaster osakensis* 1248

*Crematonotos gangis* 117
*Cremna actoris* 4
*Cremna thasus subrutila* 1105
*Crenigomphus cornutus* 549
*Crenigomphus hartmanni* 525
*Creobroter pictipennis* 564
*Creon cleobis queda* 153
*Creon cleobis* 153
*Creonpyge creon* 296
*Creontiades dilutus* 501
*Creontiades pacificus* 163
*Creontiades pallidus* 973
*Creophilus erythrocephalus* 334
*Creophilus maxillosus* 521
*Creophilus oculatus* 334
*Crepidodera ferruginea* 1191
*Crepidodera japonica* 565
*Cressida cressida* 94
*Creteus cyrina* 752
*Cricotopus sylvestris* 919
*Cricula trifenestrata* 297
Criocerinae 50
*Crioceris asperagi* 50
*Crioceris duodecimpunctata* 1045
*Crioceris lilii* 646
*Crioceris orientalis* 789
*Crioceris quatuordecimpunctata* 435
*Crioceris quinquepunctata* 417
*Criotettix japonicus* 1041
*Crisicoccus pini* 841
*Crisicoccus serurata* 693
*Croccallis elinguaria* 955
*Crocidiphora tuberculatis* 808
*Crocidolomia pavonana* 178
*Crocidophora serratissimalis* 25
*Crocidosema litchivora* 650
*Crocidosema plebejana* 544
*Crocothemis* 961
*Crocothemis divisa* 341
*Crocothemis erythraea* 960
*Crocothemis sanguinolenta* 652
*Crocothemis servilia* 961
*Crocozona coecias* 780
*Crocozona pheretima* 249
*Croesia bergmanniana* 91
*Croesia curvalana* 135
*Croesia holmiana* 822
*Croesia semipurpurana* 765
*Croesus latitarsus* 357
*Croesus septentrionalis* 529
*Croitana croites* 299
*Crossotarsus emancipatus* 933
*Crossotarsus externedentatus* 547
*Crossotarsus niponicus* 579
*Crossotarsus omnivorus* 777
*Crossotarsus simplex* 1003
*Crudaria capensis* 191
*Crudaria leroma* 986
*Crudaria wykehami* 1228
*Cryotithelea gloveri* 780
*Cryphalus abietis* 598
*Cryphalus exiguus* 730
*Cryphalus fulvus* 838
*Cryphalus jehorensis* 582
*Cryphalus juglans* 1168
*Cryphalus laricis* 606
*Cryphalus malus* 37
*Cryphalus piceae* 1209
*Cryphalus piceus* 943
*Cryphalus rhusii* 915
*Cryphia algae* 1125
*Cryphia cuerva* 301
*Cryphia domestica* 685
*Cryphia muralis* 686
*Cryphia peria* 685
*Cryphia raptricula* 686
Cryphinae 1125
*Crypsedra gemmea* 187
*Cryptes baccatus* 1176
*Cryptoblabes adoceta* 1025

*Cryptoblabes bistriga* 349
*Cryptoblabes gnidiella* 545
*Cryptoblabes hemigypsa* 669
*Cryptoblabes loxiella* 607
*Cryptoblabes plagioleuca* 229
*Cryptobothrus chrysophorus* 469
Cryptocephalinae 198
*Cryptocephalus approximatus* 928
*Cryptocephalus bilineatus* 661
*Cryptocephalus coryli* 529
*Cryptocephalus decemmaculatus* 1102
*Cryptocephalus exiguus* 816
*Cryptocephalus fortunatus* 1239
*Cryptocephalus hypochaeridis* 500
*Cryptocephalus japanus* 373
*Cryptocephalus perelegans perelegans* 1012
*Cryptocephalus scitulus* 312
*Cryptocephalus sexpunctatus* 992
*Cryptocephalus signaticeps* 116
*Cryptocerata* 978
Cryptocercidae 161
*Cryptocerus punctulatus* 161
Cryptochetidae 301
*Cryptochetum iceryae* 290
Cryptococcidae 75
*Cryptococcus fagi* 88
*Cryptococcus fagisuga* 88
*Cryptococcus williamsi* 1080
*Cryptolaemus montrouzieri* 697
*Cryptolaemus* 301
*Cryptolestes* 420
*Cryptolestes ferrugineus* 939
*Cryptolestes minutus* 419
*Cryptolestes pusillus* 420
*Cryptolestes turcicus* 1014
*Cryptomorpha disjardinsii* 333
*Cryptomyzus galeopsidis* 105
*Cryptomyzus ribis* 305
*Cryptoparlatorea leucaspis* 575
Cryptophagidae 983
*Cryptophagus acutangulus* 4
*Cryptophagus varus* 982
*Cryptophasa albacosta* 1004
*Cryptophlebia batrachopa* 401
*Cryptophlebia illepida* 598
*Cryptophlebia ombrodelta* 669
*Cryptophobetron oropeso* 772
*Cryptoplus tibialis* 1133
*Cryptoptila immersana* 571
Cryptorhynchinae 539
*Cryptorhynchus corticolis* 1179
*Cryptorhynchus lapathi* 1215
*Cryptorhynchus mangiferae* 680
*Cryptosiphum artemisiae* 729
*Cryptotermes* 354
*Cryptotermes brevis* 1181
*Cryptotermes cavifrons* 1130
*Cryptotermes primus* 741
*Cryptothelea holmesi* 1043
*Cryptothelea nigrita* 749
*Cryptothelea variegata* 63
*Crypturgus pusillus* 650
*Crypturgus tuberosus* 1249
*Ctenarytaina eucalypti* 386
*Ctenarytaina thysanura* 142
*Ctenicera* 257
*Ctenicera aeripennis* 875
*Ctenicera aeripennis destructor* 875
*Ctenicera destructor* 868
*Ctenicera glauca* 354
*Ctenicera pruinina* 490
*Ctenocephalides canis* 342
*Ctenocephalides felis felis* 200
*Ctenolepisma lineata* 988
*Ctenolepisma lineata pilifera* 988
*Ctenolepisma longicaudata* 487
*Ctenolepisma urbana* 1150
*Ctenolepisma villosa* 792
*Ctenolopisma longicaudata* 660
*Ctenomeristis almella* 16

*Ctenomorpha chronus* 1061
*Ctenomorphodes tessulatus* 1103
*Ctenophora fasciata* 788
Ctenophorinae 301
*Ctenoplusia accentifera* 2
*Ctenoplusia agnata* 1110
*Ctenoplusia albostriata* 1210
*Ctenoplusia limbirena* 956
*Ctenoplusia oxygramma* 973
*Ctenopseutis obliquana* 769
*Ctenoptilum vasava* 1097
*Ctenucha brunnea* 159
*Ctenucha rubroscapus* 905
*Ctenucha venosa* 1157
*Ctenucha virginica* 1165
Ctenuchidae 1171
Ctenuchinae 1016
*Cuclotogaster heterographis* 217
Cucujidae 419
*Cucujus clavipes* 897
*Cucullia absinthii* 1228
*Cucullia alfarata* 188
*Cucullia argentea* 504
*Cucullia artemisiae* 960
*Cucullia artemisiae perspicua* 960
*Cucullia asteris* 1059
*Cucullia chamomillae* 209
*Cucullia convexipennis* 161
*Cucullia elongata* 224
*Cucullia gnaphalii* 304
*Cucullia lactucae* 641
*Cucullia lychnitis* 1072
*Cucullia montanae* 726
*Cucullia perforata* 706
*Cucullia scrophulariae* 1172
*Cucullia strigata* 1068
*Cucullia umbratica* 972
*Cucullia verbasci* 732
Cucullinae 972
*Cudonigera houstonana* 588
*Culama caliginosa* 56
*Culex* 553
*Culex annulirostris* 253
*Culex fuscanus* 869
*Culex pervigilans* 1161
*Culex pipiens* 267
*Culex pipiens pallens* 267
*Culex pipiens quinquefasciatus* 1030
*Culex sitiens* 945
*Culex tarsalis* 1184
Culicidae 721
Culicinae 1131
*Culicoides furens* 946
*Culicoides pulicaris* 99
*Culicoides* 876
*Culiseta incidens* 281
*Culiseta melanura* 118
*Culpinia diffusa* 930
*Cunizza hirlanda* 542
Cupedidae 913
*Cupes concolor* 723
*Cupha erymanthis lotis* 938
*Cupha erymanthis* 938
*Cupha prosope* 57
*Cuphodes diospyrosella* 831
*Cupidesthes robusta* 924
*Cupido alcetas* 873
*Cupido amyntula* 1188
*Cupido argiades diporides* 209
*Cupido carswelli* 197
*Cupido comyntas* 369
*Cupido decoloratus* 369
*Cupido lorquini* 662
*Cupido minimus* 999
*Cupido osiris* 794
*Cupidopsis cissus* 695
*Cupidopsis jobates* 1093
*Cupitha purreea* 1177
*Cupressobium maui* 202
*Curculio* 3

*Curculio alboscutellatus* 984
*Curculio baculi* 365
*Curculio betulae* 97
*Curculio camelliae* 186
*Curculio caryae* 826
*Curculio caryatrypes* 610
*Curculio cerasorum* 214
*Curculio dentipes* 215
*Curculio elephas* 216
*Curculio glandium* 3
*Curculio hime* 713
*Curculio neocorylus* 529
*Curculio nucum* 3
*Curculio obtusus* 529
*Curculio occidentis* 414
*Curculio parsiticus* 1015
*Curculio probuscideus* 621
*Curculio robustus* 763
*Curculio sayi* 1000
*Curculio uniformis* 182
*Curculio villosus* 763
Curculionidae 1180
Curculioninae 3
Curculionoidea 1180
*Curetis* 1082
*Curetis acuta* 26
*Curetis acuta paracuta* 4
*Curetis bulis* 148
*Curetis bulis stigmata* 148
*Curetis dentata* 1122
*Curetis regula* 911
*Curetis santana malayica* 677
*Curetis saronis* 173
*Curetis saronis sumatrana* 1082
*Curetis siva* 977
*Curetis thetis* 565
*Curicta* 1174
*Curimopsis nigrita* 714
*Curinus coeruleus* 316
*Curtomerus flavus* 307
Curtonotidae 307
*Cuspicona simplex* 502
*Cuterebra* 925
*Cuterebra cuniculi* 886
*Cuterebra princeps* 886
Cuterebridae 886
*Cutilia soror* 1203
*Cutina distincta* 340
*Cyamophila hexastigma* 992
*Cyaniriodes libna andersonii* 379
*Cyaniris helena* 495
*Cyanophrys agricolor* 1058
*Cyanophrys amyntor* 23
*Cyanophrys fusius* 161
*Cyanophrys goodsoni* 475
*Cyanophrys herodotus* 1129
*Cyanophrys longula* 726
*Cyanophrys miserabilis* 234
*Cyanophrys pseudolongula* 234
*Cyanotricha necyria* 1027
*Cybdelis boliviana* 946
*Cybister brevis* 106
*Cybister ellipticus* 611
*Cybister explanatus* 612
*Cybister fimbriolatus* 869
*Cybister lewisianus* 642
*Cybister limbatus* 688
*Cybister tripunctatus orientalis* 1013
*Cybosia mesomella* 432
Cychrini 1018
*Cyclargus thomasi bethunebakeri* 706
*Cyclargus thomasi* 706
Cyclidiidae 455
*Cyclocephala* 692
*Cyclocephala borealis* 756
*Cyclocephala immaculata* 1031
*Cyclocephala pasadenae* 815
*Cyclochila australasiae* 499
*Cyclochila virens* 756
*Cycloglypha enega* 721

*Cycloglypha thrasibulus thrasibulus* 1214
*Cycloglypha tisias* 1117
*Cyclogomphus* 241
*Cyclogomphus gynostylus* 1124
*Cycloneda munda* 1183
*Cycloneda polita* 198
*Cycloneda sanguinea* 1045
*Cyclopelta obscura* 105
*Cyclophora albipunctata* 96
*Cyclophora albipunctata griseolata* 96
*Cyclophora annulata* 715
*Cyclophora linearia* 232
*Cyclophora myrtaria* 1177
*Cyclophora nanaria* 322
*Cyclophora orbicularia* 339
*Cyclophora packardi* 799
*Cyclophora pendularia* 339
*Cyclophora pendulinaria* 1087
*Cyclophora porata* 403
*Cyclophora punctaria* 674
*Cyclophora puppillaria* 123
*Cycloptiloides americanus* 953
*Cycloptilum* 271
*Cycloptilum ainiktos* 770
*Cycloptilum albocircum* 72
*Cycloptilum bidens* 1144
*Cycloptilum comprehendens* 1091
*Cycloptilum distinctum* 340
*Cycloptilum exsanguis* 806
*Cycloptilum irregularis* 594
*Cycloptilum kelainopum* 107
*Cycloptilum pigrum* 912
*Cycloptilum quatrainum* 433
*Cycloptilum slossoni* 998
*Cycloptilum spectabile* 1039
*Cycloptilum squamosum* 964
*Cycloptilum tardum* 998
*Cycloptilum trigonipalpum* 430
*Cycloptilum velox* 1089
*Cycloptilum zebra* 1253
Cyclorrhapha 227
*Cyclosemia anastomosis* 755
*Cyclosemia leppa* 397
*Cyclosia panthona* 1178
*Cyclosia papillionaris* 120
Cyclotornidae 814
*Cyclyrius pirithous* 254
*Cyclyrius webbianus* 189
*Cycnia inopinatus* 1148
*Cycnia tenera* 329
*Cydia albimaculana* 1203
*Cydia anaranjada* 994
*Cydia aurana* 348
*Cydia bracteatana* 415
*Cydia caecana* 593
*Cydia caryana* 539
*Cydia compositella* 1128
*Cydia coniferana* 415
*Cydia cosmophorana* 770
*Cydia cryptomeriae* 301
*Cydia deshaisiana* 586
*Cydia fagiglandana* 1016
*Cydia fletcherana* 423
*Cydia funebrana* 854
*Cydia gallaesaliciana* 1217
*Cydia gallicana* 321
*Cydia gemmiferana* 625
*Cydia ingens* 658
*Cydia internana* 317
*Cydia janthinana* 631
*Cydia jungiella* 84
*Cydia kamijoi* 415
*Cydia kurokoi* 760
*Cydia laricicolana* 790
*Cydia latiferreana* 200
*Cydia medicaginis* 664
*Cydia nigricana* 818
*Cydia orobana* 1214
*Cydia pactolana yasudai* 790
*Cydia piperana* 860

*Cydia pomonella* 246
*Cydia pyrivora* 823
*Cydia servillana* 970
*Cydia splendana* 216
*Cydia strobiella* 1054
*Cydia tenebrosana* 165
*Cydia toreuta* 368
*Cydia youngana* 1054
Cydnidae 512
*Cydosia aurivitta* 1064
*Cydosia nobilitella* 307
Cyladinae 1088
*Cylas degantulus* 1088
*Cylas fromicarius* 1088
*Cylas fromicarius elegantulus* 1088
*Cylas puncticollis* 9
Cylindrachetidae 947
*Cylindraustralia kochii* 598
*Cylindrocopturus adspersus* 1083
*Cylindrocopturus eatoni* 842
*Cylindrocopturus furnissi* 350
*Cylindrotoma splendens* 627
Cylindrotominae 309
*Cyllogenes* 395
*Cyllogenes janetae* 957
*Cyllogenes suradeva* 145
*Cyllopsis caballeroi* 291
*Cyllopsis clinas* 399
*Cyllopsis diazi* 336
*Cyllopsis dospassosi* 345
*Cyllopsis gemma* 450
*Cyllopsis gemma freemani* 436
*Cyllopsis guatemalena* 515
*Cyllopsis hedemanni hedemanni* 1074
*Cyllopsis hedemanni tamaulipensis* 1074
*Cyllopsis henshawi* 1024
*Cyllopsis hilaria* 1144
*Cyllopsis jacquelineae* 572
*Cyllopsis nayarit* 742
*Cyllopsis pallens* 809
*Cyllopsis parvimaculata* 1178
*Cyllopsis pephredo* 95
*Cyllopsis perplexa* 831
*Cyllopsis pertepida avicula* 190
*Cyllopsis pertepida intermedia* 190
*Cyllopsis pertepida maniola* 190
*Cyllopsis pertepida pertepida* 190
*Cyllopsis pseudopephredo* 212
*Cyllopsis pyracmon* 737
*Cyllopsis schausi* 962
*Cyllopsis steinhauserorum* 1060
*Cyllopsis suivalenoides* 94
*Cyllopsis suivalens escalantei* 361
*Cyllopsis suivalens suivalens* 361
*Cyllopsis whiteorum* 318
*Cyllopsis windi* 1220
*Cyltoleptus albofasciatus* 481
*Cymaenes alumna* 17
*Cymaenes fraus* 439
*Cymaenes laurelolus laureolus* 624
*Cymaenes odilia* 406
*Cymaenes theogenis* 1105
*Cymaenes trebius* 406
*Cymaenes tripunctus* 1110
*Cymatodera* 995
*Cymatophora approximaria* 455
*Cymatophorima diluta* 765
*Cymolomia hartigiana* 1053
*Cymothoe alcimeda* 80
*Cymothoe aramis* 784
*Cymothoe beckeri* 85
*Cymothoe caenis* 708
*Cymothoe capella* 471
*Cymothoe coranus* 124
*Cymothoe excelsa* 899
*Cymothoe fumana* 955
*Cymothoe herminia* 536
*Cymothoe hesiodotus* 783
*Cymothoe hobarti* 542
*Cymothoe hypatha* 615

*Cymothoe indamora* 563
*Cymothoe jodutta* 584
*Cymothoe lucasii* 412
*Cymothoe lurida* 666
*Cymothoe oemilius* 1071
*Cymothoe reinholdi* 912
*Cymothoe sangaris* 899
*Cymothoe teita* 1101
*Cymothoe weymeri* 1190
*Cymothoe zenkeri* 1254
*Cynaeda dentalis* 1059
*Cynaeus angustus* 620
*Cynandra opis* 975
*Cynea anthracinus* 30
*Cynea corope* 285
*Cynea cynea* 309
*Cynea diluta* 337
*Cynea irma* 427
*Cynea megalops* 699
*Cynea nigricola* 749
Cynipidae 447
Cynipinae 446
Cynipoidea 447
*Cynips divisa* 762
*Cynips longiventris* 506
*Cynips quercifolii* 762
*Cynips quercusfolii* 213
*Cynips tinctoria* 13
*Cynomyopsis cadaverina* 126
*Cynthia cardui* 801
*Cyphaleus mastersi* 1044
*Cypherotylus* 853
*Cypherotylus californica* 184
*Cyphoderris buckelli* 168
*Cyphoderris monstrosa* 490
*Cyphoderris strepitans* 942
*Cyphomyrmex minutus* 444
*Cyphon variabilis* 401
*Cyphonia clavata* 30
*Cyphostethus tristriatus* 588
Cypselosomatidae 311
*Cyrestis* 685
*Cyrestis andamanensis* 24
*Cyrestis camillus* 7
*Cyrestis cocles* 686
*Cyrestis maenalis martini* 1064
*Cyrestis nivea* 1064
*Cyrestis paulinus* 817
*Cyrestis strigata* 203
*Cyrestis tabula* 748
*Cyrestis thyodamas* 266
*Cyrestis thyodamas mabella* 266
*Cyria imperialis* 73
Cyrtacanthacridinae 1055
*Cyrtepistomus castaneus* 50
*Cyrtobagous salviniae* 946
*Cyrtoclytus caproides* 831
*Cyrtomenus bergi* 1075
*Cyrtomenus mirabilis* 114
*Cyrtopeltis modestus* 1120
*Cyrtopeltis notatus* 1075
*Cyrtophyllicus chlorum* 209
*Cyrtophyllus concavus* 591
*Cyrtorhinus fulvus* 869
*Cyrtorhinus lividipennis* 284
*Cyrtorhinus mundulus* 630
*Cyrtotrachelus longimanus* 67
*Cyrtoxipha* 505
*Cyrtoxipha columbiana* 250
*Cyrtoxipha confusa* 277
*Cyrtoxipha gundlachi* 517
*Cyrtoxipha nola* 680
*Cysteochia salicorum* 574
*Cysteodemus armatus* 333
*Cysteodemus wislizeni* 332
*Cystidia couaggaria* 854
*Cystidia stratonice* 351
*Cystiphora schmidti* 993
*Cystopsaltria immaculata* 889
*Cystosoma saundersii* 123

*Cystosoma schmeltzi* 635

## D

*Dacalana penicilligera* 349
*Dacalana vidura* 349
*Dacerla* 29
*Dacerla mediospinosa* 29
*Dactylispa angulosa* 1240
*Dactylispa manteroi* 45
*Dactylispa subquadrata* 280
*Dactyloceras lucina* 353
*Dactyloceras swanzii* 176
Dactylopiidae 243
*Dactylopius* 243
*Dactylopius austrinus* 1114
*Dactylopius ceylonicus* 726
*Dactylopius coccus* 243
*Dactylopius confusus* 181
*Dactylopius opuntiae* 870
*Dactylopius tomentosus* 334
*Dactylotum bicolor variegatum* 887
*Dactylotum pictum* 835
*Dactynotus jaceae* 597
*Dactynotus rudbeckiae* 471
*Dactynotus sonchi* 305
*Dactynotus tanaceti* 1096
*Dacus aquilonis* 758
*Dacus bivittatus* 876
*Dacus cacuminatus* 1023
*Dacus cucumis* 303
*Dacus frauenfeldi* 679
*Dacus halfordiae* 522
*Dacus jarvisi* 582
*Dacus musae* 68
*Dacus neohumeralis* 639
*Dacus newmani* 748
*Dacus oleae* 776
*Dacus opiliae* 403
*Dacus umbrosus* 572
*Daedalma vertex* 832
*Dagon pusilla* 881
*Dahana atripennis* 121
*Dahlica inconspicuella* 1051
*Dahlica lichenella* 649
*Daihinibaenetes giganteus* 457
*Daimio tethys* 1194
*Dalbulus elimatus* 704
*Dalbulus maidis* 284
Dalceridae 1130
*Dalla bubobon* 168
*Dalla calima* 185
*Dalla cupavia* 304
*Dalla cypselus* 468
*Dalla dividuum* 361
*Dalla dognini* 881
*Dalla eryonas* 812
*Dalla faula* 1182
*Dalla freemani* 437
*Dalla kemneri* 827
*Dalla lalage* 466
*Dalla lethaea* 962
*Dalla ligilla* 645
*Dalla mentor* 516
*Dalla nubes* 217
*Dalla plancus* 548
*Dalla ramirezi* 468
*Dalla steinhauseri* 1060
*Damalinia caprae* 465
*Damalinia ovis* 973
*Damas clavus* 1164
*Damaster blaptoides* 577
Danainae 716
*Danaus* 1115
*Danaus affinis* 676
*Danaus affinis alexis* 786
*Danaus affinis malayanus* 676
*Danaus chrysippus* 8
*Danaus chrysippus aegyptius* 1031

*Danaus chrysippus petilia* 640
*Danaus cleophile* 573
*Danaus dorippus* 345
*Danaus eresimus* 1023
*Danaus eresimus montezuma* 1023
*Danaus erippus* 1031
*Danaus genutia genutia* 274
*Danaus gilippus* 883
*Danaus gilippus berenice* 883
*Danaus gilippus strigosus* 705
*Danaus hamatus* 134
*Danaus ismare* 570
*Danaus limniace petiverana* 315
*Danaus melanippus* 274
*Danaus melanippus hegesippus* 120
*Danaus petilia* 640
*Danaus philene* 166
*Danaus plexippus plexippus* 716
*Danima banksiae* 73
*Danis cyanea* 1093
*Danis danis* 613
*Danis hymetus* 1005
*Daphnephila machilicola* 670
*Daphnis hypothous* 527
*Daphnis nerii* 775
*Darapsa choerilus* 60
*Darapsa myron* 1165
*Darapsa pholus* 60
*Darapsa versicolor* 557
*Darasana perimuta* 1235
*Dardarina dardaris* 315
*Dargida procincta* 776
*Darna nararia* 438
*Darna pallivitta* 746
*Darpa hanria* 519
*Dascillus davidsoni* 325
*Dasineura* 628
*Dasineura affinis* 1163
*Dasineura alopecuri* 435
*Dasineura alpestris* 40
*Dasineura banksiae* 73
*Dasineura brassicae* 178
*Dasineura communis* 683
*Dasineura crataegi* 528
*Dasineura dactylidis* 244
*Dasineura ezomatsue* 1052
*Dasineura fraxini* 48
*Dasineura glechomae* 513
*Dasineura gleditchiae* 545
*Dasineura ignorata* 14
*Dasineura laricis* 606
*Dasineura leguminicola* 239
*Dasineura mali* 36
*Dasineura mangiferae* 679
*Dasineura medicaginis* 14
*Dasineura nipponica* 606
*Dasineura oxycoccana* 135
*Dasineura papaveris* 864
*Dasineura pellex* 47
*Dasineura piceae* 1053
*Dasineura plicatrix* 122
*Dasineura pyri* 822
*Dasineura rhodophaga* 927
*Dasineura ribicola* 475
*Dasineura rosarum* 928
*Dasineura salicis* 944
*Dasineura sampaina* 105
*Dasineura swainei* 1052
*Dasineura tetensi* 105
*Dasineura tiliamvolvens* 647
*Dasineura tortrix* 854
*Dasineura trifolii* 238
*Dasineura viciae* 1160
*Dasineura wistariae* 1222
*Dasycera oliviella* 777
Dasyceridae 714
*Dasychira cinnamomea* 226
*Dasychira dorsipennata* 524
*Dasychira leucophaea* 844
*Dasychira manto* 682

*Dasychira mendosa* 1100
*Dasychira meridionalis* 1033
*Dasychira obliquata* 1068
*Dasychira pinicola* 844
*Dasychira plagiata* 844
*Dasychira pudibunda* 907
*Dasychira pyrosoma* 411
*Dasychira vagans* 511
*Dasyfidonia avuncularia* 909
*Dasygaster padockina* 1097
*Dasygnathus dejeani* 900
*Dasylepida ishigakiensis* 1200
*Dasylophia anguina* 27
*Dasylophia thyatiroides* 487
*Dasymutilla* 1157
*Dasymutilla aureola* 474
*Dasymutilla coccineohirta* 899
*Dasymutilla gloriosa* 464
*Dasymutilla magnifica* 909
*Dasymutilla occidentalis* 259
*Dasymutilla sackenii* 1189
*Dasynus fuscescens* 441
*Dasyophthalma rusina* 571
*Dasyphora cyanella* 497
*Dasypoda altercator* 520
*Dasypoda hirtipes* 520
*Dasypoda plumipes* 520
*Dasypodia cymatodes* 754
*Dasypodia selenophora* 1031
*Dasypolia* 1176
*Dasypolia templi* 150
*Dasypsyllus gallinulae* 718
*Dasystoma salicella* 930
Dasytidae 325
*Dasytoma salicella* 135
*Datana angusii* 27
*Datana contracta* 281
*Datana drexelii* 352
*Datana integerrima* 1169
*Datana major* 59
*Datana ministra* 1241
*Datana perspicua* 1046
*Datana ranaeceps* 865
*Datanoides fasciatus* 1006
*Daulia magdalena* 463
*Davara caricae* 813
*Decadarchis flavistriata* 1077
*Decantha boreasella* 913
*Decinea decinea huasteca* 554
*Decinea lucifer* 665
*Decinea mustea* 735
*Decinea percosius* 349
*Decinea rindgei* 921
*Declana atronivea* 643
*Declana egregia* 1028
*Declana floccosa* 266
*Declana junctilinea* 320
*Declana leptomera* 1048
Decticinae 975
*Decticita balli* 64
*Decticita brevicauda* 979
*Decticita yosemite* 1250
*Decticus verrucivorus* 1171
*Deidamia inscripta* 641
*Deilephila askoldensis* 1013
*Deilephila elpenor lewisii* 375
*Deilephila elpenor* 375
*Deilephila hippophaes* 965
*Deilephila porcellus* 1002
*Deileptenia ribeata* 951
*Deinacrida* 1190
*Deinacrida carinata* 536
*Deinacrida connectens* 964
*Deinacrida elegans* 136
*Deinacrida fallai* 861
*Deinacrida heteracantha* 1190
*Deinacrida mahoenui* 673
*Deinacrida parva* 590
*Deinacrida pluvialis* 728
*Deinacrida rugosa* 281

*Deinacrida talpa* 456
*Deinacrida tibiospina* 744
*Deinocerites cancer* 292
*Delia arambourgi* 76
*Delia brunnescens* 194
*Delia cardui* 194
*Delia echinata* 194
*Delia floralis* 179, 966
*Delia montana* 1191
*Delia planipalpis* 886
*Delia platura* 82
*Delia radicum* 179
*Delia urbana* 291
*Delias* 584
*Delias acalis* 895
*Delias aganippe* 1225
*Delias agostina* 1238
*Delias argenthona* 960
*Delias aruna* 471
*Delias aruna inferna* 782
*Delias belladonna* 541
*Delias berinda* 319
*Delias descombesi* 905
*Delias ennia* 1233
*Delias ennia nigidius* 749
*Delias eucharis* 265
*Delias harpalyce* 561
*Delias hyparete* 801
*Delias hyparete metarete* 801
*Delias kuhni* 599
*Delias mysis* 1148
*Delias nigrina* 265
*Delias ninus ninus* 677
*Delias nysa* 761
*Delias pasithoe* 894
*Delias pasithoe parthenope* 894
*Delias rosenbergi* 930
*Delias sanaca* 804
*Deloneura immaculata* 669
*Deloneura millari* 709
*Deloyala guttata* 724
Delphacidae 852
*Delphastus dejavu* 1199
*Delphinia picta* 835
*Delphinobium junackianum* 717
*Delta campaniformis campaniformis* 1232
*Delta latreillei petiolaris* 786
*Delta pyriformis philippinensis* 114
Deltocephalinae 630
*Deltochilum* 1134
*Deltote bankiana* 984
*Deltote bellicula* 138
*Deltote uncula* 986
*Demimaea fascicularis* 112
*Demonax notabilis* 1246
*Demonax transilis* 1041
*Dendrobias mandibularis* 550
*Dendroctonus adjunctus* 932
*Dendroctonus approximatus* 705
*Dendroctonus armandi* 221
*Dendroctonus brevicornis* 1186
*Dendroctonus frontalis* 1031
*Dendroctonus jeffreyi* 727
*Dendroctonus micans* 393
*Dendroctonus murrayanae* 655
*Dendroctonus ponderosae* 727
*Dendroctonus pseudotsugae* 350
*Dendroctonus punctatus* 15
*Dendroctonus rufipennis* 1052
*Dendroctonus simplex* 367
*Dendroctonus terebrans* 120
*Dendroctonus valens* 908
*Dendroides bicolor* 416
*Dendroides concolor* 416
*Dendroleon obsoletus* 1050
*Dendrolimus pini* 844
*Dendrolimus punctatus* 839
*Dendrolimus sibiricus* 981
*Dendrolimus spectabilis* 841
*Dendrolimus superans* 533

*Dendrothrips ornatus* 872
*Deporaus betulae* 811
*Deporaus mannerheimi* 681
*Deporaus tristis* 684
*Deporaus unicolor* 1006
*Depressaria* 419
*Depressaria albipuncta* 936
*Depressaria badiella* 158
*Depressaria chaerophyllella* 640
*Depressaria culcitella* 629
*Depressaria daucella* 197
*Depressaria depressana* 137
*Depressaria heracliana* 815
*Depressaria nervosa* 197
*Depressaria pastinacella* 815
*Depressaria pimpinellae* 769
*Depressaria pulcherrimella* 870
*Depressaria ultimella* 550
*Depressaria weirella* 493
*Deraecoris ruber* 31
*Deraeocoris ater* 731
*Deraeocoris signatus* 165
Derbidae 331
*Dercas* 1081
*Dercas lycorias* 851
*Dercas verhuelli* 1094
*Dere thoracica* 416
*Derephysia foliacea* 571
Dermaptera 364
*Dermatobia hominis* 555
*Dermatoxenus caesicollis* 1146
*Dermestes* 540
*Dermestes ater* 111
*Dermestes carnivorus* 637
*Dermestes frischii* 438
*Dermestes haemorrhoidalis* 111
*Dermestes lardarius* 608
*Dermestes maculatus* 540
*Dermestes marmoratus* 257
*Dermestes peruvianus* 832
*Dermestes tessellatocollis* 910
*Dermestes vorax* 444
Dermestidae 608
*Dermolepida albohirtum* 508
*Derobrachus geminatus* 811
*Derocephalus anusticollis* 68
*Derocrepis erythropus* 901
*Derocrepis rufipes* 901
Derodontidae 1121
*Deroplatys desicata* 326, 454
*Deroplatys lobata* 677
*Derotmema haydeni* 529
*Descoreba simplex* 768
*Desiantha caudata* 1041
*Desiantha diversipes* 1050
*Desmeocraera latex* 776
*Desmia deploralis* 331
*Desmia funeralis* 480
*Desmia ploralis* 728
*Desmocerus californicus dimorphus* 1151
*Desmocerus palliatus* 374
*Detritivora cleonus* 234
*Detritivora hermodora* 536
*Deudorix* 285
*Deudorix antalus* 164
*Deudorix camerona* 133
*Deudorix cleora* 710
*Deudorix democles* 1208
*Deudorix dinochares* 39
*Deudorix diocles* 780
*Deudorix diovis* 148
*Deudorix ecaudata* 1149
*Deudorix epijarbas* 285
*Deudorix epijarbas cinnabarus* 285
*Deudorix epirus* 128
*Deudorix gaetulia* 51
*Deudorix hypargyria* 957
*Deudorix isocrates* 263
*Deudorix jacksoni* 572
*Deudorix kayonza* 401

*Deudorix livia* 859
*Deudorix loriscana* 248
*Deudorix odana* 565
*Deudorix otraeda* 110
*Deudorix penningtoni* 828
*Deudorix perse* 613
*Deudorix smilis* 871
*Deudorix suk* 1080
*Deudorix vansomereni* 1152
*Deudorix vansoni* 1152
*Deuterocopus albipunctatus* 1165
Deuterophlebiidae 727
Dexiidae 335
*Diabrotica balteata* 70
*Diabrotica barberi* 754
*Diabrotica longicornis* 754
*Diabrotica speciosa* 335
*Diabrotica undecimpunctata* 1138
*Diabrotica undecimpunctata howardi* 1138
*Diabrotica virgifera* 1184
*Diabrotica virgifera zeae* 704, 1184
*Diabrotica viridula* 1184
*Diachlorus ferrugatus* 1236
*Diachrysia aereoides* 322
*Diachrysia bailuca* 502
*Diachrysia chrysitis* 174
*Diachrysia chryson* 957
*Diachrysia leonina* 1156
*Diachrysia nadeja* 829
*Diachus auratus* 155
*Diacme adipaloides* 324
*Diacme elealis* 808
*Diacme mopsalis* 719
*Diacrisia sannio* 237
*Diacrisia virginica* 1165
*Diadoxus erythrurus* 1001
*Diadoxus regius* 310
*Diaethria anna* 373
*Diaethria anna mixteca* 373
*Diaethria anna salvadorensis* 373
*Diaethria astala astala* 52
*Diaethria astala asteroide* 52
*Diaethria bacchis* 1204
*Diaethria clymena* 373
*Diaethria euclides* 623
*Diaethria neglecta* 373
*Diaethria pandama* 780
*Diaeus variegata* 1156
*Diaeus varna* 187
*Dialecticopteryx australica* 412
*Dialeurodes chittendeni* 915
*Dialeurodes citri* 231
*Dialeurodes citricola* 231
*Dialeurodes citrifolii* 231
*Dialeurodes elongata* 378
*Dialeurodes kirkaldyi* 596
*Dialineura anilis* 1089
*Diamanus montanus* 513
*Diamma bicolor* 127
*Dianemobius taprobanensis* 625
*Dianthaecia compta* 957
*Dianthidium* 692
*Diaonidia yabunikkei* 226
*Diaphania bivitralis* 303
*Diaphania hyalinata* 701
*Diaphania indica* 287
*Diaphania nitidalis* 835
*Diapheromera* 1168
*Diapheromera arizonensis* 44
*Diapheromera femorata* 1167
*Diaphnocoris chlorionis* 545
*Diaphonia dorsalis* 291
*Diaphora mendica* 734
*Diaphorina citri* 230
*Diaprepes* 1078
*Diaprepes abbreviatus* 1078
*Diaprepes esuriens* 1179
*Diaprepes excavatus* 1179
*Diaprepes sprengleri* 1179
Diapriidae 336

*Diapus aculeatus* 1041
*Diapus pusillimus* 1169
*Diarsia brunnea* 877
*Diarsia dahlii* 77
*Diarsia florida* 407
*Diarsia intermixta* 216
*Diarsia mendica* 566
*Diarsia rubi* 1010
*Diarsia rubifera* 897
*Diarthronomyia chrysanthemi* 224
*Diarthronomyia hypogaea* 224
*Diarthrothrips coffeae* 6
*Diasemia litterata* 641
Diaspididae 45
*Diaspidiotus ancylus* 881
*Diaspidiotus osborni* 794
*Diaspidiotus uvae* 481
*Diaspis boisduvalii* 788
*Diaspis bromeliae* 845
*Diaspis echinocacti* 181
Diastatidae 336
*Diastema tigris* 605
*Diastictis argyralis* 1208
*Diastictis fracturalis* 436
*Diastictis ventralis* 1207
*Diathrausta harlequinalis* 524
*Diathrausta reconditalis* 892
*Diatraea centrella* 1237
*Diatraea crambidoides* 1029
*Diatraea grandiosella* 1184
*Diatraea lineolata* 1029
*Diatraea saccharalis* 1077
*Dicallomera fascelina* 322
*Dicerca divaricata* 341
*Dicerca furcato aino* 1144
*Diceroprocta apache* 31
*Dichelonyx* 497
*Dichelonyx backi* 503
*Dichogama redtenbacheri* 191
*Dichomeris acuminata* 238
*Dichomeris aleatrix* 171
*Dichomeris bilobella* 95
*Dichomeris bolize* 461
*Dichomeris citrifoliella* 787
*Dichomeris copa* 282
*Dichomeris fasciella* 661
*Dichomeris flavocostella* 295
*Dichomeris ianthes* 14
*Dichomeris inserrata* 563
*Dichomeris juniperella* 588
*Dichomeris ligulella* 811
*Dichomeris marginella* 1196
*Dichomeris oceanis* 581
*Dichomeris ochripalpella* 976
*Dichomeris picrocarpa* 106
*Dichomeris punctidiscella* 1046
*Dichomeris punctipennella* 682
*Dichomeris siren* 630
*Dichomeris ustalella* 581
*Dichonia aprilina* 702
*Dichopetala* 980
*Dichopetala brevihastata* 271
*Dichopetala castanea* 216
*Dichopetala catinata* 1044
*Dichopetala emarginata* 379
*Dichopetala gladiator* 460
*Dichopetala oreoeca* 726
*Dichopetala pollicifera* 1112
*Dichopetala seeversi* 967
*Dichorda iridaria* 981
*Dichordophora phoenix* 834
*Dichorragia nesimachus nesiotes* 280
*Dichorragia nesseus rileyi* 921
*Dichromothrips corbetti* 1152
*Dichrorampha acuminatana* 973
*Dichrorampha alpinana* 572
*Dichrorampha consortana* 1215
*Dichrorampha gueneeana* 850
*Dichrorampha montanana* 1040
*Dichrorampha petiverella* 832

*Dichrorampha plumbagana* 626
*Dichrorampha sapodilla* 950
*Dichrorampha sedatana* 338
*Dichrorampha sequana* 985
*Dichrorampha simpliciana* 877
*Dichrorampha vancouverana* 1095
*Dicladispa armigera* 917
*Dicranolaius* 858
*Dicranolaius bellulus* 57
*Dictya umbroides* 1084
*Dictyestra dissecta* 1247
*Dictyonota strichnocera* 476
*Dictyophara europaea* 391
*Dictyophara nakanonis* 737
*Dictyophara patruelis* 659
Dictyopharidae 336
Dictyoptera 244
*Dictyotus caenosus* 164
*Dicya carnica* 194
*Dicya dicaea* 336
*Dicya lollia* 655
*Dicya lucagus* 664
*Dicycla oo* 530
*Dicymolomia julianalis* 586
Dicyrtomidae 336
*Didacus ciliatus* 385
*Didasys belae* 349
*Didugua argentilinea* 988
*Didymomyia tiliacea* 647
*Didymops* 90
*Didymops transversa* 1068
*Didymuria violescens* 1055
*Diedra cockerellana* 244
*Diestrammena japonica* 422
*Diestrammena marmorata* 575
*Digglesia australasiae* 1176
*Digitivalva perlepidella* 870
*Digrammia californiaria* 183
*Digrammia colorata* 296
*Digrammia continuata* 307
*Digrammia decorata* 328
*Digrammia eremiata* 1109
*Digrammia gnophosaria* 543
*Digrammia imparilata* 479
*Digrammia mellistrigata* 1240
*Digrammia neptaria* 316
*Digrammia ocellinata* 398
*Digrammia pictipennata* 479
*Digrammia sexpunctata* 992
*Dikraneura mollicula* 1112
*Dikrella californica* 122
Dilaridae 853
*Dilipa morgiana* 470
*Diloba caeruleocephala* 413
*Dilophus febrilis* 409
*Dilophus orbatus* 120
*Dilta littoralis* 530
Dimorphidae 1155
*Dina swanepoeli* 1086
*Dinacoma caseyi* 198
*Dinapate wrightii* 184
*Dindymus versicolor* 524
*Dineutus* 620
*Dingana alaedeus* 1167
*Dingana alticola* 894
*Dingana angusta* 738
*Dingana bowkeri* 143
*Dingana clara* 1222
*Dingana clarki* 231
*Dingana dingana* 338
*Dingana fraterna* 1062
*Dingana jerinae* 582
*Dingana kammanassiensis* 590
*Dinocampus coccinellae* 603
*Dinoderus* 998
*Dinodercus japonicus* 574, 580
*Dinoderus minutus* 66
*Dinoponera gigantea* 453
*Dinoptera collaris* 897
*Dinorhopala takahashii* 1094

*Dinumma deponens* 807
*Diocalandra frumenti* 811
*Diocalandra tahitense* 1092
*Dioctria atricapilla* 1162
*Dioctria baumbaueri* 1070
*Dioctria cothurnata* 959
*Dioctria linearis* 1012
*Dioctria oelandica* 783
*Dioctria rufipes* 270
*Diomus notescens* 714
*Dionconotus cruentatus* 781
*Dione glycera* 464
*Dione juno* 959
*Dione juno huascuma* 589
*Dione moneta* 706
*Dione moneta poeyii* 706
Diopsidae 1058
*Diopsis macrophthalma* 1058
*Diopsis tenuipes* 1058
*Diopsis thoracica* 1058
Dioptidae 765
*Dioryctria abietella* 841
*Dioryctria abietivorella* 395
*Dioryctria amatella* 1031
*Dioryctria auranticella* 860
*Dioryctria cambiicola* 1187
*Dioryctria clarioralis* 124
*Dioryctria disclusa* 1178
*Dioryctria ebeli* 1027
*Dioryctria merkeli* 654
*Dioryctria preyeri* 842
*Dioryctria pygmaeella* 63
*Dioryctria reniculelloides* 1053
*Dioryctria resinosella* 903
*Dioryctria splendidella* 1043
*Dioryctria sylvestrella* 843
*Dioryctria taedivorella* 638
*Dioryctria yatesi* 727
*Dioryctria zimmermani* 1255
*Diostrombus politus* 902
*Diotimana undulata* 547
*Diparopsis castanea* 895
*Diparopsis watersi* 895
*Diparopsis* 895
*Dipaustica epiastra* 1037
*Dipelicus optatus* 1078
*Diphthera festiva* 540
*Diphthera ludifica* 524
*Diphuncephala colaspidoides* 503
*Diphuncephala edwardsii* 504
*Diphyllaphis konarae* 1006
*Diphyllaphis quercus* 215
*Diplacodes* 829
*Diplacodes bipunctata* 1170
*Diplacodes haematodes* 961
*Diplacodes lefebvrii* 113
*Diplacodes luminans* 665
*Diplacodes nebulosa* 119
*Diplacodes pumila* 361
*Diplacodes trivialis* 208
*Dipleurina lacustrata* 1211
*Diplodoma herminata* 347
Diploglossata 533
*Diplolepis eglanteriae* 1017
*Diplolepis nervosa* 929, 1040
*Diplolepis radicum* 929
*Diplolepis rosae* 722
*Diplonychus japonicus* 580
*Diploptera dytiscoides* 89
*Diploptera punctata* 798
*Diploschema rotundicolle* 1132
*Diploschizia impigritella* 1241
*Diplosis mori* 731
*Diploxys fallax* 919
Diplura 382
*Dipogon calipterus* 1040
*Diprion* 842
*Diprion nipponicus* 842
*Diprion pini* 842
*Diprion similis* 567

Diprionidae 279
Dipsocoridae 586
Diptera 423
Dipteroidea 340
*Diptychophora auriscriptella* 986
*Diptychophora elaina* 1010
*Dira clytus* 190
*Dira jansei* 573
*Dira oxylus* 860
*Dircenna adina xannthophane* 4
*Dircenna dero* 331
*Dircenna jemina* 582
*Dircenna klugii* 597
*Diroxa pornia* 570
*Dirphya nigricornis* 785
*Dirphya princeps* 1237
*Discestra trifolii* 761
*Disclisioprocta stellata* 1024
*Discolampa ethion* 70
*Discolampa ethion thalimar* 70
Discolomidae 1130
*Discophora deo* 70
*Discophora lepida* 1029
*Discophora sondaica* 612
*Discophora sondaica despoliata* 259
*Discophora timora* 490
*Dismorphia amphione* 1114
*Dismorphia amphione isolda* 1114
*Dismorphia amphione lupita* 1114
*Dismorphia crisia* 353
*Dismorphia crisia alvarez* 353
*Dismorphia crisia virgo* 353
*Dismorphia eunoe chamula* 387
*Dismorphia eunoe eunoe* 387
*Dismorphia eunoe populuca* 387
*Dismorphia lelex* 632
*Dismorphia lua* 537
*Dismorphia lygdamis doris* 200
*Dismorphia lysis peruana* 313
*Dismorphia medora* 699
*Dismorphia spio* 521
*Dismorphia thermesia* 870
*Dismorphia theucharila* 1154
*Dismorphia theucharila fortunata* 233
*Dismorphia zaela* 1252
*Dismorphia zathoe* 1252
Dismorphiinae 710
*Disonycha triangularis* 1110
*Disonycha xanthomelas* 1040
*Dispar compacta* 78
*Disparia nigrofasciata* 749
*Disparoneura* 67
*Disparoneura ramajana* 888
*Dissosteira carolina* 195
*Dissosteira longipennis* 540
*Dissosteira pictipennis* 909
*Distantiella theobroma* 180
*Distenia graciis graciis* 378
*Ditula angustiorana* 441
*Diura bicaudata* 605
*Diuraphis noxia* 938
*Diuraphis tritici* 1189
Diurna 341
*Diurnea fagella* 687
*Diurnea phryganella* 760
*Divana diva* 341
Diversicornia 341
*Dixeia charina* 9
*Dixeia doxo* 9
*Dixeia doxo parva* 120
*Dixeia pigea* 29
*Dixeia spilleri* 1040
Dixidae 341
*Dizygomyza iridis* 568
*Doberes anticus* 317
*Doberes hewitsonius* 803
*Doberes sobrinus* 1181
*Dociostaurus moroccanus* 720
*Dodona* 876
*Dodona adonira* 1073

*Dodona dipoea* 639
*Dodona durga* 269
*Dodona egeon* 784
*Dodona egeon confluens* 784
*Dodona eugenes* 1094
*Dodona henrici* 1205
*Dodona ouida* 715
*Dodonidia helmsii* 430
*Dolba hyloeus* 99
*Dolbina exacta* 1014
*Dolbina tancrei* 922
*Dolbogene hartwegii* 525
*Dolerus ephippiatus* 1192
*Dolerus lewisi* 1192
*Dolerus similis japonicus* 400
*Doleschallia bisaltide* 56
*Doleschallia polibete* 56
*Dolicarthria punctalis* 658
Dolichoderinae 1096
*Dolichoderus bituberculatus* 105
*Dolichomia binodulalis* 846
*Dolichomia thymetusalis* 1054
*Dolichonabis limbatus* 690
*Dolichonabis lineatum* 911
*Dolichopoda* 658
Dolichopodidae 658
Dolichopodini 1131
*Dolichoprosopus yokoyamai* 88
Dolichopsyllidae 925
*Dolichovespula arenaria* 5
*Dolichovespula media* 697
*Dolichovespula norwegica* 759
*Dolichovespula saxonica* 954
*Dolichovespula saxonica nipponica* 954
*Dolichovespula sylvestris* 1126
*Dolichovespula* 656, 1249
*Dolichurus stantoni* 105
*Doloessa viridis* 503
*Donacaula longirostrallus* 656
*Donacaula mucronella* 960
*Donacaula roscidellus* 159
*Donacia* 40
*Donacia aquatica* 911
*Donacia palmata* 1173
*Donacia provostii* 919
*Donacia vulgaris* 911
Donaciinae 657
*Dophla evelina* 905
*Dophla evelina compta* 905
*Doraphis populi* 862
*Doratifera* 219
*Doratifera casta* 115
*Doratifera oxleyi* 800
*Doratifera quadriguttata* 433
*Doratifera vulnerans* 723
*Doratulina producta* 857
*Dorcus parallelipipedus* 640
*Dorcus parallelus* 30
*Dorelus harukawai* 974
*Dorocordulia libera* 886
*Doru aculeatum* 1041
*Dorycoris baccarum* 997
Dorylinae 45
*Dorylus* 942
*Dorylus gribodi* 6
*Dorylus laevigatus* 557
*Dorylus orientalis* 893
*Doryodes bistrialis* 348
*Doryodes spadaria* 355
*Dorysthenes hugelii* 38
*Dorytomus roelofsi* 806
*Doticus pestilens* 352
Douglasiidae 350
*Dovania poeccila* 282
*Doxocopa agathina* 10
*Doxocopa callianira* 748
*Doxocopa cherubina* 130
*Doxocopa cyane* 308
*Doxocopa cyane mexicana* 704
*Doxocopa elis* 375

*Doxocopa laure* 624
*Doxocopa laure griseldis* 560
*Doxocopa laurentia* 1137
*Doxocopa laurentia cherubina* 214
*Doxocopa lavinia* 624
*Doxocopa linda* 647
*Doxocopa pavon* 817
*Doxocopa pavon theodora* 817
*Doxocopa zunilda* 407
*Drabescus nigrifemoratus* 689
*Drabescus ogumae* 773
*Dracotettix monstrosus* 351
*Draeculacephala* 1151
*Draeculacephala clypeata* 1175
*Draeculacephala minerva* 484
*Draeculacephala mollipes* 1175
*Drasteria* 404
*Drasteria adumbrata* 971
*Drasteria edwardsii* 370
*Drasteria fumosa* 1016
*Drasteria grandirena* 491
*Drasteria graphica* 482
*Drasteria hudsonica* 753
*Drasteria inepta* 566
*Drasteria occulta* 770
*Drasteria perplexa* 831
*Drasteria petricola* 650
*Drasteria tejonica* 332
*Drepana arcuata* 41
*Drepana bilineata* 1142
*Drepana binaria* 764
*Drepana cultraria* 77
*Drepana curvatula* 360
*Drepana falcataria* 825
*Drepana glaucata* 763
*Drepana lacertinaria* 955
*Drepanacra binocula* 546
*Drepanaphis acerifoliae* 801
Drepanidae 546
Drepanosiphinae 352
*Drepanosiphum platanoidis* 1090
*Drepanosticta* 971
*Drepanosticta adami* 4
*Drepanosticta austeni* 55
*Drepanosticta brincki* 149
*Drepanosticta digna* 751
*Drepanosticta fraseri* 436
*Drepanosticta hilaris* 702
*Drepanosticta lankanensis* 353
*Drepanosticta montana* 1106
*Drepanosticta nietneri* 749
*Drepanosticta sinhalensis* 990
*Drepanosticta starmuehlneri* 1059
*Drepanosticta submontana* 141
*Drepanosticta subtropica* 135
*Drepanosticta tropica* 321
*Drepanosticta walli* 1168
*Drepanotermes* 526
*Drepanothrips reuteri* 481
*Drepanulatrix unicalcararia* 1055
*Drephalys dumeril* 355
*Drephalys oria* 789
*Drephalys oriander* 789
Drilidae 352
*Drina donina* 167
*Dromogomphus armatus* 1028
*Dromogomphus spinosus* 115
*Dromogomphus spoliatus* 418
*Drosicha contrahen* 696
*Drosicha corpulenta* 456
*Drosicha howardi* 554
*Drosicha pinicola* 840
*Drosicha stebbingi* 696
*Drosophila* 1162
*Drosophila funebris* 440
*Drosophila melanogaster* 859
*Drosophila punctipennis* 104
*Drosophila suzukii* 212
Drosophilidae 1162
*Drucina championi championi* 136

*Drupadia ravindra moorei* 269
*Drupadia rufotaenia rufotaenia* 882
*Drupadia theda* 321
*Drupadia theda thesmia* 321
*Dryadaula pactolia* 462
*Dryadaula terpsichorella* 315
*Dryadula phaetusa* 72
*Dryas iulia* 586
*Dryas iulia moderata* 586
Dryinidae 838
*Drymaplaneta communis* 271
*Drymaplaneta semivitta* 460
*Drymonia dodonaea* 686
*Drymonia dodonides* 165
*Drymonia ruficornis* 665
*Dryobota labecula* 766
*Dryobotodes eremita* 149
*Dryobotodes protea* 149
*Dryocampa rubicunda* 1072
*Dryococelus australis* 662
*Dryocoetes autographus* 1054
*Dryocoetes betulae* 96
*Dryocoetes confusus* 1182
*Dryocoetes picipennis* 2
*Dryocoetes rugicollis* 933
*Dryocoetes striatus* 414
*Dryocosmus kuriphilus* 215
*Dryocosmus minusculus* 876
Dryomyzidae 354
Dryopidae 660
*Dubiella fiscella belpa* 1246
*Ducetia japonica* 62
Dudgeoneidae 354
*Dudua aprobola* 629
*Duomitus ceramicus* 619
*Duplaspidiotus claviger* 187
*Duponchelia fovealis* 396
*Durbania amakosa* 17
*Durbania limbata* 741
*Durbaniella clarki* 231
*Durbaniopsis saga* 139
*Dymasia chara* 210
*Dymasia dymas* 361
*Dynamine agacles* 313
*Dynamine arene* 42
*Dynamine artemisia* 46
*Dynamine ate* 652
*Dynamine athemon* 396
*Dynamine chryseis* 1106
*Dynamine dyonis* 361
*Dynamine gisella* 460
*Dynamine ines* 466
*Dynamine mylitta* 735
*Dynamine postverta* 433
*Dynamine postverta mexicana* 706
*Dynamine sara* 950
*Dynamine setabis* 350
*Dynamine sosthenes* 538
*Dynamine theseus* 1206
*Dynamine tithia salpensa* 945
*Dynaspidiotus abietis* 534
*Dynaspidiotus britannicus* 80
*Dynaspidiotus degeneratus* 329
*Dynaspidiotus palmae* 1130
*Dynastes* 914
*Dynastes granti* 1034
*Dynastes hercules* 536
*Dynastes tityus* 1148
Dynastinae 536
*Dynastor darius stygianus* 315
*Dynastor macrosiris* 106
*Dynastor macrosiris strix* 498
*Dynastor napoleon* 146
*Dypterygia rozmani* 20
*Dypterygia scabriuscula* 98
*Dysaphis apiifolia* 528
*Dysaphis aucupariae* 1215
*Dysaphis bonomii* 830
*Dysaphis brancoi* 39
*Dysaphis chaerophylli* 34

*Dysaphis crataegi* 528
*Dysaphis devecta* 930
*Dysaphis foeniculus* 408
*Dysaphis lappae* 1107
*Dysaphis petroselini* 528
*Dysaphis plantaginea* 930
*Dysaphis pyri* 86
*Dysaphis radicola* 35
*Dysaphis reaumuri* 629
*Dysaphis rumecicola* 937
*Dysaphis sorbi* 934
*Dysaphis tulipae* 1134
*Dysaulacorthum anthrisci* 435
*Dysaulacorthum antirrhini* 435
*Dysauxes ancilla* 523
*Dyscerus gigas* 382
*Dyscerus insularis* 943
*Dyscerus shikokuensis* 39
*Dyscia fagaria* 511
*Dyscophellus ethyras* 669
*Dyscophellus euribates* 388
*Dyscophellus nicephorus* 1143
*Dyscophellus phraxanor lama* 95
*Dyscophellus porcius* 18
*Dyscophellus ramusis ramon* 808
*Dysdercus* 897
*Dysdercus andreae* 289
*Dysdercus cardinalis* 897
*Dysdercus cingulatus* 287
*Dysdercus longirostris* 289
*Dysdercus mimulus* 43
*Dysdercus poecilus* 1001
*Dysdercus sidae* 289
*Dysdercus suturellus* 289, 897
*Dysgonia algira* 816
*Dysmachus trigonus* 405
*Dysmicoccus boninsis* 511
*Dysmicoccus brevipes* 845
*Dysmicoccus neobrevipes* 487
*Dysmicoccus wistariae* 822
*Dysmicohermes* 342
*Dysmilichia gemella* 1044
*Dysodia oculatana* 397
*Dysphania cuprina* 282
*Dyspteris abortivaria* 62
*Dyspyralis illocata* 1165
*Dyspyralis puncticosta* 1044
*Dysschema howardi* 755
*Dysstroma citratum* 320
*Dysstroma formosa* 431
*Dysstroma hersiliata* 780
*Dysstroma truncata fusconebulosa* 1217
*Dysstroma walkerata* 784
*Dystebenna stephensi* 1111
Dytiscidae 341
*Dytiscus* 341
*Dytiscus dauricus* 401
*Dytiscus marginalis* 1172
*Dytiscus marginicollis* 455
*Dytiscus sharpi* 972

## E

*Eacles imperialis* 561
*Eacles imperialis pini* 561
*Eacles magnifica* 497
*Eacles oslari* 794
*Eagris nottoana* 937
*Eagris subalbida* 221
*Eagris tetrastigma* 107
*Eagris tigris* 1188
*Eana osseana* 363
*Eana penziana* 723
*Eantis minna* 1158
*Eantis tamenund* 757
*Eantis thraso* 1032
*Earias* 1042
*Earias biplaga* 1042
*Earias clorana* 295

*Earias cupreoviridis* 1046
*Earias huegeliana* 931
*Earias insulana* 372
*Earias perhuegeli* 931
*Earias pudicana* 897
*Earias roseifera* 60
*Earias vittella* 1045
*Ebrietas anacreon* 685
*Ebrietas elaudia livius* 850
*Ebrietas evanidus* 137
*Ebrietas osyris* 1242
*Ebrietas sappho* 950
*Ebulea crocealis* 1007
*Eburia quadrigeminata* 571
*Ebusus ebusus nigrior* 370
*Ecacanthothrips inarmatus* 575
*Ecdyonurus dispar* 58
*Ecdyonurus insignis* 613
*Ecdyonurus torrentis* 609
*Ecdyonurus venosus* 402
*Ecdytolopha insiticiana* 654
*Echidnophaga gallinacea* 1062
*Echidnophaga myrmecobii* 898
*Echidnophaga perilis* 886
*Echinargus huntingtoni hannoides* 556
*Echinocnemus oryzae* 919
*Echinocnemus squameus* 916
Echinophthiridae 1043
*Echinophthirius horridus* 966
*Echmepteryx* 956
*Echmepteryx hageni* 956
*Echnolagria grandis* 545
*Echthromorpha intricatoria* 295
*Echydna punctata* 1059
*Eciton* 632
*Eciton hamatum* 353
*Ecliptopera atricolorata* 315
*Ecliptopera silaceata* 1008
*Ecliptopera silaceata leuca* 1008
*Ecliptopera umbrosaria* 575
*Ecnolagria grandis* 159
*Ecpantheria scribonia* 491
*Ecrizothis inaequalis* 476
*Ectatomma tuberculatum* 515
*Ectemius continuus* 383
*Ectima erycinoides* 755
*Ectima lirides* 649
*Ectima thecla* 1105
*Ectinohoplia obducta* 1013
*Ectinus dahuricus persimilis* 610
*Ectinus sericeus* 1192
*Ection* 45
*Ection burchellii* 370
Ectioninae 45
Ectobiidae 370
*Ectobius lapponicus* 1097
*Ectobius lucidus* 1097
*Ectobius pallidus* 1097
*Ectobius panzeri* 636
*Ectobius sylvestris* 428
*Ectoedemia agrimoniae* 103
*Ectoedemia angulifasciella* 26
*Ectoedemia atricollis* 77
*Ectoedemia lindguisti* 999
*Ectoedemia minimella* 1225
*Ectoedemia occultella* 608
*Ectoedemia ochrefasciella* 523
*Ectoedemia populella* 51
*Ectoedemia rubivora* 103
*Ectoedemia sericopeza* 759
*Ectoedemia subbimaculella* 1048
Ectognatha 255
*Ectometopterus micantulus* 576
*Ectomyelois ceratoniae* 654
*Ectomyelois decolor* 193
Ectopsocidae 795
*Ectopsocus briggsi* 147
*Ectopsocus californicus* 798
*Ectopsocus maindroni* 553
*Ectopsocus strauchi* 1065

*Ectropis bistortata* 382
*Ectropis biundulata* 382
*Ectropis crepuscularia* 1002
*Ectropis excellens* 610
*Ectropis excursaria* 1139
*Ectropis obliqua* 35
*Ectypia bivittata* 1140
*Ectypia clio* 235
*Edessa rufomarginata* 895
*Edwardsiana australis* 37
*Edwardsiana crataegi* 37
*Edwardsiana flavescens* 1004
*Edwardsiana nigriloba* 1090
*Edwardsiana rosae* 928
*Edwardsina gigantea* 458
*Eetion elia* 1207
*Efferia* 270
*Efferia pogonias* 83
*Egira conspicillaris* 985
*Egira perlubens* 167
*Eguria ornata* 1248
*Eichlerella vulpis* 435
*Eicochrysops hippocrates* 1211
*Eicochrysops masai* 691
*Eicochrysops messapus* 304
*Eicochrysops messapus nandiana* 304
*Eicochrysops rogersi* 926
*Eidoleon wilsoni* 526
*Eidophasia messingiella* 99
*Eidophelus imitans* 215
*Eilema* 428
*Eilema bicolor* 93
*Eilema caniola* 542
*Eilema complana* 957
*Eilema depressa* 170
*Eilema depressa pavescens* 170
*Eilema griseola* 338
*Eilema griseola aegrota* 338, 1238
*Eilema lurideola* 261
*Eilema lutarella* 836
*Eilema pygmaeola* 836
*Eilema sericea* 755
*Eilema sororcula* 782
*Eilicrinia wehrlii* 363
*Eirenephilus longipennis* 661
*Elacatis fasciatus* 1031
*Elachista adscitella* 699
*Elachista albifrontella* 986
*Elachista argentella* 1086
*Elachista atricomella* 109
*Elachista bedellella* 350
*Elachista biatomella* 1140
*Elachista canapennella* 42
*Elachista cerusella* 1128
*Elachista dispunctella* 1109
*Elachista gangabella* 70
*Elachista geminatella* 752
*Elachista gleichenella* 462
*Elachista luticomella* 942
*Elachista megerlella* 699
*Elachista regificella* 1224
*Elachista rufocinerea* 895
*Elachista saccharella* 1078
*Elachista triatomea* 1124
*Elachista unifasciella* 11
Elachistidae 484
*Elaphidion spinicorne* 1041
*Elaphidionoides* 1139
*Elaphidionoides mucronatus* 1043
*Elaphidionoides villosus* 1139
*Elaphria grata* 486
*Elaphria nucicolora* 1078
*Elaphria venustula* 931
Elaphrini 138
*Elaphrus viridis* 330
Elasmidae 373
*Elasmolomus sordidus* 820
*Elasmopalpus lignosellus* 636
*Elasmostethus humeralis* 903
*Elasmostethus interstinctus* 97

*Elasmucha ferrugata* 122
*Elasmucha grisea* 814
*Elater sanguineus* 896
Elateridae 234
*Elatobium abietinum* 1052
*Elatobium momii* 580
*Elattoneura* 1108
*Elattoneura bigemmata* 1143
*Elattoneura caesia* 587
*Elattoneura centralis* 318
*Elattoneura frenulata* 1025
*Elattoneura glauca* 274
*Elattoneura leucostigma* 1017
*Elattoneura tenax* 907
*Elbella miodesmiata* 923
*Elbella patrobas mexicana* 817
*Elbella scylla* 965
*Elcysma westwoodii* 1093
*Eldana saccharina* 1079
*Electrogena affinis* 960
*Electrogena lateralis* 360
*Electrophaes corylata* 154
*Electrostrymon angelia* 25
*Electrostrymon canus* 735
*Electrostrymon endymion* 381
*Electrostrymon hugon* 936
*Electrostrymon joya* 735
*Electrostrymon mathewi* 693
*Electrostrymon sangala* 936
Elenchidae 374
*Eleodes* 775
*Eleodes armata* 45
*Eleodes dentipes* 331
*Eleodes opaca* 404
*Eleodes osculans* 1227
*Eligma narcissus* 1125
*Elimaea punctifera* 740
*Elixothrips brevisetis* 921
*Elkalyce argiades* 1093
*Elkalyce kala* 105
*Ellida caniplaga* 648
*Ellipes minuta* 1014
*Ellychnia* 416
*Ellychnia californica* 1185
Elmidae 920
*Elodina angulipennis* 268
*Elodina claudia* 191
*Elodina padusa* 740
*Elodina parthia* 208
*Elodina perdita* 756
*Elodina queenslandica* 462
*Elodina walkeri* 1008
*Elophila fenguhanalis* 919
*Elophila gyralis* 1175
*Elophila icciusalis* 860
*Elophila interuptalis* 1175
*Elophila nebulosalis* 743
*Elphinstonia penia* 367
*Elvia glaucata* 643
*Elymnias* 811
*Elymnias agondas* 811
*Elymnias caudata* 1027
*Elymnias cottonis* 24
*Elymnias hewitsoni* 538
*Elymnias hypermnestra* 268
*Elymnias hypermnestra agina* 268
*Elymnias malelas* 1048
*Elymnias nesaea* 1114
*Elymnias nesaea lioneli* 1114
*Elymnias panthera* 1098
*Elymnias patna* 136
*Elymnias pealii* 820
*Elymnias penanga* 857
*Elymnias singhala* 207
*Elymnias vasudeva* 584
*Elymniopsis bammakoo* 8
*Elytroteinus subtruncatus* 413
*Elzunia humboldt* 555
*Elzunia pavonii* 934
*Ematurga amitaria* 294

*Ematurga atomaria* 263
Embioptera 1178
Embolemidae 379
*Emerinthus saliceti* 944
*Emesaya brevipennis* 1108
Emesinae 1108
*Emesis ares* 42
*Emesis arnacis* 706
*Emesis aurimna* 1208
*Emesis brimo progne* 983
*Emesis cerea* 1036
*Emesis cypria* 780
*Emesis cypria paphia* 785
*Emesis emesia* 307
*Emesis eurydice* 509
*Emesis fastidiosa* 1203
*Emesis fatimella* 751
*Emesis lacrines* 602
*Emesis liodes* 649
*Emesis lupina* 772
*Emesis mandana* 1153
*Emesis mandana furor* 490
*Emesis ocypore* 338
*Emesis ocypore aethalia* 318
*Emesis orichalceus* 1061
*Emesis poeas* 1107
*Emesis saturata* 768
*Emesis tegula* 318
*Emesis temesa* 1024
*Emesis tenedia* 399
*Emesis toltec* 1119
*Emesis vimena* 962
*Emesis vulpina* 803
*Emesis zela* 1253
*Emmelia sulphuralis* 1049
*Emmelia trabealis* 1244
*Emmelina jezonica* 95
*Emmelina monodactyla* 269
*Emphytus maculatus* 1066
*Empicoris* 658
*Empicoris rubromaculatus* 1108
*Empicoris vagabundus* 1108
Empididae 658
*Empis borealis* 755
*Empis livida* 380
*Empis tesselata* 314
*Empoasca* 287
*Empoasca abietis* 841
*Empoasca abrupta* 1187
*Empoasca decipiens* 501
*Empoasca fabae* 865
*Empoasca flavescens* 500
*Empoasca kraemeri* 82
*Empoasca maligna* 37
*Empoasca onukii* 1099
*Empoasca pallidifrons* 461
*Empoasca smaragdulus* 1217
*Empoasca smithi* 229
*Empoasca solana* 1030
*Empoasca stephensi* 1061
*Empoasca vitis* 401
*Empoascanara limbata* 1013
*Emporia melanobasis* 586
*Empria tridens* 891
*Empyreuma affinis* 1048
*Empyreuma pugione* 1048
*Emus hirtus* 933
*Enallagma* 136
*Enallagma anna* 922
*Enallagma annexum* 753
*Enallagma antennatum* 887
*Enallagma aspersum* 60
*Enallagma basidens* 349
*Enallagma boreale* 142
*Enallagma carunculatum* 1134
*Enallagma civile* 128
*Enallagma clausum* 15
*Enallagma coecum* 877
*Enallagma concisum* 212
*Enallagma cyathigera* 255

*Enallagma daeckii* 53
*Enallagma davisi* 948
*Enallagma deserti* 332
*Enallagma divagans* 1137
*Enallagma doubledayi* 53
*Enallagma dubium* 173
*Enallagma durum* 94
*Enallagma ebrium* 255
*Enallagma eiseni* 63
*Enallagma exsulans* 1068
*Enallagma geminatum* 993
*Enallagma hageni* 519
*Enallagma laterale* 747
*Enallagma minusculum* 651
*Enallagma pallidum* 802
*Enallagma parvum* 60
*Enallagma pictum* 960
*Enallagma pollutum* 423
*Enallagma praevarum* 46
*Enallagma recurvatum* 839
*Enallagma semicirculare* 232
*Enallagma signatum* 781
*Enallagma sulcatum* 469
*Enallagma traviatum* 995
*Enallagma truncatum* 301
*Enallagma vernale* 1159
*Enallagma vesperum* 1159
*Enallagma weewa* 121
*Enallgama novaehispaniae* 744
*Enantia albania* 287
*Enantia jethys* 583
*Enantia lina* 267
*Enantia lina marion* 267
*Enantia lina virna* 267
*Enantia mazai diazi* 326
*Enantia mazai mazai* 326
*Enantia melite* 700
*Enaphalodes niveitectus* 76
*Enaphalodes rufulus* 903
*Enargia decolor* 803
*Enargia fissipuncta* 339
*Enargia infumata* 1016
*Enargia paleacea* 26
*Enarmonia conversana* 239
*Enarmonia formosana* 212
*Enarmonia interstinctana* 239
*Encarsia formosa* 507
*Encarsia perniciosi* 904
*Enchenopa binotata* 1142
*Enchophora sanguinea* 605
*Encoptolophus costalis* 358
*Encyclops coerulea* 762
Encyrtidae 381, 394
*Endelomyia aethiops* 929
Enderleinellidae 1056
*Enderleinellus nitzschi* 932
*Endochironomus nymphaea* 1175
*Endoclita excrescens* 1089
*Endoclita sinensis* 481
Endomychidae 523
*Endopiza viteana* 479
*Endothenia albolineana* 1054
*Endothenia gentianaeana* 1101
*Endothenia hebesana* 1159
*Endothenia menthivora* 712
*Endothenia nigricostana* 107
*Endothenia oblongana* 621
*Endothenia pullana* 316
*Endothenia quadrimaculana* 126
*Endothenia ustulana* 963
*Endotricha flammealis* 930
*Endotricha icelusalis* 175
*Endoxyla leucomochla* 1222
*Endria inimica* 801
Endromidae 464
*Endromis versicolora* 593
*Endropiodes abjectus* 1132
Endrosidae 381
*Endrosis sarcitrella* 1207
*Endryas unio* 825

Eneopterinae 175
*Enesima leucotaeniella* 76
*Engytatus nicotianae* 1120
Enicocephalidae 465
*Enicostoma lobella* 1112
*Enigmogramma basigera* 847
*Enispa leucosticta* 1198
*Enispe cycnus* 128
*Enispe euthymius* 896
Ennominae 1107
*Ennomos alniaria* 189
*Ennomos autumnaria* 619
*Ennomos autumnaria intermedia* 619
*Ennomos autumnaria nephotropa* 619
*Ennomos erosaria* 288
*Ennomos fuscantaria* 359
*Ennomos quercaria* 237
*Ennomos quercinaria* 54
*Ennomos subsignaria* 377
*Ennomus margnarius* 684
*Enoclerus lecontei* 102
*Enoclerus rosmarus* 210
*Enodia anthedon* 824
*Enodia creola* 296
*Enodia portlandia* 824
*Enos falerina* 399
*Enos thara* 1105
*Enosis achelous* 409
*Enosis immaculata immaculata* 560
*Enosis matheri* 693
Ensifera 175
*Ensina sonchi* 1024
*Entephria caesiata* 510
*Entephria caesiata nebulosa* 510
*Entephria flavicinctata* 1242
*Entheus crux* 704
*Entheus matho matho* 454
Entiminae 153
*Entimus* 335
*Entometa guttularis* 144
*Entomobrya laguna* 603
*Entomobrya nivalis* 1020
*Entomobrya unostrigata* 289
Entomobryidae 997
*Entomoscelis adonidis* 908
*Entomoscelis americana* 908
*Enyo lugubris* 728
*Enypia griseata* 726
*Enypia packardata* 799
*Enypia venata* 1153
*Eobia bicolor* 895
*Eogenes lesliei* 801
*Eois ptelearia* 535
*Eolygus rubrolineatus* 907
*Eomacrosiphum nigromaculosum* 99
*Eooxylides tharis distanti* 145
*Eoreuma densella* 1167
*Eoreuma loftini* 705
*Eoscartopis assimilis* 1005
*Eosphoropteryx thyatyroides* 846
*Epacromius tergestinus* 367
*Epallia exigua* 382
*Epalxiphora axenana* 149
*Epanaphe moloneyi* 1215
*Epanaphe vuilleti* 1215
*Epargyreus aspina* 1041
*Epargyreus brodkorbi* 76
*Epargyreus clarus californicus* 185
*Epargyreus clarus clarus* 986
*Epargyreus clarus huachuca* 44
*Epargyreus clavicornis gaumeri* 1010
*Epargyreus deleoni* 659
*Epargyreus exadeus* 155
*Epargyreus socus orizaba* 933
*Epargyreus spina spina* 1041
*Epargyreus spinosa* 1076
*Epargyreus windi* 1220
*Epargyreus zestos* 1254
*Epatolmis caesaria* 1234
*Epelis truncataria* 101

Epeolini 302
*Epeorus* 420
*Epeolus compactus* 157
*Epermenia chaerophyllella* 265
*Epermenia illigerella* 614
*Epermenia insecurella* 208
Epermeniidae 438
*Epeurysa nawaii* 66
*Ephedraspis ephedrarum* 965
*Ephemera* 498
*Ephemera danica* 498
*Ephemera guttulata* 248
*Ephemera lineata* 1072
*Ephemera vulgata* 163
*Ephemerella* 134
*Ephemerella ignita* 134
*Ephemerella subvaria* 707
Ephemerellidae 1042
Ephemeridae 174
Ephemeroidea 174
Ephemeroptera 694
*Ephestia* 812
*Ephestia calidella* 194
*Ephestia elutella* 1118
*Ephestia vapidella* 1074
*Ephialtes pomorum* 34
*Ephippiger ephippiger* 942
*Ephippitytha trigintiduoguttata* 724
*Ephoron virgo* 174
*Ephydra cinerea* 150
*Ephydra hians* 15
*Ephydra macellaria* 917
*Ephydra riparia* 150
Ephydridae 977
*Ephyriades brunnea floridensis* 423
*Ephysteris promptella* 891
*Ephysteris subdiminutella* 186
*Epiacanthus stramineus* 480
*Epiaeschna heros* 1017
*Epiblema abruptana* 1
*Epiblema brightonana* 149
*Epiblema carolinana* 486
*Epiblema cirsiana* 1013
*Epiblema costipunctana* 1110
*Epiblema foenella* 729
*Epiblema grandaevana* 64
*Epiblema obtiosana* 94
*Epiblema roborana* 493
*Epiblema scudderiana* 473
*Epiblema scutulana* 621
*Epiblema strenuana* 815
*Epiblema tetragonana* 1055
*Epiblema trimaculana* 1128
*Epiblema turbidana* 542
*Epiblema udmanniana* 145
*Epicaerus imbricatus* 560
*Epicallima argenticinctella* 782
*Epicallima formosella* 84
*Epicampoptera andersoni* 1093
*Epicampoptera marantica* 1093
*Epicampoptera* 1093
*Epicauta* 124
*Epicauta aethiops* 508
*Epicauta albovittata* 1070
*Epicauta chinensis taishoensis* 102
*Epicauta cinerea* 486
*Epicauta fabricii* 47
*Epicauta gorhami* 81
*Epicauta lemniscata* 1110
*Epicauta maculata* 1045
*Epicauta marginata* 774
*Epicauta pennsylvanica* 102
*Epicauta pestifera* 688
*Epicauta puncticollis* 876
*Epicauta subglabra* 192
*Epicauta vittata* 1070
*Epichnopteryx plumella* 1124
*Epichnopteryx pulla* 1124
*Epichoristodes acerbella* 6
*Epicoma melanosticta* 260

*Epicometis hirta* 503
*Epicometis hirtella* 125
Epicopeiidae 792
*Epicordulia princeps* 1173
*Epidiaspis leperii* 570
*Epiglaea apiata* 857
*Epilachna* 383
*Epilachna admirabilis* 303
*Epilachna argus* 303
*Epilachna borealis* 1056
*Epilachna chrysomelina* 700
*Epilachna cucurbitae* 303
*Epilachna guttatopustulata* 614
*Epilachna philippinensis* 833
*Epilachna pustulosa* 1107
*Epilachna varivestris* 704
*Epilachna vigintioctomaculata* 865
*Epilachna vigintioctopunctata* 1138
*Epilachna vigintioctopunctata pardalis* 1138
Epilachnini 627
*Epimartyria auricrinella* 467
*Epimecis detexta* 59
*Epimecis hortaria* 1134
*Epimorius testaceellus* 155
*Epinotia aceriella* 684
*Epinotia apiculana* 415
*Epinotia aporema* 82
*Epinotia bilunana* 542
*Epinotia brunnichiana* 323
*Epinotia caprana* 976
*Epinotia crenana* 759
*Epinotia cruciana* 1219
*Epinotia emarginana* 1154
*Epinotia fraternana* 226
*Epinotia granitalis* 310
*Epinotia immundana* 26
*Epinotia lantana* 604
*Epinotia lindana* 335
*Epinotia maculana* 106
*Epinotia madderana* 1201
*Epinotia majorana* 197
*Epinotia medioviridana* 891
*Epinotia meritana* 1199
*Epinotia nanana* 361
*Epinotia nemorivaga* 148
*Epinotia nigricana* 839
*Epinotia nisella* 862
*Epinotia pygmaeana* 339
*Epinotia radicana* 907
*Epinotia ramella* 509
*Epinotia solandriana* 1022
*Epinotia solicitana* 97
*Epinotia sordidana* 236
*Epinotia sotipena* 105
*Epinotia subsequana* 242
*Epinotia tedella* 1052
*Epinotia tenerana* 1154
*Epinotia tetraquetrana* 1055
*Epinotia transmissana* 1167
*Epinotia trigonella* 96
*Epinotia tsugana* 533
*Epione parallelaria* 316
*Epione repandaria* 141
*Epione vespertaria* 316
*Epiophlebia laidlawi* 541
*Epiophlebia superstes* 912
*Epipagis forsythae* 432
*Epipaschia superatalis* 337
*Epipemphigus niisimae* 862
*Epiphile adrasta* 253
*Epiphile chrysites* 225
*Epiphile dilecta* 337
*Epiphile eriopis* 1083
*Epiphile hermosa* 83
*Epiphile iblis plutonia* 856
*Epiphile imperator* 561
*Epiphile lampethusa* 603
*Epiphryne undosata* 276
*Epiphryne verriculata* 179
*Epiphyas postvittana* 644

*Epipitytha trigintiduoguttata* 1047
Epiplemidae 296
*Epipolaeus caliginosus* 548
Epipsocidae 314
Epipyropidae 852
*Epirrhanthis alectoraria* 759
*Epirrhanthis ustaria* 1096
*Epirrhanthis veronicae* 1073
*Epirrhoe alternata* 256
*Epirrhoe galiata* 447
*Epirrhoe rivata* 1223
*Epirrhoe tristata* 998
*Epirrita autumnata* 58
*Epirrita autumnata autumna* 58
*Epirrita christyi* 805
*Epirrita dilutata* 760
*Epirrita filigrammaria* 998
*Epirrita pulchraria* 1202
*Episcada clausina* 1239
*Episcada salvinia portilla* 938
*Episcada salvinia salvinia* 946
*Epischnia banksiella* 73
*Episemus turritus* 511
*Episimus argutanus* 479
*Episimus tyrius* 684
*Episomus mundus* 731
*Episyron biguttatus biguttatus* 1122
*Episyrphus balteatus* 553
*Epitheca bimaculata* 388, 1142
*Epitheca canis* 85
*Epitheca costalis* 995
*Epitheca cynosura* 253
*Epitheca petechialis* 346
*Epitheca princeps* 871
*Epitheca semiaquea* 681
*Epitheca sepia* 968
*Epitheca spinigera* 1042
*Epitheca spinosa* 924
*Epitheca stella* 423
*Epitola urania* 878
*Epitola uranioides uranioides* 642
*Epitolina catori* 903
*Epitolina collinsi* 249
*Epitolina dispar* 260
*Epitolina larseni* 623
*Epitolina melissa* 867
*Epitrix* 422
*Epitrix atropae* 90
*Epitrix cucumeris* 865
*Epitrix fasciata* 1118
*Epitrix fuscula* 371
*Epitrix hirtipennis* 1118
*Epitrix pubescens* 448
*Epitrix subcrinita* 1187
*Epitrix tuberis* 1133
*Epochra canadensis* 306
*Epodonta lineata* 373
*Epophthalmia* 860
*Epophthalmia elegans* 911
*Epophthalmia vittata cyanocephala* 129
*Epotiocerus flexuosus* 902
*Eprius veleda veleda* 1157
*Eracon paulinus* 1100
*Erana graminosa* 379
*Erannis defoliaria* 724
*Erannis defoliaria gigantes* 724
*Erannis tiliaria* 648
*Erasmia pulchella fritzei* 952
*Erastria coloraria* 152
*Erastria cruentaria* 1106
*Erateina staudingeri* 1059
*Erebia* 922
*Erebia aethiopella* 402
*Erebia aethiops* 963
*Erebia alberganus* 16
*Erebia arvernensis* 1183
*Erebia calcaria* 662
*Erebia callias* 249
*Erebia cassioides* 255
*Erebia christi* 892

*Erebia claudina* 1207
*Erebia dabanensis* 432
*Erebia disa* 1052
*Erebia discoidalis discoidalis* 897
*Erebia embla* 605
*Erebia epiphron* 727
*Erebia epipsodea* 252
*Erebia epistygne* 1051
*Erebia eriphyle* 384
*Erebia euryale* 617
*Erebia fasciata* 69
*Erebia flavofasciata* 1233
*Erebia gorge* 984
*Erebia gorgone* 450
*Erebia hispania* 1036
*Erebia kozhantshikovi* 909
*Erebia lefebvrei* 632
*Erebia ligea* 45
*Erebia ligea takanonis* 45
*Erebia magdalena* 672
*Erebia mancinus* 1092
*Erebia manto* 1244
*Erebia medusa* 1225
*Erebia melampus* 639
*Erebia melas* 114
*Erebia meolans* 836
*Erebia mnestra* 715
*Erebia montana* 686
*Erebia neoridas* 58
*Erebia niphonica niphonica* 574
*Erebia nivalis* 326
*Erebia occulta* 384
*Erebia oeme* 148
*Erebia orientalis* 171
*Erebia ottomana* 795
*Erebia palarica* 210
*Erebia pandrose* 335
*Erebia pharte* 124
*Erebia pluto* 1025
*Erebia polaris* 41
*Erebia pronoe* 1173
*Erebia rhodopensis* 748
*Erebia rondoui* 882
*Erebia rossi* 41
*Erebia scipio* 607
*Erebia serotina* 331
*Erebia sthennyo* 401
*Erebia stirius* 1074
*Erebia styx* 1074
*Erebia sudetica* 1076
*Erebia theano* 1105
*Erebia triaria* 326
*Erebia tyndarus* 1089
*Erebia vidleri* 758
*Erebia youngi* 1251
*Erebia zapateri* 1252
*Erebus terminitincta* 383
*Erechthias minuscula* 193
*Eremiaphila arabica* 40
*Eremiaphila zetterstedti* 333
Eremninae 790
*Eremnus cerealis* 1038
*Eremnus setulosus* 511
*Eremobia ochroleuca* 359
*Eremobina claudens* 323
*Eremoblatta* 948
*Eremoblatta subdiaphana* 520
*Eremopedes balli* 64
*Eremopedes bilineatus* 1142
*Eremopedes californica* 185
*Eremopedes covilleae* 297
*Eremopedes cryptoptera* 301
*Eremopedes cylindricerca* 418
*Eremopedes kelsoensis* 593
*Eremopedes pintiati* 848
*Eremopedes scudderi* 964
*Eremopodes ephippiata* 942
*Eresia carme* 194
*Eresia clio* 258
*Eresia datis* 537

*Eresia emerantia* 380
*Eresia eunice* 1113
*Eresia ithomioides* 1154
*Eresia lansdorfi* 604
*Eresia nauplius* 832
*Eresia pelonia* 710
*Eresia phillyra phyllyra* 661
*Eresia polina* 858
*Eresiomera bicolor* 99
*Eresiomera isca* 268
*Eretis djaelaelae* 685
*Eretis lugens* 953
*Eretis umbra* 1006
*Eretris apuleja* 40
*Eretris depresissima* 1120
*Eretris maria* 688
*Eretris subrufescens* 625
*Ergates spiculatus* 843
*Ericerus pela* 220
*Erikssonia edgei* 1174
*Erinnyis alope* 16
*Erinnyis crameri* 293
*Erinnyis ello* 198
*Erinnyis lassauxii* 623
*Erinnyis obscura* 770
*Erinnyis oenotrus* 775
*Eriocampa mitsukurii* 13
*Eriocereophaga humeridens* 525
Eriococcidae 697
*Eriococcus abeliceae* 1253
*Eriococcus araucariae* 40
*Eriococcus azaleae* 59
*Eriococcus azumae* 60
*Eriococcus buxi* 144
*Eriococcus chabohiba* 208
*Eriococcus coccineus* 181
*Eriococcus coriaceus* 517
*Eriococcus devoniensis* 530
*Eriococcus festucarum* 409
*Eriococcus gillettei* 460
*Eriococcus insignis* 912
*Eriococcus ironsidei* 669
*Eriococcus japonicus* 576
*Eriococcus onukii* 67
*Eriococcus quercus* 763
*Eriococcus sojae* 1035
*Eriococcus tokaedae* 2
Eriocottidae 1043
*Eriocrania chrysolepidella* 590
*Eriocrania haworthi* 528
*Eriocrania salopiella* 945
*Eriocrania sangii* 949
*Eriocrania semipurpurella* 468
*Eriocrania sparrmannella* 467
*Eriocrania subpurpurella* 808
*Eriocrania unimaculella* 1207
Eriocraniidae 871
*Eriogaster lanestris* 96
*Erionota* 898
*Erionota hiraca* 810
*Erionota thrax* 810
*Erionota torus* 68
*Erioptera caliptera* 294
*Eriopyga rufula* 146
*Eriopygodes imbecilla* 984
*Eriosoma americanum* 1227
*Eriosoma clematis* 233
*Eriosoma japonicum* 576
*Eriosoma lanigerum* 1226
*Eriosoma lanuginosum* 1227
*Eriosoma pyricola* 823
Eriosomatidae 1226
*Eriotremex formosanus* 49
Erirhininae 691
*Eristalinus punctulatus* 741
*Eristalinus taeniops* 69
*Eristalis* 353
*Eristalis intricarius* 554
*Eristalis tenax* 353
*Eristalis transversa* 1124

*Erites angularis* 26
*Erites talcipennis* 258
*Eritettix simplex* 1158
*Ernobius mollis* 838
*Ernoporus acanthopanaxi* 2
*Ernoporus filiae* 958
*Ernoporus longus* 573
*Eronia cleodora* 1161
*Eronia leda* 779
*Erora aura* 54
*Erora caria* 193
*Erora gabina* 446
*Erora laeta* 363
*Erora lampetia* 603
*Erora muridosca* 733
*Erora nitetis* 750
*Erora opisena* 779
*Erora quaderna* 43
*Erora subflorens* 379
Erotylidae 853
*Erpetogomphus* 922
*Erpetogomphus bothrops* 778
*Erpetogomphus compositus* 1196
*Erpetogomphus constrictor* 597
*Erpetogomphus crotalinus* 1239
*Erpetogomphus designatus* 368
*Erpetogomphus elaps* 1065
*Erpetogomphus eutainia* 129
*Erpetogomphus heterodon* 325
*Erpetogomphus lampropeltis* 969
*Erpetogomphus leptophis* 321
*Erthesina fullo* 1240
*Erynephala puncticollis* 88
*Erynnis* 360
*Erynnis afranius* 6
*Erynnis baptisiae* 1214
*Erynnis brizo* 995
*Erynnis brizo burgessi* 925
*Erynnis brizo lacustra* 602
*Erynnis brizo mulleri* 1200
*Erynnis funeralis* 443
*Erynnis horatius* 548
*Erynnis icelus* 352
*Erynnis juvenalis clitus* 43
*Erynnis juvenalis juvenalis* 589
*Erynnis lucilius* 250
*Erynnis marloyi* 566
*Erynnis martialis* 723
*Erynnis mercurius* 704
*Erynnis meridianus* 1029
*Erynnis meridianus fieldi* 1200
*Erynnis pacuvius* 799
*Erynnis pacuvius callidus* 184
*Erynnis persius* 831
*Erynnis propertius* 873
*Erynnis scudderi* 964
*Erynnis tages* 339
*Erynnis telemachus* 925
*Erynnis tristis* 728
*Erynnis tristis pattersoni* 318
*Erynnis tristis taitus* 705
*Erynnis zarucco* 1252
*Erynnyis ello* 376
*Eryphanis aesacus* 349
*Eryphanis automedon* 293
*Eryphanis polyxena* 878
*Erysichton lineata* 521
*Erysichton palmyra* 685
*Erysichton palmyra tasmanicus* 685
*Erythemis attala* 114
*Erythemis peruviana* 418
*Erythemis plebeja* 837
*Erythemis simplicicollis* 368
*Erythemis vesiculosa* 492
*Erythraspides vitis* 481
*Erythrodiplax basifusca* 853
*Erythrodiplax berenice* 965
*Erythrodiplax bromelicola* 155
*Erythrodiplax fervida* 902
*Erythrodiplax funerea* 121

*Erythrodiplax fusca* 898
*Erythrodiplax minuscula* 651
*Erythrodiplax umbrata* 69
*Erythromma najas* 898
*Erythromma najas baicalense* 898
*Erythromma viridulum* 1009
*Erythroneura* 1161
*Erythroneura comes* 366
*Erythroneura elegantula* 481
*Erythroneura flammigera* 441
*Erythroneura tricincta* 1109
*Erythroneura variabilis* 1155
*Erythroneura ziczac* 1165
*Erythroplusia pyropia* 893
*Esakiozephyrus bieti* 564
*Esakiozephyrus icana* 355
*Esperia sulphurella* 1081
*Esthemopsis alicia alicia* 15
*Esthemopsis clonia* 236
*Esthemopsis pherephatte pherephatte* 466
*Estigmene acraea* 3
*Etcheverrius chiliensis* 817
*Etesiolaus catori* 200
*Ethemaia sellata* 508
*Ethmia arctostaphylella* 1249
*Ethmia bipunctella* 141
*Ethmia colonella* 599
*Ethmia delliella* 602
*Ethmia discostrigella* 726
*Ethmia funerella* 443
*Ethmia longimaculella* 1068
*Ethmia monticola* 486
*Ethmia nigroapicella* 599
*Ethmia pusiella* 84
*Ethmia zelleriella* 1254
Ethmiidae 385
*Ethope himachala* 358
*Etiella behrii* 664
*Etiella zinckenella* 647
Euaesthetinae 874
*Euander lacertosus* 1066
*Euaresta aequalis* 752
*Euaresta bullans* 80
*Euaspa milionia* 1173
*Euaspa pavo* 820
*Euaspa ziha* 1208
*Eubaphe mendica* 89
*Eubaphe meridiana* 650
*Eublemma anachoresis* 73
*Eublemma cochylioides* 385
*Eublemma minima* 396
*Eublemma minutata* 958
*Eublemma noctualis* 958
*Eublemma ostrina* 878
*Eublemma parva* 1006
*Eublemma recta* 1064
*Eubolina impartialis* 385
*Euborellia annulipes* 921
*Euborellia plebeja* 805
*Eubrianax edwardsi* 1175
*Eubrianax edwardsii* 371
*Eucalliphora lilaea* 254
*Eucallipterus tiliae* 647
*Eucalymnatus tessellatus* 1103
*Eucalyptolyma maideni* 1047
*Eucarta amethystina* 304
*Eucchistus conspersus* 280
*Eucera longicornis* 656
*Euceraphis betulae* 985
*Euceraphis punctipennis* 96
*Eucerceris canaliculata* 89
*Eucetonia pilifera* 426
*Eucetonia roelofsi* 498
*Euchaetes egle* 709
*Euchaetes elegans* 374
*Euchaetias oregonensis* 789
*Euchalcia illustris* 879
*Euchalcia variabilis* 879
Eucharitidae 386
*Eucheira socialis socialis* 1022

*Eucheira socialis westwoodi* 1022
*Euchlaena amoenaria* 328
*Euchlaena effecta* 371
*Euchlaena irraria* 631
*Euchlaena johnsonaria* 584
*Euchlaena madusaria* 964
*Euchlaena marginaria* 771
*Euchlaena muzaria* 735
*Euchlaena obtusaria* 770
*Euchlaena pectinaria* 431
*Euchlaena serrata* 953
*Euchlaena tigrinaria* 723
*Euchloe* 652
*Euchloe ausonia* 315
*Euchloe ausonia dephalis* 824
*Euchloe ausonides* 296
*Euchloe bazae* 1036
*Euchloe belemia* 505
*Euchloe charlonia* 507
*Euchloe charlonia lucilla* 633
*Euchloe crameri* 1184
*Euchloe creusa* 756
*Euchloe falloui* 958
*Euchloe guaymasensis* 1024
*Euchloe hyantis* 825
*Euchloe insularis* 286
*Euchloe lotta* 333
*Euchloe olympia* 777
*Euchloe pechi* 826
*Euchloe simplonia* 315
*Euchloe tagis* 864
*Euchloron megaera* 1159
*Euchoeca nebulata* 339
*Euchoeca rubropunctaria* 897
*Euchorthippus declivus* 973
*Euchorthippus elegantulus* 583
*Euchroma gigantea* 456
*Euchromia lethe* 78
*Euchromius californicalis* 183
*Euchrysops barkeri* 76
*Euchrysops brunneus* 159
*Euchrysops cnejus* 478
*Euchrysops cnejus cnidus* 304
*Euchrysops dolorosa* 941
*Euchrysops malathana* 1016
*Euchrysops mauensis* 693
*Euchrysops nilotica* 332
*Euchrysops osiris* 6
*Euchrysops reducta* 572
*Euchrysops sagba* 942
*Euchrysops subpallida* 48
Eucinetidae 853
*Euclea delphinii* 1042
*Euclea nanina* 737
Eucleidae 998
*Euclemensia bassettella* 594
*Euclidia ardita* 360
*Euclidia cuspidea* 1122
*Euclidia glyphica* 173
*Euclidia mi* 722
*Euclodea glyphica* 400
Eucnemidae 401
*Eucoenogenes aestuosa* 507
Eucoilidae 386
*Eucolaspis brunnea* 155
*Euconocephalus nasutus* 10
*Eucorethra underwoodi* 721
*Eucorysses grandis* 455
*Eucosma aemulana* 770
*Eucosma bobana* 848
*Eucosma campoliliana* 84
*Eucosma cana* 542
*Eucosma cataclystiana* 1023
*Eucosma cocana* 978
*Eucosma conterminana* 406
*Eucosma derelicta* 331
*Eucosma dorsisignatana* 1126
*Eucosma fernaldana* 409
*Eucosma fulvana* 443
*Eucosma giganteana* 454

*Eucosma gloriola* 843
*Eucosma guttulana* 1038
*Eucosma hohenwartiana* 963
*Eucosma lacteana* 1219
*Eucosma lathami* 623
*Eucosma monitorana* 904
*Eucosma nereidopa* 248
*Eucosma notanthes* 192
*Eucosma obumbratana* 803
*Eucosma pauperana* 959
*Eucosma quinquemaculana* 417
*Eucosma rescissoriana* 278
*Eucosma ridingsana* 1019
*Eucosma robinsonana* 924
*Eucosma scudderiana* 961
*Eucosma siskiyouana* 415
*Eucosma sonomana* 1187
*Eucosma strenuana* 887
*Eucosma tocullionana* 1205
*Eucosma tripoliana* 945
*Eucosmomorpha albersana* 913
*Eucraera gemmata* 169
*Eucrostes disparata* 379
*Eucymatoge anguligera* 320
*Eucymatoge gobiata* 805
*Eudarcia richardsoni* 345
*Eudeilinia herminiata* 755
*Eudesmia arida* 43
*Eudesmia menea* 665
*Eudicella gralli* 1072
*Eudocima phalonia* 440
*Eudocima salaminia* 440
*Eudocima tyrannus* 440
*Eudonia alpina* 17
*Eudonia angustea* 740
*Eudonia delunella* 912
*Eudonia lineola* 1072
*Eudonia mercurella* 1005
*Eudonia strigalis* 1071
*Eudonia truncicolella* 938
*Eudryas grata* 85
*Eueides aliphera* 586
*Eueides aliphera gracilis* 15
*Eueides heliconioides* 1003
*Eueides isabella* 532
*Eueides isabella eva* 570
*Eueides isabella nigricornis* 570
*Eueides lineata* 1105
*Eueides lybia* 666
*Eueides procula* 324
*Eueides procula asidia* 872
*Eueides vibilia vialis* 1160
*Eueides vibilia* 1160
*Eueretagrotis perattentus* 1142
*Euerythra phasma* 908
*Euerythra trimaculata* 1110
*Euetheola bidentata* 94
*Euetheola rugiceps* 1077
*Eufidonia discospilata* 972
*Eufidonia notataria* 867
Euglenidae 29
Euglossinae 788
*Eugnathus distinctus* 81
*Eugnorisma depuncta* 850
*Eugnosta erigeronana* 422
*Eugonobapta nivosaria* 1021
*Eugraphe subrosea* 931
*Euhagena emphytiformis* 450
*Euhagena nebraskae* 743
*Eulaceura manipuriensis* 1145
*Eulaceura osteria kumana* 878
*Eulachnus agilis* 739
*Eulachnus brevipilosus* 739
*Eulachnus rileyi* 739
*Eulachnus thunbergii* 838
*Eulamprotes wilkella* 801
*Eulecanium bituberculatum* 99
*Eulecanium caryae* 614
*Eulecanium cerasorum* 182
*Eulecanium coryli* 1162

*Eulecanium crudum* 1250
*Eulecanium kunoense* 599
*Eulecanium persicae* 1162
*Eulecanium pruinosum* 439
*Eulecanium tiliae* 760
*Euleia heraclei* 203
*Eulia ministrana* 409
*Euliphyra mirifica* 8
*Eulithis diversilineata* 637
*Eulithis explanata* 1199
*Eulithis gracilineata* 493
*Eulithis ledereri inurbana* 790
*Eulithis mellinata* 1040
*Eulithis molliculata* 337
*Eulithis populata* 758
*Eulithis prunata* 834
*Eulithis prunata leucoptera* 834
*Eulithis pyralicta* 78
*Eulithis serrataria* 970
*Eulithis testata* 216
*Eulogia ochrifrontella* 151
*Eulonchus* 703
Eulophidae 387
*Eulophonotus myrmeleon* 245
*Eumacaria madopata* 158
*Eumacronychia scitula* 70
*Eumaeus atala* 52
*Eumaeus childrenae* 490
*Eumaeus godartii* 466
*Eumaeus minyas* 308
*Eumaeus toxea* 704
*Eumarchalia gennadii* 194
*Eumargarodes laingi* 846
*Eumarozia malachitana* 964
Eumastacidae 717
*Eumecocera argyrosticta* 658
*Eumenes* 729
*Eumenes coarctatus* 530
*Eumenes fraternus* 866
*Eumenes pemiformis* 866
Eumeninae 866
*Eumerus* 738
*Eumerus figurans* 460
*Eumerus strigatus* 778
*Eumerus tuberculatus* 636
*Eumeta japonica* 453
*Eumeta minuscula* 1099
*Eumeta variegata* 63
Eumolpinae 795
*Eumorpha achemon* 3
*Eumorpha fasciatus* 72
*Eumorpha intermedia* 567
*Eumorpha labruscae* 449
*Eumorpha obliquus* 769
*Eumorpha pandorus* 812
*Eumorpha phorbas* 816
*Eumorpha satellitia* 951
*Eumorpha triangulum* 1126
*Eumorpha typhon* 1144
*Eumorpha vitis* 1162
*Eumyrmococcus smithii* 1016
*Eumyzus impatiensae* 561
*Eunemobius* 394
*Eunemobius carolinus* 195
*Eunemobius confusus* 278
*Eunemobius melodius* 700
*Eunica alcmena alcmena* 321
*Eunica alpais excelsa* 976
*Eunica bechina* 85
*Eunica caelina* 724
*Eunica carias* 936
*Eunica chlororhoa* 776
*Eunica clytia* 948
*Eunica cuvieri* 308
*Eunica malvina* 678
*Eunica malvina albida* 892
*Eunica malvina almae* 892
*Eunica monima* 339
*Eunica mygdonia omoa* 124
*Eunica pusilla* 881

*Eunica sophonisba* 464
*Eunica sydonia* 466
*Eunica sydonia caresa* 851
*Eunica tatila* 424
*Eunica volumna* 128
*Euodynerus annulatum* 260
*Euoniticellus africanus* 494
*Euoniticellus intermedius* 757
*Euoniticellus pallipes* 1032
*Euophryum* 1223
*Euops lespedezae* 175
*Euops punctatostriatus* 131
*Eupachygaster tarsalis* 956
*Eupackardia calleta* 185
*Euparatettix insularis* 661
*Euparius marmoreus* 366
*Euparthenos nubilis* 654
Eupelmidae 387, 1095
*Eupeodes* 264
*Eupeodes americanus* 21
*Eupeodes volucris* 97
*Euphaea splendens* 976
*Euphaedra* 430
*Euphaedra cyparissa* 1131
*Euphaedra edwardsii* 371
*Euphaedra harpalyce* 255
*Euphaedra hewitsoni* 538
*Euphaedra janetta* 573
*Euphaedra losinga losinga* 316
*Euphaedra neophron* 466
*Euphaedra ruspina* 268
*Euphaedra simplex* 989
*Euphaedra viridicaerulea* 163
*Euphaedra zaddachi* 1252
*Euphaedra zaddachi elephantina* 1252
Euphaeidae 477
*Euphilotes battoides* 1056
*Euphilotes battoides allyni* 373
*Euphilotes bernardino bernardino* 92
*Euphilotes bernardino garthi* 203
*Euphilotes bernardino martini* 691
*Euphilotes enoptes* 346
*Euphilotes enoptes cryptorufes* 301
*Euphilotes enoptes dammersi* 313
*Euphilotes enoptes mojave* 715
*Euphilotes pallescens* 802
*Euphilotes pallescens arenamontana* 948
*Euphilotes rita* 922
*Euphilotes spaldingi* 1036
*Euphodope marmorea* 686
*Euphorbia esula* 630
*Euphoria basilis* 694
*Euphoria inda* 172
*Euphoria sepulcralis* 1036
*Euphydryas anicia* 27
*Euphydryas aurinia* 690
*Euphydryas chalcedona* 208, 249
*Euphydryas chalcedona colon* 1020
*Euphydryas colon* 249
*Euphydryas cynthia* 310
*Euphydryas desfontainii* 1036
*Euphydryas editha* 370
*Euphydryas editha bayensis* 80
*Euphydryas editha quino* 885
*Euphydryas gillettii* 460
*Euphydryas iduna* 605
*Euphydryas maturna* 957
*Euphydryas phaetona* 65
*Euphyes ampa* 23
*Euphyes antra* 31
*Euphyes arpa* 811
*Euphyes bayensis* 80
*Euphyes berryi* 424
*Euphyes bimacula* 1143
*Euphyes canda* 189
*Euphyes chamuli* 209
*Euphyes conspicuus* 106
*Euphyes dion* 966
*Euphyes dion alabamae* 11
*Euphyes dukesi* 959

*Euphyes mcguirei* 694
*Euphyes peneia* 515
*Euphyes pilatka* 953
*Euphyes ruricola melacomet* 356
*Euphyes vestris* 356
*Euphyes vestris harbisoni* 356
*Euphyflura olivina* 776
*Euphyia biangulata* 235
*Euphyia intermediata* 972
*Euphyia picata* 235
*Euphyia unangulata* 972
*Euphyia unangulata gracilaria* 972
*Euphyllura phillyreae* 776
*Eupithecia* 875
*Eupithecia abbreviata* 150
*Eupithecia abietaria* 235
*Eupithecia abietaria debrunneata* 235
*Eupithecia absinthiata* 1228
*Eupithecia albipunctata* 1208
*Eupithecia annulata* 607
*Eupithecia assimilata* 306
*Eupithecia castigata* 510
*Eupithecia cauchiata* 350
*Eupithecia centaureata* 647
*Eupithecia denotata* 187
*Eupithecia denotata jasionata* 582
*Eupithecia distinctaria constrictata* 1112
*Eupithecia dodoneata* 767
*Eupithecia egenaria* 423
*Eupithecia exiguata* 724
*Eupithecia expallidata* 123
*Eupithecia extensaria* 959
*Eupithecia fraxinata* 48
*Eupithecia goossensiata* 649
*Eupithecia haworthiata* 528
*Eupithecia herefordaria* 536
*Eupithecia icterata* 1099
*Eupithecia indigata* 772
*Eupithecia innotata* 26
*Eupithecia insigniata* 845
*Eupithecia insigniata insignioides* 845
*Eupithecia interruptofasciata* 588
*Eupithecia intricata* 437
*Eupithecia intricata arceuthata* 437
*Eupithecia inturbata* 684
*Eupithecia irriguata* 686
*Eupithecia lariciata* 606
*Eupithecia linariata* 1117
*Eupithecia millefoliata* 709
*Eupithecia miserulata* 269
*Eupithecia mutata* 1053
*Eupithecia nanata* 740
*Eupithecia orichloris* 527
*Eupithecia palpata* 1008
*Eupithecia palustraria* 690
*Eupithecia peckorum* 826
*Eupithecia phoeniceata* 310
*Eupithecia pimpinellata* 837
*Eupithecia pini* 235
*Eupithecia placidata* 72
*Eupithecia plumbeolata* 625
*Eupithecia pulchellata* 435
*Eupithecia pusillata* 588
*Eupithecia pygmaeata* 690
*Eupithecia ravocostaliata* 1098
*Eupithecia rotundopuncta* 139
*Eupithecia satyrata* 952
*Eupithecia simpliciata* 851
*Eupithecia sinuosaria* 475
*Eupithecia sobrinata* 588
*Eupithecia spermaphaga* 415
*Eupithecia subfuscata* 510
*Eupithecia subnotata* 851
*Eupithecia subumbrata* 971
*Eupithecia succenturiata* 142
*Eupithecia tamarisciata* 1095
*Eupithecia tantillaria* 361
*Eupithecia tenuiata* 996
*Eupithecia tripunctaria* 1208
*Eupithecia trisignaria* 1128

*Eupithecia ultimaria* 209
*Eupithecia valerianata* 1151
*Eupithecia venosata* 745
*Eupithecia virgaureata* 473
*Eupithecia virgaureata invisa* 473
*Eupithecia vulgata* 269
*Eupithis signigera* 1001
*Euplagia hera* 583
*Euplagia quadripunctaria* 583
*Euplexia benesimilis* 19
*Euplexia lucipara* 998
*Euplocamus anthracinalis* 192
*Euploea* 300
*Euploea albicosta* 93
*Euploea alcathoe* 1070
*Euploea algea* 656
*Euploea andamanensis* 24
*Euploea batesii* 79
*Euploea caespes* 733
*Euploea camaralzeman malayica* 676
*Euploea climena* 235
*Euploea configurata* 1080
*Euploea cordelia* 283
*Euploea core* 258
*Euploea core godartii* 265
*Euploea crameri* 1045
*Euploea crameri bremeri* 1045
*Euploea darchia* 325
*Euploea dentiplaga* 969
*Euploea diocletianus diocletianus* 673
*Euploea doubledayi* 1070
*Euploea eichhorni* 372
*Euploea eleusina* 1166
*Euploea eunice leucogonis* 128
*Euploea eupator* 1152
*Euploea eyndhovii gardineri* 1070
*Euploea gamelia* 582
*Euploea hewitsonii* 537
*Euploea klugii* 128
*Euploea klugii erichsonii* 161
*Euploea latifasciata* 151
*Euploea leucostictos* 782
*Euploea magou* 673
*Euploea martinii* 1081
*Euploea midamus* 133, 136
*Euploea midamus singapura* 133
*Euploea mulciber barsine* 1070
*Euploea mulciber* 1070
*Euploea netscheri* 1214
*Euploea phaenareta* 454
*Euploea phaenareta castelnaui* 595
*Euploea radamanthus* 673
*Euploea rodtenbacheri* 676
*Euploea scherzeri* 748
*Euploea sylvester* 348, 1141
*Euploea sylvester lactifica* 348
*Euploea sylvester swinhoei* 1141
*Euploea tripunctata* 93
*Euploea tulliolus* 361, 365
*Euploea tulliolus koxinga* 365
*Euploea tulliolus ledereri* 361
*Euploea westwoodii* 1190
*Eupoecila australasiae* 410
*Eupoecillia ambiguella* 480
*Eupoecillia angustana* 77
*Euproctis chrysorrhoea* 166
*Euproctis curvata* 1050
*Euproctis edwardsii* 714
*Euproctis flava* 405
*Euproctis fraterna* 854
*Euproctis hemicyclia* 249
*Euproctis lunata* 199
*Euproctis piperita* 1247
*Euproctis pseudoconspersa* 1100
*Euproctis pulverea* 160
*Euproctis similis* 166
*Euproctis subflava* 792
*Eupromus ruber* 906
*Euproserpinus phaeton* 832
*Eupselia carpocapsella* 260

*Eupseudosoma involutum* 1021
*Eupsilia transversa* 951
*Eupsilia tristigmata* 1110
*Euptera crowleyi centralis* 300
*Euptera pluto* 856
Eupteropidae 456
*Eupterote fabia* 247
*Eupterote mollifera* 719
*Eupteryx aurata* 746
*Eupteryx decemnotata* 645
*Eupteryx melissae* 224
*Euptoieta claudia* 1155
*Euptoieta hegesia* 705
*Euptoieta hegesia meridiana* 705
*Euptychia* 1224
*Euptychia cymela* 1224
*Euptychia fetna* 783
*Euptychia hilara* 1097
*Euptychia jesia* 583
*Euptychia rubrofasciata* 909
*Euptychia westwoodi* 1190
*Euptychoides albofasciata* 1194
*Euptychoides griphe* 407
*Euptychoides hotchkissi* 361
*Euptychoides saturnus* 952
*Eupyrrhoglossum sagra* 943
*Eurema* 435
*Eurema agave millerorum* 10
*Eurema albula* 452
*Eurema albula celata* 1213
*Eurema alitha* 955
*Eurema andersoni* 777
*Eurema andersoni jordani* 585
*Eurema arbela boisduvaliana* 139
*Eurema blanda* 1110
*Eurema blanda arsakia* 1110
*Eurema brigitta* 1004
*Eurema brigitta senna* 1004
*Eurema candida* 152
*Eurema chamberlaini* 209
*Eurema daira* 399
*Eurema desjardinsii* 26
*Eurema desjardinsii marshalli* 26
*Eurema dina* 338
*Eurema dina westwoodi* 338
*Eurema elathea* 1064
*Eurema floricola* 675
*Eurema gratiosa* 573
*Eurema hapale* 804
*Eurema hecabe* 485
*Eurema hecabe contubernalis* 262
*Eurema hecabe mandarina* 485
*Eurema hecabe solifera* 262
*Eurema herla* 670
*Eurema lacteola* 957
*Eurema laeta* 1045
*Eurema laeta lineata* 648
*Eurema lirina* 1011
*Eurema lisa* 653
*Eurema mandarinula* 678
*Eurema messalina* 981
*Eurema mexicana* 706
*Eurema nicippe* 995
*Eurema nilgiriensis* 750
*Eurema nise* 711
*Eurema paulina* 817
*Eurema proterpia* 1093
*Eurema puella* 152
*Eurema regularis* 911
*Eurema salome* 945
*Eurema salome jamapa* 945
*Eurema sari sodalis* 221
*Eurema senegalensis* 429
*Eurema smilax* 1004
*Eurema venusta* 1158
*Eurema xanthochlora* 1230
*Eurhamphus fasciculatus* 457
*Euribia zoe* 223
*Euricania facialis* 827
*Euriphene atossa* 53

*Euriphene grosesmithi* 512
*Euriphene iris* 131
*Euriphene schultzei* 962
*Euripus* 291
*Euripus consimilis* 800
*Euripus nyctelius* 291
*Euripus robustus* 1168
*Euristrymon ontario* 756
*Euristrymon polingi* 858
*Eurois occulta* 490
*Eurosta solidaginis* 473
*Eurrhypara hortulata* 1006
*Euryaulax carnifes* 1078
*Eurybia* 832
*Eurybia albiseriata* 124
*Eurybia caerulescens* 353
*Eurybia cyclopia* 416
*Eurybia dardus* 315
*Eurybia elvina elvina* 124
*Eurybia halimede* 522
*Eurybia jemima* 582
*Eurybia juturna* 589
*Eurybia lycisca* 134
*Eurybia molochina* 716
*Eurybia nicaeus* 748
*Eurybia patrona* 490
*Eurybia patrona persona* 490
*Eurybia rubeolata* 935
*Eurybia unxia* 1149
*Eurycantha calcarata* 747
*Eurycnema goliath* 475
*Eurycotis floridana* 425
*Eurydaxa advena* 1054
*Eurydema dominulus* 1000
*Eurydema oleraceum* 178
*Eurydema rugosa* 178
*Eurygaster* 271
*Eurygaster austriaca* 206
*Eurygaster hottentotta* 552
*Eurygaster integriceps* 1083
*Eurygaster maurus* 552
*Eurygaster testudinaria* 167
*Eurymela* 517
Eurymelidae 1125
*Eurynassa australis* 1176
*Euryophthalmus cinctus* 142
*Euryphura achlys* 65
*Euryphura chalcis* 258
*Euryphura plautilla* 537
*Euryphurana nobilis* 751
Eurystethidae 394
*Eurytela* 848
*Eurytela alinda* 429
*Eurytela dryope* 472
*Eurytela hiarbas angustata* 835
*Eurythroneura comes* 480
*Eurythroneura mori* 902
*Eurytides agesilaus fortis* 978
*Eurytides agesilaus neosilaus* 978
*Eurytides calliste calliste* 1239
*Eurytides celadon* 302
*Eurytides columbus* 250
*Eurytides dioxippus lacandones* 1105
*Eurytides dolicaon* 343
*Eurytides epidaus epidaus* 705
*Eurytides epidaus fenochionis* 705
*Eurytides epidaus tepicus* 705
*Eurytides iphitas* 1239
*Eurytides macrosilaus penthesilaus* 418
*Eurytides salvini* 946
*Eurytides serville* 970
*Eurytides thyastes marchandii* 783
*Eurytides thyastes occidentalis* 783
*Eurytoma amygdali* 16
*Eurytoma laricis* 607
*Eurytoma orchidearum* 788
Eurytomidae 584
*Eusarca confusaria* 278
*Eusarca fundaria* 317
*Eusarca packardaria* 799

*Euscepes postfasciatus* 1181
*Euschausia ingens* 1246
*Euschemon rafflesia* 57, 911
*Euschistus impunctiventris* 1183
*Euschistus servus* 165
*Euschistus tristigmus* 359
*Euschistus variolarius* 778
*Euscirrhopterus cosyra* 1058
*Euscirrhopterus gloveri* 881
*Euscirrhopterus poeyi* 875
*Euselasia angulata* 972
*Euselasia argentea* 785
*Euselasia aurantiaca aurantiaca* 411
*Euselasia aurantiaca aurum* 411
*Euselasia bettina* 119
*Euselasia cataleuca* 107
*Euselasia chrysippe* 470
*Euselasia clithra* 70
*Euselasia corduena* 717
*Euselasia eubule* 358
*Euselasia eucrates leucorrhoa* 466
*Euselasia eumedia* 898
*Euselasia eurypus* 1101
*Euselasia eusepus* 989
*Euselasia eustola* 1061
*Euselasia gelanor* 930
*Euselasia hieronymi hieronymi* 904
*Euselasia inconspicua* 563
*Euselasia mystica* 736
*Euselasia orfita* 814
*Euselasia perisama* 645
*Euselasia pontasis* 860
*Euselasia procula* 781
*Euselasia pusilla mazai* 824
*Euselasia pusilla pusilla* 824
*Euselasia regipennis regipennis* 879
*Euselasia sergia sergia* 969
*Euselasia toppini* 1114
*Eusharia festiva* 370
*Eusilpha japonica* 575
*Eusphalerum pollens* 858
*Eusthenia nothofagi* 795
*Eustixia pupula* 1048
*Eustrangalis distenioides* 117
*Eustroma melancholicum* 815
*Eustroma reticulata* 745
*Eustroma reticulata obsoletum* 745
*Eustroma semiatrata* 101
*Eutachyptera psidii* 706
*Eutane terminalis* 71
*Eutectona machaeralis* 1100
*Eutelia furcata* 424
*Eutelia geyeri* 452
*Eutelia pulcherrimus* 84
*Eutetrapha chrysochloris chrysargrea* 614
*Eutetrapha ocelota* 373
*Euthalia* 77
*Euthalia aconthea* 77
*Euthalia aconthea gurda* 77
*Euthalia adonia pinwilli* 496
*Euthalia alpheda* 1068
*Euthalia amanda* 1080
*Euthalia anosia* 508
*Euthalia duda* 129
*Euthalia franciae* 437
*Euthalia khama* 737
*Euthalia lubentina* 449
*Euthalia merta* 1211
*Euthalia monina monina* 676
*Euthalia nais* 77
*Euthalia nara* 155
*Euthalia patala* 478
*Euthalia phemius* 1198
*Euthalia sahadeva* 498
*Euthalia telchinia* 127
*Euthochtha galeator* 533
*Euthrix albomaculata japonica* 66
*Euthrix potatoria* 352
*Euthrix potatoria bergmani* 352
*Euthyatira pudens* 343

*Euthyrhynchus floridanus* 424
*Euthyrrhapha pacifica* 798
*Eutinophaea bicristata* 229
*Eutocus facilis* 398
*Eutocus matildae vinda* 879
*Eutolmus rufibarbis* 474
*Eutomostethus apicalis* 692
*Eutrapela clemataria* 307
*Eutreta xanthochaeta* 604
*Eutrichosiphum pasaniae* 815
Eutrichosomatidae 394
*Eutychide complana* 277
*Eutychide paria* 467
*Eutychide subcordata ochus* 772
*Euura mucronata* 1216
*Euura pacifica* 1217
*Euxantha crossleyi* 299
*Euxantha wakefieldi* 430
*Euxoa* 308
*Euxoa agrestis* 1182
*Euxoa auxiliaris* 45
*Euxoa cursoria* 241
*Euxoa detersa* 948
*Euxoa divergens* 341
*Euxoa henrietta* 308
*Euxoa islandica islandica* 559
*Euxoa messoria* 321
*Euxoa nigricans* 448
*Euxoa nigricans* 470
*Euxoa obelisca* 1055
*Euxoa oberthueri* 483
*Euxoa ochrogaster* 893
*Euxoa perpolita* 858
*Euxoa redimicula* 414
*Euxoa ridingsiana* 332
*Euxoa scandens* 1197
*Euxoa servitus* 995
*Euxoa sibirica* 981
*Euxoa tessellata* 1071
*Euxoa tritici* 1202
*Euxoa violaris* 1163
Euxoinae 324
*Euzophera batangensia* 831
*Euzophera bigella* 885
*Euzophera cinerosella* 1228
*Euzophera magnolialis* 673
*Euzophera osseatella* 564
*Euzophera ostricolorella* 926
*Euzophera pinguis* 1092
*Euzophera semifuneralis* 21
*Evacanthus interruptus* 547
*Evania appendigaster* 621
Evaniidae 382
Evanioidea 394
*Evenus batesii* 79
*Evenus coronata* 300
*Evenus regalis* 73
*Evenus satyroides* 952
*Evenus tagyra* 1092
*Everes amyntas albrighti* 1188
*Everes argiades* 978
*Everes argiades hellotia* 978
*Everes lacturnus* 787, 1093
*Everes lacturnus assamica* 563
*Everes lacturnus australis* 1093
*Everes lacturnus kawaii* 563
*Everes lacturnus rileyi* 563
*Evergestis extimalis* 889
*Evergestis forficalis* 300
*Evergestis pallidata* 211
*Evergestis rimosalis* 299
*Evergestis unimacula* 618
*Evora hemidesma* 1043
*Evoxysoma vitis* 481
*Exaeretia allisella* 729
*Exaeretia ciniflonella* 305
*Exaireta spinigera* 133
*Exapate congelatella* 58
*Exechia shiitakevora* 975
*Exeirus lateritius* 225

*Exelastis atomosa* 1135
*Exelis pyrolaria* 414
*Exeteleia nepheos* 839
*Exitianus exitiosus* 487
*Exocentrus lineatus* 231
*Exochomus marginipennis* 1153
*Exochomus quadripustulatus* 841
*Exometoeca nycteris* 1185
*Exoplisia azuleja* 770
*Exoplisia cadmeis* 345
*Exoplisia hypochalbe* 682
*Exorista japonica* 580
*Exorista sorbillans* 733
*Exosoma flaviventris* 1234
*Exoteleia anomala* 860
*Exoteleia dodecella* 999
*Exoteleia pinifoliella* 842
*Extatosoma tiaratum* 457
*Exyra fax* 382
*Exyra rolandiana* 849
*Eysarcoris aeneus* 1209
*Eysarcoris guttiger* 1208
*Eysarcoris trimaculatus* 919, 920
*Eysarcoris ventralis* 1207

F

*Fabiola edithella* 370
*Fabiola shaleriella* 971
*Fabriciana adippe* 540
*Fabriciana adippe pallescens* 540
*Fabriciana elisa* 286
*Fabriciana kamala* 272
*Fabriciana niobe* 750
*Fabrictilis gonagra* 628
*Fagiphagus imbricator* 87
*Fagitana littera* 690
*Fagivorina arenaria* 1037
*Fagocyba cruenta* 88
*Falcatula falcatus* 399
*Falcicula hebardi* 531
*Falcuna orientalis* 791
*Falga sciras* 962
*Falseuncaria degreyana* 846
*Falseuncaria ruficiliana* 899
*Famegana alsulus* 116
*Fannia canicularis* 638
*Fannia femoralis* 242
*Fannia pusio* 217
*Fannia scalaris* 624
Fanniidae 553
*Faronta albilinea* 1191
*Faronta diffusa* 1191
*Fascellina chromatiaria* 943
*Fascista cercerisella* 896
*Faunis arcesilaus* 260
*Faunis assama* 51
*Faunis canens* 260
*Faunis eumeus* 259
*Favintiga camphorae* 188
*Fedalmia headleyella* 967
*Felicola subrostratus* 200
*Feltia* 308, 338
*Feltia ducens* 338
*Feltia gladiaria* 232
*Feltia jaculifera* 338
*Feltia subgothica* 338
*Feltia subterranea* 479
*Feltia tricosa* 278
*Feltiella acarisuga* 869
*Feniseca tarquinius* 525
*Fentonia ocypete* 740
*Fenusa dohrni* 12
*Fenusa pusilla* 96
*Fenusa ulmi* 377
*Feralia februalis* 407
*Feralia jocosa* 585
*Feralia major* 675
Fergusoninidae 386

*Ferrisia virgata* 1072
*Fidia viticida* 481
Figitidae 413
*Filatima pseudacaciella* 357
*Fiorinia euryae* 951
*Fiorinia externa* 534
*Fiorinia fioriniae* 58
*Fiorinia horii* 548
*Fiorinia japonica* 279
*Fiorinia pinicola* 588
*Fiorinia theae* 1100
*Fiorinia vacciniae* 1151
*Fishia illocata* 1170
*Fissicrambus hyatiellus* 196
*Fissicrambus mutabilis* 209
*Flaccilla aecas* 5
Flatidae 421
*Fleutiauxia armata* 731
*Florithrips fraegardhi* 91
*Flos adriana* 1156
*Flos apidanus* 850
*Flos apidanus saturatus* 850
*Flos areste* 1094
*Flos diardi* 976
*Flos diardi capeta* 976
*Flos fulgida* 976
*Flos kuehni* 599
*Folsomia candida* 1209
*Fomoria septembrella* 584
*Fomoria weaveri* 1178
*Forbestra olivencia* 777
*Forda formicaria* 447
*Forficula auricularia* 259
*Forficula deciipiens* 698
*Forficula lesnei* 634
*Forficula scudderi* 964
Forficulidae 259
*Formica* 902
*Formica aquilonia* 758
*Formica bradleyi* 948
*Formica cinerea* 486
*Formica cinerea neocinerea* 486
*Formica exsecta* 739
*Formica exsectoides* 15
*Formica fusca* 983
*Formica haemorrhoidalis* 1105
*Formica japonica* 100
*Formica lugubris* 521
*Formica obscripes* 1105
*Formica opaciventris* 724
*Formica picea* 102
*Formica pratensis* 101
*Formica rufa* 270
*Formica sanguinea* 995
*Formica truncorum* 893
Formicidae 31
Formicinae 1144
Formicoidea 31
*Forsebia perlaeta* 431
*Forsterinaria inornata* 851
*Forsterinaria neonympha* 1198
*Forsterinaria neonympha umbracea* 1198
*Forsterinaria pallida* 809
*Fountainea eurypyle confusa* 857
*Fountainea eurypyle glanzi* 857
*Fountainea halice* 936
*Fountainea halice martinezi* 1107
*Fountainea halice maya* 1251
*Fountainea halice tehuana* 1182
*Fountainea nessus* 1083
*Fountainea nobilis* 751
*Fountainea ryphea* 419
*Frankliniella cephalica* 58
*Frankliniella cephalica bispinosa* 424
*Frankliniella cestrum* 426
*Frankliniella fusca* 1119
*Frankliniella gossypii* 289
*Frankliniella insularis* 1111
*Frankliniella intonsa* 426
*Frankliniella lilivora* 646

*Frankliniella moultoni* 1185
*Frankliniella occidentalis* 1185
*Frankliniella parvula* 67
*Frankliniella rodeos* 1111
*Frankliniella schultzei* 1236
*Frankliniella tenuicornis* 768
*Frankliniella tritici* 426
*Frankliniella vaccinii* 135
*Frankliniella varipes* 1111
*Frankliniella williamsi* 285
*Franklinothrips vespiformis* 869
*Fraus simulans* 637
*Fresna carlo* 394
*Fresna cojo* 608
*Fresna netopha* 251
*Fresna nyassae* 1155
*Freyeria putli* 483
*Friseria cockerelli* 702
*Frogattia olivinia* 776
*Froggatoides pallida* 1182
*Froggatoides typicus* 365
*Froggattina australis* 438
*Fruhstorferia* 693
*Fucellia* 80
*Fucellia costalis* 593
*Fulgora lanternaria* 243
*Fulgoraecia exigua* 852
Fulgoridae 605
Fulgorina 442
Fulgoroidea 605
*Fulmekiola serrata* 1079
*Fumibotys fumalis* 712
*Fundella pellucens* 193
*Furcaspis biformis* 903
*Furchadiaspis zamiae* 943
*Furcula bicuspis* 12
*Furcula bifida* 862
*Furcula borealis* 1200
*Furcula cinerea* 486
*Furcula furcula* 944
*Furcula furcula lanigera* 1219
*Furcula modesta* 715
*Furcula occidentalis* 1185
*Furcula scolopendrina* 1254

G

*Gahaniola phyllostachitis* 66
*Galasa nigrinodis* 144
*Galeatus spinifrons* 224
*Galepsus* 681
*Galerita bicolor* 400
Galeritini 400
*Galeruca browni* 829
*Galeruca caprae* 377
*Galeruca extensa* 1063
*Galeruca tanaceti* 1096
*Galeruca vicina* 1107
*Galerucella calmariensis* 377
*Galerucella grisescens* 1066
*Galerucella lineola* 1248
*Galerucella luteola* 377
*Galerucella nipponensis* 1012
*Galerucella nympheae* 859
*Galerucella tenella* 1066
*Galerucella viburni* 294
*Galerucella xanthomelaena* 377
Galerucinae 303
*Galgula partita* 448
*Galleria mellonella* 494
Galleriinae 1177
*Galucopsyche paphos* 813
*Gamia buchholzi* 479
*Gammarotettix* 209
*Gampsocleis buergeri* 577
*Gampsocleis glabra* 530
*Gandaca butyrosa* 369
*Gandaca* 1126
*Gandaca harina* 1126

*Gandaca harina distanti* 1126
*Gangara lebadea* 72
*Gangara sanguinocculus* 1009
*Gangara thyrsis* 457
*Ganyra howarthi* 554
*Ganyra josephina* 459
*Ganyra phaloe* 466
*Ganyra phaloe tiburtia* 466
*Garaeus mirandus* 824
*Garella nilotica* 113
*Garella ruficirra* 215
*Gargaphia solani* 371
*Gargaphia tiliae* 79
*Gargara desmodiuma* 175
*Gargara doenitzi* 521
*Gargara genistae* 463
*Gargara ligustri* 645
*Gargara rhodendrona* 59
*Gargina caninius* 190
*Gargina emessa* 380
*Gargina gargophia* 449
*Gargina gnosia* 465
*Gargina thoria* 1107
*Gascardia brevicauda* 1213
*Gasteroclisus auriculatus* 1077
Gasterophilidae 551
*Gasterophilus haemorrhoidalis* 759
*Gasterophilus intestinalis* 551
*Gasterophilus nasalis* 1111
*Gasterophilus pecorum* 323
*Gasteruption assectator* 1214
Gasteruptionidae 449
Gastrilegina 449
*Gastrimargus marmoratus* 689
*Gastrimargus musicus* 1248
*Gastrodes abietum* 1053
*Gastrodes grossipes japonicus* 839
*Gastroidea cyanea* 498
*Gastroidea polygoni* 597
*Gastrolina depressa* 1169
*Gastrolinoides japonicus* 1236
*Gastropacha augustipennis* 862
*Gastropacha orientalis* 791
*Gastropacha quercifolia* 605
*Gastropacha quercifolia cerridifolia* 605
*Gastrophysa atrocyanea* 937
*Gastrophysa viridula* 498
*Gastvalina peltoidea* 726
*Gazoryctra mathewi* 693
*Gegenes hottentota* 624
*Gegenes niso* 264
*Gegenes nostradamus* 699
*Gegenes pumilio* 837
*Geina sheppardi* 974
*Geina tenuidactyla* 541
*Geisha distinctissima* 498
*Geitoneura acantha* 368
*Geitoneura klugii* 687
*Geitoneura minyas* 1189
Gelastocoridae 1117
*Gelastocoris oculatus* 1117
*Gelechia cuneatella* 1179
*Gelechia desiliens* 1090
*Gelechia hippophaella* 593
*Gelechia nigra* 360
*Gelechia sabinella* 588
*Gelechia tragicella* 578
*Gelechia turpella* 479
Gelechiidae 1140
*Gelonaetha hirta* 450
*Gelonus* 450
*Geloptera porosa* 849
*Genaparlatoria pseudaspidiotus* 1152
*Geococcus citrinus* 230
*Geococcus coffeae* 248
*Geococcus oryzae* 918
*Geocoris* 94
*Geocoris bullatus* 94
*Geocoris lubra* 94
*Geocoris pallens* 1182

Geocorisae 604
Geocorninae 94
*Geoica lucifuga* 1078
*Geometra papilionaria* 612
*Geometra papilionaria subrigua* 612
*Geometra sponsaria* 1194
*Geometra valida* 111
Geometridae 451
Geometrinae 379
*Geomyza tripunctata* 482
*Geopinus incrassatus* 174
Georyssidae 713
*Geotomus pygmaeus* 771
*Geotrupes* 344
*Geotrupes auratus* 576
*Geotrupes balyi* 344
*Geotrupes mutator* 344
*Geotrupes spiniger* 817
*Geotrupes stereorarius* 344
*Geotrupes vernalis* 344
Geotrupidae 356
Geotrupinae 364
*Gephyraulus raphanistri* 146
*Gergithus variabilis* 463
*Geritola gerina* 451
*Geritola goodii* 475
*Geritola subargentea* 988
*Geritola virginea* 121
*Geromyia nawai* 854
*Gerosis bhagava* 276
*Gerosis limax dirae* 100
*Gerosis phisara* 360
*Gerosis sinica* 221
Gerridae 1174
*Gerris* 269
*Gerris argentatus* 652
*Gerris lacustris* 269
*Gerris odontogaster* 1121
*Gerris remigis* 275
Gerroidea 1174
Gerydinae 526
*Geshna cannalis* 636
*Gesonula mundata* 261
*Gesta gesta* 127
*Gesta invisus* 401
*Ghesquierellana hirtusalis* 412
*Gibbium psylloides* 733
*Gibbobruchus mimus* 896
*Gilpinia abieticola* 716
*Gilpinia frutetorum* 760
*Gilpinia hakonensis* 521
*Gilpinia hercyniae* 1054
*Gilpinia polytoma* 393
*Gilpinia tohi* 1054
*Gindanes brebisson panaetius* 1212
*Gindanes brontinus brontinus* 1064
*Gitonides perspicax* 697
*Givira anna* 28
*Givira lotta* 839
*Glacicavicola bathysciodes* 1183
*Glahyra umbellatarum* 823
*Glaphyria basiflavalis* 78
*Glaphyria fulminalis* 113
*Glaphyria glaphyralis* 261
*Glaphyria sequistrialis* 1206
*Glaucias amyoti* 748
*Glaucopsaltria viridis* 143
*Glaucopsyche alexis* 505
*Glaucopsyche lygdamus* 988
*Glaucopsyche lygdamus incognita* 89
*Glaucopsyche lygdamus palosverdesensis* 811
*Glaucopsyche melanops* 107
*Glaucopsyche piasus* 46
*Glaucopsyche xerces* 1230
*Glena cognataria* 135
*Glena cribrataria* 347
*Glena plumosaria* 313
*Glena quinquelinearia* 417
*Glenea relicta relicta* 1208
*Glenoides texanaria* 1104

*Glenoleon falsus* 29
*Glenoleon pulchellus* 69
*Gliricola porcelli* 516
*Glischrochilus obtusus* 906
*Glischrochilus quadrisignatus* 906
*Glossina* 1132
*Glossina morsitans* 1132
*Glossina palpalis* 1132
Glossininae 1132
*Glossonotus crataegi* 885
Glossosomatidae 941
*Gluphisia avimacula* 434
*Gluphisia crenata japonica* 1011
*Gluphisia crenata vertunea* 359
*Gluphisia lintneri* 649
*Gluphisia septentrionalis* 262
*Glycaspis baileyi* 90
*Glycaspis blakei* 899
*Glycaspis brimlecombei* 899
*Glycobius speciosus* 1079
*Glycyphana fulvistemma* 108
*Glycyphana stolata* 160
*Glyphidocera juniperella* 588
*Glyphidocera latiflosella* 417
*Glyphinaphis bambusae* 1028
*Glyphipterix cramerella* 15
*Glyphipterix equitella* 514
*Glyphipterix fuscoviridella* 161
*Glyphipterix haworthana* 527
*Glyphipterix simplicella* 244
*Glyphipterix simpliciella* 15
Glyphipterygidae 966
*Glyphodes caesalis* 572
*Glyphodes perspectalis* 144
*Glyphodes pryeri* 874
*Glyphodes pyloalis* 731
*Glyphodes sibillalis* 732
*Glyptasida costipennis* 332
*Glyptoscelis squamulata* 480
*Gnathamitermes* 333
*Gnathamitermes tubiformans* 1133
*Gnathocerus cornutus* 152
*Gnathocerus maxillosus* 996
*Gnathotriche mundina* 400
*Gnophaela latipennis* 982
*Gnophaela vermiculata* 830
*Gnophodes* 395
*Gnophodes betsimena* 1233
*Gnophodes chelys* 358
*Gnophos myrtillata* 963
*Gnophos obfuscata* 963
*Gnophos obscurarius* 252
*Gnophothrips fuscus* 994
*Gnorimoschema baccharisella* 292
*Gnorimoschema gallaeosolidaginis* 473
*Gnorimoschema ocellatellum* 769
*Gnorimoschema* 473
*Gnorimus nobilis* 751
*Gnorimus variabilis* 1153
*Godyris duillia* 326
*Godyris nero* 744
*Godyris sappho* 474
*Godyris zavaleta* 1252
*Godyris zavaleta sosunga* 1155
Goerinae 466
*Goes tessulatus* 766
*Goes tigrinus* 1204
*Goliathus* 474
*Goliathus atlas* 474
*Goliathus druryi* 474
*Goliathus goliatus* 474
*Goliathus regius* 474
*Gomalia elma* 7
*Gomphaeschna furcillata* 524
Gomphidae 240
*Gomphidia* 1115
*Gomphidia pearsoni* 923
*Gomphidia quarrei* 883
Gomphocerinae 1121
*Gomphocerus rufus* 936

*Gomphocerus sibiricus* 240
*Gomphus* 240
*Gomphus abbreviatus* 1041
*Gomphus adelphus* 734
*Gomphus apomyius* 74
*Gomphus australis* 233
*Gomphus borealis* 85
*Gomphus cavillaris* 948
*Gomphus consanguis* 212
*Gomphus crassus* 523
*Gomphus davidi* 642
*Gomphus descriptus* 525
*Gomphus dilatatus* 121
*Gomphus diminutus* 337
*Gomphus exilis* 604
*Gomphus externus* 851
*Gomphus flavipes* 1239
*Gomphus fraternus* 708
*Gomphus geminatus* 1140
*Gomphus gonzalezi* 1095
*Gomphus graslinellus* 873
*Gomphus graslinii* 873
*Gomphus hodgesi* 543
*Gomphus hybridus* 244
*Gomphus kurilis* 798
*Gomphus lineatifrons* 1043
*Gomphus lividus* 48
*Gomphus lynnae* 250
*Gomphus militaris* 1081
*Gomphus minutus* 310
*Gomphus modestus* 516
*Gomphus oklahomensis* 774
*Gomphus ozarkensis* 797
*Gomphus parvidens* 835
*Gomphus pulchellus* 1184
*Gomphus quadricolor* 889
*Gomphus rogersi* 941
*Gomphus sandrius* 1102
*Gomphus schneiderii* 1135
*Gomphus septima* 969
*Gomphus simillimus* 1234
*Gomphus spicatus* 358
*Gomphus vastus* 242
*Gomphus ventricosus* 993
*Gomphus viridifrons* 498
*Gomphus vulgatissimum* 257
*Gomphus westfalli* 1190
*Gonatista grisea* 643
*Gonatocerus ashmeadi* 972
*Gonatomyrina gorgias* 254
*Gondwanocrypticus plalensis* 324
*Gondysia consobrina* 280
*Gondysia smithii* 1016
*Gonepteryx* 774
*Gonepteryx aspasia* 635
*Gonepteryx aspasia niphonica* 635
*Gonepteryx cleobule* 189
*Gonepteryx cleopatra* 234
*Gonepteryx cleopatra cleobule* 189
*Gonepteryx farinosa* 867
*Gonepteryx maderensis* 672
*Gonepteryx mahaguru* 635
*Gonepteryx rhamni* 149
*Gonepteryx rhamni maxima* 149
*Gonerilia seraphim* 969
*Gonia porca* 1092
*Goniaea australasiae* 517
*Goniaea carinata* 111
*Goniaea opomaloides* 710
*Goniaea vocans* 996
*Gonimbrasia belina* 719
*Goniocotes bidentotus* 392
*Goniocotes gallinae* 427
*Goniocotes hologaster* 636
*Gonioctena americana* 19
*Gonioctena springlovae* 1102
*Goniodes dissimilis* 159
*Goniodes gigas* 610
*Goniodes minor* 1008
*Goniodes numidae* 516

*Goniodes parviceps* 820
*Goniodes pavonis* 820
*Goniodes stylifer* 997
*Goniodoma limoniella* 467
*Gonipterus scutellatus* 386
*Gonista bicolor* 1014
*Gonocephalum* 360
*Gonocephalum carpentariae* 755
*Gonocephalum elderi* 1156
*Gonocephalum macleayi* 1030
*Gonocephalum misellum* 404
*Gonocephalum pubeus* 421
*Gonocephalum simplex* 917
*Gonocephalum walkeri* 404
*Gonoclostera timoniorum* 404
*Gonodonta incurva* 440
*Gonodonta nutrix* 228
*Gonolabis marginalis* 540
*Gonometa postica* 317
*Gorgopas chlorocephala* 500
*Gorgopas trochilus* 504
*Gorgyra afikpo* 614
*Gorgyra aretina* 126
*Gorgyra bule* 710
*Gorgyra diversata* 319
*Gorgyra heterochrus* 1212
*Gorgyra kalinzu* 590
*Gorgyra mocquerysii* 715
*Gorgyra pali* 804
*Gorgyra rubescens* 936
*Gorgyra sara* 265
*Gorgythion begga* 1156
*Gorgythion vox* 292
*Gortyna borelii lunata* 417
*Gortyna flavago* 439
*Gortyna fortis* 173
*Gortyna ochracea* 439
*Gortyna xanthenes* 46
*Gossyparia spuria* 389
*Gracilaria anastomosis* 278
*Gracilaria perseae* 58
*Gracilaria syringella* 391
Gracilariidae 993
*Gracilia minuta* 78
Gracillariidae 626
*Grais stigmaticus* 536
*Graminella nigrifrons* 107
*Graminella sonorus* 638
*Grammia anna* 652
*Grammia arge* 481
*Grammia blakei* 123
*Grammia doris* 345
*Grammia figurata* 413
*Grammia nevadensis* 747
*Grammia oithona* 773
*Grammia parthenice* 815
*Grammia phyllira* 834
*Grammia placentia* 850
*Grammodes stolidus* 451
*Grammodora nigrolineata* 111
*Grammoptera ruficornis* 262
*Grammoptera ustulata* 174
*Graphania dives* 683
*Graphiphora augur* 348
*Graphiphora compta* 346
*Graphium* 596
*Graphium adamastor* 139
*Graphium agamedes* 1190
*Graphium agamemnon* 1093
*Graphium agetes* 432
*Graphium almansor* 16
*Graphium androcles* 649
*Graphium angolanus* 27
*Graphium anthedon* 1168
*Graphium antheus* 618
*Graphium antiphates* 417
*Graphium aristeus* 417
*Graphium aristeus hermocrates* 1070
*Graphium arycles* 1047
*Graphium bathycles* 1157

*Graphium biokoensis* 447
*Graphium chiron* 1157
*Graphium chironides malayanum* 1072
*Graphium cloanthus* 461
*Graphium codrus* 367
*Graphium colonna* 678
*Graphium cyrnus* 909
*Graphium delessertii* 677
*Graphium deucalion* 1248
*Graphium dorcus* 1092
*Graphium doson* 265
*Graphium doson albidum* 265
*Graphium doson evemonides* 265
*Graphium doson perillus* 265
*Graphium encelades* 1080
*Graphium epaminondas* 24
*Graphium euphrates* 387
*Graphium eurous* 991
*Graphium eurypylus* 807
*Graphium eurypylus lycaon* 804
*Graphium evemon* 638
*Graphium evemon eventus* 131
*Graphium glycerion* 1038
*Graphium illyris* 295
*Graphium junodi* 589
*Graphium kirbyi* 596
*Graphium latreillianus* 282
*Graphium leonidas* 1157
*Graphium liponesco* 660
*Graphium macareus* 641
*Graphium macareus perakensis* 641
*Graphium macfarlanei* 505
*Graphium macleayanus* 670
*Graphium mandarinus* 678
*Graphium megarus* 1050
*Graphium monticolus* 1080
*Graphium morania* 1201
*Graphium nomius* 1045
*Graphium philonoe* 1197
*Graphium policenes* 274
*Graphium polistratus* 315
*Graphium porthaon* 242
*Graphium ramaceus pendleburyi* 827
*Graphium rhesus* 717
*Graphium ridleyanus* 3
*Graphium rileyi* 921
*Graphium sarpedon* 255
*Graphium sarpedon connectens* 251
*Graphium sarpedon luctatius* 255
*Graphium sarpedon nipponum* 255
*Graphium schaffgotschi* 962
*Graphium taboranus* 1092
*Graphium telesilans* 1033
*Graphium tynderaeus* 504
*Graphium ucalegon* 296
*Graphium weiskei* 879
*Graphium xenocles* 493
*Graphocephala atropunctata* 130
*Graphocephala coccinea* 189
*Graphocephala fennahi* 914
*Graphognathus* 1200
*Graphognathus leucoloma* 1199
*Grapholita delineana* 534
*Grapholita eclipsana* 1023
*Grapholita funebrana* 855
*Grapholita funebrana cerasivora* 855
*Grapholita inopinata* 678
*Grapholita molesta* 790
*Grapholita packardi* 213
*Grapholita pallifrontana* 709
*Grapholita prunivora* 635
*Grapholita tristrigana* 1109
*Grapholitha dorsana* 957
*Grapholitha interstictana* 238
*Graphops pubescens* 1067
*Graptopsaltria nigrofusca* 610
*Graptostethus manillensis* 1224
*Graptostethus* 1224
*Gratiana boliviana* 1130
*Gravitarmata margarotana* 844

*Greenidia carpini* 196
*Greenidia kuwanai* 455
*Greenidia nipponica* 750
*Greenidia okajimai* 773
*Greta andromica lyra* 667
*Greta andromica* 25
*Greta annette annette* 1208
*Greta annette moschion* 938
*Greta morgane morgane* 939
*Greta morgane oto* 324
*Gretchena bolliana* 825
*Gretchena deludana* 46
*Gretna balenge* 454
*Gretna cylinda* 637
*Gretna zaremba* 1155
*Griposia aprilina* 267
*Gromphadorhina laevigata* 672
*Gromphadorhina portentosa* 672
*Grophosoma rubrolineatum* 907
Gryllacrididae 202
Gryllacridinae 629
Gryllacridoidea 514
Gryllidae 297
Gryllinae 410
*Gryllinea* 514
*Gryllita arizonae* 43
*Grylloblatta campodeiformis* 757
Grylloblattidae 924
Grylloblattodea 924
*Gryllodes sigillatus* 564
*Gryllodes supplicans* 1129
Grylloidea 514
*Gryllomorpha dalmatina* 690
*Gryllotalpa* 970
*Gryllotalpa africana* 8
*Gryllotalpa brachyptera* 716
*Gryllotalpa cultiger* 1186
*Gryllotalpa gryllotalpa* 716
*Gryllotalpa major* 868
*Gryllotalpa monanka* 320
*Gryllotalpa orientalis* 716
Gryllotalpidae 716
Gryllotalpinae 716
*Gryllus* 410
*Gryllus alogus* 314
*Gryllus assimilis* 573
*Gryllus bimaculatus* 1142
*Gryllus brevicaudus* 979
*Gryllus campestris* 410
*Gryllus cayensis* 594
*Gryllus chinensis* 219
*Gryllus conspersus* 92
*Gryllus desertus* 332
*Gryllus firmus* 947
*Gryllus fultoni* 1033
*Gryllus hispanicus* 1036
*Gryllus integer* 1188
*Gryllus lineaticeps* 1153
*Gryllus mitratus* 715
*Gryllus multipulsator* 656
*Gryllus oceanicus* 771
*Gryllus ovisopis* 1092
*Gryllus pennsylvanicus* 755
*Gryllus personatus* 62
*Gryllus rubens* 1028
*Gryllus testaceous* 974
*Gryllus texensis* 1104
*Gryllus veletis* 1051
*Gryllus vernalis* 758
*Gryllus vocalis* 1166
*Gudanga boulayi* 895
*Gudanga browni* 781
*Gunayan rubricollis* 935
*Gunda ochracea* 771
Gymnaetrinae 967
*Gymnancyla canella* 542
*Gymnandrosoma aurantianum* 783
*Gymnandrosoma punctidiscanum* 346
*Gymnaspis aechmeae* 845
*Gymnobathra flavidella* 847

*Gymnobathra hyetodes* 998
*Gymnobathra omphalota* 316
Gymnocerata 657
*Gymnopholus* 634
*Gymnoplectron uncata* 202
*Gymnoscelis pumilata* 349
*Gymnoscelis rufifasciata* 349
*Gymnoscirtetes pusillus* 652
*Gynacantha* 357
*Gynacantha bayadera* 1002
*Gynacantha dravida* 564
*Gynacantha manderica* 651
*Gynacantha mexicana* 74
*Gynacantha nervosa* 1139
*Gynacantha villosa* 520
*Gynaikothrips ficorum* 302
*Gynautocera papilionaria* 742
*Gypsonoma aceriana* 861
*Gypsonoma bifasciata* 1216
*Gypsonoma haimbachiana* 290
*Gypsonoma minutana* 150
*Gypsonoma oppressana* 769
*Gypsonoma salicicolana* 1217
*Gypsonoma sociana* 1197
Gyrinidae 1193
*Gyrinus* 276
*Gyrinus limbatus* 1193
*Gyrinus minutus* 641
*Gyrinus natator* 1193
*Gyrocheilus patrobas* 895
Gyropidae 925
*Gyropus ovalis* 795

## H

*Habrochila* 247
*Habrodais grunnus* 471
*Habrodais poodiae* 63
*Habrophlebia fusca* 341
*Habropoda laboriosa* 1028
*Habrosyne gloriosa* 464
*Habrosyne pyritoides* 169
*Habrosyne pyritoides derasoides* 169
*Habrosyne scripta* 641
*Hada nana* 973
*Hada plebeja* 973
*Hada sutrina* 1084
*Hadena albimacula* 1207
*Hadena bicruris* 666
*Hadena caesia* 508
*Hadena caesia mananii* 508
*Hadena capsularis* 191
*Hadena compta* 1155
*Hadena confusa* 685
*Hadena conspersa* 266
*Hadena cucubali* 188
*Hadena irregularis* 1164
*Hadena luteago barrettii* 78
*Hadena perplexa* 856
*Hadena perplexa capsophila* 856
*Hadena rivularis* 188
Hadeninae 285
*Hadenoecus subterraneus* 257
*Hades noctula* 1206
*Hadrobregmus australiensis* 314
*Hadrotettix trifasciatus* 1108
*Haematera pyrame* 927
*Haematobia exigua* 170
*Haematobia irritans* 549
*Haematobia stimulans* 548
*Haematoloecha rubescens* 893
*Haematomyzus elephatis* 375
*Haematomyzus hopkinsi* 1171
Haematopinidae 1228
*Haematopinus* 653
*Haematopinus apri* 137
*Haematopinus asini* 552
*Haematopinus bufalieuropaei* 170
*Haematopinus eurysternus* 978

*Haematopinus oliveri* 881
*Haematopinus phacochaeri* 9
*Haematopinus quadripertusus* 201
*Haematopinus suis* 543
*Haematopinus tuberculatus* 170
*Haematopis grataria* 217
*Haematopota bigoti* 95
*Haematopota crassicornis* 110
*Haematopota grandis* 657
*Haematopota pluvialis* 233
*Haematopota subcylindrica* 642
*Haematopota* 233
*Haematosiphon inodorus* 866
*Haemodipsus lyriocephalus* 524
*Haemodipus ventricosus* 886
*Haetera piera* 18
*Hagenius brevistylus* 104
*Haimbachia albescens* 988
*Haimbachia placidella* 829
Halictidae 1086
Halictophagidae 522
*Halictus* 1086
*Halictus farinosus* 1086
*Halictus tripartitus* 1086
Haliplidae 294
*Haliplus fulvus* 294
*Halisidota caryae* 539
*Halisidota maculata* 1245
*Hallelesis asochis* 367
*Halmus chalybeus* 1060
*Halobates* 522, 965
*Halobates hawaiiensis* 527
*Halobates sericeus* 798
*Halochlora longifissa* 229
*Halone sinuata* 925
*Halotus jonaveriorum* 584
*Halotus rica* 287
*Halpe* 3
*Halpe egena* 207
*Halpe honorei* 672
*Halpe ormenes vilasina* 315
*Halpe porus* 718
*Halpe sikkima* 983
*Halpe wantona* 279
*Halpe zema* 69
*Haltica ampelophaga* 1161
*Haltica brevicollis* 529
*Haltica quercetorum* 763
*Halticiellus insularis* 790
Halticinae 422
*Halticorcus platycerii* 1058
*Halticotoma valida* 1251
*Halticus* 422
*Halticus bractatus* 448
*Halticus chrysolepis* 483
*Halticus citri* 448
*Halyomorpha halys* 163
*Halysidota argentata* 989
*Halysidota cinctipes* 425
*Halysidota davisii* 325
*Halysidota harrisii* 1090
*Halysidota schausi* 962
*Halysidota tessellaris* 210
*Halyzia sedecimguttata* 783
*Hamadryas* 182
*Hamadryas amphichloe* 803
*Hamadryas amphinome* 897
*Hamadryas amphinome mazai* 897
*Hamadryas amphinome mexicana* 897
*Hamadryas arethusa* 883
*Hamadryas atlantis* 113
*Hamadryas chloe* 18
*Hamadryas feronia* 1153
*Hamadryas feronia farinulenta* 1153
*Hamadryas fornax* 1235
*Hamadryas fornax fornacalia* 1235
*Hamadryas glauconome* 462
*Hamadryas guatemalena* 515
*Hamadryas iphthime joannae* 167
*Hamadryas iphthime* 167

*Hamadryas laodamia* 1059
*Hamadryas laodamia saurites* 1059
*Hamadryas velutina* 1157
*Hamadyras februa* 486
*Hamamelistes betulinus* 581
*Hamamelistes betulinus miyabei* 522
*Hamanumida daedalus* 516
*Hame argillacearia* 122
*Hame ribearia* 306
*Hamearis lucina* 354
*Hannabura alnicola* 16
*Hapatesus hirtus* 866
*Hapithus* 423
*Hapithus agitator* 912
*Hapithus brevipennis* 979
*Hapithus melodius* 734
*Haploa clymene* 241
*Haploa colona* 249
*Haploa confusa* 667
*Haploa contigua* 744
*Haploa lecontei* 631
*Haploa reversa* 913
*Haplodiplosis equestris* 941
*Haplodiplosis marginata* 941
*Haploemblia* 1178
*Haploembia solieri* 1178
*Haplorhynchites aeneus* 1083
*Haplothrips aculeatus* 916
*Haplothrips chinensis* 220
*Haplothrips froggatti* 114
*Haplothrips ganglbaueri* 206
*Haplothrips gowdeyi* 108
*Haplothrips kurdjumovi* 228
*Haplothrips leucanthemi* 1059
*Haplothrips niger* 896
*Haplothrips tritici* 1192
*Haplothrips victoriensis* 1133
*Haplotinea insectella* 398
*Haritala ruralis* 722
*Harkenclenus titus* 242
*Harmandia tremulae* 51
*Harmandiola globuli* 202
*Harmolita* 584
*Harmolita grandis* 1192
*Harmolita hordei* 76
*Harmolita tritici* 1191
*Harmonia axyridis* 49
*Harmonia conformis* 273
*Harmonia octomaculata* 671
*Harmonia quadripunctata* 295
*Harmonia testudinaria* 1123
*Harmostes fraterculus* 961
*Harnaphis hamamelidis* 1222
*Harpagoxenus americanus* 995
*Harpalus capito* 622
*Harpalus rufipes* 1067
*Harpalus tridens* 280
*Harpegnathos saltator* 564
*Harpendyreus* 725
*Harpendyreus aequatorialis* 383
*Harpendyreus marungensis* 205
*Harpendyreus noquasa* 689
*Harpendyreus notoba* 946
*Harpendyreus tsomo* 1133
*Harpipteryx xylostella* 1121
*Harpyia furcula* 1085
*Harpyia hermelina* 862
*Harpyia milhauseri* 1098
*Harpyia umbrosa* 986
*Harrisimemna trisignata* 525
*Harrisina americana* 480
*Harrisina brilliana* 1185
*Harrisina metallica* 1185
*Hartigia agilis* 929
*Hartigia viator* 581
*Hartigiola faggalli* 398
*Hartigola annulipes* 87
*Hasegawaia sasacola* 951
*Hasora* 59
*Hasora anura* 994

*Hasora badra badra* 253
*Hasora chromus* 253
*Hasora chromus inermis* 253
*Hasora discolor* 495
*Hasora hurama* 151
*Hasora khoda* 608
*Hasora leucospila* 1162
*Hasora salanga* 495
*Hasora schoenherr* 1232
*Hasora schoenherr chuza* 1232
*Hasora taminatus* 1193
*Hasora taminatus malayana* 1193
*Hasora vitta* 850
*Hauptidia maroccana* 461
*Hayhurstia atriplicis* 878
*Hebomoia* 491
*Hebomoia glaucippe* 491
*Hebomoia glaucippe aturia* 491
*Hebomoia glaucippe formosana* 491
*Hebomoia glaucippe liukiuyensis* 491
Hebridae 1158
*Hebrus ruficeps* 1039
*Hecalus prasinus* 1044
*Hecatera* 1193
*Hecatera bicolorata* 151
*Hecatera dysodea* 1008
*Hecatesia fenestrata* 276
*Hecatesia thyridion* 1033
*Hectopsylla psittaci* 815
*Hednota crypsichroa* 816
*Hednota longipalpella* 816
*Hednota panteucha* 816
*Hednota pedionoma* 816
*Hednota relatalis* 816
*Hedriodiscus trivittatus* 1023
*Hedriodiscus* 1023
*Hedya atropunctana* 346
*Hedya auricristana* 752
*Hedya chionosema* 1140
*Hedya dimidiana* 346
*Hedya dimidioalba* 686
*Hedya nubiferana* 509
*Hedya ochroleucana* 266
*Hedya pruniana* 636
*Hedya semiassana* 1211
*Hedylepta accepta* 1078
*Hedylepta blackburni* 246
*Hedylepta indicata* 82
*Hedylepta misera* 626
Hedylidae 20
*Heilips squamosus* 59
*Heinemannia aurifrontella* 1237
*Helaeomyia petrolei* 832
Helcomyzidae 532
*Helcyra celebensis* 1080
*Helcyra hemina* 1198
*Helcystogramma convolvuli* 1088
*Helcystogramma fernaldella* 409
*Helcystogramma hystricella* 603
*Helea* 835
*Heleropelma scaposum* 1144
*Helias cama* 1055
*Helias godmani* 466
*Helias phalaenoides* 685
*Helicomyia pierrei* 980
Heliconiinae 532
*Heliconius* 865
*Heliconius antiochus* 30
*Heliconius athis* 52
*Heliconius burneyi* 174
*Heliconius cerato cruentus* 298
*Heliconius cerato petiverana* 298
*Heliconius charithonius* 1253
*Heliconius clysonymus* 718
*Heliconius cydno* 309
*Heliconius demeter* 330
*Heliconius eleuchia eleuchia* 375
*Heliconius erato* 266
*Heliconius erato petiveranus* 383
*Heliconius ethilla* 385

*Heliconius hecale* 859
*Heliconius hecale fornarina* 531
*Heliconius hecale zuleika* 531
*Heliconius hecalesia* 418
*Heliconius hecalesia octavia* 418
*Heliconius hecuba* 531
*Heliconius hermathena* 536
*Heliconius hortense* 705
*Heliconius ismenius* 1113
*Heliconius ismenius telchinia* 1113
*Heliconius leucadia* 641
*Heliconius melpomene* 865
*Heliconius nattereri* 742
*Heliconius numata* 760
*Heliconius pachinus* 798
*Heliconius peruvianus* 832
*Heliconius ricini* 1005
*Heliconius sapho* 950
*Heliconius sapho leuce* 950
*Heliconius sara* 950
*Heliconius telesiphe* 1101
*Heliconius wallacei* 1168
*Heliconius xanthocles* 1230
*Helicopis cupido* 467
*Helicopis endymion elegans* 992
*Helicopis gnidus* 1040
*Helicopsyche borealis* 758
Helicopsychidae 1018
*Helicoverpa armigera* 284
*Helicoverpa assulta* 792
*Helicoverpa gelotopoeon* 1026
*Helicoverpa hawaiiensis* 526
*Helicoverpa punctigera* 741
*Helicoverpa stombleri* 287
*Heliocheilus albipunctella* 710
*Heliocheilus turbata* 1049
*Heliococcus takae* 66
*Heliococcus takahashii* 1094
Heliodinidae 1082
*Heliogomphus* 482
*Heliogomphus ceylonicus* 1057
*Heliogomphus lyratus* 667
*Heliogomphus nietneri* 749
*Heliogomphus walli* 1168
*Heliomata cycladata* 273
*Heliomata infulata* 889
*Helionothrips errans* 331
*Heliopetes alana* 11
*Heliopetes arsalte* 46
*Heliopetes domicella* 1195
*Heliopetes ericetorum* 620
*Heliopetes laviana* 624
*Heliopetes macaira* 1135
*Heliophobus reticulata* 141
*Heliophorus* 950
*Heliophorus androcles* 503
*Heliophorus bakeri* 1183
*Heliophorus brahma* 473
*Heliophorus epicles* 879
*Heliophorus epicles tweediei* 879
*Heliophorus hybrida* 557
*Heliophorus ila malaya* 913
*Heliophorus kohimensis* 737
*Heliophorus moorei* 61
*Heliophorus moorei saphir* 364
*Heliophorus oda* 365
*Heliophorus sena* 1026
*Heliophorus tamu* 868
*Heliophorus viridipunctata* 1137
*Heliopyrgus domicella domicella* 383
*Heliopyrgus sublinea* 364
Heliothinae 169
*Heliothis dipsacea* 723
*Heliothis maritima* 421
*Heliothis maritima adaucta* 421
*Heliothis nubigera* 365
*Heliothis ononia* 421
*Heliothis peltigera* 142
*Heliothis rubrescens* 565
*Heliothis scutosa* 1046

*Heliothis virescens* 1118
*Heliothis viriplaca* 685
*Heliothis zea* 284
*Heliothrips haemorrhoidalis* 507
*Heliozela resplendella* 13
*Heliozela sericiella* 951
*Heliozela subpurpurea* 215
Heliozelidae 975
*Hellinsia balanotes* 62
*Hellinsia grandis* 292
*Hellinsia kellicottii* 472
*Helllula kempae* 593
*Hellula hydralis* 178
*Hellula phidilealis* 178
*Hellula rogatalis* 180
*Hellula undalis* 180
Helluonini 420
*Helocassis crucipennis* 299
Helodidae 689
Helomyzidae 533
*Helopeltis anacardii* 198
*Helopeltis antonii* 852
*Helopeltis collaris* 852
*Helopeltis shoutedeni* 287
*Helophilus hochstetteri* 703
*Helophilus intentus* 1082
*Helophilus trilineata* 1109
*Helophorus nubilus* 1192
*Helophorus rufipes* 1136
*Helophorus rugosus* 1136
Heloridae 533
*Helotropha reniformis* 912
*Helpe homolea* 563
*Hemaris* 86
*Hemaris affinis* 545
*Hemaris bombyliformis* 152
*Hemaris diffinis* 172
*Hemaris fuciformis* 152
*Hemaris gracilis* 995
*Hemaris radians* 827
*Hemaris thysbe* 555
*Hemaris tityus* 738
Hemerobiidae 162
Hemerobioidea 602
*Hemerobius* 162
*Hemerobius pacificus* 798
*Hemerobius stigma* 161
*Hemerocampa plagiata* 1137
*Hemerocampa vetusta* 185
*Hemerophila diva* 341
*Hemeroplanis habitalis* 106
*Hemeroplanis scopulepes* 1154
*Hemianax* 380
*Hemianax ephippiger* 1151
*Hemianax papuensis* 55
*Hemiandrus furcifer* 513
*Hemiandrus* 513
*Hemiargus ammon* 748
*Hemiargus ceraunus* 30
*Hemiargus hanno* 523
*Hemiargus isola* 892
*Hemiargus ramon* 888
*Hemiargus thomasi* 92
*Hemiberlesia lataniae* 623
*Hemiberlesia latestei* 494
*Hemiberlesia rapax* 494
*Hemichroa crocea* 1070
*Hemicoelus carinatus* 366
*Hemicordulia africana* 7
*Hemicordulia tau* 1097
*Hemideina* 1126
*Hemideina broughi* 1180
*Hemideina crassidens* 1180
*Hemideina femorata* 190
*Hemideina maori* 727
*Hemideina ricta* 73
*Hemideina thoracica* 53
*Hemigomphus atratus* 120
*Hemigomphus comitatus* 1253
*Hemigomphus cooloola* 1168

*Hemigomphus gouldii* 1033
*Hemigomphus heteroclytus* 1064
*Hemigomphus magela* 590
*Hemigomphus theischingeri* 887
*Hemihyalea edwardsii* 371
*Hemihyalea labecula* 422
*Hemileuca* sp. 864
*Hemileuca eglanterina* 271, 974
*Hemileuca electra* 374
*Hemileuca griffini* 512
*Hemileuca grotei* 512
*Hemileuca hera* 535
*Hemileuca hualapai* 554
*Hemileuca juno* 589
*Hemileuca maia* 168
*Hemileuca nevadensis* 746
*Hemileuca nuttalli* 761
*Hemileuca oliviae* 747
*Hemileuca tricolor* 1127
Hemileucinae 168
*Hemiolaus caeculus* 60
Hemipeplidae 533
*Hemiphlebia mirabilis* 533
Hemipsocidae 628
Hemipteroidea 533
*Hemisphaerota cyanea* 425
*Hemistigma albipuncta* 835
*Hemistola chrysoprasaria* 1002
*Hemistola immaculata* 637
*Hemitaxonus japonicus* 408
*Hemiteuca lucina* 747
*Hemithea aestivaria* 260
*Hemithea costipunctata* 934
*Hendecaneura shawiana* 135
*Hendecasis duplifascialis* 40
*Henicopsaltria eydouxii* 892
*Henosepilachna argus* 168
*Henotesia perspicua* 397
*Henricus contrastana* 281
*Heodes tityrus* 1025
Hepialidae 452
*Hepialus fusconebulosa* 683
*Hepialus humuli* 452
*Hepialus lembertii* 632
*Hepialus mustelinus* 477
*Hepialus sylvinus* 786
*Heplothrips gowdeyi* 469
*Heptagenia* 420
*Heptagenia longicauda* 960
*Heptagenia sulphurea* 1240
Heptageniidae 1069
*Heptamelus ochroleucus* 408
*Heptophylla picea picea* 1248
*Heraclides* 458
*Hercinothrips bicinctus* 68
*Hercinothrips femoralis* 71
*Hermathena oweni* 1204
Hermatobatidae 283
*Hermetia illucens* 116
*Hermeuptychia cucullina* 303
*Hermeuptychia harmonia* 524
*Hermeuptychia hermes* 536
*Hermeuptychia sosybius* 195
*Herminia barbalis* 260
*Herminia grisealis* 1003
*Herminia innocens* 709
*Herminia nemoralis* 1003
*Herminia tarsicrinalis* 971
*Herminia tarsipennalis* 405
*Herminia zelleralis* 358
*Hermonassa cecilia* 770
*Herona marathus* 815
*Herona marathus angustata* 1242
*Herpetogramma aeglealis* 970
*Herpetogramma bipunctalis* 1028
*Herpetogramma fluctuosalis* 494
*Herpetogramma licarsisalis* 485
*Herpetogramma luctuosalis zelleri* 481
*Herpetogramma pertextalis* 139
*Herpetogramma phaeopteralis* 1130

*Herpetogramma thestealis* 537
*Herse cingulata* 848
*Hesperagrion heterodoxum* 800
*Hesperia attalus* 347
*Hesperia colorado* 1183
*Hesperia columbia* 250
*Hesperia comma* 986
*Hesperia comma borealis* 601
*Hesperia comma laurentina* 624
*Hesperia dacotae* 313
*Hesperia juba* 585
*Hesperia leonardus* 633
*Hesperia lindseyi* 648
*Hesperia meskei* 341
*Hesperia metea* 243
*Hesperia miriamae* 982
*Hesperia nevada* 746
*Hesperia ottoe* 795
*Hesperia pahaska* 800
*Hesperia pawnee* 817
*Hesperia sassacus sassacus* 565
*Hesperia uncas* 1147
*Hesperia viridis* 504
*Hesperia woodgatei* 31
Hesperiidae 994
Hesperiinae 567
*Hesperilla chaostola* 209
*Hesperilla chrysotricha* 223
*Hesperilla chrysotricha plebeia* 853
*Hesperilla crypsargyra* 988
*Hesperilla crypsigramma* 1001
*Hesperilla donnysa* 344
*Hesperilla flavescens* 1243
*Hesperilla idothea* 418
*Hesperilla malindeva* 677
*Hesperilla mastersi* 692
*Hesperilla ornata* 1049
*Hesperilla picta* 801
*Hesperilla sexguttata* 992
Hesperioidea 994
*Hesperocharis costaricensis pasion* 287
*Hesperocharis crocea crocea* 787
*Hesperocharis crocea jaliscana* 787
*Hesperocharis graphites avivolans* 687
*Hesperocharis graphites graphites* 687
*Hesperocharis marchallii* 687
*Hesperocharis nereina* 744
*Hesperocordulia berthoudi* 785
*Hesperocorixa laevigata* 620
*Hesperophanes campestris* 520
*Hesperophylax* 987
*Hesperopsis alpheus* 945
*Hesperopsis gracielae* 694
*Hesperopsis libya* 715
*Hesperotettix viridis* 1019
*Hesperumia sulphuraria* 1081
*Hestina* 990
*Hestina assimilis* 226
*Hestina assimilis shirakii* 226
*Hestina divona* 1080
*Hestina japonica* 990
*Hestina nama* 226
*Hestina persimilis* 990
*Hetaerina* 935
*Hetaerina americana* 22
*Hetaerina curvicauda* 546
*Hetaerina rudis* 515
*Hetaerina titia* 1017
*Hetaerina vulnerata* 190
*Heterarmia charon* 1177
*Heterarthrus nemoratus* 96
Heterobathmiidae 1151
*Heterobostrychus aequalis* 635
*Heterobostrychus hamatipennis* 609
*Heterocampa bilineata* 377
*Heterocampa biundata* 1177
*Heterocampa guttivitta* 942
*Heterocampa manteo* 1154
*Heterocampa obliqua* 769
*Heterocampa subrotata* 1005

*Heterocampa umbrata* 1196
Heterocera 722
Heteroceridae 1156
*Heterocordylus flavipes* 36
*Heterocordylus malinus* 315
*Heterocrossa rubophaga* 890
*Heterodermes aureus* 333
*Heterodoxus longitarsus* 590
*Heterodoxus spiniger* 342
*Heterogaster urticae* 746
*Heterogenea asella* 1126
*Heterogenea asellana* 1126
*Heterogenea shurtleffi* 898
Heterogynidae 698
*Heteroligus appius* 1231
*Heteroligus melas* 1231
*Heterolocha aristonaria* 928
Heteromera 537
Heterometabola 537
Heteronemiidae 275
*Heteronychus* 112
*Heteronychus* sp. 93
*Heteronychus arator* 6
*Heteronychus plebejus* 671
*Heteronychus sanctae-helanae* 102
*Heteronympha banksii* 73
*Heteronympha cordace* 148
*Heteronympha merope* 256
*Heteronympha merope duboulayi* 1183
*Heteronympha mirifica* 1222
*Heteronympha paradelpha* 1046
*Heteronympha penelope* 980
*Heteronympha solandri* 1022
*Heteronyx flavus* 545
*Heteronyx piceus* 820
*Heteronyx rugosipennis* 820
*Heteropacha rileyana* 921
*Heteropeza pygmaea* 734
*Heterophleps refusaria* 1109
*Heterophleps triguttaria* 1110
*Heteropsis adolphei* 898
*Heteropsis perspicua* 1085
*Heteropsylla cubana* 641
*Heteropsylla fusca* 597
*Heteropsylla huasachae* 717
*Heteroptemis obscurella* 658
Heteroptera 1131
*Heteropterus morpheus* 610
*Heteropteryx dilatata* 1043
*Heterosais edessa* 370
*Heterotermes ferax* 1075
*Heterotermes* 1075
Heterothripidae 1126
*Heterothrips moreirai* 1111
*Heterotrioza remota* 766
*Hethemia pistasciaria* 848
*Hewitsonia boisduvali* 537
*Hewitsonia inexpectata* 1148
*Hexagenia* 471
*Hexagenia bilineata* 174
*Hexagenia limbata* 456
*Hexeris enhydris* 965
*Hexomyza websteri* 1222
*Hidari irava* 246
*Hieroglyphus* 617
*Hierodula membranacea* 453
*Hierodula patellifera* 453
*Hieroglyphus banian* 917
*Hieroglyphus daganensis* 917
*Hieroglyphus nigrorepletus* 832
*Hieroglyphus oryzivorus* 917
*Hieromantis ephodophora* 547
*Hieroxestis subcervinella* 68
*Higginsius fasciata* 554
*Hilara maura* 314
*Hilara sartor* 64
Hilarimorphidae 540
*Hilarographa caminodes* 192
*Hilda patruelis* 514
*Himacerus apterus* 1125

*Himacerus myrmicoides* 29
Himantopteridae 660
*Himantopterus dohertyi* 343
*Himella intractata* 499
*Himeropteryx miraculosa* 1218
*Hindoloides bipunctatus* 893
*Hindothosea cervina* 746
*Hipparchia alcyone* 925
*Hipparchia aristaeus* 1030
*Hipparchia aristaeus maderensis* 672
*Hipparchia azorina* 60
*Hipparchia bacchus* 373
*Hipparchia caldeirensis* 773
*Hipparchia cretica* 297
*Hipparchia ellena* 14
*Hipparchia fagi* 1225
*Hipparchia fidia* 1072
*Hipparchia hansii* 54
*Hipparchia hermione* 925
*Hipparchia leighebi* 382
*Hipparchia miguelensis* 625
*Hipparchia neomiris* 286
*Hipparchia sbordonii* 861
*Hipparchia semele* 488
*Hipparchia statilinus* 1125
*Hipparchia syriaca* 368
*Hipparchia tilosi* 601
*Hipparchia volgensis* 329
*Hipparchia wyssii* 189
*Hippelates* 396
*Hippelates collusor* 396
*Hippelates pusio* 396
*Hippiscus rugosus* 1228
*Hippobosca equina* 429
*Hippobosca longipennis* 342
*Hippobosca variegata* 201
Hippoboscidae 663
*Hippodamia americana* 21
*Hippodamia convergens* 281
*Hippodamia quinquesignata* 418
*Hippodamia variegata* 5
*Hippodamia washingtoni* 1171
*Hippomelas sphenica* 703
*Hippotion balsaminae* 65
*Hippotion celerio* 1161
*Hippotion eson* 273
*Hippotion irregularis* 569
*Hippotion osiris* 618
*Hippotion rebeli* 892
*Hippotion rosae* 510
*Hippotion roseipennis* 1010
*Hippotion rosetta* 1161
*Hippotion scrofa* 964
*Hippuriphila modeeri* 552
*Hirticlytus conosus* 856
*Hishimonus sellatus* 915
*Hispa atra* 1042
Hispinae 629
*Hister nomas* 542
Histeridae 542
*Historis acheronta* 181
*Historis odius* 792
*Historis odius dious* 792
*Hodotermes mossambicus* 526
Hodotermitidae 931
*Hodotermopsis japonica* 314
*Hoffmannophila pseudospretella* 611
*Hohorstiella lata* 836
*Holcaphis bromicola* 155
*Holciophorus* 256
*Holcocera coccivorella* 954
*Holcocera iceryaella* 543
*Holjapyx diversiunguis* 995
*Holochlora japonica* 574
*Hololepta populnea* 419
*Holomelina ferruginosa* 939
*Holomelina immaculata* 560
*Holomelina laeta* 585
*Holomelina lamae* 138
*Holomelina opella* 1098

*Holomelina ostenta* 981
*Holomelina rubicundaria* 936
Holomerentoma 544
Holometabola 544
*Holopeltis theivora* 1099
*Holorusia rubiginosa* 454
*Holotrichia kiotonensis* 104
*Holotrichia loochooana loochooana* 104
*Holotrichia parallela* 609
*Homadaula anisocentra* 711
*Homaderdra subalella* 810
*Homaeogryllus japonicus* 119
*Homaledra heptathalama* 396
*Homalodisca triquetra* 288
*Homalodisca viripennis* 462
*Homalogonia obtusa* 434
*Homalotylus* 243
*Homochlodes fritillaria* 804
*Homocoryphus nitidulus* 617
*Homoeocerus dilatatus* 152
*Homoeocerus marginiventris* 5
*Homoeocerus unipunctatus* 1149
*Homoeosoma electellum* 1083
*Homoeosoma nebulellum* 1083
*Homoeosoma nimbella* 1001
*Homoeosoma sinuella* 1139
*Homoeosoma vagellum* 133
*Homoglaea hircina* 465
*Homolapalpia dalera* 813
*Homona coffearia* 1100
*Homona issikii* 301
*Homona magnamima* 792
*Homona menciana* 187
*Homona spargotis* 58
*Homophoberia apicosa* 121
*Homophoberia cristata* 1175
Homoptera 544
*Homorocoryphus jezoensis* 757
*Homorocoryphus lineosus* 1032
*Homorocoryphus nitidulus vicinus* 370
*Homorosoma asperum* 565
*Homorthodes communis* 13
*Homotoma ficus* 413
*Hoplandrothrips marshalli* 629
*Hoplia callipyge* 482
*Hoplia communis* 658
*Hoplia dispar* 158
*Hoplia philanthus* 1180
Hopliinae 548
*Hoplistopus butti* 177
*Hoplistopus penricei* 297
*Hoplitis producta* 692
*Hoplocampa brevis* 823
*Hoplocampa cookei* 213
*Hoplocampa flava* 855
*Hoplocampa minuta* 854
*Hoplocampa pyricola* 822
*Hoplocampa testudinea* 35
*Hoplodrina alsines* 1147
*Hoplodrina ambigua* 1162
*Hoplodrina blanda* 938
*Hoplodrina superstes* 868
*Hoplomerus spinipes* 393
*Hoplophorion pertusa* 1125
*Hoplopleura acanthopus* 1166
*Hoplopleura oenomydis* 1130
*Hoplopleura pacifica* 1130
Hoplopleuridae 1006
*Hoplosphyrum boreale* 661
*Hoplostines laporteae* 746
*Horaga albimacula* 1163
*Horaga albimacula albistigmata* 163
*Horaga moulmeina* 1241
*Horaga onyx* 268
*Horaga onyx sardonyx* 268
*Horaga syrinx* 1241
*Horaga syrinx maenala* 1241
*Horaga viola* 163
*Horama panthalon* 1104
*Hordnia circellata* 133

*Horidiplosis ficifolii* 410
*Horisme aquata* 186
*Horisme intestinata* 158
*Horisme tersata* 408
*Horisme tersata tetricata* 408
*Horisme vitalbata* 1011
*Horisme vitalbata staudingeri* 1011
*Horistonotus uhleri* 948
*Hormaphis betulae* 92
*Hormoschista latipalpis* 348
*Hortensia similis* 273
*Hoshinoa adumbratana* 608
*Hoshinoa longicellana* 252
*Hospitalitermes monoceros* 118
*Howardia biclavis* 711
*Hubbellia marginifera* 841
*Huechys sanguinea* 219
*Hulstia undulatella* 1076
*Hulstina wrightiaria* 1228
*Hyadaphis foeniculi* 545
*Hyalarcta hubneri* 781
*Hyalarcta nigrescens* 915
*Hyalessa maculaticollis* 924
*Hyalites burni* 808
*Hyalites cerasa* 1126
*Hyalites obeira* 808
*Hyalopelpus pellucidus* 1124
*Hyalophora cecropia* 202
*Hyalophora columbia* 607
*Hyalophora euryalus* 202
*Hyalophora gloveri* 464
*Hyalopteroides humilis* 244
*Hyalopterus amygdali* 696
*Hyalopterus pruni* 696
*Hyalothyrus neleus* 1022
*Hyalothyrus neleus pemphigargyra* 338
*Hyalyris latilimbata* 1190
*Hyalyris mestra* 702
*Hyarotis* 423
*Hyarotis adrastus* 1125
*Hyarotis adrastus praba* 1125
*Hyarotis microsticta* 168
*Hyblaea puera* 1100
Hyblaeidae 1100
*Hyboma adaucta* 212
*Hybomitra bimaculata* 520
*Hybomitra ciureai* 642
*Hybomitra distinguenda* 148
*Hybomitra expollicata* 1072
*Hybomitra lurida* 152
*Hybomitra micans* 111
*Hybomitra montana* 996
*Hybomitra muehlfeldi* 152
*Hybomitra sexfasciata* 176
*Hybomitra solstitialis* 957
Hybrizontidae 557
*Hybroma servulella* 1247
*Hydraecia immanis* 547
*Hydraecia micacea* 931
*Hydraecia osseola* 690
*Hydraecia petasitis* 177
Hydraenidae 713
*Hydrelia albifera* 436
*Hydrelia flammeolaria* 1012
*Hydrelia inornata* 1147
*Hydrelia lucata* 644
*Hydrelia sylvata* 1176
*Hydrelia testaceata* 1091
*Hydrellia* 918
*Hydrellia griseola* 918
*Hydrellia nasturtii* 1174
*Hydrellia philippina* 920
*Hydrellia sasakii* 920
*Hydrellia scapularis* 917
*Hydrellia tritici* 625
*Hydriomena coerulata* 694
*Hydriomena divisaria* 105
*Hydriomena furcata* 587
*Hydriomena furcata nexifasciata* 587
*Hydriomena impluviata* 694

*Hydriomena impluviata insulata* 694
*Hydriomena nubilofasciata* 767
*Hydriomena perfracta* 973
*Hydriomena pluviata* 972
*Hydriomena renunciata* 912
*Hydriomena rixata* 157
*Hydriomena ruberata* 936
*Hydriomena similata* 495
*Hydriomena subochraria* 1070
*Hydriomena transfigurata* 1123
*Hydriomena triphragma* 508
*Hydriris ornatalis* 793
*Hydrobasileus* 462
*Hydrobasileus croceus* 18
*Hydrobius* 1173
*Hydrocanthus* 175
*Hydrochara affinis* 1005
Hydrocorisa 1172
*Hydrometra gracilenta* 641
*Hydrometra risbeci* 1173
*Hydrometra stagnorum* 1173
Hydrometridae 1173
*Hydromya dorsalis* 1018
*Hydronomidius molitor* 799
Hydrophilidae 1173
*Hydrophilus* 459, 961
*Hydrophilus acuminatus* 614
*Hydrophilus piceus* 494
*Hydrophilus triangularis* 453
Hydropoduridae 856
*Hydropsyche* 276
Hydropsychidae 745
Hydroptilidae 707
Hydroscaphidae 993
*Hydrotaea* 1086
*Hydrotaea ignava* 109
*Hydrotaea irritans* 1086
*Hydrotaea rostrata* 104
*Hydrous piceus* 489
*Hygia opaca* 1246
*Hygrobia herrmanni* 964
Hygrobiidae 557
*Hygronemobius alleni* 680
*Hygrotus artus* 717
*Hylaea fasciaria* 77
Hylaeinae 1236
*Hylaeothemis* 587
*Hylaeothemis fruhstorferi* 439
*Hylaeus* 1236
*Hylaeus pectoralis* 691
*Hylastes cumicularius* 1052
*Hylastes parallelus* 838
*Hylastes plumbeus* 838
*Hylastinus crenatus* 612
*Hylastinus fraxini* 47
*Hylastinus obscurus* 239
*Hylecoetus dermestoides cossis* 1225
*Hylecoetus lugubris* 950
*Hylemya antiqua* 778
*Hylemya brassicae* 179
*Hylemya cerealis* 1189
*Hylemya cilicrura* 966
*Hylemya coarctata* 1191
*Hylemya echinata* 1040
*Hyleops glabratus* 547
*Hylephila peruana* 832
*Hylephila phyleus* 411
*Hyles* 527
*Hyles calida* 527
*Hyles chamyla* 343
*Hyles euphorbiae* 1055
*Hyles gallii* 86
*Hyles lineata* 1072
*Hyles livornica livornica* 1072
*Hyles nicaea* 698
*Hyles wilsoni* 1219
Hylesininae 296
*Hylesinus* 75
*Hylesinus cingulatus* 1193
*Hylesinus crenatus* 608

*Hylesinus laticollis* 1085
*Hylesinus nobilis* 622
*Hylesinus oleiperda* 413
*Hylesinus piniperda* 622
*Hylesinus tiliae* 578
*Hylesinus tristis* 118
*Hylestes ater* 114
*Hyllolycaena hyllus* 156
Hylobiinae 844
*Hylobitelus pinastri* 713
*Hylobittacus apicallis* 119
*Hylobius abietis* 844
*Hylobius adachii* 4
*Hylobius aliradicus* 1031
*Hylobius assimilis* 842
*Hylobius freyi* 39
*Hylobius pinastri* 607
*Hylobius radicis* 842
*Hyloicus caligineus* 109, 840
*Hyloicus morio morio* 841
*Hyloicus pinastri* 840
*Hylonycta hercules* 1201
*Hylophila bicolorana* 959
Hylophilidae 557
*Hylotrupes bajulus* 553
*Hylurdrectonus piniarius* 547
*Hylurgopinus rufipes* 741
*Hylurgops glabratus* 163
*Hylurgops interstitialis* 838
*Hylurgops niponicus* 750
*Hylurgops palliatus* 1052
*Hylurgus ligniperda* 842
*Hylurgus parallerus* 840
*Hymenia perspectalis* 1045
*Hymenia recurvalis* 89
*Hymenoclea palmii* 174
Hymenoptera 1171
Hymenopteroidea 557
*Hymenopus coronatus* 426
*Hyorrhynchus lewisi* 642
*Hypagyrtis brendae* 147
*Hypagyrtis esther* 385
*Hypagyrtis piniata* 841
*Hypagyrtis unipunctata* 778
*Hypanartia bella* 90
*Hypanartia cinderella* 226
*Hypanartia dione* 401
*Hypanartia dione disjuncta* 71
*Hypanartia fassli* 249
*Hypanartia godmanii* 466
*Hypanartia kefersteini* 592
*Hypanartia lethe* 779
*Hypanartia paullus* 30
*Hypanartia trimaculata* 1215
*Hypanartia trimaculata autumna* 910
*Hyparpax aurora* 846
*Hypaspidiotus jordani* 395
*Hypaurotis crysalus* 249
*Hypena abalienalis* 1202
*Hypena amica* 138
*Hypena baltimoralis* 65
*Hypena bijugatis* 337
*Hypena claripennis* 1238
*Hypena crassalis* 85
*Hypena deceptalis* 327
*Hypena edictalis* 609
*Hypena humuli* 548
*Hypena laceratalis* 557
*Hypena madefactalis* 486
*Hypena manalis* 427
*Hypena newelli* 541
*Hypena obesali* 1063
*Hypena obsitalis* 126
*Hypena palparia* 723
*Hypena proboscidalis* 1019
*Hypena rostralis* 177
*Hypena sordidula* 1025
*Hypena strigata* 604
Hypeninae 1019
*Hypenodes caducus* 614

*Hypenodes fractilinea* 154
*Hypenodes humidalis* 690
*Hypenula cacuminalis* 657
*Hypera brunneipennis* 372
*Hypera meles* 238
*Hypera nigricostris* 239
*Hypera postica* 14
*Hypera punctata* 239
*Hypera variabilis* 239
*Hyperaeschra georgica* 451
Hyperaspini 1244
*Hyperaspis japonica* 1142
*Hyperaspis jocosa* 793
*Hyperaspis lateralis* 623
*Hyperaspis signata* 982
*Hypercallia citrinalis* 222
*Hypercompe permaculata* 683
Hyperinae 14
*Hypermnestra helios* 331
*Hyperodes humilis* 285
*Hyperomyzus cardnellinus* 641
*Hyperomyzus lactucae* 306
*Hyperomyzus pallidus* 475
*Hyperomyzus rhinanthi* 755
Hyperoscelididae 557
*Hyperstrotia flaviguttata* 1244
*Hyperstrotia perverens* 347
*Hyperstrotia secta* 113
*Hyperstrotia villificans* 1202
*Hyperstylus pallipes* 713
*Hyphantria* 1178
*Hyphantria cunea* 399
*Hyphantria textor* 1045
*Hyphilaria thasus* 1105
*Hyphoraia testudinaria* 817
*Hypna clytemnestra* 686
*Hypna clytemnestra mexicana* 987
*Hypnoidus riparius* 73
*Hypoborus ficus* 412
*Hypocala andremona* 557
*Hypocala deflorata* 1155
*Hypocala rostrata* 1102
*Hypochlora alba* 304
*Hypochrysops* 584
*Hypochrysops apelles* 282
*Hypochrysops apollo* 32
*Hypochrysops byzos* 1244
*Hypochrysops cleon* 1044
*Hypochrysops cyane* 308
*Hypochrysops delicia* 131
*Hypochrysops digglesii* 337
*Hypochrysops elgneri* 375
*Hypochrysops epicurus* 355
*Hypochrysops halyaetus* 1186
*Hypochrysops hippuris* 813
*Hypochrysops ignitus* 411
*Hypochrysops ignitus ollifi* 338
*Hypochrysops miskini* 714
*Hypochrysops narcissus* 738
*Hypochrysops piceata* 171
*Hypochrysops polycletus* 934
*Hypochrysops pythias* 820
*Hypochrysops theon* 495
*Hypocrisias minima* 630
*Hypocryphalus mangiferae* 679
*Hypocysta adiante* 784
*Hypocysta adiante antirius* 325
*Hypocysta angustata* 100
*Hypocysta euphemia* 925
*Hypocysta irius* 757
*Hypocysta metirius* 256
*Hypocysta pseudirius* 339
*Hypoderma* 1170
*Hypoderma bovis* 201
*Hypoderma diana* 329
*Hypoderma lineata* 201
Hypodermatidae 1170
Hypodermatinae 1170
*Hypodryas intermedia* 49
*Hypogastrura* 734

*Hypogastrura nivicola* 1020
*Hypogastrura vernalis* 879
*Hypogastrura viatica* 971
Hypogastruridae 558
*Hypogeococcus pungens* 525
*Hypoleria lavinia* 625
*Hypoleria lavinia cassotis* 199
*Hypoleria sarepta* 950
*Hypoleucis sophia* 957
*Hypolimnas* 371
*Hypolimnas alimena* 127
*Hypolimnas anomala* 676
*Hypolimnas anthedon* 1154
*Hypolimnas anthedon wahlbergi* 1154
*Hypolimnas antilope* 1046
*Hypolimnas bolina* 259
*Hypolimnas deceptor* 327
*Hypolimnas dexithea* 671
*Hypolimnas dinarcha* 619
*Hypolimnas misippus* 314
*Hypolimnas monteironis* 119
*Hypolimnas salmacis* 129
*Hypolimnas usambara* 905
*Hypolithus abbreviatus* 1
*Hypolycaena* 1117
*Hypolycaena antifaunus* 612
*Hypolycaena buxtoni* 177
*Hypolycaena danis* 100
*Hypolycaena dubia* 354
*Hypolycaena erylus* 275
*Hypolycaena erylus teatus* 275
*Hypolycaena lebona* 398
*Hypolycaena liara plana* 802
*Hypolycaena lochmophila* 242
*Hypolycaena nigra* 107
*Hypolycaena nilgirica* 750
*Hypolycaena philippus* 877
*Hypolycaena phorbas* 275
*Hypolycaena thecloides* 166
*Hypomeces squamosus* 467
*Hypomecis roboraria* 491
*Hypomecis roboraria displicens* 491
*Hypomecis umbrosaria* 1146
*Hypomyrina mimetica* 643
*Hyponephele davendra* 1206
*Hyponephele lupina* 791
*Hyponephele lycaon* 359
*Hyponephele maroccana* 720
*Hyponephele pulchra* 1098
*Hyponomeuta cognatellus* 15
*Hyponomeuta evonymellus* 442
*Hyponomeuta malinellus* 39
*Hyponomeuta rorellus* 409
*Hypophylla sudias sudias* 1194
*Hypophylla zeurippa* 1254
*Hypophytala benitensis* 543
*Hypophytala henleyi* 512
*Hypoprepia fucosa* 801
*Hypoprepia miniata* 1071
*Hypopyra vespertilio* 1019
*Hyposcada illinissa* 560
*Hyposcada virginiana* 1165
*Hypostrymon asa* 47
*Hypostrymon critola* 1024
*Hypothenemus amakusanus* 17
*Hypothenemus aspericollis* 75
*Hypothenemus birmanus* 594
*Hypothenemus citri* 227
*Hypothenemus eruditus* 412
*Hypothenemus hampei* 247
*Hypothenemus oblongus* 415
*Hypothenemus obscurus* 39
*Hypothenemus pubescens* 484
*Hypothenemus sapporensis* 950
*Hypothyris euclea valora* 386
*Hypothyris euclea* 386
*Hypothyris lycaste* 666
*Hypothyris lycaste dionaea* 666
*Hyppa rectilinea* 954
*Hyppa xylinoides* 264

*Hyppodamia sinuata* 990
*Hyppodamia tredecimpunctata* 1106
*Hyppodamia tredecimpunctata timberlakei* 1106
*Hypsipyla grandella* 674
*Hypsipyla robusta* 674
*Hypsomadius insignis* 908
*Hypsopygia costalis* 467
*Hypsopygia glaucinalis* 349
*Hypsopygia olinalis* 1236
*Hypsoropha hormos* 1007
*Hypsoropha monilis* 615
*Hypurus bertrandi* 864
*Hysteroneura setariae* 939
*Hysterophora maculosana* 999
*Hystrichophora taleuna* 566
*Hystrichopsylla dippiei* 1224
*Hystrichopsylla schefferi* 456
*Hystrichopsylla talpae* 454
Hystrichopsyllidae 925
*Hystricia abrupta* 87

# I

*Iambrix salsala* 215
*Iambrix stellifer* 1059
*Iaspis* 923
*Iaspis castitas* 199
*Iaspis temesa* 1101
*Ibalia leucospoides* 991
Ibalidae 559
*Ibisia marginata* 111
*Icaricia icarioides fenderi* 408
*Icerya aegyptiaca* 372
*Icerya montserratensis* 427
*Icerya palmeri* 427
*Icerya pulcher* 454
*Icerya purchasi* 290
*Icerya seychellarum* 1235
*Ichneumon promissorius* 70
Ichneumonidae 559
Ichneumoninae 1131
Ichneumonoidea 559
*Ichthyura albosigma* 939
*Ichthyura apicalis* 1218
*Ichthyura inclusa* 863
*Ictinogomphus ferox* 274
*Ictinogomphus rapax* 888
*Ictinogomphus* 419
*Idaea aversata* 915
*Idaea basinta* 893
*Idaea biselata* 1003
*Idaea bonifata* 20
*Idaea contiguaria* 1178
*Idaea degeneraria* 864
*Idaea demissaria* 895
*Idaea dilutaria* 984
*Idaea dimidiata* 990
*Idaea emarginata* 1009
*Idaea eremiata* 1065
*Idaea furciferata* 759
*Idaea fuscovenosa* 361
*Idaea hilliata* 541
*Idaea humiliata* 570
*Idaea inquinata* 939
*Idaea jakima* 448
*Idaea leuconoe chersonesia* 681
*Idaea muricata* 877
*Idaea nielseni* 748
*Idaea nudaria infuscaria* 1026
*Idaea obfusaria* 922
*Idaea ochrata* 805
*Idaea ostentaria* 981
*Idaea scintillularia* 337
*Idaea seriata* 1002
*Idaea serpeniata* 771
*Idaea stolli logani* 275
*Idaea straminata* 851
*Idaea subsericeata* 951
*Idaea sylvestris* 346

*Idaea tacturata* 345
*Idaea trigeminata* 1124
*Idaea vulpinaria* 630
*Idaea vulpinaria atrosignaria* 630
*Idaethina froggatti* 599
*Idea* 1125
*Idea idea* 649
*Idea leuconoe* 981
*Idea lynceus* 1125
*Idea malabarica* 675
*Idea tambusisiana* 86
*Ideopsis gaura perakana* 1015
*Ideopsis hewitsonii* 538
*Ideopsis juventa sitah* 510
*Ideopsis klassika* 969
*Ideopsis similis* 207
*Ideopsis vitrea* 123
*Ideopsis vulgaris* 130
*Ideopsis vulgaris macrina* 130
*Idia aemula* 1176
*Idia americalis* 21
*Idia diminuendis* 785
*Idia majoralis* 493
*Idia rotundalis* 931
*Idia scobialis* 1016
*Idiocerus cognatus* 1205
*Idiocerus ishiyamae* 1201
*Idiocerus nigripectus* 118
*Idiocerus niveosparsus* 679
*Idiocerus populi* 863
*Idiocerus urakawensis* 1150
*Idiocerus vitticollis* 546
*Idionotus brunneus* 164
*Idionotus incurvus* 563
*Idionotus lundgreni* 666
*Idionotus similis* 989
*Idionotus siskiyou* 991
*Idionotus tehachapi* 1101
*Idionotus tuolumne* 1135
*Idiophantis chiridota* 35
*Idiopterus nephrelepidis* 408
*Idiostatus aberrans* 1
*Idiostatus aequalis* 1148
*Idiostatus apollo* 32
*Idiostatus bechteli* 85
*Idiostatus birchimi* 97
*Idiostatus californicus* 835
*Idiostatus callimeris* 870
*Idiostatus chewaucan* 217
*Idiostatus elegans* 374
*Idiostatus fuscopunctatus* 106
*Idiostatus fuscus* 321
*Idiostatus goedeni* 466
*Idiostatus gurneyi* 517
*Idiostatus hermanii* 536
*Idiostatus inermis* 1147
*Idiostatus inermoides* 555
*Idiostatus inyo Rehn et* 567
*Idiostatus kathleenae* 591
*Idiostatus magnificus* 673
*Idiostatus major* 494
*Idiostatus martinellii* 691
*Idiostatus middlekauffi* 707
*Idiostatus rehni* 912
*Idiostatus variegatus* 1156
*Idiostatus viridis* 503
*Idiostatus wymorei* 1229
*Idmon obliquans* 1009
*Idolomantis diabolica* 334
*Ignata* 883
*Ignata gadira* 446
*Ignata norax* 752
*Ilecta intractata* 106
*Iliana purpurascens* 1128
*Illeis galbula* 443
*Illiberis pruni* 822
*Illiberis psychina* 874
*Illiberis tenuis* 480
*Illinoia rubicola* 1050
*Ilyocoris cimicoides* 952

Immidae 550
*Impatientinum impatiens* 1015
*Inachis io* 820
*Inachis io geisha* 820
*Incisalia* 375
*Incisalia eryphon* 1187
*Incisalia fotis* 363
*Incisalia iroides* 1184
*Incisalia irus* 432
*Incisalia mossii* 721
*Incisalia mossii bayensis* 947
*Incisalia niphon clarki* 840
*Incisitermes barretti* 78
*Incisitermes immigrans* 663
*Incisitermes minor* 1184
*Incisitermes snyderi* 653
*Incistermes* 354
*Incurvaria muscalella* 406
*Incurvaria praelatella* 1050
Incurvariidae 1251
*Indarbela* 1223
*Indarbela quadrinotata* 785
*Indarbella quadrinotata* 75
*Indarbella tetraonis* 75
*Indocryphalus aceris* 684
*Indocryphalus pubipennis* 647
*Indocryphalus sordidus* 951
*Indolestes* 911
*Indolestes divisus* 702
*Indolestes gracilis* 727
*Indomegoura indica* 563
*Indothemis* 330
*Indothemis carnatica* 644
*Indothemis limbata sita* 913
*Inga cretacea* 208
*Inga sparsiciliella* 112
*Inglorius mediocris* 697
*Inguromorpha basalis* 111
*Inocellia* 1018
Inocellidae 1018
*Inopus flavus* 1243
*Inopus rubriceps* 1079
*Insara* 1183
*Insara apache* 31
*Insara covilleae* 296
*Insara elegans* 374
*Insara gemmicula* 450
*Insara juniperi* 588
*Insara tessellata* 1103
*Inscudderia* 310
*Inscudderia strigata* 516
*Inscudderia taxodii* 1184
*Inscudderia walkeri* 366
Insecta 567
*Inurois fletcheri* 35
*Inurois membranaria* 819
*Inurois tenuis* 576
*Involvulus amabilis* 1074
*Involvulus cylindricollis* 854
*Involvulus pilosus* 520
*Inyodectes pallidus* 809
*Inyodectes santarosae* 949
*Iodopepla u-album* 1199
*Iolana iolas* 568
*Iolaphilus julus* 456
*Iolaphilus timon* 660
*Iolaus* 950
*Iolaus aemulus* 977
*Iolaus alienus* 162
*Iolaus aphanaeoides* 1233
*Iolaus calisto* 613
*Iolaus catori* 1004
*Iolaus crawshayi littoralis* 294
*Iolaus diametra* 1233
*Iolaus diametra natalica* 741
*Iolaus fontainei* 427
*Iolaus jacksoni* 572
*Iolaus kyabobo* 600
*Iolaus lulua* 1207
*Iolaus mimosae* 711

*Iolaus nasisii* 740
*Iolaus pallene* 942
*Iolaus poultoni* 866
*Iolaus sidus* 902
*Iolaus silanus* 1111
*Iolaus silas* 950
*Iolaus subinfuscata* 359
*Iolaus trimeni* 1127
*Ionolyce helicon* 857
*Ionolyce helicon merguiana* 857
*Iophanus pyrrhias* 515
*Iphiclides feisthamelii* 1032
*Iphiclides podalirius* 959
*Ipidecla miadora* 1181
*Ipidecla schausi* 946
*Ipimorpha pleonectusa* 394
*Ipimorpha retusa* 348
*Ipimorpha subtusa* 775
*Ipochus fasciatus* 519
*Ips* 840
*Ips acuminatus* 841
*Ips avulsus* 1010
*Ips calligraphus* 992
*Ips cembrae* 606
*Ips confusus* 848
*Ips curvidens* 985
*Ips duplicatus* 348
*Ips grandicollis* 417
*Ips mannsfeldi* 392
*Ips oregoni* 840
*Ips paraconfusus* 183
*Ips pini* 840
*Ips sexdentatus* 993
*Ips typographus* 372
*Ips typographus japonicus* 372
*Iraota* 987
*Iraota rochana* 959
*Iraota rochana boswelliana* 959
*Iraota timoleon* 987
*Irbisia* 109
*Iridana hypocala* 1146
*Iridana rougeoti* 931
*Iridomyrmex* 697
*Iridomyrmex humilis* 42
*Iridomyrmex purpureus* 697
*Iridopsis defectaria* 164
*Iridopsis ephyraria* 808
*Iridopsis fragilaria* 229
*Iridopsis humaria* 1008
*Iridopsis larvaria* 91
*Iridopsis obliquaria* 769
*Iridopsis vellivolata* 616
*Iridothrips iridis* 568
*Iris oratoria* 698
*Isa textula* 300
*Isapis agyrtus hera* 1233
*Ischiodon scutellaris* 264
*Ischnaspis longirostris* 118
*Ischnocera* 570
*Ischnocodia annulus* 922
*Ischnodemus sabuleti* 389
Ischnopsyllidae 79
*Ischnura* 136
*Ischnura asiatica* 907
*Ischnura aurora* 54
*Ischnura barberi* 332
*Ischnura cervula* 798
*Ischnura damula* 851
*Ischnura demorsa* 704
*Ischnura denticollis* 108
*Ischnura elegans* 136
*Ischnura erratica* 1089
*Ischnura evansi* 127
*Ischnura fountaineae* 767
*Ischnura gemina* 947
*Ischnura genei* 570
*Ischnura graellsii* 559
*Ischnura hastata* 227
*Ischnura heterosticta* 255
*Ischnura kellicotti* 646

*Ischnura perparva* 1185
*Ischnura posita* 436
*Ischnura prognata* 444
*Ischnura pruinescens* 250
*Ischnura pumilio* 999
*Ischnura ramburii* 888
*Ischnura saharensis* 943
*Ischnura senegalensis* 255
*Ischnura verticalis* 261
*Ischyrus* 853
*Isma iapis* 851
*Isochaetes beutenmuelleri* 1054
*Isocorypha mediostriatella* 774
*Isogona snowi* 1021
*Isogona tenuis* 1106
Isometopidae 587
*Isomira* 251
*Isoneurothrips australis* 517
*Isonychia* 1201
*Isonychus ocellatus* 771
*Isoparce cupressi* 63
*Isoperla* 506
*Isoperla confusa* 506
*Isoperla grammatica* 276
Isoperlidae 506
*Isophya pyrenea* 617
Isoptera 1103
*Isopteron punctatissimus* 404
*Isoteinon lamprospilus formosanus* 977
*Isotenes miserana* 782
*Isotoma saltans* 460
*Isotoma viridis* 1155
Isotomidae 1017
*Isotomurus palustris* 690
Issidae 570
*Issoria hanningtoni* 523
*Issoria lathonia* 883
*Issus harimensis* 153
*Isturgia dislocaria* 808
*Isturgia limbaria* 439
*Itaballia demophile* 102
*Itaballia demophile centralis* 102
*Itaballia pandosia* 158
*Itaballia pandosia kicada* 158
*Itame brunneata* 888
*Itame fulvaria* 888
*Itame sulphurea* 504
*Ithome concolorella* 594
*Ithomeis aurantiaca* 461
*Ithomia agnosia* 10
*Ithomia arduinna* 313
*Ithomia heraldica* 535
*Ithomia pellucida* 134
*Ithomia terra* 84
Ithomininae 29
Ithonidae 722
*Ithycerus noveboracensis* 747
*Iton semamora* 276
*Ivela auripes* 1240
*Ixias* 564
*Ixias marianne* 1204
*Ixias pyrene* 1241
*Ixias pyrene verna* 1241
*Izatha attactella* 808
*Izatha epiphanes* 442
*Izatha peroneanella* 501

## J

*Jaapiella bryoniae* 1196
*Jaapiella veronicae* 452
*Jacoona anasuja anasuja* 491
*Jadera haematoloma* 905
*Jalmenus aridus* 566
*Jalmenus clementi* 1137
*Jalmenus daemeli* 313
*Jalmenus eichhorni* 756
*Jalmenus evagoras* 561
*Jalmenus icilius* 559

*Jalmenus ictinus* 559
*Jalmenus inous* 567
*Jalmenus lithochroa* 650
*Jalmenus pseudictinus* 670
*Jalysus spinosus* 1041
*Jalysus wickkami* 1041
*Jamaicana subguttata* 724
*Jamides* 207
*Jamides alecto* 703
*Jamides alecto ageladas* 703
*Jamides alecto dromicus* 703
*Jamides aleuas* 148
*Jamides amarauge* 976
*Jamides bochus* 317
*Jamides bochus ishigakianus* 317
*Jamides bochus nabonassar* 317
*Jamides caerulea* 462
*Jamides caeruleus caeruleus* 994
*Jamides celeno* 257
*Jamides celeno aelianus* 257
*Jamides cleodus* 1196
*Jamides coruscans* 207
*Jamides cytus* 802
*Jamides elioti* 375
*Jamides elpis* 462
*Jamides ferrari* 409
*Jamides malaccanus malaccanus* 1023
*Jamides nemophila* 813
*Jamides phaseli* 317
*Jamides philatus* 173
*Jamides pseudelpis* 462
*Jamides pura* 1196
*Jamides snelleni* 1019
*Janatella fellula* 249
*Janatella leucodesma* 1213
*Janetiella oenophila* 480
*Jankowskia fuscaria* 1099
*Janomima westwoodi* 567
*Janthecla janthina* 573
*Janthecla janthodonia* 573
*Janthecla rocena* 924
*Janus abbreviatus* 1218
*Janus integer* 306
*Janus japonicus* 1160
*Janus kashivorus* 766
*Janus luteipes* 1219
*Japanagallia pteridis* 408
*Japanagromyza quercus* 884
*Japanagromyza tokunagai* 788
*Japanagromyza tristella* 1035
*Japananus aceri* 684
*Japananus hyalinus* 556
*Japonica lutea lutea* 71
Japygidae 364
*Japyx diversiunguis* 614
*Jaspidea celsia* 71
*Jaspidia pygarga* 1207
Jaspidiinae 687
Jassinae 1131
*Jassus dorsalis* 101
*Javesella pellucida* 1192
*Jemadia fallax* 400
*Jemadia gnetus* 398
*Jemadia hewitsonii* 538
*Jemadia menechmus* 669
*Jemadia pseudognetus* 345
*Joanna joanna* 584
*Jocheaera alni* 13
*Jodia croceago* 787
*Jodis lactearia* 651
*Jodis putata orientalis* 1007
*Johnsonita auda* 53
*Jonaspyge jonas* 954
*Jonaspyge tzotzili* 436
*Jonthonota nigripes* 111
*Jordanita globulariae* 957
*Juditha caucana* 202
*Juditha odites* 772
*Judolia sexmaculata* 1109
Jugatae 585

*Juncomyzus rhois* 915
*Junea doraete* 793
*Junea dorinda* 84
*Junonia* 169
*Junonia almana* 820
*Junonia almana javana* 820
*Junonia ansorgei* 28
*Junonia artaxia* 251
*Junonia atlites* 510
*Junonia chorimene* 472
*Junonia coenia* 168
*Junonia cymadoce* 1186
*Junonia erigone* 753
*Junonia evarete* 1181
*Junonia evarete nigrosuffusa* 317
*Junonia genoveva* 103
*Junonia genoveva nigrosuffusa* 103, 317
*Junonia genoveva zonalis* 1129
*Junonia hedonia* 163
*Junonia hedonia ida* 222
*Junonia hedonia iwasakii* 165
*Junonia hedonia zelima* 165
*Junonia hierta* 1242
*Junonia iphita* 222
*Junonia iphita horsfieldi* 222
*Junonia lemonias lemonias* 633
*Junonia natalica* 159
*Junonia oenone* 132
*Junonia orithya* 132
*Junonia orithya madagascariensis* 397
*Junonia orithya wallacei* 132
*Junonia rhadama* 149
*Junonia stygia* 163
*Junonia terea* 1023
*Junonia tugela* 354
*Junonia vestina* 24
*Junonia villida* 694
*Junonia westermanni* 133
*Jurinella lutzi* 166
*Justinia norda* 403

K

*Kakimia houghtonensis* 476
*Kakothrips pisivorus* 426
*Kakothrips robustus* 818
*Kallima* 626
*Kallima albofasciata* 24
*Kallima alompra* 956
*Kallima horsfieldi* 132
*Kallima inachus* 783
*Kallima inachus eucerea* 783
*Kallima inachus formosana* 783
*Kallima limborgii amplirufa* 626
*Kallima paralekta* 564
*Kallima philarchus* 132
*Kallima rumia* 7
*Kallimoides rumia jadyae* 7
*Kalotermes* 354
*Kalotermes brouni* 748
*Kalotermes flavicollis* 1241
*Kalotermes hubbardi* 1029
*Kalotermes minor* 259
*Kalotermes snyderi* 1028
Kalotermitidae 354
*Kaltenbachiella japonica* 580
*Kaltenbachiella nirecola* 377
*Kamendaka saccharivora* 1078
*Kaniska canace* 126
*Kaniska canace drilon* 126
*Kaniska canace nojaponicum* 126
*Kaniska canace perakana* 126
*Kapunda troughtoni* 1154
*Karoophasma biedouwensis* 94
*Katianna australis* 591
*Kedestes barberae* 74
*Kedestes brunneostriga* 806
*Kedestes callicles* 806
*Kedestes chaca* 971
*Kedestes lenis* 1149
*Kedestes lepenula* 211

*Kedestes macomo* 670
*Kedestes mohozutza* 443
*Kedestes nancy* 737
*Kedestes nerva* 959
*Kedestes niveostriga* 321
*Kedestes rogersi* 926
*Kedestes sarahae* 950
*Kedestes wallengrenii* 1168
*Keiferia lycopersicella* 1120
*Kermes ilicis* 593
*Kermes kuwanae* 600
*Kermes miyasakii* 215
*Kermes mutsurensis* 650
*Kermes nakagawae* 594
*Kermes nawae* 742
*Kermes quercus* 594
*Kermes vastus* 612
*Kermes vermilio* 593
Kermestidae 446
Kermidae 594
Keroplatidae 443
Kerriidae 601
*Kheper nigroaeneus* 6
*Kiefferia pimpinellae* 197
*Kikihia convicta* 752
*Kikihia muta* 651
*Kikihia subalpina* 852
*Kilifia acuminata* 4
*Kimminsia subnebulosa* 161
Kinnaridae 596
*Kirinia climene* 638
*Kirinia roxelana* 624
*Kissophagus hederae* 571
*Kleinschmidtimyia pisi* 818
*Knugia undans flaveola* 884
*Knugia yamadai* 884
*Knulliana cincta* 71
*Kolana ligurina* 645
*Kolana lyde* 667
*Kolla atramentaria* 1203
*Kophene snelleni* 79
*Korscheltellus gracilis* 279
*Korscheltellus lupulina* 273
*Koruthaialos butleri* 323
*Koruthaialos rubecula* 738
*Koruthaialos sindu* 148
*Korynetes caeruleus* 1060
*Kosciuscola tristis* 17
*Kotochalia doubledayi* 398
*Kotochalia junodi* 1176
*Kretania eurypilus* 494
*Kricogonia lyside* 667
*Kurisakia onigurumii* 580
*Kuvera flaviceps* 1238
*Kuvera ligustri* 645
*Kuwanaspis hikosani* 540
*Kuwanaspis howardi* 67
*Kuwanaspis pseudoleucaspis* 66
*Kuwania quercus* 766
*Kuwanina parva* 212

## L

*Labia curvicauda* 307
*Labia minor* 637
*Labidium riparia japonica* 1071
*Labidura bidens* 1071
*Labidura herculeana* 1057
*Labidura riparia* 256
*Labidura riparia japonica* 621
*Labidura truncata* 256
Labiduridae 657
Labiidae 651
*Labopidicola altii* 778
*Laborrus impictifrons* 502
*Lacanobia blenna* 1065
*Lacanobia contigua* 84
*Lacanobia legitima* 1071
*Lacanobia oleracea* 148

*Lacanobia radix* 447
*Lacanobia thalassina* 806
*Lacanobia thalassina contrastata* 806
*Lacanobia w-latinum* 644
*Laccifer lacca* 601
*Laccotrephes japonensis* 581
*Laccotrephes tristis* 1173
*Lachesilla pediculuria* 286
Lachesillidae 405
Lachninae 602
*Lachnocnema* 1227
*Lachnocnema bibulus* 1227
*Lachnocnema brimo* 1189
*Lachnocnema divergens* 341
*Lachnocnema emperamus* 1189
*Lachnocnema laches* 1031
*Lachnocnema regularis* 911
*Lachnocnema vuattouxi* 1189
*Lachnodius eucalypti* 899
*Lachnoptera anticlia* 1183
*Lachnoptera ayresii* 126
*Lachnopus coffeae* 1179
*Lachnopus curvipes* 1179
*Lachnopus hispidis* 1179
*Lachnopus sparsimguttatus* 1179
*Lachnosterna fusca* 345
*Lachnus exsicator* 88
*Lachnus iliciphilus* 765
*Lachnus longipes* 216
*Lachnus roboris* 611
*Lachnus tropicalis* 610
*Lacinipolia meditata* 1106
*Lacinipolia olivacea* 775
*Lacinipolia quadrilineata* 41
*Lacinipolia renigera* 594
*Lacinipolia stricta* 157
*Lacosoma arizonicum* 1034
*Lacosoma chiridota* 955
*Lactura caminaea* 741
*Lactura popula* 172
Lacturidae 1129
*Ladoga camilla* 1193
*Ladoga camilla japonica* 1193
*Laelia coenosa* 911
*Laelia coenosa sangaica* 911
*Laelia monoscola* 1212
Laemobothriidae 527
*Laemobothrion maximum* 527
*Laemostenus complanatus* 286
*Laeosopis roboris* 1036
*Laetilia coccidivora* 243
*Lagidina platycerus* 1163
*Lagoa crispata* 1236
*Lagoa erispata* 1199
*Lagoa fiscellaria somniaria* 767
*Lagoa lacyi* 424
*Lagoa pyxidifera* 1236
*Lagocheirus undatus* 856
*Lagoptera juno* 440
Lagriidae 658
*Lagynotomus elongatus* 919
*Lamasina draudti* 352
*Lambdina fervidaria* 533
*Lambdina fiscellaria* 533
*Lambdina fiscellaria lugubrosa* 533, 1185
*Lambdina fiscellaria somniaria* 533, 1186
*Lambdina pellucidaria* 368
*Lambdina pultaria* 1031
Lamellicornia 603
*Lamia textor* 1178
Lamiinae 419
*Laminicoccus pandani* 812
*Lamoria anella* 154
*Lamphiotes velazquezi* 166
*Lampides boeticus* 818
*Lampides kankena* 462
*Lampides lacteata* 709
*Lampra rutilans* 648
*Lamprima aurata* 473
*Lamprocapsidea coffeae* 247

*Lamprolina aeneipennis* 849
*Lamprolonchaea brouniana* 703
*Lampronia capitella* 1046
*Lampronia corticella* 891
*Lampronia luzella* 1046
*Lampronia rubiella* 890
*Lamproptera* 351
*Lamproptera curius* 1198
*Lamproptera meges* 498
*Lampropteryx minna* 447
*Lampropteryx otregiata* 334
*Lampropteryx suffumata* 1172
*Lamprosema alstitalis* 632
*Lamprosema charesalis* 68
*Lamprospilus* 923
*Lamprospilus arza* 990
*Lamprospilus collucia* 1144
*Lamprospilus sethon* 613
*Lamprospilus tarpa* 347
Lampyridae 416
*Lampyris noctiluca* 464
*Langessa nomophilalis* 111
*Langia zenzeroides nawai* 455
*Languria mozardi* 240
Languriidae 653
*Lantanophaga pusillidactyla* 605
*Lanthus parvulus* 757
*Lanthus vernalis* 1032
*Laodelphax striatellus* 1000
*Laothoe amurensis* 970
*Laothoe juglandis* 1169
*Laothoe populi* 862
*Laothus barajo* 74
*Laothus erybathis* 384
*Laothus gibberosa* 492
*Laothus oceia* 771
*Lapara bombycoides* 844
*Lapara coniferarum* 1
*Lapara phaeobrachycerous* 156
*Laparus doris* 345
*Laparus doris viridis* 345
*Laphria flava* 172
Laphriinae 605
*Laphyridia augulata* 242
*Larentia clavaria* 678
*Larentia ocellata* 877
Larentiinae 196
Largidae 896
*Largus succinetus* 896
*Laria rufipes* 1160
Lariidae 967
*Laringa castelnaui* 128
*Laringa horsfieldii* 70
*Larinopoda lircaea* 295
*Larinus griseopilosus* 1200
*Larinus latissimus* 173
*Larinus meleagris* 621
*Larra luzonensis* 716
Larrinae 948
*Lasaia agesilas* 463
*Lasaia agesilas callania* 463
*Lasaia arsis* 200
*Lasaia maria maria* 130
*Lasaia maria maria anna* 130
*Lasaia meris* 1155
*Lasaia moeros* 140
*Lasaia narses* 740
*Lasaia sessilis* 487
*Lasaia sula* 131
*Lascoria ambigualis* 19
*Lasiacantha capucina* 1112
*Lasiocampa quercus* 763
*Lasiocampa quercus callunae* 755
*Lasiocampa quercus callunae* 763
*Lasiocampa trifolii* 483
Lasiocampidae 1102
*Lasioderma serricorne* 226
*Lasioglossum* 968
*Lasiohelea* 99
*Lasiomma laricicola* 606

*Lasiommata maera* 620
*Lasiommata maerula* 591
*Lasiommata menava* 323
*Lasiommata petropolitana* 758
*Lasiophila orbifera* 411
*Lasiopogon cinctus* 1051
*Lasiopsylla rotundipennis* 1234
*Lasioptera camelliae* 187
*Lasioptera hungarica* 1149
*Lasioptera rubi* 122
*Lasippa heliodore* 173
*Lasippa heliodore dorelia* 173
*Lasippa tiga* 173
*Lasippa tiga siaka* 677
*Lasippa viraja* 1249
*Lasius* 100, 285
*Lasius alienus* 285
*Lasius brunneus* 166
*Lasius flavus* 1240
*Lasius fuliginosus* 410
*Lasius neglectus* 567
*Lasius neoniger* 285
*Lasius niger* 100
*Lasius niger americanus* 285
*Laspeyresia* 836
*Laspeyresia amplana* 761
*Laspeyresia conicolana* 747
*Laspeyresia corollana* 532
*Laspeyresia cupressana* 310
*Laspeyresia dorsana* 502
*Laspeyresia leguminana* 366
*Laspeyresia leucostoma* 628
*Laspeyresia prunivorana* 788
*Laspeyresia pyrivora* 821
*Laspeyresia saltitans* 705
*Laspeyresia strobilella* 1053
*Laspeyresia zebeana* 606
*Laspeyria flexula* 84
*Laterinaria servillei* 970
*Laternaria phosphorea* 1027
*Lateroligia ophiogramma* 348
*Lathecla* 883
*Lathecla latagus* 623
*Latheticus oryzae* 620
*Lathrecista* 125
*Lathrecista asiatica asiatica* 874
Lathridiidae 852
*Lathridius minutus* 1055
*Lathronympha strigana* 1245
Lauxaniidae 624
*Laxita thuisto thuisto* 638
*Laxta* 1127
*Laxta granicollis* 75
*Lea floridensis* 424
*Lebadea martha* 597
*Lebadea martha parkeri* 597
Lebiini 249
*Lecanium corni* 389
*Lecanium deltae* 330
*Lecanium glandi* 454
*Lecanium horii* 290
*Lecanium kunoensis* 1147
*Lecanium kuwanai* 600
*Lecanium takachihoi* 216
*Lecanobia nevadae* 1253
Lecanodiaspididae 403
*Lecanodiaspis quercus* 401
*Lechnocnema durbani* 356
Lecithoceridae 657
*Ledaea perditalis* 663
*Ledra auditura* 54
*Ledropsis discolor* 1012
*Lefroyothrips lefroyi* 1100
*Leguminivora glycinivorella* 1035
*Leia varia* 443
*Leichenum canaliculatum* 671
Leiodidae 932
*Leioproctus* 520
*Leioptilus lienigianus* 998
*Leioptilus osteodactylus* 148

*Leioptilus tephradactyla* 307
*Leiopus nebulosus* 104
*Lelia decempunctata* 1102
*Lema concinipennis* 1233
*Lema coronata* 1246
*Lema cyanella* 206
*Lema daturaphia* 1109
*Lema decempunctata* 1102
*Lema gallaeciana* 128
*Lema honorata* 339
*Lema trilinea* 1109
*Lema trilineata* 1109
*Lema trivittata* 1109
*Lembeja paradoxa* 63
*Lembeja vitticollis* 162
*Lemmeria digitalis* 414
*Lemonia dumi* 847
*Lemonias caliginea* 176
Lemoniidae 58
*Lento hermione hermione* 536
*Lento ludo* 665
*Leodonta tellane* 1101
*Leona binoevatus* 616
*Leona halma* 394
*Leona lissa* 649
*Leona lota* 959
*Leona stoehri* 279
*Leperisinus varius* 47
*Lepidiota caudata* 202
*Lepidiota consobrina* 280
*Lepidiota crinita* 172
*Lepidiota frenchi* 437
*Lepidiota froggatti* 438
*Lepidiota grisea* 512
*Lepidiota laevis* 816
*Lepidiota negatoria* 743
*Lepidiota noxia* 760
*Lepidiota picticollis* 835
*Lepidiota rothei* 160
*Lepidiota sororia* 1026
*Lepidiota squamulata* 1055
*Lepidochrysops* 454
*Lepidochrysops asteris* 1058
*Lepidochrysops australis* 1028
*Lepidochrysops bacchus* 1220
*Lepidochrysops badhami* 62
*Lepidochrysops balli* 64
*Lepidochrysops braueri* 146
*Lepidochrysops desmondi* 333
*Lepidochrysops dukei* 355
*Lepidochrysops elgonae* 375
*Lepidochrysops glauca* 988
*Lepidochrysops grahami* 477
*Lepidochrysops gydoae* 518
*Lepidochrysops hypopolia* 719
*Lepidochrysops ignota* 1255
*Lepidochrysops irvingi* 569
*Lepidochrysops jansei* 573
*Lepidochrysops jefferyi* 582
*Lepidochrysops ketsi* 594
*Lepidochrysops kitale* 596
*Lepidochrysops lerothodi* 634
*Lepidochrysops letsea* 436
*Lepidochrysops littoralis* 242
*Lepidochrysops loewensteini* 655
*Lepidochrysops lotana* 663
*Lepidochrysops lukenia* 665
*Lepidochrysops macgregori* 694
*Lepidochrysops methymna* 717
*Lepidochrysops oosthuizeni* 778
*Lepidochrysops oreas* 827
*Lepidochrysops ortygia* 598
*Lepidochrysops outeniqua* 795
*Lepidochrysops parsimon* 1185
*Lepidochrysops patricia* 817
*Lepidochrysops peculiaris* 826
*Lepidochrysops penningtoni* 828
*Lepidochrysops pephredo* 385
*Lepidochrysops plebeia plebeia* 1139
*Lepidochrysops poseidon* 80

*Lepidochrysops praeterita* 540
*Lepidochrysops pringlei* 871
*Lepidochrysops procera* 866
*Lepidochrysops puncticilia* 728
*Lepidochrysops quickelbergei* 884
*Lepidochrysops robertsoni* 923
*Lepidochrysops rossouwi* 930
*Lepidochrysops southeyae* 1034
*Lepidochrysops swanepoeli* 1086
*Lepidochrysops swartbergensis* 1086
*Lepidochrysops tantalus* 595
*Lepidochrysops titei* 1117
*Lepidochrysops trimeni* 1127
*Lepidochrysops vansoni* 1152
*Lepidochrysops variabilis* 291
*Lepidochrysops victori* 1161
*Lepidochrysops wykehami* 1228
*Lepidocyrtus cyaneus* 989
*Lepidogryllus* 160
*Lepidogryllus parvalus* 566
Lepidopsocidae 955
Lepidoptera 177
*Lepidosaphes beckii* 879
*Lepidosaphes buzenensis* 410
*Lepidosaphes camelliae* 187
*Lepidosaphes celtis* 577
*Lepidosaphes conchiformioides* 822
*Lepidosaphes conchyformis* 412
*Lepidosaphes euryae* 951
*Lepidosaphes ficus* 698
*Lepidosaphes gloverii* 464
*Lepidosaphes japonica* 599
*Lepidosaphes kamakurensis* 590
*Lepidosaphes kuwacola* 731
*Lepidosaphes lasianthi* 44
*Lepidosaphes macadamiae* 669
*Lepidosaphes machili* 309
*Lepidosaphes okitsuensis* 580
*Lepidosaphes pallida* 692
*Lepidosaphes pini* 843
*Lepidosaphes tiliae* 648
*Lepidosaphes tokionis* 299
*Lepidosaphes tubulorum* 320
*Lepidosaphes ulmi* 796
*Lepidosaphes yanagicola* 1218
Lepidosaphinae 797
Lepidostomatidae 99
Lepidotrichidae 430
*Lepinotus inquilinus* 478
*Lepinotus reticulatus* 913
*Lepisma saccharina* 988
Lepismatidae 988
*Lepismodes inquilinus* 416
*Leprus cyaneous* 243
*Leprus intermedius* 924
*Leptarthus brevirostris* 996
*Leptarthus vitripennis* 404
*Leptidea duponcheli* 369
*Leptidea morsei* 408
*Leptidea reali* 892
*Leptidea sinapis* 1225
Leptinidae 678
*Leptinotarsa decemlineata* 249
*Leptinotarsa haldemani* 521
*Leptinotarsa juncta* 551
*Leptinotarsa rubiginosa* 910
*Leptinotarsa sulfurea* 598
*Leptinus testaceus* 728
*Leptinus validus* 85
*Leptispa pygmaea* 916
*Leptobasis* 1085
*Leptobasis candelaria* 193
*Leptobasis melinogaster* 295
*Leptobasis vacillans* 908
*Leptobyrsa decora* 604
Leptoceridae 657
*Leptoclanis pulchra* 84
*Leptocneria reducta* 203
*Leptoconops* 99
*Leptoconops torrens* 1151

*Leptocoris mitellata* 634
*Leptocoris trivittatus* 143
*Leptocorisa* 916
*Leptocorisa acuta* 916
*Leptocorisa chinensis* 916
*Leptocorisa oratorius* 1130
*Leptocorisa varicornis* 916
*Leptocroca scholaea* 355
*Leptodictya tabida* 1078
Leptodiridae 1000
*Leptogaster cylindrica* 1073
*Leptogaster guttiventris* 325
Leptogasterinae 634
*Leptoglossus australis* 628
*Leptoglossus clypealis* 1186
*Leptoglossus corculus* 628
*Leptoglossus gonagra* 227
*Leptoglossus membranaceus* 171
*Leptoglossus occidentalis* 1184
*Leptoglossus phyllopus* 627
*Leptoglossus stigma* 171
*Leptoglossus zonatus* 219
*Leptomastidea abnormis* 982
*Leptomastix dactylopii* 697
*Leptomeris rubraria* 268
*Leptomyrina gorgias* 107
*Leptomyrina henningi* 535
*Leptomyrina hirundo* 1092
*Leptomyrina lara* 190
*Leptophlebia* 356
*Leptophlebia marginata* 968
*Leptophlebia vespertina* 231
Leptophlebiidae 873
*Leptophobia aripa elodia* 728
*Leptophobia caesia* 137
*Leptophobia eleone* 984
*Leptophobia penthica* 598
*Leptophobia tovaria* 275
*Leptophyes albovittata* 1070
*Leptophyes punctatissimus* 1037
Leptopiinae 153
*Leptopius maleficus* 1077
*Leptopius squalidus* 441
Leptopodidae 1043
*Leptopsylla segnis* 391
Leptopsyllidae 954
*Leptopterna dolabrata* 695
*Leptosia* 874
*Leptosia alcesta* 9
*Leptosia hybrida* 557
*Leptosia marginea* 107
*Leptosia nina* 874
*Leptosia nina malayana* 874
*Leptosia nina niobe* 874
*Leptosia nupta* 561
*Leptosia wigginsi* 779
*Leptostales crossii* 299
*Leptostales laevitaria* 891
*Leptostales pannaria* 812
*Leptostales rubromarginaria* 321
*Leptotarsus* 258
*Leptotes* 1252
*Leptotes adamsoni* 4
*Leptotes andicola* 25
*Leptotes bebaulti* 62
*Leptotes brevidentatus* 1117
*Leptotes callanga* 185
*Leptotes cassius* 199
*Leptotes jeanneli* 582
*Leptotes lamasi* 603
*Leptotes marginalis* 103
*Leptotes marina* 688
*Leptotes parrhasioides* 446
*Leptotes pirithous* 604
*Leptotes plinius* 1252
*Leptotes plinius pseudocassius* 1252
*Leptotes pulcher* 85
*Leptothorax acervorum* 859
*Leptothorax curvispinosus* 202
*Leptothrax congruus* 552

*Leptothrips mali* 110
*Leptura aurulenta* 471
*Leptura obliterata* 426
*Leptura ochraceofasciata ochraceofasciata* 434
*Leptura quadrifasciata* 432
*Leptura thoracica* 609
Lepturinae 426
*Leptynoptera sulfurea* 590
*Leptysma marginicollis* 996
*Lepyronia coleoptrata* 795
*Lepyronia quadrangularis* 335
*Lepyrus japonicus* 1144
*Lerema accius* 237
*Lerema liris* 649
*Lerema lumina* 795
*Lerina incarnata* 298
*Lerodea arabus* 775
*Lerodea dysaules* 775
*Lerodea eufala* 918
*Lesmone detrahens* 334
*Lesmone griseipennis* 488
*Lespesia archippivora* 635
*Lestes* 1050
*Lestes alacer* 853
*Lestes australis* 1033
*Lestes barbarus* 1029
*Lestes congener* 319
*Lestes disjunctus* 758
*Lestes dissimulans* 301
*Lestes dryas* 957
*Lestes elatus* 1212
*Lestes eurinus* 18
*Lestes forcipatus* 1087
*Lestes forficula* 887
*Lestes icterícus* 1099
*Lestes inaequalis* 374
*Lestes macrostigma* 318
*Lestes malabaricus* 675
*Lestes pallidus* 809
*Lestes plagiatus* 273
*Lestes praemorsus decipiens* 955
*Lestes rectangularis* 997
*Lestes sigma* 208
*Lestes sponsa* 379
*Lestes tenuatus* 136
*Lestes tridens* 1049
*Lestes uncifer* 982
*Lestes unguiculatus* 667
*Lestes vigilax* 1085
*Lestes virens* 1002
*Lestes virgatus* 1017
*Lestes viridis* 1216
Lestidae 379
*Lestinogomphus angustus* 1041
*Lestis* 497
*Lestranicus transpectus* 1194
*Lestremia cinerea* 733
*Lethe* 167
*Lethe andersoni* 25
*Lethe argentata* 987
*Lethe armandina* 219
*Lethe atkinsonia* 1004
*Lethe baladeva* 1124
*Lethe bhairava* 939
*Lethe chandica* 26
*Lethe confusa* 73
*Lethe confusa enima* 73
*Lethe daretis* 207
*Lethe distans* 959
*Lethe drypetis* 1095
*Lethe dura* 958
*Lethe dynsate* 207
*Lethe europa* 67
*Lethe europa malaya* 67
*Lethe europa pavida* 67
*Lethe gemina* 1145
*Lethe goalpara* 613
*Lethe gulnihal* 355
*Lethe insana* 261
*Lethe jalaurida* 1010

*Lethe kabrua* 681
*Lethe kansa* 66
*Lethe latiaris* 803
*Lethe maitrya* 78
*Lethe margaritae* 93
*Lethe mekara* 270
*Lethe mekara gopaka* 270
*Lethe moelleri* 715
*Lethe naga* 737
*Lethe nicetas* 1248
*Lethe nicetella* 1012
*Lethe ocellata* 340
*Lethe oviolae* 1164
*Lethe ramadeva* 990
*Lethe rohria* 275
*Lethe satyavati* 809
*Lethe scanda* 129
*Lethe serbonis* 160
*Lethe siderea* 960
*Lethe sidonis* 276
*Lethe sinorix* 908
*Lethe sura* 958
*Lethe tristigmata* 1048
*Lethe verma* 1064
*Lethe verma robinsoni* 1065
*Lethe vindhya* 108
*Lethe violaceopicta* 681
*Lethe visrava* 1198
*Lethocerus* 459
*Lethocerus americanus* 459
*Lethocerus deyrollei* 459
*Lethocerus indicus* 459
*Lethocerus maximus* 459
*Leto venus* 1158
*Leucania convecta* 252
*Leucania l-album* 1212
*Leucania loreyi* 749
*Leucania multilinea* 682
*Leucania oregona* 789
*Leucania purdii* 610
*Leucania semivittata* 259
*Leucania separata* 753
*Leucania stenographa* 1077
*Leucania subpunctata* 428
*Leucania sulcana* 323
Leucaniinae 1167
*Leucanopsis longa* 659
*Leucaspis indica* 679
*Leucidia brephos* 1021
*Leucinodea orbonalis* 371
*Leucochimona lagora* 603
*Leucochimona lepida nivalis* 952
*Leucochimonia vestalis vestalis* 1160
*Leucochitonea hindei* 593
*Leucochitonea levubu* 1197
*Leucochlaena oditis* 84
*Leucodonta bicoloria* 1205
*Leucoma candida* 951
*Leucoma salicis* 951
*Leuconycta diphteroides* 501
*Leuconycta lepidula* 686
*Leucophaea maderae* 672
*Leucophema dohertyi* 247
*Leucophlebia afra* 930
*Leucopholis irrorata* 1123
*Leucopis* 31
*Leucoptera* 247
*Leucoptera albella* 290
*Leucoptera coffeella* 247
*Leucoptera coffeina* 247
*Leucoptera laburmella* 601
*Leucoptera lathyrifoliella* 1030
*Leucoptera malifoliella* 822
*Leucoptera meyricki* 247
*Leucoptera scitella* 725
Leucopterinae 91
*Leucorrhinia* 1199
*Leucorrhinia albifrons* 1199
*Leucorrhinia caudalis* 646
*Leucorrhinia dubia* 1199

*Leucorrhinia dubia orientalis* 1199
*Leucorrhinia intacta* 584
*Leucorrhinia pectoralis* 1245
*Leucorrhinia rubicunda* 935
Leucospididae 642
*Leucospilapteryx omissella* 730
*Leucostrophus alterhirundo* 1195
*Leuctra fusca* 743
Leuctridae 926
*Levuana iridescens* 245
*Lexias* 41
*Lexias aeropa* 780
*Lexias cyanipardus* 489
*Lexias cyanipardus sandakana* 489
*Lexias dirtea* 41
*Lexias dirtea merguia* 101
*Lexias pardalis dirteana* 41
*Lexis bicolore* 1016
*Liatongus militaris* 1243
*Libellago* 450
*Libellago adami* 4
*Libellago finalis* 1146
*Libellago greeni* 507
*Libellago lineata* 471
*Libellago lineata indica* 565
*Libelloides longicornis* 47
*Libelloides macaronius* 47
*Libellula* 905
*Libellula depressa* 151
*Libellula forensis* 1189
*Libellula fulva* 957
*Libellula luctuosa* 1214
*Libellula lydia* 1210
*Libellula pulchella* 1101
*Libellula quadrimaculata* 433
*Libellula quadrimaculata asahinai* 433
*Libellula saturata* 905
*Libellula semifasciata* 18
*Libellula vibrans* 489
Libellulidae 272
Libelluloidea 993
*Librita heras* 535
*Librita librita* 643
*Libythea* 81
*Libythea celtis* 746
*Libythea celtis celtoides* 746
*Libythea geoffroy* 55
*Libythea geoffroy philippina* 55
*Libythea labdaca* 6
*Libythea labdaca laius* 1019
*Libythea myrrha* 240
*Libythea narina* 1207
*Libytheana bachmanni bachmanni* 1019
*Libytheana carinenta* 22, 1033
*Libytheana carinenta larvata* 22
*Libytheana carinenta mexicana* 22
*Libytheana carinenta streckeri* 22
*Libytheana motya* 302
Libytheinae 1019
*Lichnanthe rathvoni* 891
Licinini 759
*Lieinix lala lala* 320
*Lieinix lala turrenti* 320
*Lieinix neblina* 516
*Lieinix nemesis* 399
*Lieinix nemesis atthis* 439
*Lieinix nemesis nayaritensis* 439
*Ligdia adustata* 963
*Ligyrus cuniculus* 931
*Ligyrus gibbosus* 728
*Likoma apicalis* 968
*Lilioceris lewisi* 118
*Lilioceris lilii* 961
*Lilioceris merdigera* 646
*Lilioceris nigripes* 646
*Lilioceris parvicollis* 378
*Lilioceris rugata* 1240
*Lilioceris subpolita* 167
Limacodidae 998
*Limenitis* 4

*Limenitis archippus* 1160
*Limenitis archippus obsoleta* 1160
*Limenitis arthemis* 1193
*Limenitis arthemis arizonensis* 44
*Limenitis arthemis astyanax* 906
*Limenitis homeyeri* 1251
*Limenitis lorquini* 662
*Limenitis lorquini powelli* 662
*Limenitis misuji* 1080
*Limenitis populi* 861
*Limenitis populi jezoensis* 861
*Limenitis reducta* 1033
*Limenitis sydyi* 981
*Limenitis trivena* 565
*Limenitis weidemeyerii* 1180
*Limenitis weidemeyerii siennafascia* 1180
*Limenitis zayla* 93
*Limnaecia phragmitella* 981
*Limnavouriana sexmaculata* 992
*Limnephilus* 913
*Limnephilus flavicornis* 1174
Limnichidae 713
Limnophiinae 978
Limnophilidae 754
*Limnoporus notabilis* 1174
*Limonia amatrix* 228
*Limonia nohirai* 730
*Limoniscus violaceus* 1163
*Limonius* 257
*Limonius agonus* 366
*Limonius californicus* 1077
*Limonius canus* 798
*Limonius infuscatus* 1184
*Limonius subauratus* 250
*Limotettix striola* 1148
*Limothrips cerealium* 478
*Linaeidea aenea* 131
*Lindingaspis rossi* 930
*Lindingaspis setiger* 46
*Lindingaspis striata* 930
*Lindra brasus* 146
*Lineodes fontella* 367
*Lineodes integra* 371
*Linnaeus's* 643
Linognathidae 1017
*Linognathus* 653
*Linognathus africanus* 6
*Linognathus ovilus* 973
*Linognathus pedalis* 973
*Linognathus setosus* 343
*Linognathus stenopsis* 1075
*Linognathus vituli* 659
*Lintneria merops* 701
*Liocola lugubris* 686
Liodidae 649
*Liogryllus campestris* 389
*Liometopum occidentale* 1158
*Liophloeus tessulatus* 571
Liopteridae 649
*Liorhyssus hyalinus* 556
*Liosomaphis berberidis* 74
*Liothrips floridensis* 188
*Liothrips glycinicola* 82
*Liothrips karnyi* 628
*Liothrips oleae* 776
*Liothrips pistaciae* 848
*Liothrips urichi* 235
*Liothrips vaneecki* 646
*Liothrips varicornis* 539
*Liothula omnivora* 253
*Lipaphis erysimi* 1136
*Liparus coronatus* 121
*Lipeurus anatis* 354
*Lipeurus baculus* 996
*Lipeurus caponis* 217
*Lipeurus gallipavonis* 1135
*Lipeurus numidas* 996
*Liphyra brassolis* 722
*Liphyra brassolis abbreviata* 722
*Liphyra brassolis major* 722

*Lipocosma septa* 396
*Lipocosmodes fuliginosalis* 1025
*Lipoptena cervi* 328
*Lipoptena depressa* 328, 329
*Lipoptena fortisetosa* 329
*Lipoptena japonica* 329
*Lipoptena sikae* 329
Liposcelidae 140
*Liposcelis* 141
*Liposcelis bostrychophilus* 141
*Liposcelis corrodens* 141
*Liposcelis divinatorius* 141
*Liposcelis entomophilus* 478
*Liposcelis subfuscus* 141
*Liposcelis terricolis* 141
*Lipotena mazamae* 744
*Liptena homeyeri* 1240
*Liptena modesta* 715
*Liptena simplicia* 721
*Liriomyza* 628
*Liriomyza* sp. 527
*Liriomyza asterivora* 52
*Liriomyza brassicae* 300
*Liriomyza bryoniae* 168
*Liriomyza cannabis* 534
*Liriomyza chenopodii* 89
*Liriomyza chinensis* 1063
*Liriomyza congesta* 82
*Liriomyza dianthicola* 194
*Liriomyza flaveola* 818
*Liriomyza huidobrensis* 1027
*Liriomyza nipponallia* 1063
*Liriomyza pusilla* 969
*Liriomyza sativae* 1156
*Liriomyza solani* 1120
*Liriomyza strigata* 818
*Liriomyza trifolii* 632
*Liriomyza urophorina* 646
*Liris aurulenta* 470
*Liris opulenta* 470
*Lissopimpla excelsa* 788
*Lissorhoptrus bosqi* 42
*Lissorhoptrus oryzophilus* 920
*Listroderes costirostris* 1156
*Listroderes delaiguei* 1075
*Listroderes difficilis* 1156
*Listroderes obliquus* 1156
*Listronotus bonariensis* 42
*Listronotus oregonensis* 197
Listroscelinae 649
*Lita sexpunctella* 359
*Litaneutria minor* 513
*Litaneutria obscura* 770
*Litargus balteatus* 1063
*Lithacodes fasciola* 1243
*Lithacodes gracea* 477
*Lithacodia deceptoria* 870
*Lithacodia musta* 1006
Lithocolletidae 708
*Lithocolletis faginella* 254
*Lithocolletis hamadryadella* 1204
*Lithocolletis platani* 852
*Lithocolletis populifoliella* 863
*Lithocolletis roboris* 467
*Lithomoia solidaginis* 472
*Lithophane antennata* 499
*Lithophane consocia* 1204
*Lithophane furcifera* 278
*Lithophane georgii* 417
*Lithophane hepatica* 806
*Lithophane lamda* 751
*Lithophane leautieri hesperica* 123
*Lithophane oriunda* 561
*Lithophane ornitopus* 511
*Lithophane patefacta* 338
*Lithophane pruinosa* 313
*Lithophane rosinae* 854
*Lithophane semibrunnea* 1098
*Lithophane socia* 806
*Lithophane thujae* 203

*Lithophane unimoda* 1077
*Lithosia quadra* 433
Lithosiinae 428
*Lithostege farinata* 1021
*Lithostege griseata* 804
*Litocala sexsignata* 650
*Litoprosopus bahamensis* 63
*Litoprosopus coachella* 810
*Litoprosopus futilis* 811
*Litosphingia corticea* 1157
*Litotetothrips pasaniae* 199
*Livia juncorum* 937
*Lixophaga diatraeae* 302
*Lixophaga sphenophori* 190
*Lixus acutipennis* 769
*Lixus concavus* 915
*Lixus divaricatus* 621
*Lixus impressiventris* 378
*Lixus junci* 89
*Lixus maculatus* 565
*Lixus mastersi* 1179
*Lobesia abscisana* 563
*Lobesia botrana* 482
*Lobesia littoralis* 1111
*Lobocla liliana* 685
*Lobocleta ossularia* 351
*Lobocleta plemyraria* 1064
*Lobophora halterata* 969
*Lobophora halterata ijimai* 969
*Lobophora nivigerata* 867
*Lochmaea crataegi* 528
*Lochmaea suturalis* 530
*Lochmaeocles marmoratus* 686
*Lochmaeus bilineata* 348
*Locusta migratoria capito* 672
*Locusta migratoria manilensis* 791
*Locusta migratoria migratoria* 50
*Locusta migratoria migratorioides* 8
*Locusta pardalina* 162
*Loensia maculosa* 253
*Loepa katinka* 470
*Logania* 724
*Logania distanti* 320
*Logania marmorata* 805
*Logania watsoniana* 1176
*Lomaspilis marginata* 237
*Lomaspilis marginata amurensis* 237
*Lomaspilis marginata opis* 237
*Lomera caespitosae* 16
*Lomographa bimaculata* 1205
*Lomographa bimaculata subnotata* 1143, 1205
*Lomographa glomeraria* 488
*Lomographa semiclarata* 137
*Lomographa temerata* 237
*Lomographa vestaliana* 1209
*Lonchaea aristella* 412
*Lonchaea chalybea* 977
*Lonchaea gibbosa* 227
Lonchaeidae 655
*Lonchoptera lutea* 1243
Lonchopteridae 1037
*Longicaudus trirhodus* 250
*Longistigma caryae* 453
*Longitarsus albinens* 533
*Longitarsus flavicornis* 887
*Longitarsus hosaticus* 131
*Longitarsus jacobaeae* 887
*Longitarsus lycopi* 712
*Longitarsus menthaphagus* 712
*Longitarsus nipponensis* 829
*Longitarsus parvulus* 1003
*Longitarsus scutellaris* 1241
*Longitarsus succineus* 223
*Longitarsus victoriensis* 644
*Longitarsus waterhousei* 712
*Lophocampa annulosa* 949
*Lophocampa argentata* 986
*Lophocampa roseata* 930
*Lophocateres pusillus* 981
Lophocoronidae 55

*Lophocosma sarantuja* 118
*Lopholeucaspis cockerell* 243
*Lopholeucaspis japonica* 824
Lophopidae 662
*Lophosis labeculata* 1058
*Lophostethus dumolinii* 46
*Lophyrotoma analis* 569
*Lophyrotoma interrupta* 201
*Lophyrotoma zonalis* 699
*Lopidea dakota* 192
*Lopidea davisi* 834
*Lopinga achine* 1225
*Lopinga achine achinoides* 1225
*Lorita abornana* 223
*Lorita scarificata* 223
*Losaria coon* 257
*Losaria coon doubledayi* 257
*Losaria rhodifer* 24
*Loscopia velata* 1157
*Loxagrotis albicosta* 1182
*Loxaulus maculipennis* 763
*Loxerebia narasingha* 723
*Loxerebia ruricola* 937
*Loxerebia sylvicola* 1091
*Loxoblemmus arietulus* 773
*Loxoblemmus taicoun* 152
*Loxophora dammersi* 313
*Loxostege cereralis* 14
*Loxostege commixtalis* 14
*Loxostege floridalis* 223
*Loxostege frustalis* 591
*Loxostegopsis merrickalis* 701
*Loxura* 1231
*Loxura atymnus* 1231
*Loxura atymnus fuconius* 1231
*Loxura cassiopeia cassiopeia* 623
*Lozotaenia coniferana* 790
*Lozotaenia forsterana* 432
Lucanidae 1057
*Lucanus capreolus* 910
*Lucanus cervus* 1057
*Lucanus elaphus* 22
*Lucanus maculifemoratus* 715
*Lucia limbaria* 1001
*Lucilia* 506
*Lucilia bufonivora* 1117
*Lucilia caesar* 496
*Lucilia illustris* 496
*Lucilia sericata* 496
Luciliinae 506
*Luciola* 698
*Luciola cruciata* 450
*Luciola lusitanica* 389
*Luciola lychnus* 132
*Luehdorfia japonica* 618
*Luffia ferchaultella* 319
*Luffia lapidella* 1082
*Luperina dumerilii* 355
*Luperina nickerlii* 948
*Luperina testacea* 425
*Luperina zollikoferi* 956
*Luperisinus californicus* 775
*Luperomorpha funesta* 730
*Luperomorpha tenebrosa* 1034
*Luperomorpha xanthodera* 567
*Luperus moorii* 104
*Luxiaria amasa* 970
*Lycaeides* 135
*Lycaeides argyrognomon* 913
*Lycaeides argyrognomon lotis* 663
*Lycaeides argyrognomon praelerinsularis* 913
*Lycaeides idas* 753
*Lycaeides melissa samuelis* 591
*Lycaena alciphron* 879
*Lycaena arota* 1093
*Lycaena bleusei* 559
*Lycaena boldenarum* 143
*Lycaena clarki* 231
*Lycaena cupreus* 666
*Lycaena cupreus snowi* 1021

*Lycaena dione* 486
*Lycaena dispar* 611
*Lycaena dorcas* 345
*Lycaena dorcas claytoni* 674
*Lycaena dorcas dospassosi* 945
*Lycaena editha* 370
*Lycaena epixanthe* 138
*Lycaena galathea* 613
*Lycaena gorgon* 476
*Lycaena helle* 1163
*Lycaena helloides* 880
*Lycaena hermes* 536
*Lycaena heteronea* 128
*Lycaena hippothoe* 878
*Lycaena hyllus* 155
*Lycaena kasyapa* 497
*Lycaena mariposa* 688
*Lycaena metallica* 1004
*Lycaena nivalis* 750
*Lycaena orbitulus* 507
*Lycaena orus* 1026
*Lycaena ottomanus* 494
*Lycaena pavana* 1196
*Lycaena phlaeas* 1001
*Lycaena phlaeas daimio* 1001
*Lycaena phoebus* 720
*Lycaena rauparaha* 892
*Lycaena rubidus* 936
*Lycaena rubidus ferrisi* 1204
*Lycaena salustius* 258
*Lycaena semiargus* 225
*Lycaena virgaureae* 957
*Lycaena xanthoides* 490
*Lycaena younghusbandi* 225
Lycaenidae 282
Lycaeninae 282
*Lycaenopsis* 531
*Lycaenopsis cardia* 804
*Lycaenopsis minima* 1116
*Lycas argentea* 988
*Lychnuchoides saptine* 469
*Lycia hirtaria* 149
*Lycia hirtaria parallelaria* 149
*Lycia lapponaria* 888
*Lycia rachelae* 1139
*Lycia ursaria* 1063
*Lycia ypsilon* 1227
*Lycia zonaria* 90
*Lycia zonaria britannica* 90
Lycidae 745
*Lycomorpha pholus* 643
*Lycophotia porphyrea* 1131
*Lycophotia varia* 1131
*Lycorea cleobaea* 1114
*Lycorea halia* 1114
*Lycorea halia atergatis* 1114
*Lycorea ilione* 233
*Lycoria* 323
*Lycoria militaris* 45
*Lycoriella auripila* 734
*Lycoriella ingenua* 733
*Lycoriella mali* 734
Lyctinae 667
*Lyctocoris campestris* 327
*Lyctus brunneus* 868
*Lyctus discedens* 1008
*Lyctus linearis* 765
*Lyctus parallelocollis* 868
*Lyctus planicollis* 1031
*Lyctus pubescens* 521
*Lycus* 745
*Lycus arizonensis* 44
*Lycus fernandezi* 333
*Lycus trabeatus* 1093
*Lyela myops* 65
Lygaeidae 219
*Lygaeus kalmii* 1006
*Lygephila craccae* 956
*Lygephila pastinum* 113
*Lygidea mendax* 38

*Lygocoris caryae* 539
*Lygocoris communis* 823
*Lygocoris pabulinus* 263
*Lygocoris spinolae* 499
*Lygropia dytusalis* 599
*Lygropia octonalis* 372
*Lygropia rivulalis* 138
*Lygus* 667
*Lygus elisus* 805
*Lygus lineolaris* 1096
*Lygus pratensis* 1096
*Lygus rugulipennis* 816
*Lygus saundersi* 689
*Lymanopoda acraeida* 3
*Lymanopoda albocincta* 1194
*Lymanopoda apulia* 40
*Lymanopoda cinna* 136
*Lymanopoda eubagioides* 805
*Lymanopoda ferruginosa* 939
*Lymanopoda huilana* 1068
*Lymanopoda labda* 913
*Lymanopoda obsoleta* 1198
*Lymanopoda panacea* 1139
*Lymanopoda rana* 1190
*Lymanopoda translucida* 472
*Lymantria dispar* 518
*Lymantria fumida* 415
*Lymantria mathura aurora* 767
*Lymantria monacha* 760
*Lymantria nobunaga* 751
*Lymantria objuscata* 35
Lymantriidae 1137
*Lymexylon navale* 1115
Lymexylonidae 977
*Lymire edwardsii* 371
*Lyonetia clerkella* 819
*Lyonetia prunifoliella* 753
Lyonetiidae 629
*Lyperosia exigua* 125
*Lypesthes ater* 35
*Lyramorpha rosea* 650
*Lyristes* 342
*Lyristes bihamatus* 1015
*Lyristes japonicus* 1250
*Lyropteryx apollonia* 133
*Lyropteryx lyra cleadas* 667
*Lysandra coridon* 208
*Lyssa zampa* 1130
*Lythria perornata* 1072
*Lythria purpuraria* 877
*Lytrosis sinuosa* 990
*Lytta caraganae* 496
*Lytta chloris* 496
*Lytta magister* 332
*Lytta nigripilis* 999
*Lytta nuttalli* 761
*Lytta sayi* 954
*Lytta vesicatoria* 124
*Lytta vulnerata* 22

## M

*Macalla thyrsisalis* 674
*Macalla zelleri* 1254
*Macaria aemulataria* 252
*Macaria aequiferaria* 1226
*Macaria alternata* 972
*Macaria bicolorata* 338
*Macaria bicolorata praeatomata* 338
*Macaria carbonaria* 745
*Macaria distribuaria* 1029
*Macaria fissinotata* 533
*Macaria granitata* 479
*Macaria minorata* 711
*Macaria multilineata* 682
*Macaria notata* 96
*Macaria pinistrobata* 1205
*Macaria promiscuata* 872
*Macaria sexmaculata* 992

*Macaria signaria* 805
*Macaria transitaria* 137
*Macaria wauaria* 1151
*Macchiatiella itadori* 941
*Macdunnoughia confusa* 224
*Machaerotypus sibiricus* 166
Machilidae 670
*Machimia tentoriferella* 468
*Machimus* 270
*Machimus arthriticus* 147
*Machimus atricapillus* 596
*Machimus cowini* 682
*Machimus rusticus* 351
*Maconellicoccus hirsutus* 539
*Macrauzata maxima* 408
*Macrobaenetes* 948
*Macrobasis* 124
*Macrocentrus grandii* 794
*Macrochilo absorptalis* 994
*Macrochilo bivittata* 1143
*Macrochilo cribrumalis* 346
*Macrochilo hypocritalis* 1139
*Macrochilo litophora* 162
*Macrochilo louisiana* 663
*Macrochilo orciferalis* 156
*Macrocneme chrysitis* 1029
*Macrocopturus floridanus* 674
*Macrocorynus variabilis* 609
*Macrodactylus* 207
*Macrodactylus affinis* 243
*Macrodactylus suavis* 927
*Macrodactylus subspinosus* 927
*Macrodactylus suturalis* 243
*Macrodactylus uniformis* 1187
*Macrodiplax* 828
*Macrodiplax cora* 242
*Macrodiplosis erubescens* 767
Macroglossinae 555
*Macroglossum bombylans* 999
*Macroglossum sega* 107
*Macroglossum stellatarum* 555
*Macroglossum trochilus* 7
*Macrogomphus* 431
*Macrogomphus annulatus keiseri* 593
*Macrogomphus lankanensis* 1057
*Macrohaltica ambiens* 12
Macrolepidoptera 671
*Macromia* 923
*Macromia alleghaniensis* 15
*Macromia annulata* 156
*Macromia flinti* 423
*Macromia illinoiensis* 1089
*Macromia magnifica* 673
*Macromia margarita* 727
*Macromia pacifica* 462
*Macromia splendens* 976
*Macromia taeniolata* 934
*Macromia zeylanica* 1057
Macromiidae 923
*Macromischoides aculeatus* 98
*Macronema hageni* 745
*Macronoctua onusta* 568
*Macropanesthia rhinoceros* 453
*Macropes obnubilus* 66
*Macrophya ignava* 436
*Macrophya punctumalbum* 392
*Macropsis fuscula* 935
*Macropsis irrorata* 689
*Macropsis matsumurana* 1141
*Macropsis prasina* 506
*Macropsis quercus* 313
*Macropsis scotti* 935
*Macropsis scutellata* 116
*Macropsis tiliae* 578
*Macropsis trimaculata* 855
*Macropsis virescens* 863
*Macroscytus japonensis* 109
*Macrosiphoniella oblonga* 223
*Macrosiphoniella sanborni* 223
*Macrosiphoniella yomenae* 1250

*Macrosiphoniella yomogicola* 730
*Macrosiphoniella yomogifoliae* 544
*Macrosiphum albifrons* 666
*Macrosiphum clematifoliae* 233
*Macrosiphum cockerelli* 552
*Macrosiphum euphorbiae* 865
*Macrosiphum funestum* 956
*Macrosiphum gei* 845
*Macrosiphum lilii* 879
*Macrosiphum liriodendri* 1134
*Macrosiphum luteum* 788
*Macrosiphum pisi* 818
*Macrosiphum rosae* 927
*Macrosiphum rudbeckiarum* 244
*Macrosiphum scoliopi* 1186
*Macrosteles artemisiae* 729
*Macrosteles cyane* 860
*Macrosteles fascifrons* 52
*Macrosteles quadrilineatus* 52
*Macrosteles quadrimaculatus* 434
*Macrosteles sexnotatus* 992
*Macrostemum arcuatum* 745
*Macrotermes* 75
*Macrotermes bellicosus* 444
*Macrotermes gilvus* 444
*Macrotermes michaelseni* 8
*Macrothemis pseudimitans* 1211
*Macrothylacia rubi* 435
*Macrotona mjobergi* 523
*Macrotristria angularis* 213
*Macrotristria godingi* 1114
*Macrotristria intersecta* 506
*Macrotristria sylvara* 754
*Macrurocampa marthesia* 724
*Maculinea* 609
*Maculinea alcon* 12
*Maculinea arion* 609
*Maculinea arionides* 609
*Maculinea arionides takamukui* 609
*Maculinea nausithous* 358
*Maculinea teleius* 958
*Maculinea teleius kazamoto* 958
*Maculolachnus submacula* 929
*Madeleinea koa* 876
*Madoryx plutonius* 359
*Madoryx pseudothyreus* 404
Magdalinae 1179
*Magdalis aenescens* 155
*Magdalis armicollis* 898
*Magdalis armigera* 855
*Magdalis barbicornis* 823
*Magdalis barbita* 107
*Magdalis carbonaria* 97
*Magicicada* 830
*Magicicada cassini* 199
*Magicicada septendecim* 328, 971
*Magicicada septendecula* 328, 652
*Magicicada tredecassini* 199(2)
*Magicicada tredecim* 328, 921
*Magicicada tredecula* 328, 652
*Magnastigma elsa* 378
*Magneuptychia alcinoe* 989
*Magneuptychia antonoe* 293
*Magneuptychia iris* 59
*Magneuptychia libye* 643
*Magneuptychia ocnus* 772
*Magneuptychia tiessa* 1113
*Magusa divaricata* 787
*Mahasena aurea* 54
*Mahasena corbetti* 245
*Mahathala ameria* 399
Malachiidae 675
Malachiinae 1022
*Malachius aeneus* 961
*Malachius bipustulatus* 908
*Malachius prolongatus* 1246
*Malacocoris chlorizans* 329
Malacodermata 675
Malacopsyllidae 675
*Malacosoma* 1102

*Malacosoma americana* 23
*Malacosoma californicum* 185
*Malacosoma californicum pluviale* 758
*Malacosoma castrensis* 513
*Malacosoma constricta* 799
*Malacosoma disstria* 430
*Malacosoma fragilis* 489
*Malacosoma incurvum* 1034
*Malacosoma neustria* 602
*Malacosoma neustria testacea* 602, 1102
*Malacosoma tigris* 1024
*Maladera castanea* 50
*Maladera japonica japonica* 1158
*Maladera orientalis* 1015
*Maladera secreta* 933
*Malcus japonicus* 730
*Maleuterpes dentipes* 230
*Maleuterpes spinipes* 1041
*Maliarpha separatella* 1206
*Maliattha concinnimacula* 906
*Maliattha synochitis* 106
*Mallada* 500
*Mallada basalis* 500
*Mallika* 765
*Mallika jacksoni* 572
*Mallodon dasytomus* 524
Mallophaga 217
*Mallophora fautrix* 172
*Malthinus flaveolus* 1246
*Mamestra* 346
*Mamestra brassicae* 178
*Mamestra configurata* 92
*Mamestra pisi* 156
*Mamestra suasa* 343
*Mampava rhodoneura* 170
*Manataria hercyna* 1209
*Manduca albiplaga* 1205
*Manduca blackburni* 123
*Manduca brontes cubensis* 302
*Manduca jasminearum* 48
*Manduca muscosa* 733
*Manduca occulta* 771
*Manduca rustica* 938
*Manduca sexta* 1119
*Maneca bhotea* 994
*Manerebia inderena* 295
*Manerebia satura* 1190
Manidiidae 681
*Maniola* 695
*Maniola halicarnassus* 1107
*Maniola jurtina* 695
*Maniola nurag* 950
*Maniola telmessia* 1135
*Maniola tithonus* 531
Mantidae 681
*Mantillica* 30
*Mantis octospilota* 102
*Mantis religiosa* 681
*Mantispa* 681
*Mantispa styriaca* 681
Mantispidae 402
Mantodea 681
*Mantoida maya* 653
Mantophasma 532
*Manulea replana* 643
*Marasmarcha lunadactyla* 653
*Marasmarcha pumilio* 1135
*Marasmia cochrusalis* 685
*Marasmia patnalis* 918
*Marasmia trapezalis* 675
*Marathyssa basalis* 644
*Marathyssa inficita* 320
*Marava arachidis* 140
*Margaritia sticticalis* 335
*Margarodes* 513
*Margarodes capensis* 1075
*Margarodes formicarum* 513
*Margarodes vitis* 513
Margarodidae 454
*Marhilaphis machili* 670

*Marimatha nigrofimbria* 103
*Marmara* 993
*Marmara arbutiella* 672
*Marmara elotella* 36
*Marmara fasciella* 1205
*Marmara gulosa* 230
*Marmara pomonella* 35
*Marmara salictella* 229
*Maroga melanostigma* 214
*Maroga unipuncta* 214
*Marpesia* 312
*Marpesia berania* 18
*Marpesia chiron* 923
*Marpesia coresia* 1167
*Marpesia corinna* 283
*Marpesia corita corita* 780
*Marpesia crethon* 1194
*Marpesia egina* 372
*Marpesia eleuchea* 30
*Marpesia furcula* 1083
*Marpesia harmonia* 803
*Marpesia marcella* 812
*Marpesia petreus* 936
*Marpesia themistocles* 317
*Marpesia zerynthia* 1167
*Martyringa xeraula* 478
*Maruca testulalis* 82
*Maruca vitrata* 82
*Maruina lanceolata* 603
*Marumba gaschkowitschii echephron* 819
*Marumba jankowskii* 578
*Marumba quercus* 763
*Marumba sperchius* 395
*Masakimyia pustulae* 387
Masaridae 976
Masarinae 858
*Mashuna mashuna* 691
*Masonia crassiorella* 140
*Massicus raddei* 216
*Mastophyllum scabricolle* 167
*Mastotermes darwiniensis* 456
Mastotermitidae 57
*Matapa* 898
*Matapa aria* 270
*Matapa cresta* 438
*Matapa druna* 509
*Matapa sasivarna* 120
*Mathildana newmanella* 748
*Matigramma pulverilinea* 360
*Matsucoccus acalyptus* 848
*Matsucoccus bisetosus* 1142
*Matsucoccus gallicolus* 447
*Matsucoccus matsumurae* 843
*Matsucoccus resinosae* 903
*Matsucoccus vexillorum* 870
*Matsumuraeses azukivora* 5
*Matsumuraeses falcana* 1035
*Matsumuraeses phaseoli* 1035
*Matsumuraja rubi* 757
*Matsumuraja rubifoliae* 1032
*Matsumurella kogatensis* 1014
*Matsumurella praesul* 746
*Maxates illiturata* 819
*Mayetiola avenae* 768
*Mayetiola destructor* 537
*Mayetiola hordei* 76
*Mea bipunctella* 1143
*Meandrusa gyas* 160
*Meandrusa payeni* 795
*Meandrusa sciron* 160
*Mechanitis isthmia* 266
*Mechanitis lysimnia* 667
*Mechanitis lysimnia utemaia* 667
*Mechanitis menapis* 701
*Mechanitis menapis doryssus* 701
*Mechanitis polymnia* 274
*Mechanitis polymnia lycidice* 859
*Mechoris ursulus* 312
*Mecocorynus loripes* 198
*Meconema meridionale* 1028

*Meconema thalassinum* 762
Meconematinae 884
Meconemidae 763
*Mecopoda nipponensis* 455
*Mecopsylla fici* 719
Mecoptera 963
*Mecostethus alliaceus* 632
*Mecyna daiclealis* 321
*Mecyna flavalis* 54
*Mecyna flavidalis* 939
*Mecyna maorialis* 237
*Mecyna marmariana* 163
*Mecyna submedialis* 787
*Mecynippus pubicornis* 684
*Mecynorrhina polyphemus* 452
*Mecysolobus erro* 404
*Mecysolobus piceus* 395
*Mecytha fasciata* 669
*Medythia nigrobilineata* 1143
*Megabiston plumosaria* 1099
*Megacephala carolina* 195
*Megachile* 627
*Megachile angelica* 25
*Megachile brevis* 978
*Megachile centuncularis* 265
*Megachile concinna* 805
*Megachile japonica* 573
*Megachile martima* 241
*Megachile nipponica* 928
*Megachile pacifica* 14
*Megachile pascoensis* 627, 759
*Megachile pluto* 1168
*Megachile rotundata* 14
*Megachile sculpturalis* 457
*Megachile xanthothris* 1234
Megachilidae 627
*Megacopta cribraria* 916
*Megacopta punctatissima* 463
*Megacrania alpheus* 95
*Megacrania batesii* 829
*Megacyllene caryae* 800
*Megacyllene mellyi* 514
*Megacyllene robiniae* 654
*Megalagrion adytum* 5
*Megalagrion amaurodyctum pales* 860
*Megalagrion amaurodyctum waianaeanum* 860
*Megalagrion blackburni* 122
*Megalagrion calliphya* 84
*Megalagrion eudytum* 439
*Megalagrion hawaiiensis* 527
*Megalagrion heterogamias* 592
*Megalagrion jugorum* 693
*Megalagrion kauaiensis* 592
*Megalagrion koelense* 598
*Megalagrion leptodemas* 298
*Megalagrion mauka* 314
*Megalagrion molokaiense* 716
*Megalagrion nesiotes* 427
*Megalagrion nigrohamatum* 749
*Megalagrion oahuense* 762
*Megalagrion oceanicum* 771
*Megalagrion oresitrophum* 996
*Megalagrion orobates* 1236
*Megalagrion pacificum* 798
*Megalagrion paludicola* 592
*Megalagrion vagabundum* 961
*Megalagrion williamsoni* 1215
*Megalagrion xanthomelas* 781
*Megalodacne heros* 853
Megalodontoidea 871
*Megalognatha rufiventris* 675
*Megalogomphus* 941
*Megalogomphus ceylonicus* 1057
*Megalographa bimaculata* 349
*Megalomus hirtus* 162
*Megalopalpus metaleucus* 613
*Megalopalpus zymna* 1005
*Megaloprepus caerulatus* 532
Megaloptera 12
*Megalopyge crispata* 298

*Megalopyge opercularis* 881
Megalopygidae 419
*Megalotomus costalis* 1248
*Megalurothrips distalis* 125
*Megalurothrips usitatus* 81
*Megamelus angulatus* 1175
Megamerinidae 699
*Meganephria bimaculosa* 349
*Meganola aerugula* 956
*Meganola aerugula atomosa* 956
*Meganola albula* 593
*Meganola albula formosana* 593
*Meganola albula pacifica* 593
*Meganola fumosa* 118
*Meganola metallopa* 967
*Meganola minuscula* 279
*Meganola phylla* 242
*Meganola spodia* 48
*Meganola strigula* 999
*Meganoton scribae* 862
*Megaphasma denticrus* 458
*Megarhyssa* 455
*Megarhyssa lunator* 659
*Megarhyssa macrurus* 455
*Megarhyssa macrurus icterosticta* 665
*Megarhyssa nortoni* 1185
*Megaselia* 734
*Megaselia aletiae* 556
*Megaselia flava* 838
*Megaselia halterata* 733
*Megasemum quadricostulatum* 609
Megaspilidae 699
*Megastigmus* 966
*Megastigmus aculeatus* 929
*Megastigmus atedius* 1190
*Megastigmus borriesi* 1
*Megastigmus brevicaudis* 725
*Megastigmus chamaecyparidis* 208
*Megastigmus cryptomeriae* 301
*Megastigmus inamurae* 607
*Megastigmus kuntzei* 588
*Megastigmus pinus* 415
*Megastigmus pistaciae* 849
*Megastigmus seitneri* 607
*Megastigmus spermatotrophus* 350
*Megastigmus strobilobius* 415
*Megastigmus suspectus* 1054
*Megastigmus thuyopsis* 1112
*Megastigmus transvaalensis* 223
*Megastigmus wachtii* 310
*Megathecla cupentus* 304
*Megathymus beulahae beulahae* 151
*Megathymus beulahae gayleae* 151
*Megathymus cofaqui* 247
*Megathymus coloradensis* 249
*Megathymus streckeri texana* 1069
*Megathymus streckeri* 1069
*Megathymus ursus* 1150
*Megathymus yuccae* 1251
*Megathymus yuccae reinthali* 1251
*Megempleurus porculus* 1136
*Megisba malaya* 676
*Megisba malaya sikkima* 676
*Megisba strongyle* 1008
*Megisba strongyle nigra* 676
*Megisto cymela cymela* 653
*Megisto rubricata* 904
*Megisto viola* 1162
*Megopis reflexa* 699
*Megopis sinica sinica* 1106
*Megoura japonica* 1160
*Megoura viciae* 1160
*Megymenjum affine* 304
*Megymenum gracilicornis* 970
*Meimuna opalifera* 378
Meinertellidae 924
*Melampias huebneri* 139
*Melanacanthus scutellaris* 158
*Melanagromyza apii* 203
*Melanagromyza koizumii* 1035

*Melanagromyza sojae* 1035
*Melanagromyza splendida* 942
*Melanagromyza theae* 629
*Melanagromyza virens* 942
*Melanaphila fulvoguttata* 533
*Melanaphis bambusae* 65
*Melanaphis pyraria* 822
*Melanaphis sacchari* 189
*Melanaphis siphonella* 1014
*Melanargia arge* 570
*Melanargia epimede* 1059
*Melanargia galathea* 687
*Melanargia ines* 1036
*Melanargia lachesis* 1031
*Melanargia larissa* 64
*Melanargia lugens epimede* 148
*Melanargia occitanica* 1186
*Melanargia pherusa* 982
*Melanargia russiae* 385
*Melanaspis bromeliae* 164
*Melanaspis obscure* 770
*Melanaspis tenebricosa* 463
*Melanauster chinensis* 100
*Melanchra homoscia* 351
*Melanchra infensa* 351
*Melanchra insignis* 501
*Melanchra morosa* 267
*Melanchra mutans* 509
*Melanchra paracausta* 783
*Melanchra persicariae* 1197
*Melanchra picta* 1252
*Melanchra pictula* 958
*Melanchra plena* 263
*Melanchra prionistis* 102
*Melanchra rhodopleura* 837
*Melanchra rubescens* 783
*Melanchra stipata* 723
*Melanchra tartarea* 1234
*Melanchra ustistrigata* 613
*Melanchroia chephise* 1021
Melandryidae 401
*Melangyna viridiceps* 264
*Melanis acroleuca acroleuca* 1206
*Melanis acroleuca huasteca* 1206
*Melanis acroleuca huasteca* 1212
*Melanis cephise* 1212
*Melanis cinaron* 781
*Melanis electron* 374
*Melanis hillapana* 433
*Melanis leucophlegma* 333
*Melanis marathon* 685
*Melanis pixe* 850
*Melanis smithiae* 1016
*Melanitis* 167
*Melanitis amabilis* 70
*Melanitis ansorgei* 129
*Melanitis boisduvalia* 139
*Melanitis constantia* 280
*Melanitis leda* 395
*Melanitis leda bankia* 395
*Melanitis leda ismene* 395
*Melanitis phedima* 318
*Melanitis phedima abdullae* 318
*Melanitis phedima oitensis* 318
*Melanitis zitenius* 490
*Melanocallis caryaefoliae* 113
*Melanocereops ficuvorella* 412
*Melanochroia chephise* 1211
*Melanococcus albizziae* 1176
*Melanocyma faunula faunula* 809
*Melanolestes picipes* 51
*Melanolophia canadaria* 189
*Melanolophia imitata* 505
*Melanolophia signataria* 983
*Melanomma auricinctaria* 468
*Melanophila californica* 183
*Melanophila consputa* 210, 1016
*Melanophila drummondi* 420
Melanoplinae 1055
*Melanoplus alpinus* 17

*Melanoplus angustipennis* 740
*Melanoplus bilituratus* 708
*Melanoplus bivittatus* 1143
*Melanoplus borealis* 755
*Melanoplus bowditchi* 942
*Melanoplus bruneri* 168
*Melanoplus confusus* 816
*Melanoplus dawsoni* 326
*Melanoplus devastator* 334
*Melanoplus differentialis* 336
*Melanoplus femurrubrum* 901
*Melanoplus foedus* 1073
*Melanoplus gladstoni* 460
*Melanoplus gracilis* 477
*Melanoplus infantilis* 652
*Melanoplus keeleri* 592
*Melanoplus kennicotti* 593
*Melanoplus lakinus* 603
*Melanoplus mexicanus* 639
*Melanoplus mexicanus atlanis* 639
*Melanoplus occidentalis* 418
*Melanoplus packardi* 799
*Melanoplus ponderosus* 1055
*Melanoplus rugglesi* 746
*Melanoplus sanguinipes* 708
*Melanoplus spretus* 925
*Melanopyge erythrosticta* 897
*Melanopyge hoffmanni* 543
*Melanopyge mulleri* 906
*Melanotus annosus* 163
*Melanotus caudex* 1089
*Melanotus communis* 285
*Melanotus erythropygus* 1003
*Melanotus invectitius* 738
*Melanotus legatus* 826
*Melanotus longulus oregonensis* 789
*Melanotus okinawaensis* 1077
*Melanotus senilis* 153
*Melanthia procellata* 870
Melanthripidae 119
*Melasoma lapponicum* 1050
*Melasoma tremulae* 1149
*Meleageria daphnis* 700
*Melete leucanthe* 1199
*Melete lycimnia* 871
*Melete lycimnia isandra* 296
*Melete polyhymnia florinda* 474
*Melete polyhymnia serrana* 474
*Meligethes* 858
*Meligethes aeneus* 858
*Melinaea lilis* 697
*Melinaea lilis flavicans* 710
*Melinaea lilis imitata* 710
*Melinaea menophilus* 538
*Melinus arvensis* 410
*Melipona ruficrus* 568
*Melipona testacea* 627
Meliponinae 1062
*Melipotis acontioides* 934
*Melipotis cellaris* 204
*Melipotis fasciolaris* 405
*Melipotis indomita* 566
*Melipotis januaris* 573
*Melipotis jucunda* 702
*Melipotis prolata* 872
*Melitaea aetherie* 5
*Melitaea arcesia* 120
*Melitaea arduinna* 437
*Melitaea artemis* 489
*Melitaea britomartus* 52
*Melitaea britomartus niphona* 52
*Melitaea chitralensis* 221
*Melitaea cinxia* 461
*Melitaea deserticola* 332
*Melitaea didyma* 1047
*Melitaea phoebe* 597
*Melitaea protomedia* 402
*Melitaea robertsi* 65
*Melitaea shandura* 972
*Melitaea trivia* 640

*Melitara dentata* 753
*Melitara prodenialis* 365
*Melittia bombyliformis* 1018
*Melittia calabaza* 1034
*Melittia cucurbitae* 1056
*Melittia gloriosa* 1161
*Melittia oedipus* 9
*Melittia satyriniformis* 1056
*Melittia snowii* 233
Melittidae 700
*Melittomma insulae* 246
*Melittomma sericeum* 216
*Mellicta asteria* 651
*Mellicta athalia* 530
*Mellicta aurelia* 748
*Mellicta dejone* 873
*Mellicta parthenoides* 695
*Mellicta varia* 512
*Mellilla xanthometata* 787
*Meloe* 773
*Meloe americanus* 21
*Meloe angusticollis* 979
*Meloe coarctatus* 999
*Meloe corvinus* 933
*Meloe proscarabaeus* 773
*Meloe variegatus* 1038
*Meloe violaceus* 1163
*Meloe violaceus semenovi* 378
Meloidae 124
Meloinae 773
*Melolontha* 243
*Melolontha frater* 621
*Melolontha hippocastani* 551
*Melolontha japonica* 575
*Melolontha melolontha* 587
*Melolontha satsumaensis satsumaensis* 952
Melolonthinae 693
*Melophagus ovinus* 973
*Melophagus rupicaprinus* 209
*Melophorus bagoti* 55
*Melormensis basalis* 1181
*Melphina noctula* 160
*Melphina tarace* 957
*Melphina unistriga* 261
*Melphorus* 545
Melyridae 1022
Membracidae 1125
Membracoidea 630
*Memphis acidalia* 3
*Memphis arginussa eubaena* 724
*Memphis artacaena* 1204
*Memphis aureola* 54
*Memphis dia dia* 335
*Memphis forreri* 431
*Memphis glauce* 462
*Memphis hedemanni* 531
*Memphis herbacea* 535
*Memphis laura balboa* 624
*Memphis mora orthesia* 793
*Memphis moruus* 721
*Memphis moruus boisduvali* 139
*Memphis neidhoeferi* 1177
*Memphis oenomais* 773
*Memphis offa* 773
*Memphis perenna perenna* 829
*Memphis philumena* 1068
*Memphis philumena xenica* 785
*Memphis polyxo* 859
*Memphis praxias* 308
*Memphis proserpina proserpina* 873
*Memphis schuasiana* 491
*Memphis wellingi* 1180
*Memphis xenocles* 1190
*Memphis xenocles carolina* 195
*Menacanthus stramineus* 217
*Menander hebrus* 531
*Menander menander purpurata* 701
*Menander pretus picta* 293
*Menelaides polymnestor* 132
Mengeidae 701

*Menida histrio* 363
*Menida musiva* 697
*Menida violacea* 1162
*Menophra abruptaria* 1176
*Menophra atrilineata* 730
*Menopon gallinae* 217
*Menopon giganteum* 616
Menoponidae 867
*Mereomyza nigriventris* 1192
*Merhynchites bicolor* 928
*Merimna atrata* 415
*Merimnetes oblongus* 886
*Merista sexmaculata* 34
*Mermiria bivittata* 1143
*Merodon equestris* 738
*Meromyza americana* 1192
*Meromyza grandifemoris* 1192
*Meromyza nigriventris* 483
*Meromyza saltatrix* 394
*Merope tuber* 428
*Merophyas divulsana* 665
Meropidae 364
*Meropleon diversicolor* 732
*Meroptera cviatella* 861
*Meroptera pravella* 635
Merothripidae 587
*Mesalcidodes trifidus* 1211
*Mesapamea concinnata* 1192
*Mesapamea didyma* 636
*Mesapamea fractilinea* 154
*Mesapamea remmi* 912
*Mesapamea secalella* 636
*Mesapamea secalis* 270
*Mesembrina meridiana* 752
*Mesene croceella* 515
*Mesene epaphus* 897
*Mesene leucopus* 1201
*Mesene margaretta margaretta* 1253
*Mesene oriens* 789
*Mesene phareus* 293
*Mesene silaris* 1241
*Mesepora onukii* 410
*Meskea dyspteraria* 1220
*Mesocallis pteleae* 286
*Mesoclanis polana* 99
*Mesocnemis singularis* 923
*Mesodina aeluropis* 5
*Mesogona acetosellae* 807
*Mesogramma polita* 284
*Mesohomotoma camphorae* 539
*Mesolecanium nigrofasciatum* 1103
*Mesoleuca albicillata* 84
*Mesoleuca gratulata* 1189
*Mesoleuca ruficillata* 1206
*Mesoligia furuncula* 235
*Mesoligia literosa* 931
*Mesomachilis* 925
*Mesomorhus villiger* 1118
*Mesophalera sigmata* 319
Mesopsocidae 707
*Mesosa hirsuta hirsuta* 1207
*Mesosa longipennis* 661
*Mesosa myops* 970
*Mesosa myops japonica* 1203
*Mesosa nebulosa* 1197
*Mesosa perplexa* 162
*Mesosa senilis* 725
*Mesosella simiola* 730
*Mesosemia albipuncta* 1208
*Mesosemia asa asa* 328
*Mesosemia asa asopis* 328
*Mesosemia carissima* 132
*Mesosemia ceropia* 1055
*Mesosemia coelestis* 802
*Mesosemia esperanza* 385
*Mesosemia gaudiolum* 449
*Mesosemia gemina* 1122, 1137
*Mesosemia grandis* 454
*Mesosemia harveyi* 526
*Mesosemia hesperina hesperina* 537

*Mesosemia hypermegala* 540
*Mesosemia lamachus* 879
*Mesosemia loruhama* 662
*Mesosemia pacifica* 1061
*Mesosemia telegone telegone* 1164
*Mesosemia zonalis* 1213
*Mesosemia zorea* 1255
*Mesotaenia vaninka* 1152
*Mesothea incertata* 326
*Mesovelia furcata* 860
Mesoveliidae 1174
*Mesoxantha ethosea* 353
*Mesoxylion collaris* 815
*Messor* 525
*Messor aciculatus* 525
*Messor barbarus* 525
*Messor structor* 525
*Mestra amymone* 23
*Mestra hypermestra cana* 510
*Metaceroneme japonica* 186
*Metacharis lucius* 665
*Metacharis regalis* 911
*Metacnemis angusta* 206
*Metacnemis valida* 599
*Metacrias strategica* 1137
*Metagonistylum minense* 18
*Metalectra diabolica* 335
*Metalectra discalis* 261
*Metalectra quadrisignata* 433
*Metalectra richardsi* 920
*Metalectra tantillus* 108
*Metalepta brevicornis* 978
*Metalimnus formosus* 623
*Metallata absumens* 1154
*Metallus albipes* 890
*Metallus gei* 452
*Metallus pumilus* 890
*Metamasius hemipterus* 983, 1181
*Metamasius hemipterus sericeus* 983
*Metamasius ritchiei* 845
*Metamorpha elissa* 376
*Metanastes vulgivagus* 102
*Metanema determinata* 320
*Metanema inatomaria* 805
*Metaponpneumata rogenhoferi* 703
Metarbelidae 1129
*Metardaris cosinga* 286
*Metarranthis angularia* 26
*Metarranthis duaria* 936
*Metarranthis homuraria* 880
*Metarranthis hypochraria* 267
*Metarranthis indeclinata* 805
*Metarranthis obfirmaria* 1247
*Metarranthis refractaria* 911
*Metarranthis warneri* 1170
*Metasalis populi* 1217
*Metasyrphus* 264
*Metasyrphus americanus* 20
*Metathrinca tsugensis* 534
*Metator pardalinus* 131
*Metaxaglaea viatica* 923
*Metaxyonyha godmani* 466
*Metcalfa* 852
*Metcalfa pruinosa* 230
*Metcalfiella monogromma* 59
*Metendothenia separatana* 847
*Methiola picta* 901
*Methiola* sp. 84
*Methiolopsis geniculata* 650
*Methion melas* 939
*Methionopsis dolor* 344
*Methionopsis ina* 562
*Methionopsis typhon* 1144
*Methocha ichneumonides* 1116
Methocidae 703
*Methona confusa* 455
*Metioche vittaticollis* 361
*Metisella aegipan* 727
*Metisella formosas* 85
*Metisella halyzia* 522

*Metisella kakamega* 590
*Metisella malgacha* 485
*Metisella meninx* 691
*Metisella metis* 468
*Metisella midas* 474
*Metisella orientalis* 274
*Metisella quadrisignatus* 433
*Metisella syrinx* 67
*Metisella trisignatus* 1110
*Metisella willemi* 745
*Metoecus paradoxus* 1171
*Metopia rectifasciata* 1210
*Metopolophium cryptobium* 239
*Metopolophium dirhodum* 928
*Metopolophium festucae* 482
*Metoponium abnorme* 1001
*Metrea ostreonalis* 796
Metretopodidae 233
*Metria amella* 653
*Metrioidea brunneus* 285
*Metriona bicolor* 474
*Metriona propinqua* 467
*Metriona thais* 38
*Metrioptera bicolor* 1141
*Metrioptera brachyptera* 138
*Metrioptera roeselii* 925
*Metrioptera sphagnorum* 138
*Metriorhynchomiris dislocatus* 1242
*Metriostola betulae* 96
*Metriotes lutarea* 300
*Metron chrysogastra chrysogastra* 782
*Metron zimra* 776
*Metzneria lappella* 339
*Metzneria littorella* 570
*Metzneria metzneriella* 704
*Metzneria neuropterella* 166
*Meza banda* 322
*Meza cybeutes* 351
*Meza mabea* 316
*Mezium affine* 976
*Mezium americanum* 116
*Miathyria marcella* 556
*Micadina phluctaenoides* 581
*Micandra cyda* 308
*Micandra tongida* 1121
*Michaelus hecate* 531
*Michaelus ira* 568
*Michaelus jebus* 1155
*Michaelus phoenissa* 1140
*Michaelus thordesa* 1107
*Micolamia cleroides* 234
*Micraphis artemisiae* 1013
*Micraspis discolor* 1248
*Micraspis frenata* 1072
*Micrathetis triplex* 1128
*Micrathyria aequalis* 1045
*Micrathyria atra* 105
*Micrathyria didyma* 1110
*Micrathyria dissocians* 193
*Microcentrum* 27, 176
*Microcentrum californicum* 182
*Microcentrum lanceolatum* 592
*Microcentrum latifrons* 1034
*Microcentrum louisianum* 663
*Microcentrum minus* 1104
*Microcentrum retinerve* 27
*Microcentrum rhombifolium* 27
*Microcephalothrips abdominalis* 277
*Microchrysa cyaneiventris* 109
*Microchrysa flavicornis* 499
*Microchrysa polita* 110
Microcoryphia 587
*Microcrambus biguttellus* 468
*Microcrambus elegans* 374
*Microctonus aethiopoides* 991
*Microdes squamulata* 319
*Microdon* 29
*Microgomphus* 962
*Microgomphus wijaya* 1214
*Microlarinus lareyniei* 876

*Microlarinus lypriformis* 876
*Microleon longipalpis* 659
*Microlera ptinoides* 975
*Microlophium primulae* 871
Micromalthidae 1101
*Micromalthus debilis* 707
*Micromelalopha troglodyla* 1008
*Micromus* 162
*Micromus tasmaniae* 162
*Micromus timidus* 55
*Micromus variolosus* 162
*Micromyzus dicrvillae* 580
*Micromyzus violae* 1162
*Micronecta poweri* 1175
*Micronecta scholtzi* 640
*Micropelecotomoides japonicus* 1115
*Micropentila victoriae* 1160
Micropezidae 1062
*Microphotus angustus* 846
Microphysidae 712
*Microplitis mediator* 287
Micropterigidae 678
*Micropteryx aruncella* 968
*Micropteryx calthella* 1004
*Micropteryx thunbergella* 894
*Microsania australis* 1016
*Microsania imperfecta* 369
*Microsania occidentalis* 1188
*Microsphinx pumilum* 86
*Microstega hyalinalis* 1123
*Microstega jessica* 544
*Microstega pandalis* 66
*Microtheca ochroloma* 1240
*Microtheoris ophionalis* 1247
*Microtheoris vibicalis* 1192
*Microthyris helcitalis* 1088
*Microtia elva* 375
*Microvelia* 714
*Microvelia horvathi* 552
Microweisini 713
*Micrurapteryx salicifoliella* 1217
*Micterothrips glycines* 1035
*Mictis profana* 300
*Mictris crispus* 299
*Mielkella singularis* 990
*Mikiola fagi* 574
*Milanion cramba* 831
*Milanion pilumnus* 254
*Mileewa margheritae* 487
*Milesia virginiensis* 1249
Miletinae 526
*Miletus* 167
*Miletus biggsii* 95
*Miletus boisduvali* 139
*Miletus chinensis* 256
*Miletus chinensis learchus* 256
*Miletus longeana* 662
*Miletus symethus* 490
Milichiidae 572
*Milionia basalis pryeri* 1232
*Milionia isodoxa* 547
*Miltochrista miniata* 930
*Miltochrista pallida* 1249
*Milviscutulus mangiferae* 680
*Mimacraea* 3
*Mimacraea krausei* 599
*Mimacraea marshalli* 691
Mimallonidae 941
*Mimardaris sela* 967
*Mimas christophi* 1115
*Mimas tiliae* 647
*Mimathyma ambica* 564
*Mimathyma chevana* 969
*Mimela costata* 622
*Mimela flavifabris* 1013
*Mimela splendens* 880
*Mimela testaceipes* 648
*Mimerastria mandschuriana* 38
*Mimeresia debora* 327
*Mimeusemia persimilis* 1011

*Mimia chiapaensis* 217
*Mimia phidyle phidyle* 833
*Mimoblepia staudingeri mexicana* 1059
*Mimoides ilus branchus* 560
*Mimoides ilus branchus occiduus* 560
*Mimoides phaon phaon* 1154
*Mimoides thymbraeus aconophos* 1197
*Mimoides thymbraeus thymbraeus* 1197
*Mimoides xeniades* 201
*Mimoides xynias* 832
*Mimoniades nurscia* 760
*Mimophantia maritima* 158
*Mimopydna pallida* 808
*Mimoschinia rufofascialis* 74
*Mimosestes sallaei* 944
*Mindarus abietinus* 65
*Mindarus japonicus* 1
Minesarchaeidae 748
*Minettia lupulina* 624
*Ministrymon* 883, 1251
*Ministrymon arola* 45
*Ministrymon azia* 487
*Ministrymon cleon* 234
*Ministrymon clytie* 241
*Ministrymon inoa* 1158
*Ministrymon leda* 631
*Ministrymon phrutus* 880
*Ministrymon una* 906
*Ministrymon una scopas* 805
*Ministrymon zilda* 1056
*Minoa murinata* 351
*Minois dryas* 354
*Minois dryas bipunctata* 354
*Minthea rugicollis* 521
*Minucia lunaris* 665
*Miogryllus* 637
*Miogryllus lineatus* 1188
*Miogryllus saussurei* 369
*Miomantis abyssinica* 372
*Miomantis binotata* 8
*Miomantis caffra* 1026
*Miomantis paykullii* 372
*Miramella alpina* 502
*Miramella sapporensis* 758
Miridae 852
*Mirificarma lentiginosella* 436
*Miris striatus* 714
*Mischocyttarus flavitarsis* 1239
*Misogada unicolor* 351
*Mithras* 806
*Mithras nautes* 742
*Mitoura barryi* 78
*Mitoura gryneus* 776
*Mitoura loki* 994
*Mitoura siva* 588
*Mitoura thornei* 1101
*Mitrastethus australiae* 843
*Mizaldus lewisii* 116
*Mnaseas bicolor* 355
*Mnasicles geta* 1163
*Mnasicles hicetaon* 488
*Mnasilus allubita* 177
*Mnasinous patage* 120
*Mnasitheus cephoides* 205
*Mnasitheus chrysophrys* 225
*Mnasitheus nitra* 750
*Mnesampela privata* 58
Mnesarchaeidae 871
*Mocis annetta* 569
*Mocis disseverans* 1241
*Mocis frugalis* 1078
*Mocis latipes* 1027
*Mocis marcida* 1222
*Mocis repanda* 1071
*Mocis texana* 1104
*Mocis trifasciata* 1128
*Mocis undata* 621
*Modicogryllus conspersus* 1003
*Modicogryllus frontalis* 366
*Moduza procris* 251

*Moduza procris milonia* 251
*Moechotypa diphysis* 765
*Moeris hyagnis hyagnis* 556
*Moeris striga stroma* 418
*Moeros moeros* 721
*Mogannia minuta* 1077
Mogoplistinae 955
Molannidae 546
*Mollitrichosiphum tenuicorpus* 996
*Molorchus minor* 1054
*Molorchus minor fuscus* 1054
*Molorchus minor ikedai* 1054
*Moltena fiara* 68
*Moma alpium* 116
*Moma orion* 958
*Mompha bottimeri* 143
*Mompha cephalonthiella* 177
*Mompha circumscriptella* 227
*Mompha conturbatella* 278
*Mompha divisella* 742
*Mompha eloisella* 906
*Mompha epilobiella* 1098
*Mompha langiella* 237
*Mompha miscella* 1242
*Mompha murtfeldtella* 716
*Mompha ochraceella* 1230
*Mompha propinquella* 295
*Mompha raschkiella* 889
*Mompha subbistrigella* 348
*Mompha terminella* 381
Momphidae 716
*Monachrosticus citricola* 440
*Monalocoris filicis* 144
*Monarthropalpus buxi* 144
*Monarthropalpus flavus* 144
*Monca crispinus* 1163
*Monca jera* 582
*Monca telata* 1101
*Monca tyrtaeus* 1163
*Moneilema* 181
*Moneilema armatam* 103
*Moneilema ulkei* 1221
*Monellia caryella* 651
*Monellia costalis* 112
*Monelliopsis pecanis* 1242
*Monethe albertus* 11
*Monistria discrepans* 269
*Monobia quadridens* 435
*Monocesta coryli* 612
*Monochamus* 953
*Monochamus alternatus* 579
*Monochamus carolinensis* 195
*Monochamus galloprovincialis pistor* 953
*Monochamus grandis* 279
*Monochamus maculosus* 1048
*Monochamus marmorator* 64
*Monochamus mutator* 1048
*Monochamus notatus* 753
*Monochamus salturarius* 943
*Monochamus sartor* 953
*Monochamus scutellatus* 114
*Monochamus scutellatus oregonensis* 789
*Monochamus subfasciatus subfasciatus* 230
*Monochamus sutor* 1012
*Monochamus titilator* 1031
*Monochamus urussovii* 433
*Monochamus versteegi* 229
*Monochroa* sp. 568
*Monochroa arundinetella* 1009
*Monochroa conspersella* 1214
*Monochroa pandalis* 615
*Monochroa tetragonella* 946
*Monoctenus itoi* 310
*Monoctenus juniperi* 588
*Monodontides musina* 1089
Monoedidae 717
*Monolepta australis* 905
*Monolepta dichroa* 888
*Monolepta pallidula* 1241
*Monolepta signata* 1207

*Monoleuca semilascia* 837
Monommatidae 779
Monommidae 717
*Monomorium destructor* 333
*Monomorium intrudens* 650
*Monomorium minimum* 650
*Monomorium pharaonis* 833
*Mononychus vulpeculus* 568
*Monophadnoides confusus* 1067
*Monophadnoides geniculatus* 891
*Monophlebus dalbergiae* 696
*Monopis* 717
*Monopis crocicapitella* 97
*Monopis dorsistrigella* 994
*Monopis ethelella* 1044
*Monopis imella* 407
*Monopis laevigella* 993
*Monopis monachella* 1201
*Monopis obviella* 880
*Monopis pavlovski* 817
*Monopis rusticella* 316
*Monopsyllus sciurorum* 1056
*Monoptilota pergratialis* 647
Monotomidae 1003
Monotominae 1003
*Montandoniola moraguesi* 302
*Montezumina modesta* 715
*Monza alberti* 109
*Moodna ostrinella* 324
*Moodna pallidostrinella* 808
*Mooreana trichoneura* 1236
*Mopala orma* 793
*Mordella* 1135
*Mordella antarctica* 616
*Mordella atrata* 1134
Mordellidae 1134
*Mordellistena comes* 534
*Mordvilkoja vagabunda* 864
*Morganella longispina* 856
*Morganella maskelli* 692
*Moritala hmta* 166
*Mormo maura* 774
*Mormolyce castelnaudi* 452
*Mormolyce phyllodes* 410
*Morophaga boleti* 9
*Morophaga choragella* 9
*Morophagoides moriutii* 975
Morphinae 720
*Morpho* 720
*Morpho achilles* 3
*Morpho aega* 146
*Morpho cisseis* 227
*Morpho cypris* 311
*Morpho deidamia* 329
*Morpho didius* 720
*Morpho epistrophus* 383
*Morpho eugenia* 381
*Morpho glanadendis* 720
*Morpho hecuba* 1083
*Morpho helena* 532
*Morpho helenor* 267
*Morpho helenor guerrerensis* 267
*Morpho helenor montezuma* 267
*Morpho helenor octavia* 267
*Morpho helenor peleides* 827
*Morpho hercules* 536
*Morpho laertes* 722
*Morpho lympharis* 667
*Morpho marcus* 5
*Morpho menelaus* 132
*Morpho peleides insularis* 380
*Morpho polyphemus* 1204
*Morpho rhetenor* 132
*Morpho richardus* 920
*Morpho sulkowskyi* 1081
*Morpho theseus* 1105
*Morpho theseus justitiae* 1074
*Morpho theseus oaxacensis* 1074
*Morpho zephyritis* 1254
*Morphosphaera japonica* 1148

*Morrisonia mucens* 487
*Mortonagrion* 708
*Mortonagrion ceylonicum* 1057
*Morulina multatuberculata* 768
*Morys lyde* 1164
*Morys micythus* 707
*Morys valda* 1151
*Mota massyla* 942
*Motasingha dirphia* 340
*Motasingha trimaculata* 1102
*Motuweta isolata* 375
*Mucia zygia* 106
*Mudaria magniplaga* 357
*Mulsantina picta* 801
*Murgantia histrionica* 524
Murmidiidae 733
*Musca autumnalis* 398
*Musca domestica* 553
*Musca domestica vicina* 791
*Musca hervei* 790
*Musca retustissima* 56
*Musca sorbens* 80
*Musca vetustissima* 176
*Musca vicina* 264
*Muschampia cribrellum* 1042
*Muschampia leuzeae* 14
*Muschampia mohammed* 74
*Muschampia proto* 604
*Muschampia tessellum* 1103
Muscidae 553
*Muscina assimilis* 1056
*Muscina stabulans* 404
Muscinae 553
*Musotima nitidalis* 470
*Mussidia nigrivenella* 674
*Mutilla europaea* 1157
*Mutilla europaea mikado* 1157
Mutillidae 1157
*Mutuuraia terrealis* 756
*Mycalesis* 175
*Mycalesis adamsoni* 1176
*Mycalesis anaxias* 1195
*Mycalesis annamitica* 28
*Mycalesis evansii* 1145
*Mycalesis francisca* 646
*Mycalesis francisca perdiccas* 646
*Mycalesis fusca fusca* 676
*Mycalesis gotama* 219
*Mycalesis heri* 718
*Mycalesis horsfieldi* 552
*Mycalesis igilia* 1006
*Mycalesis intermedia* 567
*Mycalesis itys* 571
*Mycalesis janardana* 256
*Mycalesis lepcha* 634
*Mycalesis malsara* 1202
*Mycalesis malsarida* 850
*Mycalesis mamerta* 124
*Mycalesis mamerta davisoni* 811
*Mycalesis mercea* 817
*Mycalesis mestra* 1198
*Mycalesis mineus* 316
*Mycalesis mineus macromalayana* 316
*Mycalesis misenus* 945
*Mycalesis mystes* 683
*Mycalesis nicotia* 148
*Mycalesis oculus* 897
*Mycalesis orseis* 877
*Mycalesis orseis nautilus* 877
*Mycalesis patnia* 460
*Mycalesis perseus* 256
*Mycalesis perseus cepheus* 256
*Mycalesis rama* 226
*Mycalesis sangaica mara* 990
*Mycalesis sirius* 203
*Mycalesis suaveolens* 1224
*Mycalesis terminus* 781
*Mycalesis visala* 656
*Mycalesis visala phamis* 656
*Mycalesis visala subdita* 1095

*Mycalesis zonata* 1027
*Mycetaea hirta* 519
Mycetaeidae 735
*Mycetaspis personata* 692
*Mycetochara* 251
Mycetophagidae 520
*Mycetophagus quadriguttatus* 1047
*Mycetophila* 443
*Mycetophila fungorum* 733
*Mycetophila speyeri* 733
Mycetophilidae 733
*Mycophila barnesi* 734
*Mycterophora longipalpata* 659
*Mydas clavatus* 735
Mydidae 735
*Myelois circumvolula* 1107
*Myelois cribrella* 173
*Myelois cribrumella* 612
*Myelois venipars* 742
*Myelophilus minor* 639
*Mygona prochyta* 872
*Mylabris* 124
*Mylabris cichorii* 1101
*Mylabris floralis* 1101
*Mylabris ligata* 894
*Myllocerus griseus* 215
*Mylon ander* 740
*Mylon cajus* 301
*Mylon cristata* 55
*Mylon illineatus* 669
*Mylon jason* 582
*Mylon lassia* 139
*Mylon maimon* 267
*Mylon pelopidas* 809
*Mylon salvia* 394
*Mylon zephus* 85
*Mylothris* 346
*Mylothris agathina* 366
*Mylothris bernice* 346
*Mylothris chloris* 259
*Mylothris jacksoni* 572
*Mylothris rhodope* 1129
*Mylothris rubricosta* 369
*Mylothris rueppellii* 937
*Mylothris rueppellii haemus* 1139
*Mylothris sagata* 358
*Mylothris trimenia* 1127
*Mylothris yulei* 1251
Mymaridae 398
*Myndus crudus* 21
*Mynes geoffroyi* 584
*Myopa testacea* 280
Myopsocidae 728
*Myrina* 413
*Myrina dermaptera* 637
*Myrina silenus* 413
*Myrina subornata* 1180
*Myrinia myris* 735
*Myrinia raymundo* 892
*Myrmecia* 171
*Myrmecia brevinoda* 171
*Myrmecia esuriens* 1097
*Myrmecia forficata* 171
*Myrmecia gulosa* 171
*Myrmecia nigriceps* 171
*Myrmecia nigrocincta* 56
*Myrmecia pilosula* 572
*Myrmecina graminicola* 1224
*Myrmecina graminicola nipponica* 1224
Myrmecinae 29
*Myrmecocystus* 545
*Myrmecocystus melliger* 545
*Myrmecocystus mexicanus* 545
Myrmecophilidae 29
Myrmecophilinae 30
*Myrmecophilus acervorum* 29
*Myrmecophilus manni* 681
*Myrmecophilus nebrascensis* 743
*Myrmecophilus oregonensis* 29
*Myrmecophilus pergandei* 364

*Myrmecoris gracilis* 29
*Myrmecozela ochraceella* 1223
*Myrmecozela tineoides* 236
*Myrmeleon acer* 252
*Myrmeleon formicarius* 29
Myrmeleontidae 29
*Myrmeleotettix maculatus* 723
*Myrmica* 903
*Myrmica rubra* 893
*Myrmica ruginodis* 893
*Myrmica scabrinodis* 373
*Myrmicaria brunnea* 949
Myrmicinae 10
*Myrrha octodecimguttata* 373
*Myrsidea cornicis* 300
*Myrsidea phaestoma* 818
*Mysarbiia sejanus* 961
*Myscelia capenas* 191
*Myscelia cyananthe* 323
*Myscelia cyananthe streckeri* 308
*Myscelia cyaniris* 1213
*Myscelia ethusa* 134
*Myscelus amystis* 1214
*Myscelus amystis hages* 1214
*Myscelus assaricus michaeli* 411
*Myscelus belti* 90
*Myscelus draudti* 921
*Myscelus epimachia* 383
*Myscelus nobilis* 751
*Myscelus perissodora* 361
*Myscelus phoronis* 1082
*Mysidioides sapporensis* 112
*Mysoria affinis* 897
*Mysoria amra* 128
*Mysoria barcatus ambigua* 19
*Mythimna albipuncta* 1205
*Mythimna comma* 980
*Mythimna conigera* 162
*Mythimna convecta* 55
*Mythimna ferrago* 232
*Mythimna flammea* 419
*Mythimna flammea stenoptera* 419
*Mythimna flavicolor* 693
*Mythimna humidicola* 1077
*Mythimna impura* 1017
*Mythimna l-album* 601
*Mythimna litoralis* 977
*Mythimna loreyi* 662
*Mythimna obsoleta* 770
*Mythimna pallens* 275
*Mythimna pudorina* 1074
*Mythimna putrescens* 334
*Mythimna separata* 45
*Mythimna sequax* 1191
*Mythimna straminea* 1033
*Mythimna turca* 348
*Mythimna unipuncta* 45
*Mythimna vitellina* 329
*Myzaphis rosarum* 639
*Myzia oblongoguttata* 1072
*Myzinum* 1115
*Myzinum quinquecinctum* 417
*Myzocallis annulata* 762
*Myzocallis carpini* 549
*Myzocallis castanicola* 764
*Myzocallis coryli* 414
*Myzocallis kuricola* 214
*Myzodes myosotidis* 430
*Myzus ascalonicus* 971
*Myzus cerasi* 212
*Myzus convolvuli* 435
*Myzus cymbalariae* 309
*Myzus hemerocallis* 533
*Myzus lactucicola* 602
*Myzus ligustri* 872
*Myzus lythri* 855
*Myzus mumecola* 1147
*Myzus nicotianae* 1118
*Myzus ornatus* 1162
*Myzus persicae* 502

*Myzus persicae dyslycialis* 144
*Myzus portulacae* 1162
*Myzus varians* 616

N

Nabidae 314
*Nabis alternatus* 1184
*Nabis americoferus* 258
*Nabis blackburni* 122
*Nabis capsiformis* 803
*Nabis ericetorum* 530
*Nabis ferus* 410
*Nabis flavomarginatus* 152
*Nabis kinbergii* 798
*Nabis rugosus* 258
*Nabokovia cuzquenha* 737
*Nabokovia faga* 398
*Nacaduba angusta* 1202
*Nacaduba angusta kerriana* 1199
*Nacaduba berenice* 991
*Nacaduba berenice icena* 991
*Nacaduba biocellata* 349
*Nacaduba calauria* 317
*Nacaduba cyanea* 495
*Nacaduba cyanea arinia* 495
*Nacaduba hermus* 803
*Nacaduba kurava* 1123, 1202
*Nacaduba kurava nemana* 1202
*Nacaduba kurava septentrionalis* 1123
*Nacaduba normani* 752
*Nacaduba pactolus* 612
*Nacaduba pactolus odon* 612
*Nacaduba pavana* 1003
*Nacaduba pendleburyi pendleburyi* 676
*Nacaduba sanaya elioti* 583
*Nacaduba subperusia* 1163
*Nacerdes melanura* 1190
*Nacoleia octasema* 68
*Nadata gibbosa* 1098
*Naenia contaminata* 937
*Naenia typica* 477
*Naevolus orius* 792
*Nala lividipes* 107
*Nannothemis bella* 361
*Napaea eucharila picina* 1209
*Napaea heteroea* 136
*Napaea theages theages* 1208
*Napeocles jucunda* 489
*Napeogenes glycera* 464
*Napeogenes tolosa* 1119
*Napomyza lateralis* 182
*Naranga aenescens* 503
*Naranga diffusa* 917
*Naratettix zonatus* 71
*Narcosius colossus colossus* 250
*Narcosius nazaraeus* 742
*Narcosius parisi helen* 1060
*Narcosius samson* 947
*Narope minor* 1007
*Narope syllabus* 1059
*Narope testacea* 163
*Narosoideus flavidorsalis* 823
*Narraga fimetaria* 496
*Narycia moniliferella* 1207
*Nascia acutella* 1068
*Nascia cilialis* 784
*Nascus broteas* 156
*Nascus paulliniae* 631
*Nascus phintias* 962
*Nascus phocus* 271
*Nascus solon corilla* 283
*Nasiaeschna pentacantha* 311
*Nasonovia cynosbati* 343
*Nasonovia ribisnigri* 641
*Nastra chao* 355
*Nastra julia* 586
*Nastra leucone leucone* 642
*Nastra lherminier* 1086

*Nastra neamathla* 742
*Nasutitermes* 741
*Nasutitermes corniger* 1130
*Nasutitermes costalis* 745
*Nasutitermes graveolus* 749
*Nasutitermes princeps* 744
*Nasutitermes triodiae* 200
*Nasutitermes walkeri* 749
*Natada nasoni* 741
*Nataxa flavescens* 1237
*Nathalis iole* 313
*Nathrius brevipennis* 851
Naucoridae 296
*Nauphoeta cinerea* 226
*Nausinoe geometralis* 582
*Navomorpha lineata* 1072
*Naxa seriaria* 347
*Neacoryphus bicrucis* 1197
*Nearctaphis bakeri* 238
*Nearctaphis crataegifoliae* 528
*Neargyractis slossonalis* 337
*Nebula salicata* 1073
*Necrobia ruficollis* 905
*Necrobia rufipes* 901
*Necrobia violacea* 255
*Necrodes littoralis* 103
*Necrophorus* 175
*Necrophorus germanicus* 486
*Necrophorus humator* 103
*Necrophorus investigator* 971
*Necrophorus nigritus* 103
*Necrophorus vespillo* 256
*Necrophorus vespilloides* 971
*Necydalis cavipennis* 549
*Necydalis pennata* 739
*Necyria bellona* 90
*Necyria larunda* 354
*Nedra ramosula* 487
*Neduba carinata* 592
*Neduba castanea* 216
*Neduba convexa* 281
*Neduba diabolica* 335
*Neduba extincta* 396
*Neduba macneilli* 670
*Neduba ovata* 1043
*Neduba propsti* 873
*Neduba sierranus* 982
*Neduba steindachneri* 1060
Neelidae 978
*Nehalennia gracilis* 1039
*Nehalennia integricollis* 1033
*Nehalennia irene* 966
*Nehalennia speciosa* 881
*Neides muticus* 273
*Neita durbani* 356
*Neita extensa* 953
*Neita lotenia* 663
*Neita neita* 744
*Neivamyrmex melanocephalus* 109
*Neivamyrmex nigrescens* 632
*Nelphe carolina* 424
*Nemadacris septemfasciata* 902
*Nemapogon cloacella* 320
*Nemapogon emortuellus* 445
*Nemapogon granella* 390
*Nemapogon personellus* 803
*Nematinus japonicus* 336
*Nematocampa baggettaria* 63
*Nematocampa filamenfaria* 413
*Nematocampa limbata* 141
Nematocera 1108
*Nematocerus* 976
*Nematopogon pilella* 802
*Nematopogon swammerdammella* 1085
*Nematus* 476
*Nematus alfaciens* 105
*Nematus appendiculatus* 1004
*Nematus consobrinus* 476
*Nematus crassus* 1218
*Nematus damnacanti* 313

*Nematus leucotrochus* 807
*Nematus melanaspis* 508
*Nematus pavidus* 641
*Nematus ribesii* 476
*Nematus salicis* 1218
*Nematus spiraeae* 1043
*Nematus tibialis* 400
*Nematus ventralis* 1218
*Nematus virescens* 506
*Nemaxera betulinella* 445
Nemestrinidae 1095
Nemobiinae 1223
*Nemobius chibae* 713
*Nemobius sylvestris* 1223
*Nemocestes incomptus* 1226
*Nemognatha lurida* 743
Nemonychidae 840
*Nemophora cupriacella* 282
*Nemophora fasciella* 282
*Nemophora metallica* 703
*Nemophora minimella* 1164
Nemopteridae 1108
*Nemoria bifilata* 1195
*Nemoria bistriaria* 899
*Nemoria darwiniata* 325
*Nemoria elfa* 310
*Nemoria leptalea* 846
*Nemoria lixaria* 895
*Nemoria mimosaria* 1200
*Nemoria rubrifrontaria* 899
*Nemoria unitaria* 990
*Nemotelus nigrinus* 15
*Nemotelus notatus* 422
*Nemotelus pantherinus* 407
*Nemotelus uliginosus* 78
*Nemotyla oribates* 1097
*Nemoura* 1051
Nemoura cinerea 1216
*Nemouridae* 1108
*Neoalcis californiaria* 162
*Neoarctia beanii* 83
*Neoarctia brucei* 168
*Neobarrettia* 43
*Neobarrettia spinosa* 493
*Neobarrettia victoriae* 635
*Neocalaphis magnoliae* 576
*Neocalaphis magnolicolens* 576
*Neocataclysta magnificalis* 964
*Neocheritra amrita* 479
*Neocheritra fabronia* 803
*Neochetina bruchi* 1175
*Neochetina eichhorniae* 1175
*Neochlamisus cribripennis* 135
*Neochromaphis carpinicola* 754
*Neocicindela tuberculata* 274
*Neocifuna eurydice* 481
*Neoclanis basalis* 1228
*Neoclytus acuminatus* 899
*Neoclytus caprea* 69
*Neoclytus conjuntus* 417
*Neococytius cluentius* 241
*Neocoenorrhinus interruptus* 1216
*Neoconocephalus* 258
*Neoconocephalus affinis* 891
*Neoconocephalus bivocatus* 403
*Neoconocephalus caudellianus* 202
*Neoconocephalus ensiger* 1089
*Neoconocephalus exiliscanorus* 997
*Neoconocephalus lyristes* 995
*Neoconocephalus maxilliosus* 193
*Neoconocephalus melanorhinus* 113
*Neoconocephalus nebrascensis* 743
*Neoconocephalus pahavokee* 395
*Neoconocephalus palustris* 689
*Neoconocephalus retusus* 933
*Neoconocephalus robustus* 924
*Neoconocephalus triops* 153
*Neoconocephalus velox* 1089
*Neocurtilia hexadactyla* 756
*Neodactria luteolellus* 723

*Neodeniades bajula* 129
*Neodiprion abietis* 64
*Neodiprion burkei* 655
*Neodiprion dubiosus* 161
*Neodiprion excitans* 110
*Neodiprion lecontei* 900
*Neodiprion merkeli* 994
*Neodiprion nanulus nanulus* 903
*Neodiprion pinetum* 1205
*Neodiprion pratti banksianae* 572
*Neodiprion pratti pratti* 1165
*Neodiprion rugifrons* 900
*Neodiprion sertifer* 435
*Neodiprion swainei* 1084
*Neodiprion taedae linearis* 654, 1048
*Neodiprion taedae linearis*
*Neodiprion taedae taedae* 1048
*Neodiprion tsugae* 534
Neoephemeridae 618
*Neoerythromma cultellatum* 193
*Neofaculta ericetella* 531
*Neogalea esula* 200
*Neogalea sunia* 605
*Neographium agesilaus* 274
*Neographium dioxippus* 1105
*Neoheegeria verbasci* 732
*Neohermes* 183
*Neohermes californicus* 183
*Neohesperilla senta* 968
*Neohesperilla xanthomera* 1230
*Neohesperilla xiphiphora* 1230
*Neohipparchia fatua* 437
*Neohipparchia powelli* 868
*Neohipparchus vallata* 1235
*Neohydatothrips samayunkur* 688
*Neohydatothrips variabilis* 1035
*Neoitamus cothurnatus* 956
*Neoitamus cothurnatus univittatus* 956
*Neoitamus cyanurus* 253
*Neoitamus melanopogon* 270
*Neolasioptera murtfeldtiana* 1083
*Neolecanium cornuparvum* 673
*Neoleucinodes elegantalis* 1120
*Neoligia exhausta* 396
*Neolucia agricola* 438
*Neolucia hobartensis* 725
*Neolucia mathewi* 693
*Neolycaena connae* 65
*Neomaskellia bergii* 1079
*Neomerimnetes sobrinus* 228
*Neominois ridingsii* 920
*Neomochtherus pallipes* 334
*Neomyia cornicina* 128
*Neomyrina nivea periculosa* 1201
*Neonemobius* 1005
*Neonemobius* sp. 249
*Neonemobius cubensis* 302
*Neonemobius eurynotus* 183
*Neonemobius mormonius* 719
*Neonemobius palustris* 1039
*Neonemobius variegatus* 1155
*Neoneura aaroni* 283
*Neoneura amelia* 19
*Neonympha areolatus* 451
*Neonympha helicta* 532
*Neonympha mitchellii* 715
*Neonympha mitchellii francisci* 943
*Neopachygaster meromelas* 987
*Neope armandii* 219
*Neope bhadra* 1093
*Neope muirheadi nagasawae* 730
*Neope pulaha* 1157
*Neope pulahina* 958
*Neope pulahoides* 566
*Neope simulans* 1113
*Neope yama* 358
*Neophasia menapia* 839
*Neophasia terlooii* 221
*Neophilaeus lineatus* 648
*Neophyllaphis araucariae* 40

*Neophyllaphis podocarpi* 856
*Neopinnaspis harperi* 525
*Neopithecops lucifer* 883
*Neopithecops lucifer heria* 883
*Neopithecops zalmora* 883
*Neopolyptychus compar* 1154
Neopseustidae 41
*Neoptychodes trilineatus* 1200
*Neorhopalomyzus lonicericola* 600
*Neorhynchocephalus sackenii* 1096
*Neorina* 796
*Neorina hilda* 1241
*Neorina lowii* 677
*Neorina lowii neophyta* 677
*Neorina patria* 1204
*Neoripersia japonica* 714
*Neosphaleroptera nubilana* 328
*Neostauropus basalis* 1067
*Neostylopyga rhombifolia* 524
*Neosyagrius cordipennis* 674
*Neotephritis finalis* 1083
*Neotermes* 314
*Neotermes castaneus* 423
*Neotermes connexus* 430
*Neotermes insularis* 921
*Neotermes jouteli* 423
*Neotermes luykxi* 423
*Neotermes papua* 454
*Neotermes rainbowi* 246
Neotheoridae 18
*Neothoracaphis yanonis* 1231
*Neotoxoptera formosana* 778
*Neotoxoptera oliveri* 688
*Neotridactylus apicalis* 617
Neottiophilidae 745
*Neottiophilum praeustum* 745
*Neoxabea* 1017
*Neoxabea bipunctata* 1143
*Neoxabea formosa* 168
*Neoxeniades luda* 665
*Neoxeniades molion* 127
*Nepa* 1173
*Nepa apiculata* 1173
*Nepa cinerea* 1173
*Nephantis serinopa* 245
*Nephele accentifera* 2
*Nephele aequivalens* 491
*Nephele argentifera* 984
*Nephele bipartita* 126
*Nephele comma* 267
*Nephele discifera* 785
*Nephele funebris* 443
*Nephele lannini* 604
*Nephele oenopion* 1233
*Nephele peneus* 1110
*Nephele rosae* 1194
*Nephele subvaria* 527
*Nephele vau* 1151
*Nephelodes minians* 156
*Nepheronia argia varia* 619
*Nepheronia argia* 619
*Nepheronia buquetii* 172
*Nepheronia pharis* 933
*Nepheronia thalassina* 186
*Nephopterix adelphella* 575
*Nephopterix bicolorella* 823
*Nephopterix genistella* 476
*Nephopterix mikadella* 708
*Nephopterix palumbella* 696
*Nephopterix subcaesiella* 654
*Nephopteryx angustella* 740
*Nephotettix* 501
*Nephotettix apicalis* 918
*Nephotettix cincticeps* 503
*Nephotettix malayanus* 503
*Nephotettix nigromaculatus* 500
*Nephotettix nigropictus* 503
*Nephotettix virescens* 503
*Nephronia* 1151
*Nephrotoma appendiculata* 1046

*Nephrotoma maculosa* 100
*Nephrotoma minuticornis* 1076
*Nephrotoma suturalis wulpiana* 1188
Nepidae 1173
*Nepticula* 836
*Nepticula acetosae* 1026
*Nepticula argyropeza* 608
*Nepticula fragariella* 538
*Nepticula hemargyrella* 467
*Nepticula malella* 38
*Nepticula pomella* 508
*Nepticula salicis* 405
*Nepticula sericopeza* 774
Nepticulidae 708
*Neptidopsis fulgurata* 675
*Neptidopsis ophione* 955
*Neptis* 943
*Neptis ananta* 1243
*Neptis anjana* 920
*Neptis antilope* 1156
*Neptis arachne* 632
*Neptis armandia* 44
*Neptis carcassoni* 192
*Neptis cartica* 851
*Neptis celebica* 203
*Neptis clarei* 231
*Neptis clinia* 232
*Neptis constantiae* 280
*Neptis cydippe* 221
*Neptis dejeani* 1251
*Neptis goochi* 1068
*Neptis harita harita* 222
*Neptis hylas* 270
*Neptis hylas luculenta* 270
*Neptis hylas papaya* 270
*Neptis jamesoni* 573
*Neptis jordani* 585
*Neptis jumbah* 216
*Neptis kikuyuensis* 595
*Neptis kiriakoffi* 596
*Neptis laeta* 270
*Neptis leucoporos cresina* 510
*Neptis magadha* 1048
*Neptis mahendra* 541
*Neptis manasa* 804
*Neptis melicerta* 1068
*Neptis miah* 1012
*Neptis morosa* 720
*Neptis namba* 681
*Neptis nandina* 232
*Neptis narayana* 153
*Neptis nashona* 634
*Neptis nata* 340
*Neptis nata yerburii* 1249
*Neptis nicobule* 957
*Neptis nina* 1116
*Neptis nycteus* 543
*Neptis penningtoni* 828
*Neptis philyra* 659
*Neptis praslini* 1235
*Neptis praslini staudingereana* 99
*Neptis radha* 493
*Neptis rivularis* 556
*Neptis rivularis insularum* 556
*Neptis rogersi* 926
*Neptis saclava* 1049
*Neptis saclava marpessa* 1049
*Neptis sankara* 151
*Neptis sappho* 809
*Neptis sappho intermedia* 262
*Neptis serena* 923
*Neptis soma* 1081
*Neptis strigata* 1069
*Neptis trigonophora* 77
*Neptis vikasi* 339
*Neptis woodwardi* 1226
*Neptis zaida* 804
*Nepytia canosaria* 402
*Nepytia phantasmaria* 833
*Nepytia semiclusaria* 840

*Nepytia treemani* 1184
*Nerice bidentata* 377
Neriidae 181
*Nertha grandis* 1117
*Nesciothemis farinosa* 365
*Nesiostrymon calchinia* 182
*Nesiostrymon celona* 204
*Nesiostrymon dodava* 342
*Nesisiocoris tenuis* 1118
*Nesoclutha pallida* 56
*Nesodiprion japonicus* 840
*Nesogonia blackburni* 122
*Nesolycaena albosericea* 951
*Nesolycaena caesia* 595
*Nesolycaena medicta* 320
*Nesolycaena urumelia* 1048
*Nesoxenica leprea* 634
*Nesoxenica leprea elia* 375
*Nessaea aglaura aglaura* 756
*Nessaea hewitsoni* 538
*Netalia producta* 781
*Netrobalane canopus* 166
*Netrocoryne repanda* 366
*Neuhaematopinus sciuri* 1056
*Neumichtis saliaris* 498
*Neumoegenia poetica* 856
*Neurellipes lusones* 784
*Neurobasis* 506
*Neurobasis chinensis chinensis* 791
*Neurobathra curcassi* 582
*Neurochaeta inversa* 57
Neurochaetidae 1149
*Neurocolpus nubilus* 237
*Neurocordulia michaeli* 153
*Neurocordulia virginiensis* 226
*Neurocordulia xanthosoma* 784
*Neurogomphus zambeziensis* 1252
Neuroptera 602
Neuropteroidea 746
*Neurosigma siva* 633
*Neuroterus albipes* 764
*Neuroterus clavensis* 763
*Neuroterus numismalis* 1036
*Neuroterus quercusbaccarum* 272
*Neuroterus tricolor* 764
*Neurothemis* 814
*Neurothemis fulva* 443
*Neurothemis intermedia intermedia* 799
*Neurothemis stigmatizans* 800
*Neurothemis tullia* 835
*Neurotoma flaviventris* 1022
*Neurotoma inconspicua* 855
*Neurotoma iridescens* 214
*Neurotoma nemoralis* 39
*Neurotoma saltuum* 1022
*Nezara antennata* 504
*Nezara viridula* 1030
*Niastama punctaticollis* 355
*Nica flavilla* 650
*Niceteria macrocosma* 671
*Nicolaea* 768
*Nicolaea dolium* 343
*Nicolaea heraldica* 535
*Nicolaea ophia* 779
*Nicolaea pyxis* 882
*Nicolaea velina* 449
Nicoletiidae 1075
*Niconiades comitana* 251
*Niconiades incomptus* 522
*Niconiades nikko* 749
*Niconiades viridis vista* 1165
*Nicrophorus americanus* 20
*Nicrophorus marginatus* 893
*Niditinea fuscella* 160
*Niditinea fuscipunctella* 867
*Niditinea spretella* 867
*Nidularia japonica* 748
*Nigetia formosalis* 1106
*Nigrobaetis niger* 1030
*Nigronia serricornis* 318

*Nikkoaspis shiranensis* 977
*Nilaparvata lugens* 164
*Nilasera asoka* 1036
*Nilotaspis halli* 522
*Ninomimus flavipes* 790
*Nipaecoccus aurilanatus* 472
*Nipaecoccus filamentosus* 631
*Nipaecoccus vastator* 539
*Nipaecoccus viridis* 1039
*Niphades variegatus* 109
*Niphadolepis alianta* 582
*Niphadoses palleucus* 521
*Niphanda cymbia* 857
*Niphona furcata* 486
*Nippolachnus piri* 822
*Nipponaclerda biwakoensis* 581
*Nipponaphis distychii* 341
*Nipponobuprestis amabilis* 497
*Nipponopsyche fuscescens* 625
*Nipponorthezia ardisiae* 123
*Nipponoserica similis* 166
*Nipponovalgus angusticollis angusticollis* 421
*Nippoptilia vitis* 481
*Niptus hololeucus* 473
*Nirvana pallida* 656
*Nirvana suturalis* 1072
*Nirvanopsis hypnus* 557
*Nisia atrovenosa* 1210
*Nisia nervosa* 1069
*Nisoniades castolus* 199
*Nisoniades ephora* 383
*Nisoniades evansi* 394
*Nisoniades godma* 466
*Nisoniades laurentina* 322
*Nisoniades macarius* 687
*Nisoniades rubescens* 880
*Nisotra submetallica* 1075
*Nites betulella* 106
*Nites grotella* 529
Nitidulidae 949
*Noctua comes* 641
*Noctua fimbriata* 152
*Noctua interjecta* 631
*Noctua janthina* 636
*Noctua orbona* 665
*Noctua pronuba* 277
*Noctuana haematospila* 907
*Noctuana lactifera bipuncta* 301
*Noctuana stator* 907
Noctuidae 796
Noctuinae 1247
*Nodina chalcosoma* 5
*Nodonota puncticollis* 928
*Noduza procris* 251
*Nola cereella* 1026
*Nola chlamytulalis* 582
*Nola cilicoides* 137
*Nola clethrae* 1086
*Nola confusalis* 630
*Nola cucullatella* 977
*Nola minna* 202
*Nola pustulata* 972
*Nola taeniata* 521
*Nola triquetrana* 1110
Nolidae 751
*Nomada angelarum* 897
*Nomada armata* 954
*Nomadacris guttulosa* 1055
*Nomadacris septemfasciata* 909
Nomadinae 302
Nomadini 302
*Nomia melanderi* 15
*Nomius pygmaeus* 1062
*Nomophila nearctica* 753
*Nomophila noctuella* 1054
*Nonagria arundinis* 172
*Nonagria typhae* 172
Nonagriinae 1167
*Norape ovina* 1199
*Norape tenera* 702

*Nordstromia japonica* 576
*Noserus plicatus* 937
Nosodendridae 1228
*Nosopsyllus fasciatus* 757
*Notamblyscirtes simius* 989
*Notarcha derogata* 288
*Notaris oryzae* 114
*Notarthrinus binghami* 210
Noteridae 174
*Noterus* 175
*Notheme erota* 384
*Notheme erota diadema* 1098
*Nothodanis schaeffera* 319
*Nothodiplax dendrophila* 190
*Nothomiza formosa* 577
*Nothomyrmecia macrops* 55
*Nothris verbascella* 232
*Notiobia cupreola* 282
*Notioplusia illustrata* 759
*Notiothemis jonesi* 430
*Notiphila sekiyai* 918
*Notiphila watanabei* 918
*Notobitus meleagris* 65
*Notocelia rosaecolana* 928
*Notocrypta* 330
*Notocrypta curvifascia* 913
*Notocrypta feisthamelii* 1046
*Notocrypta feisthamelii alysos* 1046
*Notocrypta paralysos* 253
*Notocrypta paralysos varians* 70
*Notocrypta waigensis proserpina* 70
*Notodonta dromodarius* 569
*Notodonta scitipennis* 414
*Notodonta torva* 611
*Notodonta tritophus* 1109
*Notodonta ziczac* 825
Notodontidae 872
*Notogomphus praetorius* 1033
*Notonecta* 608
*Notonecta glauca* 1172
*Notonecta insulata* 608
*Notonecta kirbyi* 596
*Notonecta maculata* 869
*Notonecta triguttata* 1110
*Notonecta undulata* 253
*Notonecta unifasciata* 990
*Notonecta viridis* 62
Notonectidae 62
*Notoreas brephos* 787
*Notoreas omichlias* 355
*Notoxus constrictus* 440
Noviini 56
*Nuculaspis californica* 114
*Nuculaspis pseudomyeri* 219
*Nuculaspis tsugae* 534
*Nudaria mundana* 734
*Nudaurelia cytherea* 840
*Numata muiri* 807
*Numenes disparilis* 1195
*Numismalis quercusbaccarum* 633
*Numonia heringii* 821
*Numonia suavella* 864
*Nupserha marginella* 34
*Nupserpha vexator* 752
*Nurudea ibofushi* 220
*Nurudea shiraii* 977
*Nurudea yanoniella* 220
*Nyctegretis lineana* 9
*Nyctelius nyctelius* 1162
*Nyctemera* 673
*Nyctemera amica* 968
*Nyctemera annulata* 106
*Nyctemera secundiana* 673
*Nycteola asiatica* 117
*Nycteola degenerana* 945
*Nycteola frigidana* 437
*Nycteola metaspilella* 431
*Nycteola revayana* 765
Nycteolinae 1123
Nycteribiidae 79

Nymphalidae 168
Nymphalinae 168
*Nymphalis* 26
*Nymphalis antiopa* 186
*Nymphalis antiopa asopos* 186
*Nymphalis californica* 185
*Nymphalis cyanomelas* 706
*Nymphalis kaschmirensis* 565
*Nymphalis polychloros* 619
*Nymphalis progne* 486
*Nymphalis vaualbum* 401
*Nymphalis vaualbum samurai* 401
*Nymphalis xanthomelas* 960
*Nymphalis xanthomelas japonica* 960
*Nymphes myrmeleonides* 129
Nymphidae 996
*Nymphidium ascolia* 416
*Nymphidium caricae* 268
*Nymphidium onaeum* 537
*Nymphidium plinthobaphis* 1061
Nymphomyiidae 761
*Nymphostola galactina* 1211
*Nymphula nymphaeata* 218
*Nymphula* 218
*Nymphula depunctalis* 916
*Nymphula ekthlipsis* 761
*Nymphula stagnata* 84
*Nymphuliella daeckealis* 218
Nymphulinae 218
*Nysius* 966
*Nysius caledoniae* 182
*Nysius clevedandensis* 509
*Nysius ericae* 401
*Nysius plebejus* 1013
*Nysius raphanus* 400
*Nysius turneri* 567
*Nysius vinitor* 940
*Nysius wekiuicola* 1180
Nyssoninae 857

## O

*Oarisma edwardsii* 371
*Oarisma era* 139
*Oarisma garita* 449
*Oarisma poweshiek* 868
*Obania subvariegata* 710
*Obeidia tigrata* 166
*Oberea bimaculata* 890
*Oberea hebescens* 650
*Oberea japonica* 38
*Oberea linearis* 529
*Oberea myops* 915
*Oberea myops japonica* 915
*Oberea nigriventris* 37
*Oberea ocellata* 1081
*Oberea oculata* 1139
*Oberea sobosana* 914
*Oberea tripunctata* 343
*Oberea vittata* 1222
*Oberopsis brevis* 1034
*Obolodiplosis robiniae* 654
*Oboronia guessfeldti* 516
*Oboronia punctatus* 261
*Obrium brunneum* 162
*Ocaria* 923
*Ocaria aholiba* 249
*Ocaria arpoxais* 136
*Ocaria clenchi* 234
*Ocaria elongata* 378
*Ocaria ocrisia* 109
*Ocaria petelina* 832
*Ocaria thales* 1104
*Oceanaspidiotus spinosus* 1042
*Ochetellus* 110
*Ochetellus glaber* 110
*Ochetomyrmex auropunctata* 651
*Ochetomyrmex* 651
*Ochina ptinoides* 571
*Ochlerotatus abserratus* 1225

*Ochlerotatus canadensis* 1223
*Ochlerotatus cantator* 164
*Ochlerotatus deserticola* 1189
*Ochlerotatus dorsalis* 699
*Ochlerotatus excrucians* 1225
*Ochlerotatus japonicus* 49
*Ochlerotatus melanimon* 699
*Ochlerotatus nigromaculis* 699
*Ochlerotatus spencerii idahoensis* 868
*Ochlerotatus triseriatus* 369
*Ochlerotatus trivittatus* 850
*Ochlodes agricola* 937
*Ochlodes samenta* 947
*Ochlodes siva* 51
*Ochlodes snowi* 1020
*Ochlodes subhyalina* 1075
*Ochlodes sylvanoides* 1225
*Ochlodes sylvanus* 617
*Ochlodes venatus* 617
*Ochlodes yuma* 1251
*Ochrogaster lunifer* 872
*Ochrognesia difficta* 1204
*Ochropacha duplaris* 266
*Ochropleura flammatra* 105
*Ochropleura leucogaster* 886
*Ochropleura plecta* 418
*Ochropleura plecta glaucimacula* 418, 1197
*Ochropleura praecox* 864
*Ochropleura praecox flavomaculata* 507, 864
*Ochropleura praecurrens* 621
*Ochrosidia villosa* 28
*Ochsenheimeria mediopectinellus* 707
*Ochsenheimeria urella* 651
*Ochsenheimeria vacculella* 206
Ochsenheimeriidae 206
Ochteridae 1158
*Ochus subvittatus* 1113
*Ochyrotica concursa* 1088
*Ocinara ficicola* 1010
*Ocnerogyia amanda* 413
*Ocnerostoma friesei* 842
*Ocnerostoma piniariella* 735
*Ocnogyna baetica* 1221
*Ocnogyna loewii* 1052
*Octogomphus* 241
*Octogomphus specularis* 482
*Octotoma scabriculus* 604
*Octotoma scabripennis* 604
*Ocyba calathana calanus* 1242
*Ocybadistes ardea* 320
*Ocybadistes flavovittatus* 259
*Ocybadistes hypomeloma* 805
*Ocybadistes walkeri* 1232
*Ocybadistes walkeri hypochlorus* 1029
*Ocypus olens* 609
*Odezia atrata* 218
*Odina decoratus* 1254
*Odina hieroglyphica ortina* 540
Odiniidae 772
*Odites isshikii* 570
*Odites leucostola* 831
Odocanthini 659
*Odoiporus longicollis* 68
*Odonaspis bambusarum* 157
*Odonaspis penicillata* 827
*Odonaspis ruthae* 940
*Odonaspis secreta* 1206
Odonata 351
*Odonestis pruni japonensis* 34
*Odontaleyrodes akebiae* 11
*Odontaleyrodes rhododendri* 915
Odontoceridae 721
*Odontocheila cayennensis* 202
*Odontocorynus denticornis* 1206
*Odontomyia angulata* 782
*Odontomyia argentata* 985
*Odontomyia hydroleon* 77
*Odontomyia ornata* 793
*Odontomyia tigrina* 105
*Odontopera arida* 769

*Odontopera bidentata* 955
*Odontopera bidentata harutai* 955
*Odontoptilum angulata* 214
*Odontoptilum pygela* 69
*Odontosia carmelita* 959
*Odontosia elegans* 374
*Odontosia sieversi japonica* 581
*Odontosida magnificum* 673
*Odontosida pusillus* 955
*Odontota dorsalis* 654
*Odontotaenius disjunctus* 92
*Odontotaenius* 826
*Odontotermes badius* 294
*Odontotermes formosanus* 121
*Odontotermes obesus* 725
*Odontotermes redemanni* 725
*Odontotermes* 75
*Odontothripiella australis* 476
*Odontothrips biuncus* 240
*Odontothrips loti* 98
*Odontoxiphidium apterum* 1221
*Odontria xanthosticta* 1244
*Odynerus* 692
*Odynerus spinipes* 692
*Oebalus* 966
*Oebalus insularis* 570
*Oebalus poecilus* 1027
*Oebalus pugnax* 919
Oecanthidae 1212
Oecanthinae 1125
*Oecanthus* 1125
*Oecanthus alexanderi* 13
*Oecanthus argentinus* 868
*Oecanthus californicus* 1188
*Oecanthus celerinictus* 405
*Oecanthus exclamationis* 325
*Oecanthus forbesi* 428
*Oecanthus fultoni* 1021
*Oecanthus laricis* 1094
*Oecanthus latipennis* 154
*Oecanthus leptogrammus* 1106
*Oecanthus longicaudus* 1125
*Oecanthus nigricornis* 110
*Oecanthus nigricornis quadripunctatus* 434
*Oecanthus niveus* 1021
*Oecanthus pellucens* 1125
*Oecanthus pini* 844
*Oecanthus rileyi* 921
*Oecanthus rufescens* 1125
*Oecanthus texensis* 1104
*Oecanthus turanicus* 1125
*Oecanthus varicornis* 336
*Oecanthus walkeri* 1167
*Oeceticus omnivorus* 63
*Oecetis* 655
*Oecetis nigropunctata* 916
*Oechalia schellembergii* 869
*Oeciacus hirundinis* 1084
*Oeciacus vicarius* 1084
*Oecophilla smaragdina* 893
*Oecophilla virescens* 505
Oecophoridae 277
*Oecophylla* 1178
*Oedaleonotus enigma* 1151
*Oedaleus abruptus* 999
*Oedaleus infernalis* 402
*Oedemagena tarandi* 193
Oedemeridae 400
*Oedipoda caerulescens* 134
*Oedipoda germanica* 909
Oedipodinae 69
*Oegoconia novimundi* 434
*Oegoconia quadripuncta* 434
*Oemona hirta* 633
*Oeneis* 41
*Oeneis alberta* 11
*Oeneis alpina* 968
*Oeneis bore* 41
*Oeneis chryxus* 225
*Oeneis excubitor* 968

*Oeneis glacialis* 17
*Oeneis ivallda* 182
*Oeneis jutta* 65
*Oeneis jutta ascerta* 65
*Oeneis macounii* 670
*Oeneis melissa* 700
*Oeneis melissa daisetsuzana* 700
*Oeneis nevadensis* 746
*Oeneis norna* 752
*Oeneis norna asamana* 752
*Oeneis philipi* 834
*Oeneis polixenes* 858
*Oeneis rosovi* 363
*Oeneis taygete* 1212
*Oeneis uhleri* 1146
*Oenobotys vinotinctalis* 1220
*Oenochroma vinaria* 845
*Oenochroma vinosa* 521
*Oenomaus atesa* 52
*Oenomaus ortygnus* 40
*Oenosandra boisduvali* 138
*Oeonus pyste* 1158
Oestridae 142
Oestrinae 142
*Oestromyia marmotae* 689
*Oestrus ovis* 973
*Ogcodes gibbosus* 1015
*Ogcodes pallipes* 114
*Ogdoconta cinereola* 269
*Ogmograptis scribula* 964
*Ogyris abrota* 321
*Ogyris aenone* 281
*Ogyris amaryllis* 18
*Ogyris barnardi* 76
*Ogyris genoveva* 450
*Ogyris ianthis* 1090
*Ogyris idmo* 610
*Ogyris iphis* 342
*Ogyris olane* 774
*Ogyris oroetes* 983
*Ogyris otanes* 1000
*Ogyris subterrestris* 43
*Ogyris zosine* 877
*Oidaematophorus beneficus* 522
*Oidaematophorus eupatorii* 387
*Oidaematophorus lithodactylus* 359
*Oidaematophorus monodactylus* 720
*Oidaematophorus phoebus* 463
*Oiketicus* 63
*Oiketicus abbotii* 653
*Oiketicus elongatus* 952
*Oiketicus kirbyi* 42
*Oiketicus platensis* 42
*Oinophila v-flava* 1247
Oinophilidae 773
*Olceclostera indistincta* 566
*Olceclostera seraphica* 969
*Oleclostera angelica* 25
*Olenecamptus clarus* 1202
*Olenecamptus eretaceus* 622
*Olenecamptus formosanus* 1212
*Oleria alexina* 13
*Oleria amalda* 18
*Oleria enania* 381
*Oleria onega* 778
*Oleria padilla* 800
*Oleria paula* 817
*Oleria phenomoe* 833
*Oleria quintina* 885
*Oleria santineza* 949
*Oleria tremona* 1126
*Oleria zea diazi* 938
*Oleria zea zea* 1252
*Oleria zelica* 1253
*Oleria zelica pagasa* 1253
*Olethreutes* 442
*Olethreutes appendiceum* 970
*Olethreutes arcuellus* 41
*Olethreutes astrologana* 52
*Olethreutes bifasciana* 348

*Olethreutes bipartitana* 341
*Olethreutes connectum* 172
*Olethreutes doubledayana* 407
*Olethreutes exoletum* 1228
*Olethreutes ferriferana* 557
*Olethreutes furfuranum* 1226
*Olethreutes griseoalbana* 881
*Olethreutes inornatana* 566
*Olethreutes lacunana* 322
*Olethreutes malana* 675
*Olethreutes mori* 731
*Olethreutes morivora* 1014
*Olethreutes mygindiana* 1098
*Olethreutes mysteriana* 736
*Olethreutes nigranum* 1154
*Olethreutes obsoletana* 281
*Olethreutes olivaceana* 775
*Olethreutes olivana* 988
*Olethreutes palustrana* 757
*Olethreutes permundana* 890
*Olethreutes schulziana* 719
*Olethreutes tilianum* 79
*Olethreutes transversana* 1066
Olethreutidae 775
Olethreutinae 775
*Olfersia spinifera* 437
*Oliarces clara* 722
*Oliarus angusticeps* 114
*Oliarus cinnamomeus* 554
*Oliarus iguchii* 108
*Oliarus subnubilus* 95
*Oligacanthopus prograptus* 983
*Oligia bridghamii* 147
*Oligia egens* 746
*Oligia fasciuncula* 707
*Oligia fractilinea* 649
*Oligia latruncula* 1098
*Oligia minuscula* 1000
*Oligia modica* 101
*Oligia strigilis* 686
*Oligia versicolor* 936
*Oligocentria lignicolor* 1210
*Oligocentria semirufescens* 909
*Oligochrysa lutea* 229
*Oligographa juniperi* 588
Oligoneuriidae 168
*Oligonicella scudderi* 964
*Oligoria maculata* 1139
*Oligotoma nigra* 121
*Oligotoma saundersii* 788
*Oligotrophus betheli* 588
*Oligotrophus fagineus* 87
*Olla abdominalis* 48
*Olla sayi* 47
*Olla v-nigrum* 48
*Olpogastra lugubris* 995
*Olynthus narbal* 738
*Olyras crathis staudingeri* 294
*Olyras theon* 939
Omaliinae 771
Omaniidae 567
*Omaseus vulgaris* 102
*Omiodes diemenalis* 82
*Omiodes fullawayi* 442
*Omiodes indicata* 82
*Omiodes musicola* 693
*Ommatissus lofuensis* 160
*Omocestus haemorrhoidalis* 786
*Omocestus rufipes* 1225
*Omocestus ventralis* 1225
*Omocestus viridulus* 263
Omophoronidae 933
*Omophron americanum* 556
*Omophron obliteratum* 556
*Omorgus alternans* 192
*Omorgus amictus* 192
*Omorgus costatus* 192
*Omphalocera munroei* 50
*Omphaloscelis lunosa* 665
*Omphax plantaria* 1017

*Omphisa anastomosalis* 1088
*Omus californicus* 182
*Omus dejani* 329
*Onchestus rentzi* 300
*Oncideres cingulata* 1138
*Oncocephalus pacificus* 798
*Oncocera semirubella* 930
*Oncopeltus* 709
*Oncopeltus fasciatus* 615
*Oncopera alboguttata* 370
*Oncopera alpina* 17
*Oncopera brachyphylla* 932
*Oncopera fasciculata* 1147
*Oncopera intricata* 283
*Oncopera mitocera* 420
*Oncopera rufobrunnea* 1147
*Oncopera tindalei* 1116
*Oncopsis alni* 12
*Oncopsis flavicollis* 573
*Oncopsis juglans* 1169
*Oncopsis mali* 1242
*Oncopsis tristis* 861
*Oneida lunulalis* 787
*Onenses hyalophora* 301
*Onespa nubis* 760
*Oniella leucocephala* 620
*Onophas columbaria columbaria* 130
*Onthophagus gazella* 160
*Onychargia* 314
*Onychargia atrocyana* 690
Onychiuridae 124
*Onychiurus* 1196
*Onychiurus cocklei* 473
*Onychiurus folsomi* 1207
*Onychiurus matsumotoi* 693
*Onychiurus pseudarmatus yagii* 1231
*Onychiurus sibiricus* 1172
*Onychocerus scorpio* 419
*Onychogomphus* 838
*Onychogomphus assimilis* 321
*Onychogomphus forcipatus* 1008
*Onychogomphus supinus* 231
*Onychogomphus uncatus* 616
*Onychomyrmex* 45
*Onychothemis* 923
*Onychothemis tonkinensis ceylanica* 10
*Ooencyrtus erionotae* 68
*Oomorphoides cupreatus* 305
*Oopsis nutator* 778
*Ootetrastichus megameli* 1096
*Ootheca mutabilis* 162
Oothecaria 244, 371
*Opeia obscura* 769
*Operophtera bruceata* 168
*Operophtera brumata* 1221
*Operophtera fagata* 758
*Ophelimus eucalypti* 130
*Ophiogomphus acuminatus* 4
*Ophiogomphus anomalus* 396
*Ophiogomphus apersus* 156
*Ophiogomphus arizonicus* 44
*Ophiogomphus australis* 1033
*Ophiogomphus bison* 98
*Ophiogomphus carolus* 920
*Ophiogomphus cecilia* 504
*Ophiogomphus colubrinus* 142
*Ophiogomphus edmundo* 370
*Ophiogomphus howei* 882
*Ophiogomphus incurvatus* 33
*Ophiogomphus mainensis* 674
*Ophiogomphus morrisoni* 489
*Ophiogomphus occidentis* 990
*Ophiogomphus rupinsulensis* 939
*Ophiogomphus severus* 807
*Ophiogomphus smithi* 990
*Ophiogomphus susbehcha* 1057
*Ophiogomphus westfalli* 1190
*Ophiomyia asparagi* 50
*Ophiomyia centrosematis* 82
*Ophiomyia lantanae* 605

*Ophiomyia lappivora* 173
*Ophiomyia phaseoli* 437
*Ophiomyia shibatsujii* 1035
*Ophiomyia simplex* 50
*Ophion* 264
*Ophion luteus* 1241
Ophioninae 901
*Ophithalmitis irrorataria* 1003
*Ophiusa coronata* 405
*Ophiusa indiscriminata* 440
*Ophiusa tirhaca* 498
*Ophraella communa* 886
*Ophryastes argentatus* 987
*Ophyra* 108
*Ophyra aenescens* 355
*Opisina arenosella* 245
*Opisthograptis luteolata* 149
*Opisthoscelis subrotunda* 386
*Opius oophilus* 790
*Oplodontha viridula* 263
*Opodiphthera eucalypti* 380
*Opodiphthera helena* 532
*Opogona glycyphaga* 1077
*Opogona omoscopa* 334
*Opogona sacchari* 68
*Opomydas limbatus* 586
*Opomyza florum* 482
*Opomyza germinationis* 482
Opomyzidae 779
*Opoptera aorsa* 1061
*Opoptera arsippe* 548
*Oporinia autumnata* 608
*Oporinia chrystyi* 223
*Oporinia dilutata* 760
*Opostega crepusculella* 712
Opostegidae 396
*Opsiphanes blythekitzmillerae* 711
*Opsiphanes boisduvallii* 783
*Opsiphanes cassiae mexicana* 199
*Opsiphanes cassina* 1044
*Opsiphanes cassina fabricii* 1044
*Opsiphanes invirae* 554
*Opsiphanes invirae relucens* 663
*Opsiphanes quiteria* 955
*Opsiphanes quiteria quirinus* 955
*Opsiphanes tamarindi* 1094
*Opsius stactogalus* 1095
*Orachrysops ariadne* 591
*Orachrysops brinkmani* 150
*Orachrysops lacrimosa* 912
*Orachrysops mijburghi* 708
*Orachrysops montanus* 470
*Orachrysops nasutus* 759
*Orachrysops niobe* 147
*Orachrysops regalis* 934
*Orachrysops subravus* 512
*Orachrysops violescens* 1162
*Orachrysops warreni* 1170
*Oraesia emarginata* 440
*Oraesia excavata* 440
*Oraidium barberae* 361
*Orbona fragariae* 1066
*Orchamoplatus citri* 55
*Orchamoplatus mammaeferus* 299
*Orchelimum* 622
*Orchelimum agile* 10
*Orchelimum bradleyi* 144
*Orchelimum bullatum* 1104
*Orchelimum campestre* 358
*Orchelimum carinatum* 193
*Orchelimum concinnum* 1070
*Orchelimum delicatum* 329
*Orchelimum erythrocephalum* 900
*Orchelimum fidicinium* 965
*Orchelimum gladiator* 460
*Orchelimum militare* 709
*Orchelimum minor* 639
*Orchelimum nigripes* 111
*Orchelimum pulchellum* 523
*Orchelimum silvaticum* 659

*Orchelimum superbum* 1083
*Orchelimum unispina* 44
*Orchelimum volantum* 750
*Orchelimum vulgare* 266
*Orchesella* 788
*Orchesella cincta* 788
*Orchestes japonicus* 764
*Orchestes salicis* 1216
*Orchestes sanguinipes* 1253
*Orchetrum glaucum* 49
*Orchidophilus aterrimus* 789
*Orchidophilus pereginator* 639
*Orchopaeas howardi* 511
*Orcus janthinus* 1060
*Orectochilus villosus* 521
*Oreisplanus munionga* 17
*Oreisplanus peronatus* 727
*Oreixenica correae* 286
*Oreixenica kershawi* 594
*Oreixenica lathoniella* 272
*Oreixenica orichora* 789
*Oreixenica ptunarra* 875
*Oreolyce quadriplaga* 737
*Oreolyce vardhana* 358
*Oreopsyche muscella* 856
*Oressinoma sorata* 682
*Oressinoma typhla* 268
*Oreta erminea* 1170
*Oreta pulchripes* 901
*Oreta rosea* 928
*Oreta turpis* 1160
*Orgyia* 1137
*Orgyia antiqua* 939
*Orgyia antiqua nova* 939
*Orgyia australis* 801
*Orgyia definita* 329
*Orgyia detrita* 415
*Orgyia gonostigma* 960
*Orgyia leucostigma intermedia* 1203
*Orgyia leucostigma* 1203
*Orgyia leuschneri* 144
*Orgyia postica* 1011
*Orgyia pseudotsugata* 350
*Orgyia recens* 275
*Orgyia recens approximans* 906
*Orgyia thyellina* 580
*Orgyia vetusta* 1189
*Oria musculosa* 148
*Oriens* 324
*Oriens concinna* 1095
*Oriens gola* 259
*Oriens gola pseudolus* 259
*Oriens goloides* 259
*Orientabia japonica* 573
*Orientus ishidae* 37
*Orinoma damaris* 1113
*Orithopagus lunifer* 119
*Orius insidiosus* 567
*Orius sauteri* 730
*Orius tristicolor* 713
Ormyridae 793
*Ornebius kanetataki* 439
*Ornipholidotos* 461
*Ornipholidotos overlaeti* 795
*Ornipholidotos peucetia* 612
*Ornithobius cygni* 1210
*Ornithomyia avicularia aobatonis* 435
*Ornithomyia biloba* 1085
*Ornithomyia fringillina* 435
*Ornithoptera* 98
*Ornithoptera aesacus* 469
*Ornithoptera alexandrae* 883
*Ornithoptera chimaera* 218
*Ornithoptera croesus* 1168
*Ornithoptera euphorion* 182
*Ornithoptera goliath* 474
*Ornithoptera paradisea* 813
*Ornithoptera priamus* 870
*Ornithoptera richmondia* 920
*Ornithoptera rothschildi* 931

*Ornithoptera tithonus* 1117
*Ornithoptera victoriae* 883
*Orocharis* 663
*Orocharis diplastes* 594
*Orocharis luteolira* 402
*Orocharis nigrifrons* 107
*Orocharis saltator* 586
*Orocharis tricomis* 1109
*Oronomiris hawaiiensis* 526
*Orophila diotima* 339
*Orosanga japonicus* 574
*Orosius argentatus* 256
*Orphilus subnitidus* 170
*Orphulella speciosa* 994
*Orseolia javanica* 11
*Orseolia oryzae* 919
*Orseolia oryzivora* 8
*Orses cynisca* 1235
Orsodacninae 876
*Orsotriaena jopas* 1080
*Orsotriaena medus* 749
*Orsotriaena medus cinerea* 749
*Orsotriaena medus moira* 749
Ortalidae 793
*Orthaga achatina* 216
*Orthaga exvinacea* 679
*Orthemis* 1129
*Orthemis biolleyi* 1240
*Orthemis concolor* 277
*Orthemis discolor* 194
*Orthemis ferruginea* 929
*Orthemis regalis* 911
*Orthetrum* 993
*Orthetrum abbotti* 1
*Orthetrum albistylum* 1211
*Orthetrum brunneum brunneum* 1032
*Orthetrum caffrum* 1143
*Orthetrum cancellatum* 118
*Orthetrum chrysis* 1041
*Orthetrum chrysostigma* 382
*Orthetrum coerulescens* 592
*Orthetrum glaucum* 131
*Orthetrum guineense* 516
*Orthetrum hintzi* 542
*Orthetrum icteromelas* 1039
*Orthetrum japonicum* 580
*Orthetrum julia* 586
*Orthetrum luzonicum* 690
*Orthetrum machadoi* 670
*Orthetrum pruinosum neglectum* 847
*Orthetrum robustum* 924
*Orthetrum rubens* 935
*Orthetrum sabina* 504
*Orthetrum stemmale* 1074
*Orthetrum triangulare triangulare* 1126
*Orthetrum trinacria* 659
*Orthezia insignis* 572
*Orthezia praelonga* 229
*Orthezia urticae* 382
*Orthezia yasushii* 1232
Ortheziidae 382
*Orthobelus flavipes* 549
*Orthoclydon praefectata* 1199
*Orthodera burmeisteri* 173
*Orthodera ministralis* 501
*Orthodera novaezealandiae* 748
*Orthodes cynica* 309
*Orthodes detracta* 340
*Orthodes majuscula* 938
*Orthofidonia flavivenata* 1247
*Ortholepis pasadamia* 1070
*Ortholfersia macleayi* 620
*Ortholitha bipunctaria* 208
*Orthomiella pontis* 1065
*Orthonama lignata* 769
*Orthonama obstipata* 450
*Orthonama vittata* 769
Orthoperidae 713
*Orthops basalis* 197
Orthoptera 655

Orthopteroidea 793
*Orthopygia glaucinalis* 478
*Orthorhinus cylindrirostris* 375
*Orthorhinus klugi* 1162
Orthorrhapha 794
*Orthos gabina* 446
*Orthos lycortas* 667
*Orthosia* 499
*Orthosia alurina* 487
*Orthosia carnipennis* 213
*Orthosia cerasi* 269
*Orthosia cruda* 1008
*Orthosia ella* 578
*Orthosia evanida* 581
*Orthosia gothica* 531
*Orthosia gothica askoldensis* 531
*Orthosia gracilis* 868
*Orthosia hibisci* 1038
*Orthosia incerta* 237
*Orthosia incerta incognita* 237
*Orthosia miniosa* 125
*Orthosia munda* 1140
*Orthosia odiosa* 910
*Orthosia opima* 755
*Orthosia populeti* 625
*Orthosia rubescens* 935
*Orthosia stabilis* 269
Orthosiinae 216
*Orthosoma brunneum* 164
*Orthotaelia sparganella* 1157
*Orthotaenia undulana* 1150
*Orthotomicus anguatus* 27
*Orthotomicus erosus* 698
*Orthotomicus proximus* 839
*Orthotomicus suturalis* 840
*Orthotomiicus laricis* 623
*Orthotylus flavosparsus* 1076
*Orthotylus marginalis* 318
Orussidae 814
*Orussus occidentalis* 1186
*Oruza albocostaliata* 1198
*Oryctes* 914
*Oryctes boas* 8
*Oryctes monoceros* 8
*Oryctes nasicornis illigeri* 914
*Oryctes rhinoceros* 914
*Oryctes tarandus* 914
*Oryzaephilus* 953
*Oryzaephilus mercator* 701
*Oryzaephilus surinamensis* 953
*Oscinella frit* 438
*Oscinella pusilla* 637
*Oslaria viridifera* 502
*Osmia* 692
*Osmia cobaltina* 692
*Osmia cornifrons* 578
*Osmia excavata* 111
*Osmia papaveris* 864
*Osmia rufa* 903
*Osmoderma eremicola* 536
*Osmodes adonia* 4
*Osmodes banghaasii* 73
*Osmodes costatus* 120
*Osmodes hollandi* 543
*Osmodes laronia* 620
*Osmodes lindseyi* 119
*Osmodes lux* 334
*Osmodes omar* 770
*Osmodes thora* 276
Osmylidae 794
*Osmylus fulvicephalus* 456
Osoriinae 1149
*Osphantes ogowena* 653
Ostomidae 75, 794
*Ostrinia furnacalis* 790
*Ostrinia latipennis* 405
*Ostrinia narynensis* 284
*Ostrinia nubilalis* 389
*Ostrinia obumbratalis* 1015
*Ostrinia penitalis* 21

*Ostrinia scapulalis* 5
*Ostrinotes* 301
*Ostrinotes halciones* 934
*Ostrinotes keila* 592
Othniidae 404
Othniinae 404
*Othnonius batesii* 116
*Othreis ancilla* 440
*Othreis apta* 440
*Othreis fullonia* 440
*Othreis materna* 440
Otiorhynchinae 961
*Otiorhynchus* 153
*Otiorhynchus citricollis* 297
*Otiorhynchus clavipes* 901
*Otiorhynchus crataegi* 698
*Otiorhynchus cribricollis* 39
*Otiorhynchus dieckmanni* 1221
*Otiorhynchus ligustici* 14
*Otiorhynchus niger* 121
*Otiorhynchus rugifrons* 1067
*Otiorhynchus rugusostriatus* 640
*Otiorhynchus singularis* 232
*Otiorhynchus sulcatus* 121
Otitidae 835
*Oulema erichsoni* 1191
*Oulema melanopus* 206
*Oulema oryzae* 917
*Oulema rufotincta* 292
*Oulema tristis* 1239
*Ouleus bubaris* 168
*Ouleus cyrna* 539
*Ouleus fridericus* 437
*Ouleus salvina* 946
*Ourapteryx maculicaudaria* 1093
*Ourapteryx nivea* 1093
*Ourapteryx sambucaria* 1085
*Ovalisia virgata* 106
*Ovalisia vivata* 116
*Ovatus crataegarius* 711
*Ovatus malisuctus* 36
*Ovatus menthae* 712
*Ovenna vicaria* 1146
Oxaeidae 796
*Oxelytrum discicolle* 340
*Oxeoschistus hilara* 345
*Oxeoschistus simplex* 236
*Oxeoschistus tauropolis tauropolis* 1242
*Oxya* 577
*Oxya chinensis* 917
*Oxya hyla intricata* 917
*Oxya japonica* 917
*Oxya velox* 917
*Oxya yezoensis* 917
Oxybelinae 1042
Oxybelini 1042
*Oxycanus antipoda* 796
*Oxycanus enysii* 317
*Oxycarenus* 288
*Oxycarenus arctatus* 281
*Oxycarenus hyalipennis* 288
*Oxycarenus luctuosus* 289
*Oxycarenus lugubris* 105
*Oxycera analis* 323
*Oxycera dives* 933
*Oxycera fallenii* 569
*Oxycera leonina* 1140
*Oxycera morrisii* 1196
*Oxycera nigricornis* 330
*Oxycera pardalina* 541
*Oxycera pygmaea* 882
*Oxycera rara* 432
*Oxycera terminata* 1247
*Oxycera trilineata* 1109
*Oxycetonia jucunda* 228
Oxychirotidae 1130
*Oxycilla malaca* 91
*Oxycopis mcdonaldi* 400
*Oxydia cubana* 302
*Oxydia trychiata* 250

*Oxydia vesulia* 1055
*Oxygastra curtisii* 784
*Oxylides faunus albata* 1111
*Oxylipeurus polytrapezius* 997
*Oxynetra hopfferi* 548
*Oxynetra semihyalina* 407
*Oxynthes corusca* 286
*Oxyops vitiosa* 699
*Oxyopsis gracilis* 1027
*Oxyothespis dumonti* 7
*Oxypleura calypso* 223
Oxyporinae 299
*Oxyptilus regulus* 479
*Oxysternon festivum* 409
Oxytelinae 1042
Oxytenidae 1128
*Oxythrips agathidis* 592
*Ozarba aeria* 5
*Ozodiceromyia nigrimana* 1062

P

*Paches loxus gloriosus* 463
*Paches polla* 858
*Pachetra sagittigera* 406
*Pachetra sagittigera britannica* 406
*Pachliopta aristolochiae* 270
*Pachliopta aristolochiae interpositus* 270
*Pachliopta hector* 298
*Pachliopta neptunus* 1234
*Pachliopta pandiyana* 675
*Pachliopta polydorus* 895
*Pachnaeus litus* 230
*Pachneus citri* 130
*Pachneus citri litus* 130
*Pachnoda marginata peregrina* 1082
*Pachnoda sinuata* 448
*Pachodynerus nasidens* 594
*Pachybrachys* 198
*Pachycnemia hippocastanaria* 551
*Pachycotes australis* 547
*Pachycotes clavatus* 547
*Pachydiplax longipennis* 129
*Pachydiplosis oryzae* 917
*Pachygaster atra* 323
*Pachygaster leachii* 1239
*Pachygrontha antennata* 657
*Pachylia ficus* 413
*Pachyligia dolosa* 1201
*Pachylobius picivorus* 849
*Pachynematus extensicoris* 484
*Pachynematus itoi* 607
*Pachyneuria duidae* 90
*Pachyneuria licisca* 561
Pachyneuridae 798
*Pachypappa grandis* 51
*Pachypappa tremulae* 1054
*Pachypappa vesicalis* 279
*Pachypasa bilinea* 1139
*Pachypasa otus* 1091
*Pachyprotasis fukii* 177
*Pachyprotasis variegata* 866
*Pachypsylla celtidismamma* 519
*Pachysphinx modesta* 862
*Pachysphinx occidentalis* 1187
*Pachytelia opacella* 359
*Pachythelia villosella* 113
*Pachythone gigas gigas* 459
*Pachytodes cerambyciformis* 1038
Pachytroctidae 1105
*Packardia elegans* 374
*Packardia geminata* 583
*Paduca fasciata fasciata* 650
*Paectes abrostoloides* 615
*Paectes oculatrix* 397
*Paectes pygmaea* 882
Paederinae 800
*Paederus australis* 1193
*Paederus cruenticollis* 1193

*Paederus eximius* 737
*Pagara simplex* 728
*Pagaronia guttigera* 1241
*Pagodiella hekmeyeri* 800
*Pagria signata* 82
*Pagyda quadrilineata* 574
*Paiwarria antinous* 407
*Paiwarria telemus* 1101
*Paiwarria umbratus* 1106
*Palaeocallidium rufipenne* 1014
*Palaeochrysophanus candens* 64
*Palaeocimbex carinulatus* 821
Palaeosetidae 711
*Palasea albimacula* 1195
*Palaticus* 58
*Paleacrita longiciliata* 183
*Paleacrita merriccata* 1207
*Paleacrita* 190
*Paleacrita vernata* 1051
*Palenbus dermestoides* 353
*Pales maculatus* 1046
*Pales pavida* 983
*Palimua liturata* 116
*Palingenia longicauda* 660
Palingeniidae 1042
*Palla publius* 25
*Palla ussheri* 809
*Palla violinitens* 1162
Pallopteridae 809
*Palmicultor palmarum* 810
*Palomena prasina* 263
*Palophus titan* 453
*Palorus ratzeburgii* 1003
*Palorus subdepressus* 331
*Palpares* 453
*Palpifer sexnotata* 325
*Palpita flegia* 951
*Palpita freemanalis* 437
*Palpita gracialis* 477
*Palpita illibalis* 566
*Palpita kimballi* 595
*Palpita magniferalis* 1043
*Palpita nigropunctalis* 645
*Palpita quadristigmalis* 434
*Palpita unionalis* 958
*Palpopleura* 1214
*Palpopleura deceptor* 328
*Palpopleura jucunda* 1247
*Palpopleura lucia* 665
*Palpopleura portia* 864
*Palpopleura sexmaculata sexmaculata* 49
*Palthis angulalis* 322
*Palthis asopialis* 398
*Paltodora cytisella* 144
*Paltothemis lineatipes* 904
*Pamela dudgeonii* 649
*Pamendanga matsumurae* 907
*Pammene albuginana* 769
*Pammene argyrana* 103
*Pammene fasciana* 586
*Pammene germmana* 966
*Pammene herrichiana* 693
*Pammene inquilina* 158
*Pammene obscurana* 126
*Pammene ochsenheimeriana* 113
*Pammene populana* 837
*Pammene regiana* 1124
*Pammene rhediella* 440
*Pammene spiniana* 1126
*Pammene splendidulana* 511
Pamphiliidae 1178
*Pamphilius inanitus* 929
*Pamphilius persicus* 629
*Pamphilius sylvaticus* 1225
*Pamphilius volatilis* 1016
*Pamponerus germanicus* 835
*Panacea prola* 898
*Panacea regina* 883
*Panacela lewinae* 642
Panagaeini 520

*Panagaeus crux-major* 300
*Panaorus japonicus* 1067
*Panara phereclus* 780
*Panaropsis elegans* 415
*Pancalia leuwenhoekella* 642
Panchaetothripidae 150
*Panchala alea* 931
*Panchala canaraica* 590
*Panchala ganesa* 1094
*Panchala ganesa loomisi* 1094
*Panchlora nivea* 302
*Pandemis canadana* 495
*Pandemis chlorograpta* 212
*Pandemis corylana* 211
*Pandemis dumetana* 1106
*Pandemis heparana* 166
*Pandemis lamprosana* 1224
*Pandemis limitata* 1109
*Pandemis pyrusana* 812
*Pandemis ribeana* 306
*Pandivirilia melaleuca* 430
*Panemeria tenebrata* 1012
Panesthiidae 795
*Pangrapta decoralis* 328
*Pangrapta obscurata* 34
Pannota 445
*Panolis flammea* 839
*Panolis flammea japonica* 839
*Panopoda carneicosta* 163
*Panopoda repanda* 783
*Panopoda rufimargo* 902
*Panoquina errans* 1170
*Panoquina evadnes* 394
*Panoquina evansi* 394
*Panoquina hecebola* 531
*Panoquina lucas* 880
*Panoquina ocola* 772
*Panoquina panoquin* 946
*Panoquina panoquinoides* 770
*Panoquina pauper pauper* 817
*Panoquina sylvicola* 880
*Panorpa cognata* 963
*Panorpa communis* 271
*Panorpa floridana* 424
*Panorpa rufescens* 963
Panorpidae 963
*Pantala* 462
*Pantala flavescens* 463
*Pantala hymenaea* 1045
*Panthea acronyctoides* 122
*Panthea coenobita idea* 943
*Panthea furcilla* 368
*Panthiades bathildis* 1253
*Panthiades bitias* 98
*Panthiades ochus* 772
*Panthiades phaleros* 832
*Pantographa limata* 79
*Pantomorus cervinus* 442
*Pantomorus glaucus* 1179
*Pantomorus godmani* 442
*Pantomorus parsevali* 1179
*Pantophaea favillacea* 414
*Pantophaea oneili* 778
*Pantoporia* 5
*Pantoporia assamica* 51
*Pantoporia aurelia* 62
*Pantoporia bieti* 1145
*Pantoporia consimilis* 779
*Pantoporia dindinga* 510
*Pantoporia hordonia* 265
*Pantoporia karwara* 591
*Pantoporia paraka* 829
*Pantoporia sandaka* 396
*Pantoporia venilia* 107
*Pantoporia venilia moorei* 191
*Panurgus calcaratus* 1056
*Paonias astylus* 554
*Paonias excaecatus* 124
*Paonias myops* 1003
*Papaipema angelica* 25

*Papaipema appassionata* 849
*Papaipema araliae* 40
*Papaipema arctivorens* 754
*Papaipema astuta* 1249
*Papaipema aweme* 59
*Papaipema beeriana* 123
*Papaipema birdi* 1146
*Papaipema boptisiae* 565
*Papaipema cataphracta* 172
*Papaipema cerina* 469
*Papaipema cerussata* 569
*Papaipema circumlucens* 548
*Papaipema dribi* 889
*Papaipema duovata* 965
*Papaipema duplicatus* 322
*Papaipema eryngii* 892
*Papaipema eupatorii* 387
*Papaipema furcata* 48
*Papaipema harrisii* 535
*Papaipema impecuniosa* 52
*Papaipema inquaesita* 968
*Papaipema insulidens* 887
*Papaipema leucostigma* 250
*Papaipema limpida* 1159
*Papaipema lysimachiae* 662
*Papaipema marginidens* 147
*Papaipema maritima* 688
*Papaipema nebris* 273
*Papaipema necopina* 1083
*Papaipema nelita* 278
*Papaipema nepheleptena* 1137
*Papaipema pertincta* 514
*Papaipema polymniae* 304
*Papaipema pterisii* 144
*Papaipema purpurifascia* 250
*Papaipema rigida* 920
*Papaipema rutila* 694
*Papaipema sauzalitae* 413
*Papaipema sciata* 304
*Papaipema silphii* 984
*Papaipema speciosissima* 794
*Papaipema stenocelis* 207
*Papaipema sulphurata* 1174
*Papaipema unimoda* 695
*Papaipema verona* 1159
*Papestra biren* 462
*Papias dictys* 143
*Papias phaeomelas* 554
*Papias phainis* 1024
*Papias subcostulata* 587
*Papilio* 118, 848
*Papilio aegeus* 611
*Papilio ajax* 815
*Papilio alcmenor* 895
*Papilio alexanor* 1033
*Papilio alexiares* 706
*Papilio alexiares garcia* 447
*Papilio ambrax* 19
*Papilio amynthor* 752
*Papilio anactus* 313
*Papilio anchisiades* 935
*Papilio anchisiades idaeus* 935
*Papilio andraemon* 63
*Papilio androgeus* 25
*Papilio antimachus* 7
*Papilio appalachiensis* 33
*Papilio arcturus* 132
*Papilio aristodemus* 962
*Papilio ascalaphus* 1080
*Papilio astyalus* 151
*Papilio bianor* 220
*Papilio bianor dehaanii* 220
*Papilio bootes* 1094
*Papilio brevicauda* 979
*Papilio bromius* 151
*Papilio buddha* 675
*Papilio canadensis* 189
*Papilio canopus* 190
*Papilio castor* 270
*Papilio charopus* 1093

*Papilio chikae* 666
*Papilio chrapkowskii* 152
*Papilio chrapkowskoides* 154
*Papilio constantinus* 280
*Papilio cresphontes* 458
*Papilio crino* 253
*Papilio cynorta* 710
*Papilio cyproeofila* 276
*Papilio cyproeofila praecyola* 276
*Papilio dardanus* 715
*Papilio dardanus cenea* 715
*Papilio delalandei* 329
*Papilio demodocus* 230
*Papilio demoleus* 211
*Papilio demoleus libanius* 211
*Papilio demoleus malayanus* 647
*Papilio demoleus sthenelus* 211
*Papilio demolion* 72
*Papilio desmondi* 333
*Papilio dialis tatsuta* 1029
*Papilio dravidarum* 675
*Papilio echerioides* 1195
*Papilio elephenor* 1235
*Papilio erithonioides* 1121
*Papilio erostratus erostratus* 384
*Papilio esperanza* 385
*Papilio euphranor* 430
*Papilio eurymedon* 807
*Papilio fuscus* 1238
*Papilio fuscus capaneus* 190
*Papilio gallienus* 738
*Papilio garamas* 673
*Papilio gigon* 1080
*Papilio glaucus* 1115
*Papilio grosesmithi* 512
*Papilio helenus* 900
*Papilio helenus nicconicolens* 900
*Papilio hesperus* 380
*Papilio homerus* 544
*Papilio hornimani* 550
*Papilio hospiton* 286
*Papilio indra* 566
*Papilio interjectana* 1152
*Papilio iswara* 491
*Papilio jacksoni* 572
*Papilio janaka* 1094
*Papilio joanae* 797
*Papilio jordani* 585
*Papilio kahli* 590
*Papilio krishna* 599
*Papilio leucotaenia* 295
*Papilio liomedon* 675
*Papilio lormieri* 205
*Papilio lorquinianus* 965
*Papilio machaon* 567, 775
*Papilio machaon aliaska* 11
*Papilio machaon bairdii* 63
*Papilio machaon hippocrates* 276
*Papilio machaon hudsonianus* 775
*Papilio machaon oregonius* 789
*Papilio mackinnoni* 670
*Papilio mahadeva* 173
*Papilio mangoura* 680
*Papilio mayo* 24
*Papilio memnon* 491
*Papilio memnon agenor* 491
*Papilio memnon thunbergii* 491
*Papilio menatius* 298
*Papilio menestheus* 1184
*Papilio morondavana* 671
*Papilio multicaudatus* 1144
*Papilio nephelus* 1238
*Papilio nephelus chaon* 1238
*Papilio nephelus sunatus* 100
*Papilio nireus* 495
*Papilio nireus lyaeus* 739
*Papilio nireus lyaeus* 495
*Papilio nobicea* 1166
*Papilio nobilis* 751
*Papilio ophidicephalus* 380

*Papilio oribazus* 70
*Papilio ornythion* 793
*Papilio palamedes* 801
*Papilio palinurus* 721
*Papilio paris tamilana* 1095
*Papilio pelaus* 193
*Papilio pharnaces* 847
*Papilio phorcas* 35
*Papilio pilumnus* 1111
*Papilio plagiatus* 727
*Papilio polytes alphenor* 834
*Papilio polytes polytes* 267
*Papilio polytes romulus* 267
*Papilio polyxenes* 118
*Papilio prexaspes andamanicus* 24
*Papilio prexaspes prexaspes* 131
*Papilio protenor* 1036
*Papilio protenor demetries* 1036
*Papilio rex* 911
*Papilio rogeri* 847
*Papilio rogeri pharnaces* 847
*Papilio rudkini* 333
*Papilio rutulus* 1188
*Papilio saharae* 333
*Papilio sjoestedti* 595
*Papilio sosia* 699
*Papilio syfanius* 1251
*Papilio thoas* 595
*Papilio torquatus mazai* 1122
*Papilio torquatus tolus* 1122
*Papilio torquatus* 1122
*Papilio troilus* 1039
*Papilio ulysses* 1146
*Papilio ulysses joesa* 1146
*Papilio victorinus* 1161
*Papilio xuthus* 230
*Papilio zagreus* 492
*Papilio zalmoxis* 453
*Papilio zelicaon* 28
*Papilio zenobia* 1254
Papilionidae 1085
*Papirius maculosus* 1049
*Parabacillus hesperus* 1187
*Parabapta clarissa* 808
*Parabemisia myricae* 735
*Paracalaris gibboni* 457
*Paracarystus hypargyra* 557
*Paraceraptrocerus nyasicus* 1213
*Paracercion* 646
*Paracercion malayanum* 676
*Paraclemensia acerifoliella* 683
*Paracleros substrigata* 91
*Paracles laboulbeni* 1174
*Paracoccus marginatus* 813
*Paracolax derivalis* 232
*Paracolax glaucinalis* 232
*Paracolax tristalis* 232
*Paracorsia repandalis* 959
*Paracorymbia fulva* 1098
*Paracotalpa granicollis* 519
*Paracotalpa ursina* 83
*Paracrocera orbiculus* 1122
*Paracyba akashiensis* 752
*Paracycnotrachelus longiceps* 614
*Paracycnotrachelus longicornis* 657
*Paracyrtophyllus* 1189
*Paracyrtophyllus excelsus* 221
*Paracyrtophyllus robustus* 1132
*Paradacus depressus* 876
*Paradarisa consonaria* 1055
*Paradarisa extersaria* 150
*Paradejeania rutilioides* 1043
*Paradeudorix cobaltina* 242
*Paradeudorix ituri* 571
*Paradeudorix marginata* 107
*Paradeudorix petersi* 832
*Paradiarsia glareosa* 58
*Paradiarsia sobrina* 291
*Paradiplosia manii* 1
*Paradiplosis tumifex* 64

*Paradisperna plumifera* 1038
*Paradoporaus depressus* 814
*Paraglenea fortunei* 888
*Paragomphus cognatus* 925
*Paragomphus elpidius* 283
*Paragomphus henryi* 156
*Paragomphus magnus* 491
*Paragomphus sabicus* 941
*Paragryllacris combusta* 1125
*Parahypenodes quadralis* 692
*Parahypopta caestrum* 50
*Paraidemona mimica* 1220
*Paralaea beggaria* 829
*Paralasa jordana* 585
*Paralauterborniella subcincta* 919
*Paralaxita damajanti* 676
*Paralaxita orphna laocoon* 71
*Paralaxita telesia lyclene* 676
*Paralecanium expansum* 421
*Paraleptophlebia* 1135
*Paraleptophlebia cincta* 878
*Paraleptophlebia submarginata* 1135
*Paraleptophlebia werneri* 959
*Paralethe dendrophilus* 175
*Paraleyrodes naranjae* 787
*Paraleyrodes perseae* 80
*Paralipsa gularis* 1063
*Paralissotes reticulatus* 913
*Parallelia arctotaenia* 738
*Parallelia arcuata* 1177
*Parallelia bistriaris* 684
*Parallelia stuposa* 1106
*Parallelodiplosis cattleyae* 201
*Parallelomma sasakawae* 646
*Paralobesia liriodendrana* 1134
*Paralucia aurifera* 148
*Paralucia pyrodiscus* 355
*Paralucia spinifera* 878
*Paramacera allyni* 842
*Paramacera chinanteca* 768
*Paramacera copiosa* 516
*Paramacera xicaque* 1230
*Paramasius distortus* 811
*Paramesodes albinervosus* 1212
*Paramesus nervosus* 695
*Parametriotes theae* 1099
*Paranaleptes reticulata* 198
*Parandra* 1
*Parandra puncticeps* 814
Parandrinae 1
*Paraneotermes* 314
*Paraneotermes simplicicornis* 332
*Paranthrene asilipennis* 763
*Paranthrene dollii* 344
*Paranthrene pellucida* 837
*Paranthrene regalis* 480
*Paranthrene robiniae* 1187
*Paranthrene simulans* 903
*Paranthrene tabaniformis* 357
*Parantica aglea* 462
*Parantica aglea maghaba* 462
*Parantica agleoides* 318
*Parantica albata* 1255
*Parantica aspasia aspasia* 1237
*Parantica cleona* 369
*Parantica dabrerai* 312
*Parantica hypowattan* 719
*Parantica kuekenthali* 599
*Parantica marcia* 93
*Parantica melaneus* 222
*Parantica melaneus sinopion* 222
*Parantica melaneus swinhoei* 222
*Parantica menadensis* 678
*Parantica nilgiriensis* 750
*Parantica philo* 1082
*Parantica pseudomelaneus* 582
*Parantica sita* 727
*Parantica sita niphonica* 216
*Parantica sulewattan* 140
*Parantica swinhoei* 1089

*Parantica tityoides* 1081
*Parantica toxopei* 1123
*Parantica wegneri* 423
*Parantirrhoea marshalli* 1124
*Parapamea buffaloensis* 170
*Parapedaliodes parepa* 814
*Parapediasia decorellus* 477
*Parapediasia teterrella* 130
*Parapercnia giraffata* 609
*Paraphlepsius irroratus* 165
*Paraphytomyza dianthicola* 698
*Paraphytomyza populi* 1217
*Paraplapoderus vanvolxemi* 578
*Paraplesius unicolor* 66
*Parapleurus alliaceus* 403
*Parapodisma mikado* 1156
*Paraponera clavata* 171
*Paraponynx obscuralis* 770
*Paraponyx stagnalis* 916
*Paraponyx stratiotata* 921
*Paraponyx ussuriensis* 733
*Paraponyx vittalis* 1009
*Parapoynx allionealis* 1175
*Parapoynx badiusalis* 216
*Parapoynx diminutalis* 557
*Parapoynx maculalis* 859
*Parapoynx seminealis* 423
*Pararctia yarrowii* 1231
*Pararge aegeria* 1038
*Pararge megera* 1168
*Pararge schakra* 275
*Pararge xiphia* 672
*Pararge xiphioides* 189
*Parasa chloris* 504
*Parasa consocia* 497
*Parasa indetermina* 1062
*Parasa latistriga* 855
*Parasa lepida* 136
*Parasa repunda* 39
*Parasa sinica* 219
*Parasa virida* 1062
*Parasaissetia nigra* 749
*Parasarcophaga crassipalpis* 389
*Parasarcophaga similis* 422
*Parasarpa dudu* 1197
*Parascotia fuliginaria* 1176
*Parasemia plantaginis* 1224
*Parasemia plantaginis jezoensis* 1224
*Parasemia plantaginis macromera* 1224
*Parasemia plantaginis melanomera* 1224
*Paraserica grisea* 1013
*Parasphendale affinis* 169
*Parasphendale agrionina* 169
*Parastichtis purpurea* var. *crispa* 308
*Parastichtis suspecta* 1084
*Parastichtis ypsillon* 339
*Paraswammerdamia albicapitella* 997
*Paraswammerdamia caesiella* 997
*Paratalanta nubialis* 142
*Parataygetis albinotata* 1195
*Parataygetis lineata* 1202
*Paratephritis fukaii* 645
*Paratettix cucullatus* 546
*Paratettix mexicanus* 705
*Paratettix* sp. 296
*Paratettix toltecus* 1120
*Paratheresia claripalpis* 832
*Paratillus carus* 1194
*Paratimia conicola* 932
*Paratrachelophorus longicornis* 1239
*Paratrea plebeja* 853
*Paratrechina fulva* 294
*Paratrechina longicornis* 519
*Paratrigonidium bifasciatum* 483
*Paratrioza cockerelli* 1120
*Paratrytone aphractoia* 1020
*Paratrytone decepta* 719
*Paratrytone gala* 446
*Paratrytone kemneri* 593
*Paratrytone omiltemensis* 777

*Paratrytone pilza* 837
*Paratrytone polyclea* 858
*Paratrytone raspa* 889
*Paratrytone rhexenor* 294
*Paraulacizes panamensis* 812
*Parazyxomma flavicans* 70
*Parcella amarynthina* 469
*Parcoblatta* 1223
*Parcoblatta americana* 1189
*Parcoblatta pennsylvanica* 1223
*Pardaleodes edipus* 268
*Pardaleodes sator* 958
*Pardaleodes tibullus* 616
*Pardaleodes xanthopeplus* 889
*Pardasena virgulana* 511
*Pardia cynosbatella* 1109
*Pardopsis punctatissima* 858
*Parectopa ononidis* 432
*Parectopa robiniella* 654
*Parectropis similaria* 150
*Parectropis similaria japonica* 150
*Paregle radicum* 886
*Parelbella ahira* 10
*Parelbella macleannani* 670
*Parelbella peruana* 209
*Pareophora gracilis* 213
*Pareronia* 1169
*Pareronia anais* 275
*Pareronia avatar* 808
*Pareronia ceylanica* 323
*Pareronia hippia* 275
*Pareronia valeria* 1169
*Pareronia valeria lutescens* 1169
*Parerupa africana* 9
*Pareuchaetes insulata* 1248
*Pareuchaetes pseudoinsulata* 1179
*Pareulype berberata* 74
*Pareulype consanguinea* 35
*Pareuptychia metaleuca* 702
*Pareuptychia ocirrhoe* 1206
*Paria canella* 1067
*Paria fragariae* 1067
*Paridea angulicollis* 1109
*Paridea quadriplagiata* 434
*Parides aglaope* 488
*Parides alopius* 1198
*Parides anchises marthilia* 217
*Parides childrenae childrenae* 497
*Parides erithalion* 1153
*Parides eurimedes* 201
*Parides eurimedes mylotes* 1131
*Parides iphidamas iphidamas* 568
*Parides montezuma* 718
*Parides panares lycimenes* 1179
*Parides panares panares* 1179
*Parides photinus* 847
*Parides sesostris* 970
*Parides sesostris zestos* 379
*Parides vertumnus* 1159
*Parisopalpus* 124
*Parlatoreopsis chinensis* 220
*Parlatoreopsis pyri* 823
*Parlatoria* 814
*Parlatoria blanchardi* 325
*Parlatoria camelliae* 187
*Parlatoria cinerea* 207
*Parlatoria crotonis* 299
*Parlatoria crypta* 680
*Parlatoria longispina* 660
*Parlatoria morrisoni* 721
*Parlatoria oleae* 776
*Parlatoria pergandii* 207
*Parlatoria pittospori* 693
*Parlatoria proteus* 202
*Parlatoria sinensis* 220
*Parlatoria theae* 1100
*Parlatoria ziziphi* 230
*Parna tenella* 647
*Parnara* 1089
*Parnara amalia* 556

*Parnara bada sida* 1065
*Parnara ganga* 281
*Parnara guttata guttata* 919
*Parnara monasi* 1174
*Parnara naso* 1065
*Parnara naso bada* 207
Parnassiinae 815
*Parnassius* 32
*Parnassius acco* 1156
*Parnassius acdestis* 815
*Parnassius actius* 815
*Parnassius apollo* 32
*Parnassius behrii* 982
*Parnassius cardinal* 192
*Parnassius charltonius* 911
*Parnassius clodius* 236
*Parnassius davydovi* 225
*Parnassius epaphus* 270
*Parnassius eversmanni* 396
*Parnassius eversmanni daisetsuzanus* 396
*Parnassius glacialis* 575
*Parnassius hannyngtoni* 523
*Parnassius hardwickii* 255
*Parnassius imperator augustus* 561
*Parnassius jacquemonti* 592
*Parnassius maharaja* 673
*Parnassius mnemosyne* 236
*Parnassius nandadevinensis* 737
*Parnassius phoebus* 616
*Parnassius simo* 106
*Parnassius sminthheus* 727
*Parnassius staudingeri hunza* 591
*Parnassius stoliczkanus* 602
*Parnassius tianschianicus* 614
*Parnkalla muelleri* 1246
*Parnopes edwardsii* 370
*Parocneria furva* 588
*Paroeneis pumilus* 725
*Paroeneis sikkimensis* 41
*Paronymus nevea* 958
*Paronymus xanthias* 1239
*Paroplites australis* 73
*Paropsis* 386
*Paropsis charybidis* 386
*Parornix geminatella* 1149
*Parornix petiolella* 36
*Parosmodes lentiginosa* 889
*Parosmodes morantii* 719
*Paroxyna misella* 224
*Parphorus* 742, 1095
*Parphorus decora* 1247
*Parphorus storax* 1063
*Parrhasius m-album* 1203
*Parrhasius moctezuma* 705
*Parrhasius orgia* 1153
*Parrhasius polibetes* 116
*Parthenolecanium fletcheri* 423
*Parthenolecanium pomeranicum* 1250
*Parthenolecanium quercifex* 765
*Parthenos* 235
*Parthenos sylvia* 235
*Parthenos sylvia lilacinus* 235
*Parthenothrips dracaenae* 73
*Parum colligata* 985
*Pasara bicolor* 800
*Pasiphila chloerata* 998
*Pasiphila rectangulata* 503
*Pasma tasmanica* 1097
Passalidae 826
*Passova passova* 816
*Patagoniodes farinaria* 133
*Patalene olyzonaria* 588
*Patanga chinensis formosana* 917
*Patanga japonica* 577
*Patanga succincta* 140
*Patapius spinosus* 1043
*Patchiella reamuri* 1097
*Pathysa antiphates itamputi* 417
*Patia orise* 402
*Patsuia sinensium* 18

*Paulogramma pyracmon* 403
*Paulopsalta encaustica* 117
*Pauridia peregrina* 791
*Paurocephala psylloptera* 1094
*Pauropsalta extrema* 1144
*Pauropsalta mneme* 1113
Paussidae 29
*Paussus favieri* 30
*Paxilla obesa* 768
*Peakesia* 820
*Pealius azaleae* 60
*Pealius hibisci* 60
Pecaroecidae 826
*Pechipogo plumigeralis* 855
*Pechipogo strigilata* 260
*Pectinophora gossypiella* 845
*Pectinophora scutigera* 847
*Pedaliodes asconia* 1106
*Pedaliodes circumducta* 227
*Pedaliodes dejecta dejecta* 329
*Pedaliodes hopfferi* 1082
*Pedaliodes marmelsi* 1165
*Pedaliodes montagna* 717
*Pedaliodes napaea* 737
*Pedaliodes palaepolis* 1195
*Pedaliodes phrasicla* 446
*Pedaliodes polusca* 858
*Pedaliodes* sp. 1182
*Pedetontus* 925
*Pediasia aridella* 945
*Pediasia caliginosella* 285
*Pediasia fascelinella* 71
*Pediasia luteolella* 485
*Pediasia trisecta* 1022
*Pedicinus obtusus* 669
Pediculidae 555
*Pediculus humanus* 138
Pedilinae 400, 826
*Pediodectes bruneri* 168
*Pediodectes daedalus* 312
*Pediodectes grandis* 479
*Pediodectes haldemani* 522
*Pediodectes mitchelli* 715
*Pediodectes nigromarginatus* 112
*Pediodectes pratti* 869
*Pediodectes stevensonii* 1061
*Pediodectes tinkhami* 1116
*Pedostrangalia revestita* 99
*Pegohylemyia gnava* 641
*Pegomya betae* 89
*Pegomya cunicularia* 89
*Pegomya dulcamarae* 865
*Pegomya exilis* 1040
*Pegomyia bicolor* 305
*Pegomyia rubivora* 655
Pelecinidae 827
*Pelecinus polyturator* 21
*Pelecocera tricincta* 554
Pelecorhynchidae 827
*Peleteria iterans* 912
*Pelidnota punctata* 1047
*Pellicia angra* 279
*Pellicia arina* 462
*Pellicia costimacula* 439
*Pellicia dimidiata* 720
*Pellicia santana* 949
*Pellonia vibicaria* 847
*Pelochrista caecimaculana* 403
*Pelochrista medullana* 927
*Pelopidas agna* 91
*Pelopidas agna dingo* 273
*Pelopidas assamensis* 492
*Pelopidas conjuncta* 280
*Pelopidas lyelli* 667
*Pelopidas mathias* 1000
*Pelopidas mathias oberthureri* 1000
*Pelopidas sinensis* 220
*Pelopidas subochracea* 609
*Pelopides thrax* 68
Peloridiidae 721

*Pelosia muscerda* 346
*Pelosia muscerda tetrasticta* 346
*Pelosia obtusa* 1002
*Pelosia obtusa sutchana* 1002
*Peltoperla* 923
Peltoperlidae 923
*Pelurga comitata* 322
*Pelyphylla albolineata* 1210
*Pemara pugnana* 875
*Pempelia formosa* 84
*Pempeliella diluta* 867
*Pempeliella ornatella* 793
Pemphiginae 446
*Pemphigus* 926
*Pemphigus betae* 1077
*Pemphigus bursarius* 641
*Pemphigus dorocola* 864
*Pemphigus phenax* 197
*Pemphigus populinigrae* 861
*Pemphigus populiramulorum* 864
*Pemphigus populitransversus* 863
*Pemphigus populivenae* 1077
*Pemphigus spyrothecae* 863
Pemphredonidae 32
Pemphredoninae 32
*Penaincisalia culminicola* 304
*Penaincisalia descimoni* 331
*Penestola bufalis* 113
*Penicillaria jocosatrix* 680
*Penicillifera apicalis* 734
*Pennisetia marginata* 890
*Penstemonia edwardsii* 828
Pentacentrinae 28
*Pentalonia nigronervosa* 67
Pentamera 828
*Pentarthrum huttoni* 1223
*Pentastridius apicalis* 915
*Pentatoma japonica* 580
*Pentatoma rufipes* 428
Pentatomidae 1062
*Penthe* 699
*Penthema darlisa* 131
*Penthema lisarda* 1239
*Penthimia nitida* 108
*Penthophera morio* 1227
*Pentila* 828
*Pentila inconspicua* 563
*Pentila pauli* 817
*Pentila rogersi* 926
*Pentila subochracea* 1246
*Pentila tachyroides* 735
*Pentila tropicalis* 1046
*Pentodon idiota* 523
*Peoria approximella* 194
*Peoria longipalpella* 659
*Peponapis pruinosa* 1056
*Pepsis* 1096
*Pepsis formosa* 1096
*Peraglyphis atimana* 984
*Peranabrus scabricollis* 291
*Peratophyga hyalinata aerata* 112
*Perconia strigillaria* 485
*Peregrinus maidis* 284
*Pereute callinira* 1059
*Pereute charops* 324
*Pereute leucodrosime* 894
*Pereute telthusa* 538
*Perga* 1043
*Perga affinis affinis* 1060
*Perga affinis insularis* 613
*Perga dorsalis* 1060
*Pergagrapta bella* 385
Pergidae 830
*Peria lamis* 819
*Peribatodes ilicaria* 667
*Peribatodes rhomboidaria* 1215
*Peribatodes secundaria* 406
*Perichares adela* 495
*Perichares aurina* 394
*Perichares deceptus* 419

*Perichares geonomaphaga* 451
*Perichares lotus* 663
*Perichares philetes* 193
*Perichares poaceaphaga* 483
*Periclepsis cinctana* 350
*Pericoma fuliginosa* 796
Pericopidae 830
*Pericoptus punctatus* 1014
*Pericoptus truncatus* 617
*Pericyma cruegeri* 857
*Peridea anceps* 492
*Peridea angulosa* 27
*Peridea basitriens* 795
*Peridea ferruginea* 222
*Peridroma saucia* 825
*Perigea capensis* 6
*Perigea cupentia* 440
*Perigonia lusca* 522
Perilampidae 830
*Perillus bioculatus* 1143
*Perina nuda* 1124
*Perinaenea accipiter* 204
*Perinephela lancealis* 661
*Perineura okutanii* 557
*Periphyllus acericola* 1090
*Periphyllus aceris* 759
*Periphyllus californiensis* 184
*Periphyllus koelreuteriae* 472
*Periphyllus kuwanai* 578
*Periphyllus lyropictus* 759
*Periphyllus negundinis* 143
*Periphyllus testudinaceus* 109
*Periplacis glaucoma isthmica* 462
*Periplaneta americana* 20
*Periplaneta australasiae* 55
*Periplaneta brunnea* 159
*Periplaneta fuliginosa* 1016
*Periplaneta japonica* 575
Peripsocidae 1063
*Peripsocus californicus* 1102
*Perisama calamis* 934
*Perisama canoma* 139
*Perisama comnena* 1137
*Perisama dorbignyi jurinei* 308
*Perisama humboldtii* 555
*Perisama lanice picteti* 516
*Perisama oppelii xanthica* 227
*Perisama philinus* 132
*Perisama tristrigosa* 176
Periscelidae 830
*Perithemis cornelia* 779
*Perithemis domitia* 998
*Perithemis electra* 469
*Perithemis intensa* 704
*Perithemis lais* 414
*Perithemis parzefalli* 232
*Perithemis rubita* 935
*Perithemis tenera* 252
*Perittia lonicerae* 545
*Perittia obscurepunctella* 975
*Perizoma affinitata* 923
*Perizoma albulata* 484
*Perizoma alchemillata* 1009
*Perizoma basaliata* 1055
*Perizoma bifaciata* 77
*Perizoma blandiata* 870
*Perizoma custodiata* 557
*Perizoma didymata* 1139
*Perizoma epictata* 557
*Perizoma flavofasciata* 949
*Perizoma minorata* 530
*Perizoma sagittata* 689
*Perizoma sagittata albiflua* 689
*Perizoma taeniata* 77
*Perkinsiella saccharicida* 1078
*Perkinsiella sinensis* 220
*Perla bipunctata* 1063
*Perla maxima* 1063
Perlidae 273
*Perlodes mortoni* 618

Perlodidae 869
*Pero ancetaria* 554
*Pero honestraria* 544
*Pero macdunnoughi* 694
*Pero meskaria* 702
*Pero morrisonaria* 721
*Pero occidentalis* 1186
*Perophthalma lasus* 623
Perothopidae 88
*Perperus* 38
*Perperus insularis* 1210
*Perperus lateralis* 1210
*Perrhybris pamela* 812
*Perrhybris pamela chajulensis* 217
*Perrhybris pamela mapa* 217
*Persectania atristirga* 312
*Persectania aversa* 1068
*Persectania dyscrita* 566
*Persectania ewingii* 1028
*Persectania steropastis* 421
*Perthida glyphopa* 582
*Perynea subrosea* 806
*Petalolyma bicolor* 560
*Petalura gigantea* 1028
*Petalura hesperia* 1186
*Petalura ingentissima* 457
*Petalura litorea* 242
*Petalura pulcherrima* 85
Petaluridae 488
*Petasida ephippigera* 632
*Petaurista* 1221
*Petrelaea dana* 338
*Petrelaea tombugensis* 366
*Petrognatha gigas* 452
*Petrophila bifascialis* 1141
*Petrophila canadensis* 189
*Petrophila confusalis* 279
*Petrophora chlorosata* 165
*Petrophora divisata* 268
*Petrophora subaequaria* 756
*Petrova albicapitana* 757
*Petrova albicapitana arizonensis* 757
*Petrova comstockiana* 849
*Petrova cristata* 579
*Petrova virginiana* 1165
*Peuceptyelus nigroscutellatus* 726
*Peureptyelus indentatus* 840
*Pexicopia malvella* 544
*Phaecasiophora confixana* 670
*Phaecasiophora niveiguttana* 601
*Phaedon brassicae* 146
*Phaedon cochleariae* 734
*Phaedon veronicae* 734
*Phaedon viridis* 1174
*Phaedyma* 5
*Phaedyma aspasia* 491
*Phaedyma columella* 977
*Phaedyma columella parvimacula* 977
*Phaedyma columella singa* 977
*Phaedyma shepherdi* 252
*Phaenacantha australiae* 648
*Phaenicia* 506
*Phaenicia cuprina* 155
*Phaenicia sericata* 496
*Phaeostrymon alcestis* 1021
*Phaeoura quernaria* 762
*Phagocarpus permundus* 91
Phalacridae 976
*Phalacrognathus muelleri* 595
*Phalacrus politus* 1018
*Phalaenoides glycinae* 482
*Phalaenophana pyramusalis* 315
*Phalaenostola eumelusalis* 321
*Phalaenostola hanhami* 523
*Phalaenostola larentioides* 101
*Phalaenostola metonalis* 806
*Phalanta* 634
*Phalanta alcippe* 1006
*Phalanta alcippe alcesta* 1006
*Phalanta eurytis* 429

*Phalanta phalantha* 266
*Phalanta phalantha aethiopia* 266
*Phalera angustipennis* 31
*Phalera assimilis* 884
*Phalera bucephala* 170
*Phalera flavescens* 212
*Phalera minor* 1015
*Phalerodonta manleyi* 763
*Phaloesia saucia* 952
*Phalonidia affinitana* 15
*Phalonidia curvistrigana* 1074
*Phalonidia mesotypa* 219
*Phanacis taraxaci* 315
*Phanaeus* 356
*Phanaeus vindex* 1044
*Phaneroptera falcata* 110
*Phaneroptera furcifera* 833
*Phaneroptera nana* 433
Phaneropteridae 175
Phaneropterinae 176
*Phanes aletes* 583
*Phanes almoda* 16
*Phaneta argutipunctana* 242
*Phaneta artemisiana* 1228
*Phaneta clavana* 1072
*Phaneta essexana* 385
*Phaneta ferruginana* 409
*Phaneta formosana* 85
*Phaneta linitipunctana* 947
*Phaneta ochrocephala* 804
*Phaneta ochroterminana* 170
*Phaneta olivaceana* 775
*Phaneta raracana* 910
*Phaneta striatana* 1069
*Phaneta tomonana* 52
*Phaneta verna* 1038
*Phanus albiapicalis* 1212
*Phanus confusis* 279
*Phanus marshallii* 268
*Phanus obscurior obscurior* 321
*Phanus rilma* 1181
*Phanus vitreus* 29
*Phaon iridipennis* 462
*Phareas coeleste* 950
*Pharmacophagus antenor* 671
*Phasiomyia splendida* 785
*Phasis clavum* 737
*Phasis pringlei* 871
*Phasis thero* 436
Phasmatidae 1167
Phasmida 1167
*Phassus damor* 921
*Phaulacridium marginale* 748
*Phaulacridum vittatum* 1220
*Phaulernis dentella* 954
*Phaulernis fulviguttella* 1244
*Phausis splendidula* 1006
*Pheidole* 94
*Pheidole ampla* 967
*Pheidole anthracina* 967
*Pheidole biconstricta* 1138
*Pheidole megacephala* 94
*Pheidole nodus* 94
*Pheidologeton diversus* 364
*Pheles eulesca* 361
*Pheles heliconides* 532
*Pheles melanchroia* 699
*Pheles strigosa strigosa* 1069
*Phemiades* 833
*Phenacaspis cockerelli* 679
*Phenacaspis eugeniae* 1204
*Phenacaspis pinifoliae* 842
*Phenacoccus aceris* 37
*Phenacoccus azaleae* 60
*Phenacoccus dearnessi* 1141
*Phenacoccus gossypii* 705
*Phenacoccus graminicola* 940
*Phenacoccus iceryoides* 697
*Phenacoccus madeirensis* 672
*Phenacoccus manihoti* 198

*Phenacoccus minimus* 711
*Phenacoccus pergandei* 378
*Phenacoccus solani* 1023
*Phenacoccus viburnae* 1160
*Phengaris atroguttata* 492
*Phengaris rebeli* 725
Phengodidae 464
*Pheosia fusiformis* 1210
*Pheosia gnoma* 640
*Pheosia rimosa* 404
*Pheosia rimosa fusiformis* 404
*Pheosia tremula* 1085
*Pheraeus covadonga covadonga* 365
*Pheraeus covadonga loxicha* 1184
*Phereoeca allutella* 553
*Phereoeca praecox* 553
*Phereoeca walsinghami* 553
*Pheropsophus versicalis* 140
*Phiala patagiata* 591
*Phialodes rufipennis* 658
*Phibalapteryx virgata* 769
*Phigalia denticulata* 1121
*Phigalia sinuosaria* 441
*Phigalia strigataria* 1008
*Phigalia titea* 522
*Phigalia verecundaria* 1199
*Philaenus leucophthalmus* 695
*Philaenus lineatus* 648
*Philaenus spumarius* 303
*Philaethria diatonica* 755
*Philaethria dido* 66
Philanthidae 87
Philanthinae 87
*Philanthus triangulus* 87
*Philanthus ventilabris* 174
*Philbostroma quadramaculatum* 434
*Philea irrorella* 335
*Philedonides lunana* 1167
*Philereme transversata* 322
*Philereme transversata japonaria* 322
*Philereme vetulata* 164
*Philiris azure* 60
*Philiris diana* 336
*Philiris fulgens* 878
*Philiris innotatus* 267
*Philiris nitens* 132
*Philiris sappheira* 950
*Philiris ziska* 1203
*Philobota chinoptera* 485
*Philobota productella* 834
*Philodoria hauicola* 526
*Philodoria marginestrigata* 560
*Philomastix macleaii* 145
*Philonicus albiceps* 356
*Philopedon plagiatum* 948
*Philopotamus montanus* 745
Philopotanidae 414
Philopteridae 97
*Philosamia ricini* 46
Philotarsidae 663
*Philotes sonorensis* 1024
*Philotiella leona* 876
*Philotiella speciosa* 999
*Philtraea elegantaria* 374
Phlaeothripidae 1133
*Phlebodes campo sifax* 982
*Phlebotomus* 947
*Phlebotomus papatasi* 813
*Phloeobius alternatus* 658
*Phloeodes* 569
*Phloeodes diabolicus* 569
*Phloeodes pustulosus* 569
*Phloeopsis bioculata* 1141
*Phloeosinus cupressi* 310
*Phloeosinus lewisi* 1013
*Phloeosinus perlatus* 1111
*Phloeosinus proximus* 414
*Phloeosinus punctatus* 202
*Phloeosinus rudis* 310
*Phloeosinus sequoiae* 969

*Phloeosinus seriatus* 188
*Phloeosinus thujae* 40
*Phloeotribus liminaris* 819
*Phloeotribus oleae* 776
*Phloeotribus scarabeoides* 775
*Phlogophora iris* 775
*Phlogophora meticulosa* 26
*Phlogophora periculosa* 157
*Phlogotettix cyclops* 120
*Phlugiolopsis henryi* 1129
*Phlyaria cyara* 835
*Phlycinus callosus* 449
*Phlyctaenia coronata* 448
*Phlyctaenia ferrugalis* 204
*Phlyctaenia stachydalis* 1228
*Phlyctaenodes similaris* 449
*Phobaeticus chani* 209
*Phobaeticus kirbyi* 209
*Phobaeticus philippinicus* 628
*Phobaeticus serratipes* 458
*Phoberia atomaris* 268
*Phobetron pithecium* 519
*Phocides belus* 90
*Phocides metrodorus* 90
*Phocides okeechobee* 680
*Phocides oreiaes* 18
*Phocides palemon* 516
*Phocides pigmalion* 681
*Phocides polybius* 680
*Phocides thermus thermus* 1105
*Phocides urania urania* 1150
*Phoebis agarithe* 782
*Phoebis argante* 39
*Phoebis avellaneda* 905
*Phoebis neocypris* 1093
*Phoebis orbis* 788
*Phoebis philea* 780
*Phoebis sennae* 238
*Phoebis trite* 1064
Phoenicococcidae 810
*Phoenicococcus marlatti* 897
*Phoenicoprocta lydia* 667
*Phoetaliotes nebrascensis* 613
*Pholidoptera aptera* 17
*Pholidoptera griseoaptera* 175
*Pholisora* 1025
*Pholisora catullus* 272
*Pholisora gracielae* 694
*Pholisora libya* 489
*Pholisora mejicanus* 706
*Pholodes sinistraria* 990
*Pholus achemon* 480
*Pholus vitis* 480
*Phoracantha impavida* 1133
*Phoracantha recurva* 1240
*Phoracantha semipunctata* 260
*Phorbia flavibasis* 1191
*Phorbia florilega* 967
*Phorbia rubivora* 890
*Phorbia securis* 623
Phoridae 556
*Phormia regina* 102
*Phormia terraenovae* 122
*Phorodon cannabis* 534
*Phorodon humuli* 314
*Phosphaenus hemipterus* 637
*Phosphila miselioides* 1048
*Phosphila turbulenta* 1135
*Photedes brevilinea* 408
*Photedes captiuncula* 631
*Photedes elymi* 667
*Photedes extrema* 277
*Photedes fluxa* 701
*Photedes fluxa rufata* 701
*Photedes includens* 563
*Photedes minima* 1002
*Photedes morrisii* 721
*Photedes panatela* 754
*Photedes pygmina* 1011
*Photedes stigmatica* 1056

*Photinus pyralis* 259
*Photinus scintillans* 962
*Photuris pennsylvanicus* 1225
*Phragmataecia castaneae* 911
*Phragmatobia amurensis* 421
*Phragmatobia assimilans* 617
*Phragmatobia fuliginosa* 935
*Phragmatobia fuliginosa rubricosa* 935
*Phragmatobia lineata* 648
*Phraortes elongatus* 580
*Phraortes illepidus* 658
*Phricta aberrans* 1042
*Phrictopyga contorta* 281
*Phrissogonus laticostatus* 406
*Phrissogonus testulatus* 351
*Phrissura aegis cynis* 430
*Phrixa maya* 1251
*Phrixolepia sericea* 1099
*Phryganea grandis* 492
Phryganeidae 610
*Phryganidia californica* 184
*Phrygionis auriferaria* 474
*Phrygionis paradoxata* 583
*Phryxus caicus* 182
*Phtheochroa inopiana* 803
*Phtheochroa modestana* 715
*Phtheochroa rugosana* 932
*Phtheochroa schreibersiana* 962
*Phtheochroa sodaliana* 150
*Phthia lunata* 283
*Phthia picta* 1056
Phthiraptera 834
*Phthiria pulicaria* 421
Phthiridae 875
*Phthonondria atrilineata* 731
*Phthonosema tendinosaria* 36
*Phthorimaea operculella* 866
*Phyciodes* 297
*Phyciodes ardys* 42
*Phyciodes batesii* 1098
*Phyciodes campestris* 410
*Phyciodes cocyta* 755
*Phyciodes frisia tulcis* 1134
*Phyciodes graphica* 1159
*Phyciodes incognitus* 710
*Phyciodes mylitta* 1107
*Phyciodes orseis* 793
*Phyciodes pallescens* 704
*Phyciodes pallida* 809
*Phyciodes phaon* 833
*Phyciodes pictus* 800
*Phyciodes pratensis* 410
*Phyciodes ptolyca* 105
*Phyciodes pulchella* 410
*Phyciodes selenis* 755
*Phyciodes sitalces* 840
*Phyciodes texana seminole* 968
*Phyciodes tharos* 824
*Phyciodes vesta* 1159
*Phycita infusella* 287
*Phycita spissicella* 347
Phycitinae 206
*Phycitodes binaevella* 1002
*Phycitodes maritima* 208
*Phycitodes saxicola* 739
*Phycomorpha prasinochroa* 412
*Phylacteophaga eucalypti* 630
*Phylacteophaga froggatti* 630
*Phyllaphis fagi* 1227
Phylliidae 628
*Phyllium* 628, 1167
*Phyllium bioculatum* 582
*Phyllium giganteum* 456
*Phyllium siccifolium* 649
*Phyllobium armatus* 35
*Phyllobius* 630
*Phyllobius annectens* 726
*Phyllobius argentatus* 985
*Phyllobius calcaratus* 462
*Phyllobius incomptus* 167

*Phyllobius intrusus* 40
*Phyllobius maculicornis* 500
*Phyllobius oblongus* 162
*Phyllobius pomaceus* 746
*Phyllobius prolongatus* 501
*Phyllobius pyri* 265
Phyllocnistidae 969
*Phyllocnistis citrella* 229
*Phyllocnistis magnoliella* 673
*Phyllocnistis meliacella* 674
*Phyllocnistis populiella* 51
*Phyllocnistis saligna* 989
*Phyllocnistis suffusella* 771
*Phyllocnistis tiliacella* 79
*Phyllocnistis toparcha* 481
*Phyllocnistis unipunctella* 862
*Phyllocolpa bozemani* 862
*Phyllocrania paradoxa* 452
*Phyllocycla breviphylla* 921
*Phyllodecta laticollis* 1008
*Phyllodecta tibialis* 134
*Phyllodecta vitellinae* 146
*Phyllodecta vulgatissima* 134
*Phyllodesma americana* 605
*Phyllodesma ilicifolia* 1005
*Phyllodesma japonica* 1014
*Phyllodesma occidentis* 1030
*Phyllogomphoides albrighti* 418
*Phyllogomphoides stigmatus* 434
*Phyllogomphus brunneus* 139
*Phyllomacromia contumax* 1140
*Phyllomacromia monoceros* 1148
*Phyllomacromia picta* 324
*Phyllonorycter* 626
*Phyllonorycter anderidae* 96
*Phyllonorycter apparella* 51
*Phyllonorycter blancardella* 36
*Phyllonorycter caryaealbella* 825
*Phyllonorycter cerasicolella* 656
*Phyllonorycter comparella* 277
*Phyllonorycter coryli* 760
*Phyllonorycter corylifoliella* 36
*Phyllonorycter crataegella* 34
*Phyllonorycter cydoniella* 36
*Phyllonorycter distendella* 536
*Phyllonorycter elmaella* 1188
*Phyllonorycter emberizaepenella* 1071
*Phyllonorycter froelichiella* 641
*Phyllonorycter hamadryadella* 1196
*Phyllonorycter harrisella* 293
*Phyllonorycter heegeriella* 532
*Phyllonorycter hilarella* 153
*Phyllonorycter junoniella* 1149
*Phyllonorycter kleemannella* 597
*Phyllonorycter lantanella* 516
*Phyllonorycter lautella* 374
*Phyllonorycter leucographella* 416
*Phyllonorycter lucetiella* 79
*Phyllonorycter lucidicostella* 638
*Phyllonorycter maestingella* 254
*Phyllonorycter mespilella* 986
*Phyllonorycter messaniella* 1254
*Phyllonorycter nicellii* 748
*Phyllonorycter nigrescentella* 324
*Phyllonorycter nipigon* 64
*Phyllonorycter nipponicella* 750
*Phyllonorycter oxyacanthae* 528
*Phyllonorycter populiella* 862
*Phyllonorycter propinquinella* 212
*Phyllonorycter quercifoliella* 268
*Phyllonorycter quinnata* 54
*Phyllonorycter quinqueguttella* 945
*Phyllonorycter rajella* 13
*Phyllonorycter ringoniella* 36
*Phyllonorycter salicicolella* 659
*Phyllonorycter salicifoliella* 50
*Phyllonorycter saportella* 765
*Phyllonorycter scabiosella* 1084
*Phyllonorycter schreberella* 892
*Phyllonorycter scopariella* 355

*Phyllonorycter sorbi* 725
*Phyllonorycter spinicolella* 997
*Phyllonorycter spinotella* 153
*Phyllonorycter stettinensis* 748
*Phyllonorycter tenerella* 123
*Phyllonorycter tremuloidiella* 50
*Phyllonorycter trifasciella* 1099
*Phyllonorycter tristrigella* 1124
*Phyllonorycter ulicicolella* 976
*Phyllonorycter ulmifoliella* 97
*Phyllonorycter viminetorum* 794
*Phyllonorycter viminiella* 770
*Phyllopalpus pulchellus* 523
*Phyllopertha* 1200
*Phyllopertha horticola* 448
*Phyllopertha irregularis* 1245
*Phyllophaga citri* 587
*Phyllophaga fusca* 587
*Phyllophaga puberula* 587
*Phyllophaga subssericans* 587
*Phyllophaga* 587, 693
Phyllophoridae 456
*Phyllosphingia dissimilis* 1169
*Phyllotocus* 743
*Phyllotocus apicalis* 743
*Phyllotreta* 178
*Phyllotreta armoraciae* 552
*Phyllotreta atra* 178
*Phyllotreta consobrina* 1136
*Phyllotreta cruciferae* 1136
*Phyllotreta nemorum* 618
*Phyllotreta nigripes* 421
*Phyllotreta pusilla* 1182
*Phyllotreta ramosa* 1188
*Phyllotreta striolata* 1071
*Phyllotreta undulata* 1071
*Phyllotreta vittula* 76
*Phyllotreta zimmermanni* 990
*Phyllovates chlorophaena* 1104
*Phylloxera caryaecaulis* 539
*Phylloxera coccinea* 765
*Phylloxera devastatrix* 826
*Phylloxera glabra* 764
*Phylloxera notabilis* 825
*Phylloxera quercus* 765
Phylloxeridae 75
*Phylloxiphia metria* 909
*Phylloxiphia punctum* 777
*Phylloxiphia vicina* 547
*Phylomorpha laciniata* 470
*Phymata* 19
*Phymata americana* 19
*Phymata crassipes* 19
*Phymata pacifica* 798
*Phymateus leprosus* 176
Phymatidae 19
*Phymatocera aterrima* 1024
*Phymatodes albicinctus* 1194
*Phymatodes maaki* 905
*Phymatodes testaceus* 1095
*Phymatopus californicus* 666
*Phymatopus hecta* 468
*Phymonotus jacintotopos* 947
*Phyprosopus callitrichoides* 307
*Phyrdenus muriceus* 287
*Physaeneura panda* 323
Physapoda 1111
*Physocephala affinis* 280
*Physocephala burgessi* 1171
*Physocephala texana* 1108
*Physocnemum andreae* 310
*Physocnemum brevilineum* 376
*Physokermes hemicryphus* 534
*Physokermes jezoensis* 1053
*Physokermes piceae* 1053
*Physonota arizonae* 43
*Physopella gutta* 1121
*Phytobia barnesi* 1216
*Phytobia cerasiferae* 854
*Phytobia maculosa* 111

*Phytocoris nowickyi* 569
*Phytoecia cylindrica* 1146
*Phytoecia rufiventris* 224
*Phytoliriomyza pittosporphylli* 849
*Phytometra ernestinana* 384
*Phytometra rhodarialis* 846
*Phytometra viridaria* 1008
*Phytomyza affinis* 688
*Phytomyza albiceps* 224
*Phytomyza aquilegiae* 250
*Phytomyza atricornis* 224
*Phytomyza hasegawai* 177
*Phytomyza ilicis* 544
*Phytomyza japonica* 224
*Phytomyza lappae* 173
*Phytomyza minuscula* 250
*Phytomyza nigra* 284
*Phytomyza petoei* 712
*Phytomyza rufipes* 178
*Phytomyza syngenesiae* 224
*Phytomyza tetrasticha* 829
*Phytomyza vitalbae* 233
*Phytonomus* 630
*Phytonomus murinus* 14
*Phytonomus variabilis* 665
*Phytonomus zoilus* 239
Phytophaga 834
*Phytosciara zingiberis* 460
*Piageticella bursaepelecani* 827
*Pictonemobius* 74
*Pictonemobius ambitiosus* 19
*Pictonemobius hubbelli* 554
*Pictonemobius uliginosus* 421
*Pida niphonis* 112
*Pidorus atratus* 1194
*Piercea alismana* 769
*Piercea manniana* 237
*Pierella helvina* 533
*Pierella hortona* 1195
*Pierella hyalinus* 603
*Pierella hyceta* 471
*Pierella lamia* 1081
*Pierella luna* 718
*Pierella luna rubecula* 718
*Pieriballia viardi* 1160
Pieridae 180
Pierinae 1213
*Pieris* 1213
*Pieris adalwinda* 956
*Pieris angelika* 41
*Pieris balcana* 1251
*Pieris brassicae* 620
*Pieris bryoniae* 323
*Pieris canidia* 563
*Pieris cheiranthi* 189
*Pieris chumbiensis* 225
*Pieris deota* 591
*Pieris ergane* 727
*Pieris krueperi* 599
*Pieris krueperi devta* 496
*Pieris mannii* 1033
*Pieris marginalis* 688
*Pieris melete melete* 1069
*Pieris napi* 506, 735
*Pieris napi japonica* 506
*Pieris oleracea* 734
*Pieris prodice* 1028
*Pieris rapae* 178, 180, 388, 561, 973, 1011, 1196
*Pieris rapae crucivora* 276
*Pieris virginiensis* 1182
*Pieris wollastoni* 672
*Piesma quadratum* 88
Piesmatidae 47
Piestinae 421
*Piezodorus hybneri* 1148
*Piezodorus lituratus* 503
*Pikonema alaskensis* 1238
*Pikonema dimmockii* 500
*Pilocrocis ramentalis* 963
*Pilocrocis tripunctata* 1088

*Pilodeudorix* 853
*Pilodeudorix angelita* 25
*Pilodeudorix aruma aruma* 1009
*Pilodeudorix caerulea obscurata* 130
*Pilodeudorix caerulea* 130
*Pilodeudorix camerona* 1133
*Pilodeudorix congoana* 367
*Pilodeudorix corruscans* 590
*Pilodeudorix deritas* 1002
*Pilodeudorix hugoi* 555
*Pilodeudorix leonina* 321
*Pilodeudorix mimeta* 495
*Pilodeudorix otraeda* 792
*Pilodeudorix ula* 242
*Pilodeudorix violetta* 1163
*Pilodeudorix virgata* 1005
*Pilodeudorix zela* 129
*Pilophorus setulosus* 477
*Pima albiplagiatella* 1198
*Pima boisduvaliella* 985
*Pimelocerus hylobioides* 188
*Pimelocerus perforatus* 776
*Pimpla instigator* 901
Pimplinae 837
*Pinacopteryx eriphia* 1252
*Pinara divisa* 838
*Pinara fervens* 517
*Pindis squamistriga* 1154
Pineinae 845
*Pineus bornei* 839
*Pineus cembrae* 296
*Pineus orientalis* 792
*Pineus pini* 838
*Pineus pinifoliae* 841
*Pineus strobi* 838
*Pinheyschna subpupillata* 1069
*Pinnaspis aspidistrae* 408
*Pinnaspis buxi* 246
*Pinnaspis caricis* 408
*Pinnaspis juniperi* 589
*Pinnaspis minor* 289
*Pinnaspis strachani* 640
*Pinnaspis uniloba* 794
*Pinyonia edulicola* 848
*Piophila casei* 210
Piophilidae 994
Pipunculidae 95
*Pirascca tyriotes* 469
*Piruna aea* 683
*Piruna brunnea* 222
*Piruna ceracates* 1158
*Piruna cyclosticta* 853
*Piruna dampfi* 1163
*Piruna gyrans* 1154
*Piruna haferniki* 221
*Piruna jonka* 768
*Piruna kemneri* 593
*Piruna maculata* 989
*Piruna microsticta* 1010
*Piruna millerorum* 710
*Piruna mullinsi* 732
*Piruna penaea* 552
*Piruna pirus* 937
*Piruna polingii* 1049
*Piruna purepecha* 877
*Piruna roeveri* 934
*Piruna sina* 414
*Pison spinolae* 692
*Pissodes* 844
*Pissodes approximatus* 757
*Pissodes castaneus* 999
*Pissodes cembrae* 1244
*Pissodes harcyniae* 1054
*Pissodes nemorensis* 331
*Pissodes nitidus* 1244
*Pissodes notatus* 711
*Pissodes obscurus* 1244
*Pissodes piceae* 985
*Pissodes pini* 622
*Pissodes radiatae* 718

*Pissodes schwarzi* 1250
*Pissodes strobi* 1205
*Pissodes terminalis* 655
*Pissodes validirostris* 839
Pissodinae 279
*Pithauria marsena* 72
*Pithauria murdava* 322
*Pithauria stramineipennis* 644
*Pithecops corvus* 430
*Pithecops corvus ryukyuensis* 430
*Pithecops dionisius* 835
*Pithecops fulgens* 133
*Pithecops hylax* 430
*Pithecops phoenix* 1080
*Pityogenes bidentatus* 1144
*Pityogenes chalcographus* 992
*Pityogenes foveolatus* 778
*Pityokteines curvidens* 307
*Pityophthorus arakii* 1249
*Pityophthorus jucundus* 1249
*Pityophthorus micrographus* 707
*Placosternus crinicornis* 594
*Plagiodera inclusa* 1035
*Plagiodera versicolora* 1217
*Plagiohammus spinipennis* 604
*Plagiolepis alluaudi* 1151
*Plagiolepis pygmaea* 881
*Plagiomimicus pityochromus* 102
*Plagiomimicus spumosum* 439
*Plagionotus arcuatus* 767
*Plagionotus christophi* 766
*Plagionotus pulcher* 1011
*Plagiostira albonotata* 1203
*Plagiostira gillettei* 460
*Plagiostira mescaleroensis* 702
*Plagithmysus acaciae* 526
*Plagithmysus bilineatus* 527
*Plagithmysus bishopi* 526
*Plagithmysus blackburni* 527
*Plagithmysus chenopodii* 526
*Plagithmysus decurrensae* 526
*Plagithmysus dodonaeae* 526
*Plagithmysus microgaster* 526
*Plagodis alcoolaria* 543
*Plagodis dolabraria* 963
*Plagodis fervidaria* 409
*Plagodis kuetzingi* 879
*Plagodis phlogosaria* 1064
*Plagodis pulveraria* 78
*Plagodis pulveraria japonica* 78
*Plagodis pulveraria jezoensis* 78
*Plagodis serinaria* 633
*Plaithmysus kahului* 590
*Planociampa modesta* 436
*Planococcus citri* 229
*Planococcus kenyae* 247
*Planococcus kraunhiae* 578
*Planococcus lilacinus* 244
*Planococcus minor* 816
*Planotortrix excessana* 968
*Plastingia naga* 986
*Plastingia pellonia* 1234
*Plataea trilinearia* 942
*Plataplecta pruinosa consanguis* 534
*Plataplecta pulverosa* 984
*Platarctia parthenos* 458
Plataspidae 853
*Plateumaris sericea* 1154
*Plathypena scabra* 497
*Platiolepis longipes* 478
*Platoeceticus gloverii* 780
*Platyceroides agassizi* 766
*Platycerus caraboides* 133
*Platycerus oregonensis* 789
*Platycleis albopunctata* 509
*Platycleis denticulata* 509
*Platycleis grisea* 509
*Platycleis montana* 1061
*Platycleis tessellata* 165
Platycnemidae 853

*Platycnemis pennipes* 1201
*Platycotis vittata* 767
*Platycypha caligata* 315
*Platycypha fitzsimonsi* 417
*Platydema ruficorne* 900
*Platyedra subcinerea* 619
*Platyedra vilella* 619
*Platygaster hiemalis* 537
Platygastridae 853
*Platylesches* 548
*Platylesches ayresii* 829
*Platylesches chamaeleon* 208
*Platylesches dolomitica* 541
*Platylesches galesa* 1210
*Platylesches mortili* 264
*Platylesches neba* 426
*Platylesches picanini* 71
*Platylesches robustus* 924
*Platylesches tina* 1005
*Platylyra californica* 209
*Platylyus luridus* 840
*Platynota exasperatana* 396
*Platynota flavedana* 115
*Platynota idaeusalis* 1133
*Platynota rostrana* 777
*Platynota stultana* 853
*Platyomopsis pulverulens* 231
*Platyoplus gilaensis* 459
*Platypara poeciloptera* 50
*Platypedia* 1225
*Platypedia areolata* 788
*Platypedia minor* 881
*Platyperigea kadenii* 231
Platypezidae 419
*Platypleura kaempferi* 590
Platypodidae 837
*Platypolia mactata* 5
*Platyprepia guttata* 888
*Platyprepia virginalis* 888
Platypsillidae 85
*Platypsyllus castoris* 85
*Platyptilia* 269
*Platyptilia aeolodes* 1001
*Platyptilia carduidactyla* 46
*Platyptilia falcatalis* 256
*Platyptilia farfarella* 218
*Platyptilia gonodactyla* 1126
*Platyptilia ignifera* 613
*Platyptilia isodactyla* 542
*Platyptilia jezoensis* 1063
*Platyptilia ochrodactyla* 772
*Platyptilia pallidactyla* 806
*Platyptilia rhododactyla* 928
*Platyptilia williamsi* 1215
*Platypus australis* 859
*Platypus calamus* 1250
*Platypus compositus* 19
*Platypus contaminatus* 436
*Platypus cylindrus* 765
*Platypus froggatti* 608
*Platypus hamatus* 378
*Platypus lewisi* 642
*Platypus modestus* 699
*Platypus parallelus* 252
*Platypus quercivorus* 762
*Platypus subgranosus* 727
*Platypus sulcatus* 19
*Platypus wilsoni* 1219
*Platysticta* 430
*Platysticta apicalis* 318
*Platysticta maculata* 137
Platystictidae 429
Platystomatidae 152
*Platytes alpinella* 17
*Platytes cerussella* 361
*Platytettix pulchra* 1014
*Platyzosteria novaeseelandia* 104
*Plautia affinis* 504
*Plautia crossota stali* 167
*Plautia stali* 792

*Plea atomaria* 640
*Plea minutissima* 881
Plebeiinae 135
*Plebejus* 135
*Plebejus allardi* 15
*Plebejus anna* 753
*Plebejus argus* 987
*Plebejus argus micrargus* 987
*Plebejus carmon* 365
*Plebejus cassiope* 199
*Plebejus christophe* 1005
*Plebejus cotundra* 291
*Plebejus dardanus* 142
*Plebejus dorylas* 1137
*Plebejus fridayi* 437
*Plebejus glandon rusticus* 938
*Plebejus hespericus* 1037
*Plebejus idas* 559
*Plebejus loewii* 655
*Plebejus lupini monticola* 718
*Plebejus lupini texanus* 1104
*Plebejus martini* 691
*Plebejus melissa* 781
*Plebejus neurona* 1157
*Plebejus podarce* 982
*Plebejus psylorita* 297
*Plebejus pylaon* 1254
*Plebejus saepiolus amica* 942
*Plebejus trappi* 17
*Plebejus vogelii* 1166
*Plebulina emigdionis* 947
*Plecia nearctica* 663
Plecoptera 1063
*Plectrodera scalator* 289
*Plega signata* 162
Pleidae 881
*Pleistodontes froggatti* 719
*Plemyria georgii* 451
*Plemyria rubiginata* 127
*Plemyria rubiginata japonica* 127
*Pleocoma* 887
*Pleocoma australis* 1032
*Pleocoma behrensi* 89
*Pleocoma puncticollis* 114
Pleocomidae 854
*Pleromelloida cinerea* 48
*Pleroneura brunneicornis* 65
*Plesiochrysa brasiliensis* 146
*Plesiocoris rugicollis* 34
*Plesiomorpha flaviceps* 1235
*Plesispa reichei* 1141
*Pleuroprucha asthenaria* 52
*Pleuroprucha insulsaria* 274
*Pleuroptya balteata* 662
*Pleuroptya chlorophanta* 1111
*Pleuroptya ruralis* 83
*Pleuroptya silicalis* 535
*Pleurota bicostella* 644
*Plodia interpunctella* 564
Ploiariidae 1108
*Ploiariola culiciformis* 1108
*Plusia brassicae* 179
*Plusia chalcites* 988
*Plusia contexta* 280
*Plusia festucae* 468
*Plusia oxygramma* 808
*Plusia putnami* 881
*Plusia putnami gracilis* 633
*Plusia signata* 501
*Plusia venusta* 1209
*Plusiinae* 968
Plusiinae 450
*Plusiodonta casta* 689
*Plusiodonta compressipalpis* 718
*Plusiotis beyeri* 93
*Plutella armoraciae* 552
*Plutella porrectella* 511
*Plutella xylostella* 335
Plutellidae 856
Pneumoridae 123

*Pnyxia scabiei* 866
*Poanes aaroni* 942
*Poanes benito* 91
*Poanes hobomok* 543
*Poanes inimica* 1245
*Poanes massasoit* 732
*Poanes melane* 1146
*Poanes melane poa* 205
*Poanes melane vitellina* 706
*Poanes monticola* 796
*Poanes niveolimbus* 1021
*Poanes taxiles* 473
*Poanes ulphila* 1146
*Poanes viator* 154
*Poanes yehl* 1232
*Poanes zabulon* 1252
*Pocalta ursina* 650
*Pochazia albomaculata* 671
*Pococera aplastella* 51
*Pococera asperatella* 684
*Pococera euphemella* 702
*Pococera expandens* 1072
*Pococera melanogrammos* 111
*Pococera militella* 1090
*Pococera robustella* 844
*Pococera subcanalis* 235
*Podabrus pruinosus* 351
*Podacanthus typhon* 847
*Podacanthus wilkinsoni* 921
*Podalonia affinis* 337
*Podalonia communis* 200
*Podalonia hirsuta* 521
*Podalonia luctuosa* 308
*Podapion gallicola* 840
Podilegina 963
*Podisma pedestris* 163
*Podisus maculiventris* 1041
*Podontia quatuordecimpunctata* 590
Podopinae 1103
*Podops inuncta* 393
*Podosesia aureocincta* 69
*Podosesia syringae fraxini* 47
*Podotricha judith* 1114
*Podotricha telesiphe* 26
*Podura aquatica* 1174
Poduridae 1020
*Poecilanthrax willistoni* 1215
*Poecilium alni* 1194
*Poecilocampa alpina* 710
*Poecilocampa populi* 327
*Poecilocapsus lineatus* 433
*Poecilocoris lewisi* 907
*Poecilocoris nepalensis* 1100
*Poecilographa decora* 690
*Poecilonota variolosa* 50
*Poecilotettix pantherina* 812
*Pogonacherus seminiveus* 1193
*Pogonocherus hispidulus* 494
*Pogonocherus hispidus* 640
*Pogonocherus seminiveus* 224
*Pogonomyrmex* 525
*Pogonomyrmex badius* 424
*Pogonomyrmex barbatus* 899
*Pogonomyrmex californicus* 967
*Pogonomyrmex colei* 1227
*Pogonomyrmex comanche* 525
*Pogonomyrmex maricopa* 688
*Pogonomyrmex occidentalis* 1185
*Pogonomyrmex rugosus* 525
*Pogonomyrmex salinus* 525
*Pogonopygia nigralbata* 228
*Pogonortalis doclea* 137
*Poladryas arachne* 40
*Poladryas minuta* 346
*Polia bombycina* 806
*Polia bombycina grisea* 806
*Polia hepatica* 988
*Polia nebulosa* 508
*Polia nimbosa* 1063
*Polia purpurissata* 877

*Polia trimaculosa* 988
*Polididus armatissimus* 1042
*Polimitarcys virgo* 1164
*Polistes* 813
*Polistes apachus* 31
*Polistes aurifer* 472
*Polistes chinensis antennalis* 579
*Polistes dominulus* 1242
*Polistes exclamens* 813
*Polistes fuscatus* 472
*Polistes fuscatus aurifer* 472
*Polistes gallicus* 437
*Polistes gigas* 457
*Polistes humilis* 57
*Polistes jadwigae* 579
*Polistes macaensis* 669
*Polistes olivaceus* 895
*Polistes rothneyi iwatai* 659
*Polistes sagittarius* 995
*Polistes snelleni* 1240
*Polistes stigma* 1130
Polistinae 813
*Polites baracoa* 74
*Polites carus* 197
*Polites coras* 826
*Polites dakotah* 313
*Polites draco* 351
*Polites mardon* 687
*Polites mystic* 656
*Polites norae* 516
*Polites origenes* 299
*Polites peckius* 826
*Polites pupillus* 876
*Polites puxillius* 669
*Polites rhesus* 851
*Polites sabuleti* 949
*Polites sabuleti margaretae* 949
*Polites sonora* 1024
*Polites subreticulata* 1075
*Polites themistocles* 1098
*Polites vibex vibex* 1193
*Polix coloradella* 994
*Pollaplonyx flavidus* 1234
*Pollenia* 364
*Pollenia rudis* 241
*Polybia ruficeps* 900
*Polycaon confertus* 182
*Polycaon stouti* 1064
Polycentropodidae 1132
*Polychrysia moneta* 985
Polyctenidae 79
*Polyctor cleta* 234
*Polyctor enops* 382
*Polyctor polyctor* 859
*Polydesma umbricola* 717
*Polydrosus impressifrons* 391
*Polydrosus pilosus* 415
*Polydrusus sericeus* 500
*Polyerges lucidus* 976
*Polyergus* 18
*Polyergus breviceps* 1182
*Polyergus rufescens* 18
*Polyergus samurai* 995
*Polygonia* 26
*Polygonia c-album* 251
*Polygonia c-album hamigera* 251
*Polygonia c-aureum* 49
*Polygonia comma* 251
*Polygonia egea* 365
*Polygonia faunus* 497
*Polygonia faunus rusticus* 495
*Polygonia g-argenteum* 704
*Polygonia gracilis* 542
*Polygonia haroldii* 1045
*Polygonia hylas* 249
*Polygonia interrogationis* 884
*Polygonia oreas* 789
*Polygonia progne* 319
*Polygonia satyrus* 952
*Polygonia sylvius* 1091

*Polygonia zephyrus* 1254
*Polygonus leo* 555
*Polygonus manueli* 682
*Polygonus savigny* 682
*Polygrammate hebraeicum* 531
*Polygrammodes elevata* 906
*Polygrammodes flavidalis* 569
*Polygrapha cyanea* 724
*Polygrapha tyrianthina* 595
*Polygraphus gracilis* 910
*Polygraphus jezoensis* 1250
*Polygraphus kisoensis* 596
*Polygraphus meakanensis* 696
*Polygraphus nigriclytris* 821
*Polygraphus polygraphus* 214
*Polygraphus rufipennis* 432
*Polygraphus ssiori* 212
*Polyhymno luteostrigella* 859
Polymitarcidae 802
*Polymixis flavicincta* 616
*Polymixis lichenea* 406
*Polymixis xanthomista statices* 101
*Polymixis xanthomista* 101
Polyommatinae 135
*Polyommatus admetus* 28
*Polyommatus agenjoi* 10
*Polyommatus ainsae* 431
*Polyommatus albicans* 1036
*Polyommatus amandus* 18
*Polyommatus andronicus* 832
*Polyommatus aroaniensis* 494
*Polyommatus astrarche* 781
*Polyommatus atlanticus* 53
*Polyommatus bellargus* 5
*Polyommatus bellis* 494
*Polyommatus caelestissima* 60
*Polyommatus coelestinus* 860
*Polyommatus damon* 314
*Polyommatus dolus* 444
*Polyommatus eroides* 401
*Polyommatus eros* 384
*Polyommatus escheri* 384
*Polyommatus fabressei* 768
*Polyommatus galloi* 447
*Polyommatus golgus* 746
*Polyommatus hispana* 873
*Polyommatus humedasae* 835
*Polyommatus icarus* 254
*Polyommatus iphigenia* 211
*Polyommatus loewii* 614
*Polyommatus menelaos* 387
*Polyommatus nephohiptamenos* 540
*Polyommatus nivescens* 722
*Polyommatus pelopi* 214
*Polyommatus philippi* 670
*Polyommatus punctifera* 1045
*Polyommatus ripartii* 922
*Polyommatus saria* 149
*Polyommatus semiargus* 694
*Polyommatus singalensis* 990
*Polyommatus thersites* 209
*Polyommatus violetae* 24
Polyphaga 859
Polyphagidae 332
*Polyphylla crinita* 241
*Polyphylla decemlineata* 1101
*Polyphylla diffracta* 155
*Polyphylla fullo* 442
*Polyphylla laticollis* 307
Polyplacidae 1042
*Polyplax reclinata* 981
*Polyplax serrata* 1023
*Polyplax spinulosa* 1041
*Polyploca ridens* 439
Polypsocidae 465
*Polyptychoides grayi* 488
*Polyptychopsis marshalli* 691
*Polyptychus andosa* 282
*Polyptychus baxteri* 80
*Polyptychus coryndoni* 286

*Polyrhachis ammon* 474
*Polyrhachis australis* 344
*Polyrhachis dives* 1178
*Polyrhachis macropus* 732
*Polyrhachis ornata* 469
*Polysarcus denticauda* 618
*Polyspilota aeruginosa* 671
*Polystigma punctata* 876
*Polystoechotes punctatus* 1047
Polystoechotidae 456
*Polytela gloriosae* 646
*Polythrix asine* 50
*Polythrix auginus* 54
*Polythrix caunus* 978
*Polythrix gyges* 77
*Polythrix hirtius* 177
*Polythrix kanshul* 591
*Polythrix metallescens* 702
*Polythrix mexicanus* 705
*Polythrix octomaculata* 373
*Polytremis* 1089
*Polytremis discreta* 541
*Polytremis eltola* 1244
*Polytremis lubricans* 280
*Polyura* 742
*Polyura alphius* 1059
*Polyura andrewsi* 223
*Polyura arja* 809
*Polyura athamas* 267
*Polyura cognatus* 1080
*Polyura delphis* 584
*Polyura dolon* 1059
*Polyura eudamippus* 491
*Polyura hebe plautus* 850
*Polyura moori* 677
*Polyura narcaeus* 218
*Polyura pyrrhus* 1093
*Polyura schreiberi* 132
*Polyura schreiberi tisamenus* 132
*Polyura sempronius* 1093
*Pompeius dares* 315
*Pompeius pompeius* 859
*Pompeius verna sequoyah* 651
*Pompeius verna* 651
Pompilidae 1040
Pompiloidea 859
*Pompilus cinereus* 626
*Pomponia imperatoria* 453
*Poneridia australis* 412
*Poneridia semipullata* 412
Ponerinae 593
*Ponometia binocula* 868
*Ponometia candefacta* 776
*Ponometia elegantula* 43
*Ponometia erastrioides* 999
*Ponometia semiflava* 522
*Pontania* 1217
*Pontania bridgmanii* 944
*Pontania pedunculi* 945
*Pontania proxima* 1215
*Pontania shibayanagii* 1217
*Pontania vesicator* 1217
*Pontania viminalis* 1218
*Pontia* 79
*Pontia beckerii* 85
*Pontia callidice* 820
*Pontia chloridice* 999
*Pontia daplidice* 79
*Pontia distorta* 1006
*Pontia edusa* 365
*Pontia glauconome* 331
*Pontia helice* 695
*Pontia sisymbrii* 1052
*Pontiia occidentalis* 1189
*Popa spurca* 9
*Popillia japonica* 574
*Poraclemensia acerifoliella* 684
*Porela vetusta* 386
*Poritia* 450
*Poritia erycinoides* 130

*Poritia hewitsoni* 261
*Poritia pleurata* 499
*Poritia sumatrae sumatrae* 1082
*Porotermes adamsoni* 314
*Porphyrogenes omphale* 326
*Porphyrogenes spadix* 449
*Porphyrogenes suva* 1084
*Porphyrophora polonica* 513
*Porrostoma rufipennis* 909
*Porthesia auriflua* 469
*Posttaygetis penelea* 1243
*Potamanaxas andraemon* 686
*Potamanaxas effusa* 371
*Potamanaxas laoma* 605
*Potamanaxas melicertes* 700
*Potamanaxas paralus* 1116
*Potamanaxas unifasciata* 407
Potamanthidae 519
*Potamanthus luteus* 1240
*Potamarcha* 881
*Potamarcha congener* 133
*Potanthus* 324
*Potanthus confucius* 278
*Potanthus dara* 541
*Potanthus flavus flavus* 1010
*Potanthus juno* 173
*Potanthus mara* 983
*Potanthus omaha omaha* 637
*Potanthus pallidus* 809
*Potanthus palnia* 811
*Potanthus pava* 1232
*Potanthus pseudomaesa* 563
*Potanthus rectifasiata* 145
*Potanthus trachala* 334
*Praeacedes atomosella* 8
*Praedora leucophaea* 296
*Praedora marshalli* 691
*Praedora plagiata* 1038
*Praetaxila segecia* 524
*Praetaxila segecia punctaria* 524
*Pralucia pyrodiscus lucida* 378
*Praolia citrinipes* 999
*Pratapa* 1134
*Pratapa deva* 1206
*Pratapa icetas* 316
*Pratapa icetoides* 133
*Prays citri* 228
*Prays endocarpa* 230
*Prays fraxinella* 47
*Prays nephelomima* 228
*Prays oleae* 776
*Prays oleellus* 776
*Prays parilis* 632
*Precis* 812
*Precis antilope* 324
*Precis archesia* 448
*Precis ceryne* 689
*Precis clelia* 8
*Precis coelestina* 771
*Precis cuama* 808
*Precis limnoria* 1208
*Precis octavia* 449
*Precis pelarga pelarga* 405
*Precis rhadama* 934
*Precis sinuata* 1214
*Precis touhilimasa* 742
*Precis tugela* 363
*Prectopa hibiscella* 539
*Premolis semirufa* 968
*Prenolepis imparis nitens* 650
*Prepodes amabilis* 1180
*Prepodes quadrivittatus* 1179
*Prepodes roseipes* 1179
*Prepodes vittatus* 1180
*Prepona deiphile brooksiana* 785
*Prepona deiphile diaziana* 785
*Prepona deiphile escalantiana* 785
*Prepona deiphile ibarra* 785
*Prepona deiphile lambertoana* 785
*Prepona demophon* 595

*Prepona dexamenus medinai* 631
*Prepona laertes octavia* 1247
*Prepona meander* 595
*Prepona pylene* 738
*Prepona pylene philetas* 724
*Prestonia clarki* 1182
*Princeps fuscus canopus* 754
*Prinosus insularis* 970
*Priocnemis monachus* 609
*Priocnemis oregona* 430
*Prionapteryx nebulifera* 238
*Prioneris* 953
*Prioneris clemanthe* 906
*Prioneris philonome* 905
*Prioneris sita* 801
*Prioneris thestylis* 1049
Prioninae 871
*Prionoplus reticularis* 555
*Prionoryctes canaliculus* 1231
*Prionoryctes caniculus* 1231
*Prionoryctes rufopiceus* 1231
*Prionoxystus* 196
*Prionoxystus macmurtrei* 651
*Prionoxystus piger* 62
*Prionoxystus robiniae* 196
*Prionus californicus* 184
*Prionus coriarius* 1096
*Prionus imbricornis* 1115
*Prionus laticollis* 152
*Priophorus brullei* 1009
*Priophorus cydoniae* 207
*Priophorus morio* 1009
*Priophorus pallipes* 476
*Pristerognatha penthinana* 753
*Pristhesancus plagipennis* 51
*Pristiphora abbreviata* 184
*Pristiphora abietina* 508
*Pristiphora alnivora* 250
*Pristiphora amelanchieris* 19
*Pristiphora californica* 184
*Pristiphora carinata* 1004
*Pristiphora erichsoni* 607
*Pristiphora geniculata* 725
*Pristiphora laricis* 1005
*Pristiphora pallipes* 1004
*Pristiphora politivaginata* 607
*Pristiphora salicivora* 1218
*Pristiphora wesmaeli* 607
*Pristoceuthophilus* 733
*Privesa pronotalis* 945
*Problema bulenta* 889
*Problema byssus* 172
*Probole alienaria* 15
*Probole amicaria* 437
*Probole nepiasaria* 530
Procampodeidae 872
*Procecidochares utilis* 812
*Proceras sacchariphagus* 1049
*Procherodes truxaliata* 610
*Prochoerodes transversata* 615
*Prochoreutis inflatella* 994
*Prochoreutis myllerana* 735
*Prochoreutis pariana* 33
*Prociphilus crataegicola* 294
*Prociphilus fraxini* 48
*Prociphilus kuwanai* 600
*Prociphilus osmanthae* 794
*Prociphilus pini* 1227
*Prociphilus take* 67
*Prociphilus tessallatus* 1226
*Prociphilus ushikoroshi* 867
*Procis statices* 261
*Procloeon* 803
*Procloeon bifidum* 803
*Procloeon pennulatum* 618
*Proclossiana eunomia* 138
*Proconia marmorata* 832
*Procontarinia mangicola* 679
*Procontarinia matteiana* 679
*Procordulia jacksoniensis* 369

Procrinae 430
*Procryptotermes* 354
*Proctacanthus occidentalis* 457
*Proctarrelabis capensis* 190
Proctotrupidae 872
Proctotrupoidea 857
*Prodagricomela nigricollis* 228
*Prodasineura autumnalis* 118
*Prodasineura sita* 1070
*Prodasineura verticalis* 101
*Prodasineura vittata* 782
*Prodasycnemis inornata* 66
*Prodecatoma cooki* 927
*Prodiplosis citrulli* 303
*Prodiplosis longifila* 228
*Prodiplosis morrisi* 862
*Prodiplosis vaccinii* 135
Prodoxidae 1251
Prodoxinae 1251
*Prodoxus* 1251
*Prodoxus decipiens* 138
*Proeidosa polysema* 859
*Profenus thomsoni* 396
*Profenusa canadensis* 212
*Progomphus* 947
*Progomphus alachuensis* 1098
*Progomphus bellei* 90
*Progomphus bolivensis* 139
*Progomphus borealis* 487
*Progomphus obscurus* 271
*Progomphus risi* 922
*Progomphus serenus* 542
*Progomphus tennesseni* 150
*Progomphus zephyrus* 379
*Prohinotermes* 314
*Proischnura polychromatica* 190
*Proischnura rotundipennis* 933
*Proischnura subfurcata* 431
Projapygidae 872
*Prolabia arachidis* 217
*Prolabia pulchella* 523
*Proleucoptera sinuella* 567
*Prolimacodes badia* 993
*Prolimacodes trigona* 1187
*Promachus vertebrates* 509
*Promalactis enopisema* 288
*Promalactis suzukiella* 1084
*Promargarodes australis* 1200
*Promecotheca cumingi* 245
*Promecotheca papuana* 628
*Promecotheca reichei* 245
*Prometopia* 949
*Pronophila unifasciata* 623
*Properigea albimacula* 1208
*Properigea costa* 78
Prophalangopsidae 871
Prophalangopsinae 873
*Prophantis octoguttalis* 247
*Prophantis smaragdina* 247
*Propsocus pulchripennis* 314
*Propylea quatuordecimpunctata* 435
*Prorella emmedonia* 156
*Prorhinotermes simplex* 423
*Prosapia bicincta* 1142
*Proserpinus clarkiae* 231
*Proserpinus flavofasciata* 1233
*Proserpinus gaurae* 873
*Proserpinus juanita* 585
*Proserpinus lucidus* 798
*Proserpinus proserpina* 1217, 1219
*Proserpinus terlooii* 77
*Prosimulium fulvum* 170
*Prosimulium hirtipes* 4
*Prosoeuzophera impletela* 22
Prosopidae 770
Prosopistomatoidea 974
*Prosoplus bankii* 873
*Prosotas aluta* 71
*Prosotas bhutea* 93
*Prosotas dubiosa* 1008

*Prosotas dubiosa lumpura* 1008
*Prosotas felderi* 407
*Prosotas gracilis* 477
*Prosotas nora* 266
*Prosotas nora kanoi* 266
*Prosotas nora superdates* 266
*Prosotas noreia* 1211
*Prosotas pia* 688
*Prospheres aurantiopictus* 547
*Prostephanus truncatus* 621
*Prostomeus brunneus* 515
Prostomidae 585
*Protactia brevitarsis brevitarsis* 1208
*Protaetia fusca* 679
*Protaetia orientalis submarmorea* 1198
*Protaetia pryeri* 305
*Protalebrella brasiliensis* 146
*Protambulyx strigilis* 1068
*Proteides mercurius* 701
*Protemphytus carpini* 451
*Protenusa pygmaea* 764
*Proteodes carnifex* 901
*Proteoteras aesculana* 684
*Proteoteras arizonae* 1183
*Proteoteras crescentana* 754
*Proteoteras moffatiana* 683
*Proteoteras willingana* 144
*Proterebia afra* 313
*Protesilaus earis* 931
*Protesilaus glaucolaus* 79
*Prothoe franck* 127
*Protitame virginalis* 1164
*Protoboarmia porcelaria* 864
*Protocalliphora* 97
*Protocalliphora sordida* 98
Protocalliphorinae 873
*Protodeltote albidula* 803
*Protodeltote distinguenda* 917
*Protodeltote muscosula* 615
*Protodeltote pygarga* 687
*Protogoniomorpha anacardii* 237
*Protogoniomorpha parhassus* 429
*Protogoniomorpha temora* 132
*Protographium leosthenes* 432
*Protographium marcellus* 1253
*Protographium philolaus* 323
*Protohystricia* 460
*Protoneura capillaris* 108
*Protoneura cara* 786
*Protoneura sanguinipes* 901
*Protoneura sulfurata* 1081
*Protoneura tenuis* 960
Protoneuridae 1108
*Protonoceros capitalis* 82
*Protoparce* 1118
*Protoparce quinquemaculata* 1120
Protophthalmia 871
*Protopulvinaria fukayai* 442
*Protopulvinaria pyriformis* 882
*Protorthodes incincta* 72
*Protoschinia scutosa* 729
*Protostrophus avidus* 1180
*Protosynaema steropucha* 155
Prototheoridae 8
*Protrama radicis* 46
Protura 873
*Protyora sterculiae* 599
*Proutia betulina* 97
*Provespa anomala* 749
*Proxenus mindara* 932
*Proxenus miranda* 714
*Pryeria sinica* 827
*Psacothea hilaris hilaris* 1244
*Psalis africana* 828
*Psalis pennatula* 917
*Psallus ambiguus* 893
*Psaltoda aurora* 904
*Psaltoda brachypennis* 833
*Psaltoda fumipennis* 1017
*Psaltoda harrisii* 1233

*Psaltoda insularis* 662
*Psaltoda magnifica* 496
*Psaltoda moerens* 898
*Psaltoda pictibasis* 108
*Psaltoda plaga* 114
*Psamathocrita osseella* 569
*Psamatodes abydata* 345
*Psammochares luctuosus* 133
*Psammochares plantus* 1124
Psammocharidae 513
*Psammodes reichei* 1119
Psammotermitinae 948
*Psammotettix striatus* 1069
*Psammotis pulveralis* 867
*Psaphida grandis* 487
*Psaphida resumens* 413
*Psara periusalis* 1118
*Psednura musgravei* 733
Pselaphidae 29
Pselaphinae 29
*Pselliopus* 51
*Pselnophorus belfragei* 90
*Pselnophorus vilis* 177
*Psephactus remiger remiger* 980
Psephenidae 1173
*Psephenus lecontei* 1175
*Pseudacanthotermes militaris* 1079
*Pseudacraea boisduvali* 139
*Pseudacraea dolomena* 1153
*Pseudacraea eurytus* 404
*Pseudacraea lucretia* 400
*Pseudacraea poggei* 856
*Pseudagrion* 1052
*Pseudagrion acaciae* 2
*Pseudagrion assegaii* 52
*Pseudagrion caffrum* 1052
*Pseudagrion citricola* 1236
*Pseudagrion coeleste* 201
*Pseudagrion commoniae* 117
*Pseudagrion decorum* 1110
*Pseudagrion draconis* 727
*Pseudagrion furcigerum* 811
*Pseudagrion gamblesi* 447
*Pseudagrion hageni* 519
*Pseudagrion hamoni* 522
*Pseudagrion inopinatum* 62
*Pseudagrion kersteni* 594
*Pseudagrion makabusiense* 675
*Pseudagrion malabaricum* 675
*Pseudagrion massaicum* 691
*Pseudagrion microcephalum* 133
*Pseudagrion newtoni* 748
*Pseudagrion rubriceps ceylonicum* 1057
*Pseudagrion salisburyense* 944
*Pseudagrion sjoestedti* 993
*Pseudagrion spernatum* 741
*Pseudagrion sublacteum* 212
*Pseudagrion sudanicum* 1076
*Pseudagrion vaalense* 1151
*Pseudaletia separata* 252
*Pseudaletia unipuncta* 252
*Pseudaletis agrippina* 10
*Pseudaletis batesi* 107
*Pseudaletis clymenus* 260
*Pseudaletis zebra* 1253
*Pseudalmenus chlorinda* 984
*Pseudanaphothrips achaetus* 519
*Pseudanaphothrips querci* 884
*Pseudandriasa mutata* 933
*Pseudanthonomus validus* 306
*Pseudanthracia coracias* 874
*Pseudaonidia duplex* 188
*Pseudaonidia paeonia* 828
*Pseudaonidia trilobitiformis* 1127
*Pseudaphycus utilis* 246
*Pseudapines geminata* 849
*Pseudargynnis hegemone* 401
*Pseudaricia* 42
*Pseudasphondylia neolitseae* 744
*Pseudatemelia flavifrontella* 1237

*Pseudathyma callina* 186
*Pseudatomoscelis seriatus* 287
*Pseudaulacaspis brimblecombei* 669
*Pseudaulacaspis celtis* 204
*Pseudaulacaspis cockerelli* 403
*Pseudaulacaspis kiushiuensis* 308
*Pseudaulacaspis major* 1202
*Pseudaulacaspis momi* 580
*Pseudaulacaspis pentagona* 1204
*Pseudaulacaspis prunicola* 1205
*Pseudenargia ulicis* 74
*Pseudepipona herrichii* 876
*Pseudergolis avesta* 1080
*Pseudergolis wedah* 1092
*Pseudeurostus hilleri* 1039
*Pseudeustrotia carneola* 845
*Pseudeva purpurigera* 1064
*Pseudexentera aregonana* 51
*Pseudexentera cressoniana* 971
*Pseudexentera mali* 801
*Pseudexentera spoliana* 75
*Pseudoborbo bevani* 93
*Pseudobryomima muscosa* 722
Pseudocaeciliidae 402
*Pseudocalamobius japonicus japonicus* 280
*Pseudocharis minima* 640
*Pseudochazara amymone* 167
*Pseudochazara anthelea* 1194
*Pseudochazara atlantis* 720
*Pseudochazara cingovskii* 670
*Pseudochazara geyeri* 508
*Pseudochazara graeca* 494
*Pseudochazara hippolyte* 746
*Pseudochazara mniszechii* 318
*Pseudochazara orestes* 337
*Pseudochermes fraxini* 48
*Pseudoclanis molitor* 492
*Pseudoclanis postica* 731
*Pseudoclavellaria amerinae* 944
*Pseudocneorhinus bifasciatus* 476
*Pseudocneorhinus obesus* 831
Pseudococcidae 697
Pseudococcinae 697
*Pseudococcus* 697
*Pseudococcus adonidum* 660
*Pseudococcus affinis* 1133
*Pseudococcus amaryllidis* 18
*Pseudococcus calceolariae* 227
*Pseudococcus citriculus* 229
*Pseudococcus comstocki* 277
*Pseudococcus cryptus* 696
*Pseudococcus deceptor* 248
*Pseudococcus dendrobiorum* 330
*Pseudococcus filamentosus* 696
*Pseudococcus fragilis* 227
*Pseudococcus gahani* 248
*Pseudococcus hispidus* 244
*Pseudococcus importus* 562
*Pseudococcus lilacinus* 248
*Pseudococcus longispinus* 660
*Pseudococcus maritimus* 481
*Pseudococcus microcirculus* 788
*Pseudococcus nipae* 246
*Pseudococcus obscurus* 770
*Pseudococcus perniciosus* 642
*Pseudococcus pseudofilamentosus* 696
*Pseudococcus virgatus* 696
*Pseudocoladenia dan dhyana* 443
*Pseudocoladenia dan* 443
*Pseudocopaeodes eunus* 945
*Pseudocoremia suavis* 261
*Pseudocreobotra wahlbergi* 1042
*Pseudodebis valentina* 1151
*Pseudodebis zimri* 176
*Pseudodendrothrips mori* 731
*Pseudodera xanthospila* 1141
*Pseudodipsas cephenes* 205
*Pseudodipsas eone* 382
*Pseudodoros clavatus* 135
*Pseudogalleria inimicella* 566

*Pseudogonatopus hospes* 219
*Pseudohaetera hypaesia* 718
*Pseudohaetera mimica* 710
*Pseudoharpax virescens* 447
*Pseudohermenias clausthaliana* 759
*Pseudohermonassa bicarnea* 847
*Pseudohermonassa tenuicula* 721
*Pseudoheteronyx basicollis* 118
*Pseudoips fagana* 959
*Pseudoips prasinana britannica* 504
*Pseudoips sylpha* 907
*Pseudokerana fulgur* 780
*Pseudoleon superbus* 414
*Pseudoleucania bilitura* 865
*Pseudolucanus* 1058
*Pseudolucanus capreolus* 838
*Pseudolycaena damo* 994
*Pseudolycaena marsyas* 691
*Pseudolynchia brunnea* 836
*Pseudolynchia canariensis* 836
*Pseudolynchia maura* 836
*Pseudomaniola gigas* 781
*Pseudomaniola phaselis* 416
*Pseudomantis albofimbriata* 402
*Pseudomasaris vespoides* 729
*Pseudomogoplistes squamiger* 955
*Pseudomydaus citriperda* 230
*Pseudomyrmex* 2
*Pseudomyrmex gracilis* 996
*Pseudonacaduba* 7
*Pseudonacaduba aethiops* 320
*Pseudonacaduba sichela* 7
*Pseudonascus paulliniae* 968
*Pseudoneptis bugandensis* 133
*Pseudonympha gaika* 446
*Pseudonympha hippia* 172
*Pseudonympha loxophthalma* 94
*Pseudonympha machacha* 670
*Pseudonympha magoides* 403
*Pseudonympha magus* 985
*Pseudonympha narycia* 1047
*Pseudonympha paludis* 811
*Pseudonympha paragaika* 471
*Pseudonympha penningtoni* 828
*Pseudonympha poetula* 351
*Pseudonympha southeyi* 1034
*Pseudonympha swanepoeli* 1086
*Pseudonympha trimenii* 1127
*Pseudonympha varii* 1156
*Pseudonymphidia agave agave* 10
*Pseudonymphidia clearista* 233
*Pseudopanthera macularia* 1038
*Pseudoparlatoria ostreata* 11
*Pseudoparlatoria parlatorioides* 403
*Pseudoperga lewisii* 802
Pseudophasmatidae 1074
*Pseudophilippia quaintancii* 1227
*Pseudophilotes abencerragus* 400
*Pseudophilotes barbagiae* 950
*Pseudophilotes baton* 80
*Pseudophilotes bavius* 80
*Pseudophilotes panoptes* 812
*Pseudophilotes sinaicus* 989
*Pseudophilotes vicrama* 365
Pseudophyllinae 1131
*Pseudophyllus prasinus* 628
*Pseudopieris nehemia* 232
*Pseudoplusia includens* 1035
*Pseudopostega quadristrigella* 475
*Pseudopyrausta acutangulalis* 1078
*Pseudoregma bambucicola* 65
*Pseudoregma koshunensis* 65
*Pseudorhyncus lessonii* 641
*Pseudoripersia turgipes* 200
*Pseudorthodes vecors* 1000
*Pseudosciaphila branderiana* 146
*Pseudosciaphila duplex* 862
*Pseudosermyle straminea* 488
*Pseudosphinx tetrio* 455
*Pseudotajuria donatana donatana* 473

*Pseudoterpna coronillaria* 583
*Pseudoterpna pruinata* 483
*Pseudotheraptus wayi* 245
*Pseudovadonia livida* 398
*Pseudovates arizonae* 44
*Pseudovates peruviana* 832
*Psila nigricornis* 224
*Psila rosae* 197
Psilidae 938
*Psilocorsis cryptolechiella* 108
*Psilocorsis quercicella* 765
*Psilocorsis reflexella* 347
*Psilogramma incerta* 439
*Psilogramma menephron* 872
Psithyrinae 302
*Psithyrus* 302
*Psithyrus bohemicus* 460
*Psithyrus campestris* 410
*Psithyrus rupestris* 540
*Psithyrus vestalis* 302
Psocidae 253
Psocoptera 140
*Psocus longicornis* 1073
*Psodos coracina* 113
*Psodos coracina daisetsuzana* 113
*Psodos quadrifaria* 727
Psoidae 874
*Psoloessa delicatula* 165
*Psoloessa texana* 1104
*Psolos fuligo* 281
*Psoltoda macallumi* 321
*Psophus stridulus* 891
Psoquilidae 97
*Psoricoptera gibbosella* 556
*Psorophora* 721
*Psorophora ciliata* 447
*Psorophora confinnis* 424
*Psorosina hammondi* 36
*Psorosticha melanocrepida* 229
*Psorosticha zizyphi* 229
*Psyche casta* 976
*Psyche niphonica* 831
*Psyche unicolor* 610
Psychidae 63
*Psychoda alternata* 1127
Psychodidae 722
*Psychodocha fungicola* 838
*Psychoglypha* 181
*Psychoides verhuella* 1159
*Psychomorpha epimenis* 482
Psychomyidae 1132
*Psychonotis caelius* 1005
Psychopsidae 983
Psydrini 1062
*Psylla abieti* 1
*Psylla alni* 13
*Psylla ambigua* 1218
*Psylla betulae* 96
*Psylla coccinea* 901
*Psylla eleagni* 984
*Psylla floccosa* 1227
*Psylla haimatsucola* 1054
*Psylla japonica* 684
*Psylla magnifera* 455
*Psylla mali* 38
*Psylla malivorella* 101
*Psylla melanoneura* 528
*Psylla negundinis* 143
*Psylla pruni* 855
*Psylla pyri* 823
*Psylla pyrisuga* 823
*Psylla satsumensis* 913
*Psylla simulans* 823
*Psylla tobirae* 1119
*Psylla ulmi* 377
*Psylla uncatoides* 2
*Psylla visci* 714
Psyllidae 586
Psyllina 874
*Psylliodes* 865

*Psylliodes affinis* 865
*Psylliodes angusticollis* 1023
*Psylliodes chrysocephala* 180
*Psylliodes hyoscyami* 535
*Psylliodes paritis* 354
*Psylliodes punctifrons* 178
*Psylliodes punctulatus* 547
Psyllipsocidae 202
*Psyllobora vigintiduopunctata* 1138
*Psyllobora vigintimacutata* 1138
*Psylloides attenuata* 534
*Psyllopsis fraxini* 48
*Psyrassa texana* 997
*Ptecticus trivitatus* 1243
*Ptelina carnuta* 141
*Pterapherapteryx sexalata* 1009
*Pterochloroides persicae* 237
Pterocolinae 980
*Pterocomma salicis* 121
*Pterohelaeus alternatus* 1069
*Pterohelaeus darlingensis* 366
*Pterolocera amplicornis* 482
Pterolonchidae 603
*Pterolophia angusta* 1007
*Pterolophia bigibbera* 47
*Pterolophia caudata caudata* 1195
*Pterolophia jugosa jugosa* 1204
*Pterolophia leiopodina* 773
*Pterolophia zonata* 1196
*Pteroma pendula* 773
Pteromalidae 583
*Pteromalus puparum* 180
Pteronarcidae 458
Pteronarcyoidea 458
*Pteronarcys californica* 458
*Pteronarcys dorsalis* 458
*Pteronemobius csikii* 80
*Pteronemobius heydenii* 690
*Pteronemobius mikado* 708
*Pteronidea salicis* 1218
*Pteronymia alcmena* 12
*Pteronymia artena artena* 46
*Pteronymia artena praedicta* 938
*Pteronymia cotytto* 153
*Pteronymia parva* 815
*Pteronymia rufocincta* 1181
*Pteronymia sao* 949
*Pteronymia simplex* 989
*Pteronymia simplex fenochioi* 989
*Pteronymia simplex timagenes* 989
*Pteronymia ticida* 1113
*Pteronymia veia* 1157
*Pteronymia zerlina* 1254
Pterophoridae 855
*Pterophorus baliodactylus* 339
*Pterophorus galactodactyla* 1050
*Pterophorus pentadactyla* 1205
*Pterophorus periscelidactylus* 481
*Pterophorus spilodactylus* 548
*Pterophorus tridactyla* 1206
*Pterophorus walsinghami* 481
*Pterophylla camellifolia* 1131
Pterostichini 1225
*Pterostichus* 256
*Pterostichus madidus* 1066
*Pterostichus melanarius* 1066
*Pterostoma palpina* 944
*Pterostoma sinicum* 1019
*Pteroteinon caenira* 1195
*Pteroteinon capronnieri* 191
*Pteroteinon concaenira* 738
Pterothysanidae 814
*Pterygophorus cinctus* 921
Pterygota 1220
*Pthirus pubis* 292
*Ptichodis bistrigata* 1032
*Ptichodis herbarum* 269
*Ptichodis vinculum* 119
Ptiliidae 406
*Ptilinus pectinicornis* 87

Ptilodactylidae 1022
*Ptilodon capucina* 292
*Ptilodon okanoi* 578
*Ptilodon robusta* 662
*Ptilodontella cucullina* 684
Ptiloneuridae 521
*Ptilophora jezoensis* 1250
*Ptilophora nohirae* 826
*Ptilophora plumigera* 856
*Ptilothrix* 337
*Ptilothrix bombiformis* 366
Ptinidae 1039
*Ptinus clavipes* 165
*Ptinus fur* 1203
*Ptinus ocellus* 57
*Ptinus raptor* 369
*Ptinus tectus* 57
*Ptinus villiger* 521
*Ptiolina nigra* 803
*Ptiolina obscura* 108
*Ptychodes vittatus* 1109
*Ptycholoma imitator* 37
*Ptycholoma lecheana* 631
*Ptycholomoides aeriferana* 607
Ptychopteridae 833
*Pudicitia pholus* 1048
*Pulex irritans* 555
*Pulicalvaria piceaella* 711
Pulicidae 261
*Pulvinaria acericola* 290
*Pulvinaria amygdali* 611
*Pulvinaria aurantii* 290
*Pulvinaria betulae* 1227
*Pulvinaria cellulosa* 875
*Pulvinaria citricola* 290
*Pulvinaria decorata* 291
*Pulvinaria dodonaeae* 290
*Pulvinaria elongata* 290
*Pulvinaria flavescens* 875
*Pulvinaria flavicans* 290
*Pulvinaria floccifera* 187
*Pulvinaria hazeae* 581
*Pulvinaria horii* 875
*Pulvinaria hydrangeae* 557
*Pulvinaria idesiae* 200
*Pulvinaria innumerabilis* 290
*Pulvinaria kuwacola* 290
*Pulvinaria mammeae* 611
*Pulvinaria maskelli* 291
*Pulvinaria mesembrianthemi* 702
*Pulvinaria nishigaharae* 731
*Pulvinaria okitsuensis* 290
*Pulvinaria oyamae* 1216
*Pulvinaria photiniae* 867
*Pulvinaria polygonata* 876
*Pulvinaria psidii* 503
*Pulvinaria regalis* 551
*Pulvinaria ribesiae* 1227
*Pulvinaria salicorniae* 291
*Pulvinaria thompsoni* 291
*Pulvinaria urbicola* 291
*Pulvinaria vitis* 290
*Pulvinariella mesembryanthemi* 291
*Punargentus lamna* 876
Pupipara 876
*Purohita cervina* 66
*Purohita taiwanensis* 66
*Purpuricenus lituratus* 117
*Purpuricenus spectabilis* 112
*Purpuricenus temminckii* 894
*Puto sandini* 1053
Putoidae 456
*Putoniella marsupialis* 854
*Pycina zamba zelys* 236
*Pycnoderes quadrimaculatus* 81
*Pycnophallium elna* 373
*Pycnophallium roxus* 1064
*Pycnoscelis surinamensis* 1084
*Pycnoscelus indicus* 174
*Pygarctia abdominalis* 1235

*Pygarctia eglenensis* 488
*Pygarctia murina* 724
*Pygarctia spraguei* 1050
*Pyla fusca* 163
*Pyla fuscalis* 226
*Pylargosceles steganioides* 1144
Pyralidae 484
*Pyralis costalis* 468
*Pyralis farinalis* 696
*Pyralis manihotalis* 1130
*Pyralis pictalis* 801
*Pyralis regalis* 1100
*Pyramidobela angelarum* 169
*Pyrausta acrionalis* 712
*Pyrausta aurata* 829
*Pyrausta bicoloralis* 93
*Pyrausta borealis* 757
*Pyrausta californicalis* 184
*Pyrausta cespitalis* 1065
*Pyrausta cingulata* 984
*Pyrausta inornatalis* 566
*Pyrausta insignitalis* 316
*Pyrausta laticlavia* 1032
*Pyrausta lethalis* 641
*Pyrausta lutealis* 807
*Pyrausta martialis* 939
*Pyrausta nexalis* 443
*Pyrausta nigrata* 1177
*Pyrausta niveicilialis* 1200
*Pyrausta olivalis* 775
*Pyrausta orphisalis* 783
*Pyrausta panopealis* 830
*Pyrausta perrubralis* 973
*Pyrausta phoenicealis* 834
*Pyrausta prunalis* 357
*Pyrausta purpuralis* 258
*Pyrausta rubricalis* 1154
*Pyrausta sanguinalis* 957
*Pyrausta signatalis* 891
*Pyrausta socialis* 1021
*Pyrausta subsequalis* 1179
*Pyrausta tyralis* 247
*Pyrausta unifascialis* 881
*Pyrausta volupialis* 1166
Pyraustinae 630
*Pyreferra hesperidago* 734
*Pyrestes nipponicus* 188
Pyrginae 779
*Pyrgocorypha uncinata* 546
*Pyrgoides orphana* 416
*Pyrgomantis jonesi* 585
*Pyrgota undata* 882
Pyrgotidae 644
*Pyrgotis plinthoglypta* 986
*Pyrgotis semiferana* 1152
*Pyrgus adepta* 249
*Pyrgus albescens* 613
*Pyrgus alveus* 613
*Pyrgus andromedae* 17
*Pyrgus armoricanus* 768
*Pyrgus bellieri* 432
*Pyrgus cacaliae* 358
*Pyrgus carlinae* 194
*Pyrgus carthami* 942
*Pyrgus centaureae* 756
*Pyrgus centaureae freija* 512
*Pyrgus cinarae* 949
*Pyrgus cirsii* 226
*Pyrgus communis* 257
*Pyrgus crisia* 30
*Pyrgus foulquieri* 432
*Pyrgus maculatus maculatus* 671
*Pyrgus malvae* 512
*Pyrgus malvoides* 1030
*Pyrgus oileus* 1129
*Pyrgus onopordi* 930
*Pyrgus orcus* 789
*Pyrgus philetas* 332
*Pyrgus ruralis* 1140
*Pyrgus scriptura* 1000

*Pyrgus serratulae* 776
*Pyrgus sidae* 1233
*Pyrgus warrenensis* 1171
*Pyrgus xanthus* 1029
*Pyrilla perpusilla* 565
*Pyrisitia leuce* 642
*Pyrochroa coccinea* 415
*Pyrochroa serraticornis* 192
Pyrochroidae 192
*Pyroderces amphisaris* 1161
*Pyroderces badia* 424
*Pyroderces pyrrhodes* 307
*Pyroderces rileyi* 846
*Pyromorpha dimidiata* 783
Pyromorphidae 1016
*Pyroneura latoia latoia* 1247
*Pyronia bathseba* 1036
*Pyronia cecilia* 1030
*Pyronia janiroides* 402
*Pyronia tithonus* 449
*Pyronota festiva* 682
*Pyrophorus* 235
*Pyrophorus luminosa* 303
*Pyrophorus noctilucus* 303
*Pyrophorus schotti* 605
*Pyrops candelaria* 650
*Pyrota palpalis* 416
*Pyrota postica* 296
*Pyrrhalta decora* 511
*Pyrrhalta fuscipennis* 683
*Pyrrhalta humeralis* 1160
*Pyrrhalta semifulva* 906
*Pyrrhalta seminigra* 683
*Pyrrhalta viburni* 1160
*Pyrrharctia isabella* 73
*Pyrrhia cilisca* 142
*Pyrrhia umbra* 142
*Pyrrhidium sanguineum* 1180
*Pyrrhocalles antiqua* 193
*Pyrrhochalcia iphis* 452
Pyrrhocoridae 896
*Pyrrhocoris apterus* 896
*Pyrrhogyra amphiro* 23
*Pyrrhogyra crameri* 293
*Pyrrhogyra edocla* 370
*Pyrrhogyra edocla edocla* 504
*Pyrrhogyra neaerea hypsenor* 69
*Pyrrhogyra neaerea* 69
*Pyrrhogyra otolais otolais* 347
*Pyrrhopyge aziza* 60
*Pyrrhopyge crida* 1194
*Pyrrhopyge hadassa* 519
*Pyrrhopyge papius* 980
*Pyrrhopyge phidias* 833
*Pyrrhopyge sergius* 969
*Pyrrhopyge telassa* 1101
*Pyrrhopyge thericles* 1105
*Pyrrhopyge zenodorus* 899
*Pyrrhopygopsis agaricon* 9
*Pyrrhosoma nymphula* 617
Pythidae 882
*Pythonides grandis assecla* 682
*Pythonides herennius* 452
*Pythonides jovianus amaryllis* 1153
*Pythonides mundo* 436
*Pythonides proxenus* 873
*Pythonides pteras* 739
*Pythonides rosa* 1060

## Q

*Quadraspidiotus cryptoxanthus* 766
*Quadraspidiotus forbesi* 428
*Quadraspidiotus gigas* 863
*Quadraspidiotus juglansregiae* 1169
*Quadraspidiotus marani* 1031
*Quadraspidiotus ostraeformis* 796
*Quadraspidiotus pyri* 823
*Quadrastichus erythrinae* 384
*Quadricalcarifera japonica* 507

*Quadricalcarifera punctatella* 87
*Quadrus cerialis* 255
*Quadrus contubernalis* 1070
*Quadrus contubernalis anicius* 515
*Quadrus deyrollei* 335
*Quadrus francesius* 217
*Quadrus lugubris* 1096
*Quasimellana agnesae* 242
*Quasimellana andersoni* 25
*Quasimellana aurora* 148
*Quasimellana balsa* 1081
*Quasimellana eulogius* 267
*Quasimellana fieldi* 411
*Quasimellana mexicana* 705
*Quasimellana mulleri* 732
*Quasimellana myron* 507
*Quasimellana nayana* 742
*Quasimellana servilius* 501
*Quasimellana siblinga* 981
*Quedara basiflava* 1233
*Quedara monteithi* 354
*Quercusia* 519
*Quercusia quercus* 878
*Quinta cannae* 190

## R

*Rabtala cristata* 540
*Rachana jalindra* 72
*Rachana jalindra burdona* 72
*Rachelia extrusus* 129
*Rachiplusia nu* 641
*Rachiplusia ou* 487
*Radena similis similis* 130
*Ragadia crisilda* 1073
*Ragadia crito* 922
*Ragadia makuta siponta* 677
*Ramatra chinensis* 220
*Rambur* 417
*Ramburiella hispanica* 1071
*Ramulus artemis* 1161
*Ranatra* 1173
*Ranatra brevicollis* 275
*Ranatra dispar* 743
*Ranatra fusca* 1173
*Ranatra linearis* 1174
*Ranatra quadridentata* 1173
*Ranatra unicolor* 1173
*Rapala* 419
*Rapala buxaria* 977
*Rapala dieneces* 960
*Rapala domitia domitia* 1236
*Rapala extensa* 221
*Rapala iarbus* 270
*Rapala manea chozeba* 994
*Rapala manea* 994
*Rapala nissa* 260
*Rapala pheretima* 282
*Rapala pheretima sequeira* 282
*Rapala refulgens* 911
*Rapala rubida* 930
*Rapala schistacea* 994
*Rapala scintilla* 959
*Rapala selira* 541
*Rapala sphinx* 149
*Rapala suffusa* 1076
*Rapala suffusa barthema* 1076
*Rapala tara* 51
*Rapala varuna* 565
*Rapala varuna orseis* 565
*Rapala varuna simsoni* 565
*Raphia abrupta* 1
*Raphia frater* 156
*Raphidia* 1018
*Raphidia maculicollis* 1018
*Raphidia notata* 1018
*Raphidia ophiopsis* 1018
*Raphidia ratzeburgi* 392
Raphididae 1018

Raphidiodea 1018
Raphidioptera 1018
*Raphiptera argillaceellus* 337
*Raphirhinus phosphoreus* 743
*Rareuptychia clio* 1190
*Rasahus biguttatus* 286
*Rasahus thoracicus* 1184
*Rastrococcus truncatispinus* 891
Ratardidae 791
*Rathinda amor* 717
*Ravinia lherminieri* 291
*Rayieria tumidiceps* 2
*Recila hospes* 625
*Recilia dorsalis* 1254
*Recilia latifrons* 689
*Recilia oryzae* 918
*Recticallis alnijaponicae* 16
*Rectiostoma xanthobasis* 1247
*Recurvaria leucatella* 1195
*Recurvaria nanella* 84
*Redectis pygmaea* 882
*Redectis vitrea* 1208
Reduviidae 52
*Reduvius personatus* 692
*Rehimena surusalis* 928
*Rekoa marius* 689
*Rekoa meton* 1113
*Rekoa palegon* 467
*Rekoa stagira* 1017
*Rekoa zebina* 1252
*Remelana jangala* 222
*Remelana jangala travana* 222
*Remella* 912
*Remella duena* 515
*Remella remus* 1144
*Remella rita* 922
*Remella vopiscus* 301
*Renia adspergillus* 1038
*Renia discoloralis* 340
*Renia factiosalis* 1021
*Renia flavipunctalis* 1244
*Renia fraternalis* 436
*Renia nemoralis* 222
*Renia sobrialis* 1021
*Repens florus* 403
*Reptalus quadricinctus* 434
*Resapamea passer* 342
*Resapamea stipata* 432
*Resseliella clavata* 343
*Resseliella liriodendri* 1134
*Resseliella odai* 301
*Resseliella quadrifasciata* 730
*Resseliella soya* 1035
*Reticulitermes* 1075
*Reticulitermes flavipes* 369
*Reticulitermes hesperus* 1188
*Reticulitermes lucifugus* 260
*Reticulitermes speratus* 580
*Reticulitermes tibialis* 43
*Retina houseri* 713
*Retinia cristata* 843
*Retinia resinella* 842
*Retinia taedana* 1032
*Retinia wenzeli* 1180
*Retinodiplopsis resinicola* 912
*Retithrips syriacus* 254
*Rhabdomantis galatia* 145
*Rhabdomantis sosia* 265
*Rhabdopelidon longicorne* 328
*Rhabdophaga* 845
*Rhabdophaga clausilia* 1217
*Rhabdophaga heterobia* 1216
*Rhabdophaga justini* 1218
*Rhabdophaga marginemfirquens* 794
*Rhabdophaga purpureaperda* 980
*Rhabdophaga rigidae* 1215
*Rhabdophaga rosaria* 393
*Rhabdophaga saliciperda* 1218
*Rhabdophaga salicisbatatas* 1219
*Rhabdophaga strobiloides* 1218

*Rhabdophaga terminalis* 1219
*Rhabdophaga triandraperda* 1218
*Rhabdopterus picipes* 293
*Rhabdoscelus obscurus* 1079
*Rhabdotis aulica* 379
*Rhachiodes dentifer* 639
*Rhachisphora styraci* 580
*Rhacochlaena japonica* 575
*Rhacocleis germanica* 698
*Rhacognathus punctatus* 530
*Rhadinoceraca micans* 568
*Rhadinosa nigrocyanea* 917
*Rhadinosomus lacordairei* 1106
*Rhadiurgus variabilis* 757
*Rhagades pruni esmeralda* 137
*Rhagastis mongoliana* 1158
*Rhagio annulatus* 1224
*Rhagio lineola* 1003
*Rhagio mystacea* 1019
*Rhagio notatus* 612
*Rhagio scolopacea* 1019
Rhagionidae 1019
*Rhagium bifasciatum* 1141
*Rhagium inquisitor* 915
*Rhagium japonicus* 511
*Rhagium mordax* 117
*Rhagium sycophanta* 838
*Rhagoletis alternata* 928
*Rhagoletis basiola* 928
*Rhagoletis cerasi* 213
*Rhagoletis cingulata* 212
*Rhagoletis completa* 1169
*Rhagoletis fausta* 104
*Rhagoletis indifferens* 1183
*Rhagoletis mendax* 135
*Rhagoletis pomonella* 35
*Rhagoletis suavis* 1215
*Rhagoletis zephyria* 1021
*Rhagonycha fulva* 124
*Rhamma familiaris* 584
*Rhamphomyia* 258
*Rhamphus pullus* 37
*Rhantus pulverosus* 286
*Rhaphicera moorei* 1011
*Rhaphicera satricus* 619
Rhaphidophoridae 186
*Rhaphiomidas* 454
*Rhaphiomidas trochilus* 426
*Rhapidopalpa foveicollis* 904
*Rhapsa scotosialis* 996
*Rhdinosa nigrocyanea* 592
*Rhectocraspeda periusalis* 371
*Rhetus arcius* 660
*Rhetus arcius beutelspacheri* 660
*Rhetus arcius thia* 660
*Rhetus dysonii* 362
*Rhetus periander* 129
*Rhetus periander naevianus* 830
*Rheumaptera certata* 960
*Rheumaptera cervinalis* 960
*Rheumaptera hastata* 42
*Rheumaptera hastata rikovskensis* 42, 620
*Rheumaptera subhastata* 1193
*Rheumaptera undulata* 955
*Rhigognostis annulatella* 28
*Rhigognostis senilella* 924
*Rhinacloa forticornis* 1187
*Rhinaria concavirostris* 617
*Rhinaria perdix* 1067
*Rhinocapsus vanduzeei* 60
*Rhinocola aceris* 684
*Rhinoestrus purpureus* 552
*Rhinoncus pericarpius* 535
*Rhinopalpa polynice* 1222
*Rhinopalpa polynice eudoxia* 1222
Rhinophoridae 1224
*Rhinostomus barbirostris* 83
Rhinotermitidae 1075
Rhinotoridae 914
*Rhinthon osca* 794

*Rhionaeschna* 129
*Rhionaeschna californica* 183
*Rhionaeschna dugesi* 46
*Rhionaeschna multicolor* 129
*Rhionaeschna mutata* 1037
*Rhionaeschna psilus* 1137
Rhipiceridae 203
Rhipiphoridae 1179
*Rhipiphorothrips cruentatus* 482
*Rhithrogena* 165
*Rhithrogena germanica* 687
*Rhithrogena semicolorata* 776
*Rhizedra lutosa* 619
*Rhizococcus araucariae* 40
*Rhizoecus* 926
*Rhizoecus americanus* 21
*Rhizoecus cacticans* 181
*Rhizoecus caladii* 182
*Rhizoecus dianthi* 871
*Rhizoecus falcifer* 513
*Rhizoecus floridanus* 424
*Rhizoecus hibisci* 538
*Rhizoecus kondonis* 228
*Rhizoecus leucosomus* 1200
*Rhizoecus pritchardi* 872
*Rhizoecus rumicis* 484
*Rhizoecus sonomae* 949
*Rhizoecus spinosus* 1042
*Rhizoecus terrestris* 513
*Rhizoecus theae* 1099
*Rhizophagidae* 926
*Rhizotrogus majalis* 388
*Rhodafra marshalli* 691
*Rhodafra opheltes* 153
*Rhodinia fugax* 827
*Rhodinia jankowskii hattoris* 320
*Rhodobaenus quinquedecimpunctatus* 244
*Rhodobaenus tredecimpunctatus* 244
*Rhodobium porosum* 503
*Rhodogastria crokeri* 299
*Rhodometra sacraria* 1159
*Rhodoneura vittula* 395
*Rhodostrophia vibicaria* 927
*Rhodothemis* 895
*Rhodothemis rufa* 1041
*Rhodussa cantobrica* 190
*Rhoecocoris sulciventris* 155
*Rhogogaster viridis* 503
*Rhombodera basalis* 456
*Rhomborrhina japonica* 353
*Rhomborrhina unicolor* 502
*Rhopaea* 816
*Rhopaea magnicornis* 159
*Rhopaea verreauxii* 244
Rhopalidae 962
Rhopalocera 177
*Rhopalogonia scita* 1047
*Rhopalomyia californica* 514
*Rhopalomyia caterva* 46
*Rhopalomyia chrysanthemum* 575
*Rhopalomyia cinearius* 729
*Rhopalomyia giraldi* 730
*Rhopalomyia grossulariae* 475
*Rhopalomyia japonica* 730
*Rhopalomyia solidaginis* 473
*Rhopalomyia struma* 727
*Rhopalomyia yomogicola* 729
*Rhopalomyzus smilacis* 1015
Rhopalopsyllidae 240
*Rhopalosiphoninus hydrangeae* 557
*Rhopalosiphoninus latysiphon* 171
*Rhopalosiphoninus ribesinus* 105
*Rhopalosiphoninus staphyleae* 680
*Rhopalosiphoninus tiliae* 578
*Rhopalosiphoninus tulipaellus* 680
*Rhopalosiphum crataegellum* 33
*Rhopalosiphum fitchii* 35
*Rhopalosiphum maidis* 284
*Rhopalosiphum nymphaeae* 1175
*Rhopalosiphum padi* 767

*Rhopalosiphum prunifoliae* 35
*Rhopalosiphum pseudobrassicae* 1136
*Rhopalosiphum rufiabdominalis* 918
Rhopalosomatidae 915
*Rhopobota naevana* 109
*Rhopobota stagnana* 154
*Rhopobota unipunctana* 544
*Rhopobota ustomaculana* 169
*Rhyacia lucipeta* 1032
*Rhyacia simulans* 347
*Rhyacionia* 844
*Rhyacionia adana* 843
*Rhyacionia buoliana* 843
*Rhyacionia busckana* 904
*Rhyacionia busnella* 843
*Rhyacionia dativa* 843
*Rhyacionia duplana* 908
*Rhyacionia duplana simulata* 348
*Rhyacionia frustrana* 737
*Rhyacionia granti* 572
*Rhyacionia logaea* 348
*Rhyacionia neomexicana* 1032
*Rhyacionia pinicolana* 781
*Rhyacionia pinivorana* 1049
*Rhyacionia rigidana* 849
*Rhyacionia sonia* 1238
*Rhyacionia subtropica* 843
*Rhyacionia zozana* 860
*Rhyacophila* 261
Rhyacophilidae 871
Rhynchaeninae 422
*Rhynchaenus* 422
*Rhynchaenus alni* 377
*Rhynchaenus alni scutellaris* 12
*Rhynchaenus fagi* 88
*Rhynchaenus pallicornis* 35
*Rhynchaenus populi* 861
*Rhynchaenus quercus* 763
*Rhynchaenus rufipes* 1216
*Rhynchaenus rusci* 96
*Rhynchaenus salicis* 1218
*Rhynchaenus saltator* 377
*Rhynchaenus stigma* 1215
*Rhynchagrotis cupida* 159
*Rhynchites aequatus* 35
*Rhynchites aurautus* 39
*Rhynchites bacchus* 878
*Rhynchites bicolor* 929
*Rhynchites coeruleus* 39
*Rhynchites cupreus* 854
*Rhynchites heros* 819
Rhynchitinae 626
*Rhynchocoris* 230
*Rhynchocoris humeralis* 230
*Rhynchocoris longirostris* 1062
*Rhynchocoris serratus* 970
Rhynchophora 915
Rhynchophorinae 95
*Rhynchophorus ferrugineus* 50
*Rhynchophorus palmarum* 1027
*Rhynchophorus phoenicis* 8
*Rhynchothrips ilex* 223
*Rhyncodes ursus* 375
*Rhynocoris ventralis* 1045
*Rhyothemis* 427
*Rhyothemis graphiptera* 482
*Rhyothemis phyllis* 1245
*Rhyothemis semihyalina* 833
*Rhyothemis triangularis* 127
*Rhyothemis variegata* 268
*Rhyparia purpurata gerda* 223
*Rhyparida* 915
*Rhyparida australis* 289
*Rhyparida didyma* 1073
*Rhyparida dimidiata* 1078
*Rhyparida discopunctulata* 118
*Rhyparida limbatipennis* 166
*Rhyparida morosa* 111
*Rhyparida nitida* 111
*Rhyparioides metelkana flavidus* 1009

Rhysodidae 1228
*Rhyssa lineolata* 559
*Rhyssa persuasoria* 991
*Rhyssonotus nebulosus* 165
*Rhytidoponera* 500
*Rhytidoponera metallica* 499
*Rhyzobius forestieri* 111
*Rhyzobius lophanthae* 954
*Rhyzobius ventralis* 111
*Rhyzopertha dominica* 637
*Ribautiana debilis* 441
*Ribautiana tenerrima* 145
*Ribautiana ulmi* 377
*Ricania* 916
Ricaniidae 852
Richardiidae 920
Ricinidae 97
*Ridens allyni* 16
*Ridens crison crison* 683
*Ridens mephitis* 538
*Ridens mercedes* 1211
*Ridens miltas* 706
*Ridens toddi* 1119
*Riekoperla darlingtoni* 725
*Rindgea cyda* 702
*Rindgea s-signata* 983
*Riodinia lysippus* 667
Riodinidae 703
Riodininae 703
*Rioxa musae* 570
*Riptortus clavatus* 81
*Riptortus linearis* 81
*Riptortus pedestris* 81
*Riptortus serripes* 158
*Rivellia apicalis* 1035
*Rivellia quadrifasciata* 1035
*Rivula atimeta* 499
*Rivula basalis* 499
*Rivula leucanioides* 67
*Rivula propinqualis* 1047
*Rivula sericealis* 632
*Rodolia cardinalis* 1156
*Roeslerstammia erxlebella* 159
*Rohana macar* 1168
*Rohana parisatis* 114
*Rohana parvata* 164
*Rolandylis maiana* 592
*Romalea guttata* 367
*Romalea microptera* 664
Romaleidae 663
Romaleinae 664
*Ropalidia* 813
*Ropalidia revolutionalis* 813
Ropalomeridae 927
Roproniidae 927
*Rosalia alpina* 927
*Rosalia batesi* 116
*Rosalia funebris* 69
*Rothschildia forbesi* 428
*Rothschildia hesperus* 1128
*Rothschildia jorulla* 931
*Rothschildia lebeau* 631
*Rothschildia orizaba* 792
*Rubiconia intermedia* 1010
*Rudenia leguminana* 119
*Rufoclanis fulgurans* 846
*Rufoclanis numosae* 1177
*Rugaspidiotus tamaricicola* 1095
*Rupela albinella* 1027
*Rusina ferruginea* 164
*Rusostigma tokyonis* 234
*Ruspolia nitidula* 611
Rutelinae 426
*Rutpela maculata* 1048

## S

*Sabera caesina* 100
*Sabera dobboe* 714

*Sabera fuligenosa* 1200
*Sabera fuliginosa fuliginosa* 1200
*Sabra harpagula* 958
*Sabulodes aegrotata* 58
*Sabulodes caberata* 777
*Sacadodes pyralis* 1027
*Saccharicoccus sacchari* 847
*Saccharipulvinaria iceryi* 907
*Saccharosydne saccharivora* 1181
*Saga pedo* 693
*Sagenosoma elsa* 378
Saginae 1061
*Sagra papuana* 590
*Sahlbergella singularis* 180
*Sahulana scintillata* 462
*Sahyadrassus malabaricus* 1100
*Saisetia citricola* 1013
*Saissetia coffeae* 533
*Saissetia hemisphaerica* 533
*Saissetia miranda* 704
*Saissetia neglecta* 193
*Saissetia oleae* 115
*Salamis* 722
*Salamis anacardii* 237
*Salamis cacta* 645
*Salamis parhassus* 429
*Salamis parhassus aethiops* 722
*Salanoemia noemi* 1050
*Salanoemia sala* 671
*Salbia haemorrhoidalis* 605
Saldidae 977
*Saldula* 115
*Saldula saltatoria* 271
*Salebriaria engeli* 381
*Saletara liberia distanti* 677
*Saliana antoninus* 831
*Saliana esperi esperi* 829
*Saliana fusta* 1076
*Saliana hewitsoni* 503
*Saliana longirostris* 981
*Saliana saladin saladin* 1164
*Saliana salius* 293
*Saliana severus* 321
*Saliana triangularis* 1126
*Saliciphaga acharis* 922
*Salina wolcotti* 1079
*Sallya* 1125
*Sallya amulia intermedia* 319
*Sallya boisduvali* 166
*Sallya morantii* 770
*Sallya occidentalium* 1158
*Sallya rosa* 645
Salpingidae 739
Saltatoria 297
*Saltoblatella montistabularis* 630
*Samaria ardentella* 187
*Samea ecclesialis* 52
*Samea multiplicalis* 946
*Sameodes albiguttalis* 1175
*Sameodes cancellalis* 285
*Samia cynthia* 309
*Samia cynthia preyeri* 309
*Samia ricini* 383
Sandalidae 948
*Sangariola punctatostriata* 646
*Sannina uroceriformis* 831
*Saperda* 863
*Saperda alberti* 1101
*Saperda calearata* 861
*Saperda candida* 932
*Saperda candida bipunctata* 951
*Saperda carcharias* 863
*Saperda populnea* 1008
*Saperda tridentata* 376
*Saperda vestita* 648
*Sapphaphis piri* 824
*Sappocallis ulmicola* 1146
*Saprinus speciosus* 148
Sapygidae 950
*Sarangesa brigida* 149

*Sarangesa dasahara* 272
*Sarangesa lucidella* 685
*Sarangesa majorella* 635
*Sarangesa motozi* 375
*Sarangesa phidyle* 782
*Sarangesa purendra* 1049
*Sarangesa ruona* 937
*Sarangesa sati* 1116
*Sarangesa seineri* 360
*Sarangesa thecla* 259
*Sarbanissa subflava* 142
*Sarcophaga* 261
*Sarcophaga aldrichi* 437
*Sarcophaga aurifrons* 511
*Sarcophaga carnaria* 422
*Sarcophaga haemorrhoidalis* 423
*Sarcophaga peregrina* 422
Sarcophagidae 422
*Sarcopolia illoba* 730
*Sargus bipunctatus* 1139
*Sargus cuprarius* 237
*Sargus flavipes* 1239
*Sargus iridatus* 568
*Sarima amagisana* 1179
*Sarisa muriferata* 614
*Sarota chrysus* 1093
*Sarota craspediodonta* 1158
*Sarota estrada estrada* 962
*Sarota gamelia gamelia* 812
*Sarota gyas* 517
*Sarota myrtea* 466
*Sarota neglecta* 743
*Sarota psaros psaros* 515
*Sarucallis kahawaluokalani* 294
*Sasakia charonda charonda* 576
*Sasakia funebris* 381
*Satarupa gopala* 620
*Satronia tantilla* 1031
*Saturnia albofasciata* 1210
*Saturnia carpini* 380
*Saturnia mendocino* 701
*Saturnia pavonia* 380
*Saturnia pyri* 454
Saturniidae 457
*Saturnus reticulata obscurus* 90
Satyrinae 952
*Satyrium acaciae* 997
*Satyrium acadica* 2
*Satyrium auretorum* 468
*Satyrium auretorum spadix* 468
*Satyrium behrii* 89
*Satyrium calanus* 71
*Satyrium calanus falacer* 71
*Satyrium californica* 184
*Satyrium caryaevorus* 539
*Satyrium dryope* 354
*Satyrium edwardsii* 371
*Satyrium esculi* 402
*Satyrium favonius* 1030
*Satyrium favonius autolycus* 1030
*Satyrium favonius ontario* 756
*Satyrium fuliginosum* 1025
*Satyrium ilavia* 560
*Satyrium ilicis* 560
*Satyrium kingi* 596
*Satyrium ledereri* 780
*Satyrium liparops* 1072
*Satyrium mackwoodi* 670
*Satyrium oenone* 116
*Satyrium polingi* 858
*Satyrium saepium* 532
*Satyrium saepium chalcis* 532
*Satyrium sassanides* 1202
*Satyrium semiluna* 943
*Satyrium spini* 135
*Satyrium sylvinus* 1091
*Satyrium sylvinus desertorum* 1091
*Satyrium tetra* 726
*Satyrium titus* 283
*Satyrodes appalachia* 33

*Satyrodes appalachia leeuwi* 33
*Satyrodes eurydice* 397
*Satyrodes eurydice fumosa* 1016
*Satyrotaygetis satyrina* 1214
*Satyrus actaea* 115
*Satyrus ferula* 492
*Saucrobotys fumoferalis* 359
*Saucrobotys futilalis* 343
*Saula japonica* 1236
*Saulostomus villosus* 521
*Saxinis knausi* 597
*Saxinis omogera* 127
*Saxinus saucia* 905
*Scada reckia* 554
*Scadra rufidens* 902
*Scaeva* 264
*Scaeva pyrastri* 619
Scaphidiidae 976
*Scaphinotus* 1018
*Scaphinotus angulatus* 1018
*Scaphinotus angusticollis* 739
*Scaphoideus albovittatus* 1210
*Scaphoideus festivus* 807
*Scaphoideus luteolus* 1194
*Scaphytopius loricatus* 1236
*Scapteriscus* 1141
*Scapteriscus abbreviatus* 980
*Scapteriscus acletus* 1031
*Scapteriscus borellii* 1031
*Scapteriscus didactylus* 209
*Scapteriscus imitatus* 560
*Scapteriscus vicinus* 209
*Scaptia adrel* 176
*Scaptia lata* 248
*Scaptomyza flaveola* 562
*Scaptomyza graminum* 561
Scarabaeidae 207
Scarabaeinae 356
*Scarabaeus sacer* 956
*Scardamia aurantiacaria* 703
Scaritini 826
*Scatella* 461
*Scatophaga furcata* 160
*Scatophaga stercoraria* 1235
Scatophagidae 356
Scatopsidae 712
*Scelio* 485
*Sceliodes cordalis* 170
Scelionidae 961
*Sceliphron* 996
*Sceliphron caementarium* 728
*Sceliphron fistularium* 729
*Sceliphron spiriflex* 100
*Scelodonta lewisii* 480
*Scelophysa trimeni* 131
Scenopinidae 1219
*Scenopinus fenestralis* 553
*Scenopinus niger* 430
*Scepticus griseus* 939
*Scepticus insularis* 1071
*Scepticus tigrinus* 477
*Scepticus uniformis* 161
*Schedorhinotermes* 1075
*Schiffermuelleria grandis* 987
*Schinia florida* 871
*Schinia indiana* 834
*Schinia jaguarina* 573
*Schinia miniana* 333
*Schinia nundina* 473
*Schinia obscurata* 383
*Schinia rivulosa* 887
*Schinia tuberculum* 469
*Schinia unimacula* 886
*Schistocera americana* 21
*Schistocera cancellata* 1027
*Schistocera flavo-fasciata* 229
*Schistocera gregaria* 332
*Schistocera nitens nitens* 1151
*Schistocera pallens* 21
*Schistocera paranensis* 1027

*Schistocerca americana* 20
*Schistocerca damnifica* 714
*Schistocerca nitens* 486
*Schistocerca shoshone* 505
Schistonata 1044
*Schizanycha* 207
*Schizaphis acori* 404
*Schizaphis graminum* 506
*Schizaphis hypersiphonata* 812
*Schizaphis nigerrima* 109
*Schizaphis piricola* 821
Schizodactylidae 356
*Schizodactylus monstrosus* 93
*Schizolachnus pineti* 510
*Schizomyia viticola* 481
*Schizomyia vitispomum* 479
Schizophora 733
*Schizophthirus pleurophaeus* 345
Schizopinae 1
Schizopteridae 586
*Schizura apicalis* 851
*Schizura badia* 216
*Schizura concinna* 900
*Schizura ipomoeae* 762
*Schizura leptinoides* 102
*Schizura unicornis* 1148
*Schlettererius cinctipes* 991
*Schoenobius gigantellus* 459
*Scholastes bimaculatus* 245
*Schrankia costaestrigalis* 845
*Schrankia intermedialis* 58
*Schrankia macula* 117
*Schrankia taenialis* 1202
*Schreckensteinia festaliella* 740
Schreckensteiniidae 150
*Schwarzerium quadricolle* 684
*Sciaphilus asperatus* 1067
*Sciara pectoralis* 721
Sciaridae 323
*Scintillatryx pretiosa bellula* 1240
*Sciobius granosus* 230
Sciomyzidae 690
*Sciopithes obscurus* 770
*Sciota carneella* 1217
*Sciota floridensis* 424
*Sciota hostilis* 807
*Sciota uvinella* 1087
*Sciota virgatella* 117
*Sciothrips cardamoni* 192
*Scirpophaga auriflua* 1210
*Scirpophaga excerptalis* 1122
*Scirpophaga incertulas* 1242
*Scirpophaga innotata* 1206
*Scirpophaga lineata* 403
*Scirpophaga nivella* 1122
*Scirpophaga praelata* 692
*Scirtes japonicus* 534
*Scirtothrips aurantii* 1026
*Scirtothrips bispinosus* 1100
*Scirtothrips citri* 231
*Scirtothrips dorsalis* 1246
*Scirtothrips kenyensis* 1246
*Scirtothrips parvus* 89
*Scirtothrips persicae* 59
*Scirtothrips signipennis* 68
*Scitala sericans* 976
*Sclenaspidus articulatus* 1181
*Sclerobia tritalis* 291
Sclerogibbidae 962
Scleropteridae 1062
*Scleroracus vaccinii* 137
*Scobicia declivis* 625
*Scobura* 428
*Scobura cephala* 428
*Scobura cephaloides* 612
*Scobura isota* 428
*Scobura phiditia* 676
*Scolecocampa liburna* 327
*Scolia dubia* 134
Scoliidae 963

Scolioidea 814
*Scolitandites orion* 211
*Scolitandites orion jezoensis* 211
*Scolopostethus pictus* 285
*Scolopterus penicillatus* 116
*Scolothrips sexmaculatus* 992
*Scolyopterix libatrix* 1038
*Scolypoda australis* 816
Scolytidae 75
Scolytinae 1131
*Scolytoplatypus daimio* 312
*Scolytoplatypus mikado* 708
*Scolytoplatypus raja* 38
*Scolytoplatypus shogun* 977
*Scolytoplatypus tycon* 1144
*Scolytus* 75
*Scolytus amygdali* 16
*Scolytus aratus* 1147
*Scolytus claviger* 196
*Scolytus dahuricus* 312
*Scolytus frontalis* 376
*Scolytus intricatus* 762
*Scolytus japonicus* 574
*Scolytus mali* 617
*Scolytus multistriatus* 376
*Scolytus muticus* 519
*Scolytus quadrispinosus* 539
*Scolytus ratzeburgi* 97
*Scolytus rugulosus* 980
*Scolytus schevyrewi* 70
*Scolytus scolytus* 376
*Scolytus trispinosus* 1109
*Scolytus unispinosus* 350
*Scolytus ventralis* 415
*Scoparia ambigualis* 161
*Scoparia ancipitella* 377
*Scoparia aspidota* 100
*Scoparia basalis* 683
*Scoparia basistrigalis* 723
*Scoparia biplagialis* 349
*Scoparia chimeria* 805
*Scoparia dinodes* 1210
*Scoparia diphtheralis* 722
*Scoparia minuscularia* 164
*Scoparia murana* 1168
*Scoparia pallida* 690
*Scoparia penumbralis* 316
*Scoparia philerga* 321
*Scoparia pyralella* 542
*Scoparia rotuella* 312
*Scoparia subfusca* 613
*Scoparia submarginalis* 784
*Scoparia ustimacula* 112
*Scopelodes contracta* 831
*Scopula ancellata* 26
*Scopula corrivalaria eccletica* 690
*Scopula decorata* 707
*Scopula emissaria* 507
*Scopula emutaria* 931
*Scopula frigidaria* 437
*Scopula imitaria* 999
*Scopula immorata* 642
*Scopula immutata* 636
*Scopula inductata* 1022
*Scopula junctaria* 989
*Scopula lactata* 493
*Scopula lautaria* 1003
*Scopula limboundata* 614
*Scopula marginepunctata* 732
*Scopula nigropunctata* 1074
*Scopula nigropunctata imbella* 1074
*Scopula nivearia* 224
*Scopula nupta* 922
*Scopula ornata* 601
*Scopula purata* 208
*Scopula quadrilineata* 433
*Scopula rubiginata* 1099
*Scopula superior* 1243
*Scopula ternata* 1017
*Scopula umbelaria majoraria* 1163

*Scopula umbilicata* 1084
*Scopula virgulata* 1068
*Scopura floslactata* 295
*Scopura floslactata claudata* 295
*Scotia* 1084
*Scotia segetum* 1202
*Scotia ypsilon* 383
*Scotinophara* 103
*Scotinophara coarctata* 113
*Scotinophara lurida* 114
*Scotinophara scotti* 1013
*Scotochrosta pulla* 48
*Scotopteryx bipunctaria* 654
*Scotopteryx chenopodiata* 971
*Scotopteryx luridata plumbaria* 586
*Scotopteryx moeniata* 432
*Scotopteryx mucronata* 265
*Scotopteryx mucronata umbrifera* 625
*Scotopteryx peribolata* 1036
*Scotorythra paludicola* 598
Scraptiidae 963
*Scrobipalpa* 866
*Scrobipalpa acuminatella* 857
*Scrobipalpa aptotella* 1119
*Scrobipalpa artemisiella* 597
*Scrobipalpa atriplicella* 779
*Scrobipalpa heliopa* 1119
*Scrobipalpa instabilella* 164
*Scrobipalpa salinella* 26
*Scrobipalpa samadensis* 169
*Scrobipalpa samadensis plantaginella* 852
*Scrobipalpa suadella* 772
*Scrobipalpopsis solanivora* 866
*Scrobipalpula absoluta* 1027
*Scrobipalpula ocellatella* 1077
*Scudderia* 176, 431
*Scudderia cuneata* 1028
*Scudderia curvicauda* 176
*Scudderia fasciata* 1126
*Scudderia furcata* 431
*Scudderia mexicana* 704
*Scudderia pistillata* 154
*Scudderia septentrionalis* 754
*Scudderia texensis* 1104
*Scutellera perplexa* 1062
Scutelleridae 974
*Scutiphora pedicellata* 703
Scydmaenidae 29
Scymnini 358
*Scymnodes lividigaster* 1243
*Scymnus nebulosus* 743
*Scyphophorus acuipunctatus* 10
*Scyphophorus interstitialis* 991
*Scyphophorus yuccae* 1251
Scythrididae 426
*Scythris empetrella* 1154
*Scythris fuscoaenea* 158
*Scythris grandipennis* 892
*Scythris limbella* 211
*Scythris picaepennis* 512
*Scythris siccella* 631
*Scythris temperatella* 206
*Scythris trivinctella* 72
*Scythropia crataegella* 528
*Scythropus scutellaris* 163
*Sedina buettneri* 123
*Sehirus bicolor* 835
*Seirarctia echo* 370
*Selandria serva* 484
*Selania leplastriana* 634
*Selca brunella* 700
*Selenaspidus articuclatus* 936
*Selenia adustaria* 580
*Selenia alciphearia* 757
*Selenia dentaria* 363
*Selenia kentaria* 593
*Selenia lunularia* 665
*Selenia tetralunaria* 879
*Selenisa sueroides* 803
*Selenothrips rubrocinctus* 894

*Selepa celtis* 776
*Selicanis cinereola* 967
*Selidosema aristarcha* 985
*Selidosema brunnearia* 141
*Selidosema dejectaria* 160
*Selidosema fenerata* 803
*Selidosema indistincta* 510
*Selidosema leucelaea* 1203
*Selidosema monacha* 204
*Selidosema panagrata* 509
*Selidosema pannularia* 636
*Selidosema pelurgata* 160
*Selidosema productata* 160
*Selidosema rudiata* 802
*Selidosema suavis* 121
*Semalea arela* 42
*Semalea atrio* 1010
*Semalea pulvina* 984
*Semalea sextilis* 322
*Semanga helena* 532
*Semanotus bifasciatus* 588
*Semanotus japonicus* 301
*Semanotus ligneus* 203
*Semanotus litigiosus* 415
Sematuridae 22
*Semiaphis anthrisci* 532
*Semiaphis dauci* 197
*Semioscopis avellanella* 529
*Semioscopis packardella* 799
*Semioscopis steinkellneriana* 1060
*Semiothisa bisignata* 900
*Semiothisa santaremaria* 598
*Semiothisa signaria* 359
*Semomesia croesus* 299
*Semonina semones* 968
*Semudobia betulae* 97
*Sepedomerus macropus* 653
*Sephisa* 291
*Sephisa chandra* 365
*Sephisa dichroa* 1184
Sepsidae 115
*Serdis viridicans* 1126
*Sereda tautana* 1038
*Serica* 969
*Serica alternata* 587
*Serica brunnea* 159
*Serica castanea* 1000
*Serica fimbriata* 587
*Sericania mimica* 164
*Sericesthis consanguinea* 1192
*Sericesthis geminata* 874
*Sericesthis harti* 1237
*Sericesthis nigra* 1007
*Sericesthis nigrolineata* 359
*Sericosema juturnaria* 141
Sericostomatidae 176
*Sericothrips variabilis* 1035
Serphidae 970
*Serraca punctinalis* 805
*Serrodes campana* 1021
*Serrolecanium tobai* 1117
Serropalpidae 970
*Sesamia calamistis* 8
*Sesamia cretica* 357
*Sesamia inferens* 846
*Sesamia nonagrioides botanephaga* 1180
*Sesamia uniformis* 1077
*Sesamia vuteria* 357
*Seseria* 1199
*Seseria dohertyi* 541
*Seseria sambara* 983
*Sesia apiformis* 550
*Sesia bombeciformis* 550
*Sesia rhynchioides* 884
*Sesia tibialis* 21
Sesiidae 233
*Sestra flexata* 260
*Setabis lagus jansoni* 757
*Setina irrorella* 335
*Setodes argentatus* 916

*Setomorpha rutella* 1130
*Setomorpha tineoides* 1118
*Setora nitens* 746
*Sevenia boisduvali* 139
*Sevenia garega* 718
*Sevenia morantii* 719
*Sevenia natalensis* 741
*Sevenia pechueli* 1048
*Sevenia rosa* 927
*Sexava novaeguineae* 245
*Sexava nubila* 245
*Sextius virescens* 505
*Shaka atrovittatus* 921
*Shargacucullia prenanthis* 404
*Shijimia moorei* 718
*Shinjia orientalis* 144
*Shirahoshizo insidiosus* 844
Sialidae 12
*Sialis californica* 182
*Sialis flarilatera* 666
*Sialis fuliginosa* 442
*Sialis infumata* 1016
*Sialis lutaria* 12
*Sibine* 941
*Sicya macularia* 972
*Sideridis albicolon* 1197
*Sideridis albipuncta* 1205
*Sideridis congermana* 451
*Sideridis honeyi* 188
*Sideridis maryx* 689
*Sideridis rosea* 930
*Siderone galanthis* 961
*Siderone syntyche syntyche* 903
*Siderus leucophaeus* 1208
*Siderus philinna* 139
*Siderus tephraeus* 1102
*Sidnia kimbergi* 299
Sierolomorphidae 982
*Sierraperla cora* 923
*Sigara arguta* 1172
*Signeta flammeata* 148
*Signeta tymbophora* 339
Signiphoridae 983
*Silesis musculus* 152
*Siliquofera grandis* 456
*Silpha americana* 20
*Silpha bituberosa* 1040
*Silpha lapponica* 256
*Silpha ramosa* 448
Silphidae 175
Silvanidae 420
*Simiskina deolina* 128
*Simiskina phalena* 151
*Simosyrphus grandicornis* 264
*Simplicia rectalis* 538
*Simuliidae* 108
*Simulium* 108
*Simulium columbaschense* 598
*Simulium equinum* 108
*Simulium meridionale* 1135
*Simulium posticatum* 123
*Simulium venustum* 170
*Simyra albovenosa* 911
*Simyra henrici* 1212
*Simyra insularis* 535
*Sinea diadema* 1041
*Singhiella simplex* 410
*Sinhalestes orientalis* 379
*Sinia lanty* 1251
*Sinibotys evenoralis* 1070
*Sinodendron cylindricum* 914
*Sinodendron rugosum* 937
*Sinomegoura citricola* 187
*Sinomphisa plagialis* 92
*Sinophora submacula* 108
*Sinopia signata* 689
*Sinopieris dubernardi* 768
*Sinoxylon japonicus* 1141
*Sinthusa* 1037
*Sinthusa chandrana* 153

*Sinthusa nasaka* 739
*Sinthusa virgo* 807
*Siona lineata* 120
*Sipalinus gigas* 577
*Sipha flava* 1246
*Sipha maydis* 76
*Siphanta acuta* 501
*Siphanta hebes* 263
*Siphlomurus alternatus* 758
Siphlonuridae 871
*Siphlonurus* 618
*Siphlonurus armatus* 959
*Siphlonurus lacustris* 1082
*Siphona stimulans* 201
Siphonaptera 422
*Siphoninus phillyreae* 48
*Siphonta acuta* 1122
*Siphunculina fimicola* 990
*Siproeta epaphus* 165
*Siproeta stelenes* 675
*Siproeta superba superba* 151
*Sirex* 1060
*Sirex cyaneus* 131
*Sirex juvencus juvencus* 999
*Sirex noctilio* 550
Siricidae 550
Siricoidea 1225
*Sirococcus gutierreziae* 517
*Siseme alectryo* 1139
*Siseme aristoteles* 43
*Siseme neurodes* 784
*Siseme pallas* 809
*Sisyphus rubrus* 160
*Sisyphus spinipes* 509
*Sisyra fuscata* 273
*Sisyra vicaria* 273
Sisyridae 1044
*Sitarea vibrissata* 173
*Sithon nedymond nedymond* 856
*Sitobion akebiae* 381
*Sitobion avenae* 477
*Sitobion fragariae* 122
*Sitobion granarium* 381
*Sitobion ibarae* 927
*Sitobion jeelamaniae* 70
*Sitobion nr. fragariae* 477
*Sitochroa chortalis* 338
*Sitochroa palealis* 1081
*Sitochroa verticalis* 335
*Sitodiplosis dactylidis* 244
*Sitodiplosis mosellana* 1191
*Sitona* 817
*Sitona crinita* 1048
*Sitona cylindricollis* 1086
*Sitona discoideus* 991
*Sitona flavescens* 421
*Sitona hispidula* 240
*Sitona japonicus* 1004
*Sitona lineata* 818
*Sitona sullcifrons* 240
*Sitophilus* 478
*Sitophilus granarius* 478
*Sitophilus linearis* 1094
*Sitophilus oryzae* 920
*Sitophilus zeamais* 675
*Sitotroga cerealella* 27
*Skeletodes tetrops* 229
*Smaragdina aurita* 1240
*Smaragdina semiaurantiaca* 910
*Smerinthus caecus* 1217
*Smerinthus cerisyi* 1217
*Smerinthus hybridus* 397
*Smerinthus jamaicensis* 1139
*Smerinthus ocellata* 1217
*Smerinthus planus* 213
*Smerinthus saliceti* 1148
*Smicridea* 1021
*Smicromyrme rufipes* 901
*Smicromyrme rufipes lewisi* 901
*Smicronyx fulvus* 907

*Smicronyx sculpticollis* 342
*Smicronyx sordidus* 488
Sminthuridae 463
*Sminthurus viridis* 664
*Smittia aterima* 967
*Smynthurodes betae* 82
*Smyrna blomfildia* 124
*Smyrna karwinskii* 591
*Sogatella furcifera* 1193
*Sogatella kolophon* 483
*Sogatella vibix* 812
*Sogatodes cubanus* 302
*Solenopotes burmeisteri* 897
*Solenopotes capillatus* 999
*Solenopotes capreoli* 925
*Solenopsis* 415
*Solenopsis aurea* 332
*Solenopsis fugax* 1106
*Solenopsis geminata* 415
*Solenopsis invicta* 562
*Solenopsis molesta* 415
*Solenopsis richteri* 110
*Solenopsis saevissima richteri* 562
*Solenopsis xyloni* 1030
*Solenopsis xyloni maniosa* 486
*Solva* 1230
*Solva marginata* 351
Somabrachyidae 698
*Somatochlora alpestris* 17
*Somatochlora arctica* 755
*Somatochlora flavomaculata* 1244
*Somatochlora hineana* 773
*Somatochlora metallica* 149
*Somatochlora sahlbergi* 1125
*Sonia canadana* 189
*Sonia constrictana* 280
*Sonia paraplesiana* 531
*Sophista aristoteles* 43
*Sophonia orientalis* 1143
*Sophonia rufofascia* 1142
*Sophronia humerella* 1148
*Sophronica obrioides* 645
*Sophrorhinus insperatus* 598
*Sorhagenia nimbosa* 708
*Sorhoanus tritici* 1191
*Sostrata bifasciata* 136
*Sostrata festiva* 409
*Sostrata nordica* 133
*Sostrata pusilla* 881
*Sovia grahami* 477
*Sovia hyrtacus* 93
*Sovia separata* 211
*Soyedina vallicularia* 1108
*Spaelotis clandestina* 1167
*Spaelotis havilae* 1189
*Spaelotis ravida* 1063
*Spaelotis ravida nipona* 1063
*Spaelotis valida* 910
*Spalangia endius* 553
*Spalgis* 31
*Spalgis epius* 31
*Spalgis lemolea* 964
*Spanagonicus albofasciatus* 1203
*Spargaloma sexpunctata* 992
*Spargania luctuata* 1194
*Spargania magnoliata* 347
*Sparganothis directana* 222
*Sparganothis distincta* 340
*Sparganothis pettitana* 684
*Sparganothis pilleriana* 629,1161
*Sparganothis pulcherrimana* 85
*Sparganothis sulfureana* 1037
*Sparganothis tristriata* 1110
*Sparganothis unifasciana* 777
*Sparganothis xanthoides* 721
*Sparganothoides lentiginosana* 633
*Spatalia dives* 986
*Spathegaster baccarum* 446
*Spathilepia clonius* 399
*Spatulifimbria castaneiceps* 746

*Spectrobates ceratoniae* 195
*Specularius impressithorax* 384
*Speiredonia spectans* 754
*Speranza argillacearia* 728
*Speranza bitactata* 1044
*Speranza coortaria* 433
*Speranza evagaria* 351
*Speranza lorquinaria* 662
*Speranza pustularia* 638
*Speranza subcessaria* 77
*Speranza sulphurea* 1081
*Speranza varadaria* 1028
*Spermatolonchaea viridana* 1199
*Speudotettix subfusculus* 12
*Speyeria* 438
*Speyeria adiaste* 4
*Speyeria aglaja* 319
*Speyeria aglaja basaluis* 319
*Speyeria aphrodite* 32
*Speyeria atlantis atlantis* 53
*Speyeria atlantis hesperis* 537
*Speyeria atlantis nausicaa* 1034
*Speyeria callipe* 186
*Speyeria callipe comstocki* 186
*Speyeria callipe nevadensis* 746
*Speyeria carolae* 195
*Speyeria coronis* 285
*Speyeria coronis semiramis* 285
*Speyeria cybele* 492
*Speyeria diana* 335
*Speyeria edwardsii* 371
*Speyeria egleis* 372
*Speyeria hesperis* 758
*Speyeria hydaspe* 557
*Speyeria idalia* 911
*Speyeria leto* 641
*Speyeria mormonia* 719
*Speyeria mormonia eurynome* 394
*Speyeria nokomis* 751
*Speyeria nokomis coerulescens* 751
*Speyeria nokomis melaena* 751
*Speyeria nokomis wenona* 751
*Speyeria zerene* 1254
*Speyeria zerene carolae* 1051
*Sphaericus gibboides* 1039
*Sphaeridium scarabaeoides* 1046
Sphaeriidae 712
Sphaeritidae 401
Sphaeroceridae 1002
*Sphaerolecanium prunastri* 463
*Sphaerotrypes carpini* 197
*Sphaerotrypes pila* 875
*Sphagemon collare* 724
*Spharagemon equale* 783
*Sphecia bembeciformis* 794
*Sphecidae* 729
Sphecidae 225, 292
Sphecinae 948
*Sphecius convallis* 1183
*Sphecius speciosus* 225
*Sphecodes* 302
*Sphecodes gibbus* 556
*Sphecodina abbotti* 1
Sphecoidea 1039
*Sphenarches anisodactylus* 140
*Sphenophorus* 95
*Sphenophorus brunnipennis* 601
*Sphenophorus callosus* 1029
*Sphenophorus discolor* 1133
*Sphenophorus venatus vestitus* 556
*Sphenoptera* 289
*Sphex argentatus* 106
*Sphex hirsuta* 519
*Sphex holoserica* 983
*Sphex ichneumoneus* 470
*Sphex luctuosa* 1060
*Sphex pennsylvanicus* 489
*Sphex procerus* 1108
*Sphictostethus nitidus* 471
Sphindidae 353

*Sphingicampa bicolor* 545
*Sphingicampa bisecta* 98
Sphingidae 527
*Sphingonaepiopsis ansorgei* 28
*Sphingonaepiopsis nana* 953
*Sphingonotus caerulans* 134
*Sphinx asella* 47
*Sphinx canadensis* 189
*Sphinx chersis* 489
*Sphinx chisoya* 221
*Sphinx costricta* 645
*Sphinx dollii* 344
*Sphinx drupiferarum* 1214
*Sphinx eremitoides* 942
*Sphinx eremitus* 536
*Sphinx franckii* 436
*Sphinx geminus* 450
*Sphinx gordius* 38
*Sphinx istar* 570
*Sphinx kalmiae* 624
*Sphinx libocedrus* 562
*Sphinx ligustri* 872
*Sphinx ligustri amurensis* 872
*Sphinx luscitiosa* 234
*Sphinx perelegans* 374
*Sphinx poecila* 753
*Sphinx quinquemaculata* 866
*Sphinx separata* 968
*Sphinx sequoiae* 969
*Sphinx vashti* 1156
*Sphodromantis aethiopica* 385
*Sphodromantis aurea* 279
*Sphodromantis balachowski* 7
*Sphodromantis centralis* 7
*Sphodromantis congica* 279
*Sphodromantis gastrica* 7
*Sphodromantis lineola* 7
*Sphodromantis royi* 934
*Sphodromantis viridis* 452
*Sphodropoda tristis* 175
*Sphongophorus* 31
*Sphongophorus mexicana* 1044
*Sphragisticus nebulosus* 237
*Sphyracephala brevicornis* 1058
*Spialia* 512
*Spialia agylla* 485
*Spialia asterodia* 1058
*Spialia colotes transvaaliae* 176
*Spialia confusa* 279
*Spialia delagoae* 329
*Spialia depauperata* 331
*Spialia depauperata australis* 1170
*Spialia diomus* 271
*Spialia doris* 4
*Spialia dromus* 430
*Spialia galba* 565
*Spialia kituina* 596
*Spialia mafa* 672
*Spialia mangana* 40
*Spialia nanus* 361
*Spialia orbifer* 556
*Spialia paula* 715
*Spialia phlomidis* 831
*Spialia ploetzi* 429
*Spialia sataspes* 139
*Spialia secessus* 1222
*Spialia sertorius* 908
*Spialia spio* 727
*Spialia wrefordi* 1228
*Spialia zebra* 1253
*Spilarctia bifasciata* 1141
*Spilarctia casigneta* 1035
*Spilarctia obliqua* 589
*Spilarctia obliquizonata* 768
*Spilarctia seriatopunctata* 969
*Spilarctia subcarnea* 1211
*Spiloloma lunilinea* 718
*Spilonota albicana* 608
*Spilonota eremitana* 606
*Spilonota honesta* 693

*Spilonota lariciana* 607
*Spilonota lechriaspis* 35
*Spilonota ocellana* 397
*Spilopsyllus cuniculi* 392
*Spilosoma canescens* 322
*Spilosoma congrua* 10
*Spilosoma dubia* 354
*Spilosoma glatignyi* 1227
*Spilosoma latipennis* 846
*Spilosoma lubricipeda* 1199
*Spilosoma lutea* 169
*Spilosoma menthastri* 1198
*Spilosoma metarhoda* 1114
*Spilosoma pteridis* 166
*Spilosoma punctaria* 895
*Spilosoma urticae* 1172
*Spilosoma vagans* 1170
*Spilosoma vestalis* 1159
*Spilostethus pandarus* 709
*Spilostethus* 709
*Spindasis ella* 376
*Spindasis homeyeri* 154
*Spindasis vulcanus* 272
*Spioniades abbreviata* 835
*Spirama helicina* 1158
*Spirama retoria* 1177
*Spiris striata* 406
*Spiriverpa lunulata* 757
*Spirococcus andersoni* 24
*Spirococcus atriplicis* 1028
*Spirococcus ceanothi* 1056
*Spirococcus eriogoni* 384
*Spirococcus flavidus* 1013
*Spirococcus geraniae* 451
*Spirococcus keiferi* 592
*Spirococcus larreae* 333
*Spirococcus prosopides* 702
*Spirococcus quercinus* 209
*Spirococcus sequoiae* 909
*Spirococcus ventralis* 174
*Spissistilus festinus* 1109
*Splendeuptychia ackeryi* 672
*Splendeuptychia kendalli* 593
*Spodoptera albula* 1129
*Spodoptera cilium* 320
*Spodoptera depravata* 625
*Spodoptera eridania* 1028
*Spodoptera exempta* 6
*Spodoptera exigua* 88
*Spodoptera frugiperda* 101
*Spodoptera latifascia* 1157
*Spodoptera littoralis* 372
*Spodoptera litura* 258
*Spodoptera mauritia* 916
*Spodoptera mauritia acronyctoides* 916
*Spodoptera ornithogalli* 1245
*Spodoptera picta* 646
*Spodoptera praefica* 1189
*Spondyliaspis eucalypti* 1079
*Spondylis buprestoides* 114
Spongiphoridae 651
*Spongovostox apicedentatus* 1121
*Spragueia apicalis* 1245
*Spragueia dama* 1033
*Spragueia guttata* 1049
*Spragueia leo* 273
*Spragueia onagrus* 106
*Spulerina astaurota* 821
*Spulerina flavicaput* 1237
*Spulerina simploniella* 762
*Spurgia capitigena* 630
*Spurgia esulae* 630
*Stagmatophora wyattella* 1228
*Stagmatoptera hyaloptera* 42
*Stagmomantis californica* 184
*Stagmomantis carolina* 195
*Stagmomantis gracilipes* 44
*Stagmomantis limbata* 44
*Stagmomantis montana* 727
*Stagona pini* 842

*Stalachtis phlegia* 347
*Stalia major* 509
*Stallingsia jacki* 217
*Stallingsia maculosa* 679
*Stallingsia smithi* 1016
*Stamnodes gibbicostata* 976
*Standfussiana lucernea* 757
Staphylinidae 934
Staphylininae 617
Staphylinoidea 1058
*Staphylinus olens* 334
*Staphylinus violaceus* 1163
*Staphylus ascalaphus* 693
*Staphylus azteca* 60
*Staphylus ceos* 471
*Staphylus chlora* 500
*Staphylus hayhurstii* 1033
*Staphylus iguala* 560
*Staphylus lenis* 633
*Staphylus mazans* 694
*Staphylus minor* 1038
*Staphylus oeta* 854
*Staphylus tepeca* 512
*Staphylus tierra* 1182
*Staphylus vincula* 727
*Staphylus vulgata* 473
*Starioides iwasakii* 164
*Stathmopoda auriferella* 35
*Stathmopoda chalcotypa* 306
*Stathmopoda masinissa* 831
*Stathmopoda melanochra* 383
Stathmopodidae 1059
*Stator pruininus* 874
*Staurella camelliae* 187
*Staurella mikado* 708
*Stauroderus scalaris* 615
*Stauronematus compressicornis* 863
*Stauropus alternus* 661
*Stauropus fagi* 654
*Stauropus fagi persimilis* 654
*Stegania cararia* 921
*Stegania trimaculata* 345
*Stegasta bosquella* 903
*Stegobium paniceum* 98
*Steirastoma breve* 180
*Steiroxys borealis* 142
*Steiroxys pallidipalpus* 806
*Steiroxys strepens* 751
*Steiroxys trilineatus* 1109
*Stelidota geminata* 1067
*Stempfferia annae* 28
*Stempfferia cercene* 205
*Stempfferia cercenoides* 260
*Stempfferia congoana* 120
*Stempfferia gordoni* 158
*Stempfferia marginata* 955
*Stempfferia tumentia* 1089
*Stempfferia zelza* 651
*Stenachroia elongella* 1025
*Stenacris vitreipennis* 462
*Stenchaetothrips biformis* 920
*Stenchaetothrips minutus* 1079
*Stenhomalus taiwanus* 579
Steninae 1174
*Stenobothrus lineatus* 648
*Stenobothrus nigromaculatus* 116
*Stenobothrus stigmaticus* 639
*Stenocara gracilipes* 737
Stenocephalidae 1055
*Stenocephalus agilis* 1055
*Stenocera orissa* 455
*Stenochironomus nelumbus* 663
*Stenocoris southwoodi* 8
*Stenocorus meridianus* 1154
*Stenocorus nubifer* 1153
*Stenocorus vestitus* 426
*Stenocra dentata* 658
*Stenocranus niisimai* 749
*Stenodema calcaratum* 1191
*Stenodema laevigatum* 483

*Stenodema rubrinerva* 909
*Stenodiplosis geniculati* 435
*Stenodiplosis sorghicola* 1025
*Stenodontes dasytomus* 971
Stenogastrinae 554
*Stenolechia gemmella* 106
*Stenolophus lecontei* 966
*Stenoma catenifer* 58
Stenopelmatidae 202
*Stenopelmatus fuscus* 583
*Stenopelmatus nigrocapitatus* 319
*Stenoperla* 613
*Stenophorus* 95
*Stenopogon* 270
*Stenopomia americana* 21
Stenopsocidae 738
*Stenopteryx hirundinis* 1085
*Stenoptilia bipunctidactyla* 511
*Stenoptilia emarginata* 634
*Stenoptilia islandica* 559
*Stenoptilia pterodactyla* 167
*Stenoptilia zophodactyla* 350
*Stenoptilodes antirrhina* 1019
*Stenoscelis aceri* 683
*Stenostola dubia* 647
*Stenostrophia tribalteata* 1114
*Stenotus binolatus* 1115
*Stenotus rubrovittatus* 1025
*Stenozygum personatum* 800
*Stenurella melanura* 118
*Stenurella nigra* 999
*Stenygrinum quadrinatatum* 434
Stephanidae 1061
*Stephanitis fasciicarina* 188
*Stephanitis nashi* 822
*Stephanitis propinqua* 620
*Stephanitis pyri* 822
*Stephanitis pyrioides* 59
*Stephanitis rhododendri* 914
*Stephanitis takeyai* 25
*Stephanitis typica* 68
*Stephensia brunnichella* 466
*Steremnia monachella* 716
*Steremnia umbracina* 340
*Stereonychidius galloisi* 479
*Stereonychus fraxini* 48
*Sternechus paludatus* 82
*Sternochetus frigidus* 679
*Sternochetus gravis* 680
*Sternolophus rufipes* 1015
Sternorrhyncha 852
*Sternoxia* 1061
*Steroma modesta* 724
*Sterrha eburnata* 1178
*Sterrha inornata* 851
*Sterrha laevigata* 1065
*Sterrha sylvestraria* 922
Sterrhinae 1176
*Stethaspis suturalis* 1096
*Stethaulax marmorata* 974
*Stethopachys formosa* 788
*Stethophyma grossum* 615
*Stethorus* 715
*Stethorus picipes* 1040
*Sthenopis argenteomaculatus* 986
*Sthenopis auratus* 468
*Sthenopis purpurascens* 433
*Sthenopis thule* 1217
*Stibaropus molginus* 1078
*Stibochiona nicea* 861
*Stiboges nymphidia* 250
*Stichophthalma camadeva* 756
*Stichophthalma nourmahal* 222
*Stichophthalma sparta* 681
*Stictocephala* 170
*Stictocephala bubala* 170
*Stictocephala bisonia* 170
*Stictoleptura rubra* 902
*Stictoleptura scutellata* 609
*Stigmella aeneofasciella* 174

*Stigmella alnetella* 252
*Stigmella anomelella* 270
*Stigmella assimilella* 998
*Stigmella atricapitella* 110
*Stigmella aurella* 472
*Stigmella basiguttella* 78
*Stigmella betulicola* 254
*Stigmella catharticella* 169
*Stigmella centifoliella* 467
*Stigmella confusella* 445
*Stigmella continuella* 347
*Stigmella desperatella* 155
*Stigmella glutinosae* 956
*Stigmella gossypii* 288
*Stigmella heteromelis* 1123
*Stigmella hybnerella* 464
*Stigmella incognitella* 508
*Stigmella juglandifoliella* 826
*Stigmella lapponica* 643
*Stigmella luteella* 942
*Stigmella magdalenae* 757
*Stigmella marginicolella* 335
*Stigmella minusculella* 166
*Stigmella myrtillella* 95
*Stigmella nylandriella* 156
*Stigmella oxyacanthella* 266
*Stigmella perpygmaeella* 630
*Stigmella poterii* 173
*Stigmella pyri* 131
*Stigmella regiella* 864
*Stigmella ruficapitella* 900
*Stigmella sakhalinella* 999
*Stigmella sorbi* 270
*Stigmella splendidissimella* 282
*Stigmella tityrella* 467
*Stigmella trimaculella* 295
*Stigmella ulmivora* 427
*Stigmella viscerella* 517
*Stigmodera gratiosa* 583
*Stigmodera raei* 583
*Stilbia anomala* 28
Stilbopterygidae 977
*Stilbosis ostryaeella* 569
*Stilbum cyanurum pacificum* 1044
*Stilbum splendidum* 1044
*Stilpnochlora couloniana* 455
*Stimula swinhoei* 1176
*Stinga morrisoni* 721
*Stiretrus* 974
*Stiretrus anchorago* 24
*Stiretrus atricornis* 24
*Stiria rugifrons* 1246
*Stoeberthinus testaceus* 865
*Stomacoccus platani* 1090
*Stomaphis pini* 841
*Stomaphis yanonis* 1231
*Stomopteryx simplexella* 1035
Stomoxydidae 1057
*Stomoxys calcitrans* 1057
*Stragania robusta* 924
*Stranzia longipennis* 1083
*Strategeus* 375
*Strategus aloeus* 796
*Strategus antaeus* 796
*Strategus quadrifoveatus* 246
*Strategus simson* 1078
Stratiomys 1023
Stratiomyidae 1023
*Stratiomys chameleon* 1023
*Stratiomys japonica* 573
*Stratiomys longicornis* 657
*Stratiomys maculosa* 1049
*Stratiomys potamida* 71
*Stratiomys singularior* 422
*Strauzia langipennis* 1083
Streblidae 79
*Streblote dorsalis* 315
*Strephonota ambrax* 19
*Strephonota purpurantes* 353
*Strephonota syedra* 1090

*Strephonota tephraeus* 824
*Strepsicrates rhothia* 386
*Strepsicrates smithiana* 80
Strepsiptera 1074
*Strictocephala festina* 14
*Striglina cancellata* 216
*Striglina scitaria* 216
*Striglina suzukii* 1100
*Strobisia iridipennella* 568
*Stroggylocephalus agrestis* 421
*Stromatium barbatum* 780
*Stromatium longicorne* 354
*Strongylogaster osmundae* 408
Strongylophthalmyiidae 1074
*Strongylorhinus clarki* 508
*Strongylorhinus ochraceus* 508
*Strongylurus cretifer* 985
*Strongylurus decoratus* 547
*Strongylurus thoracicus* 849
*Strophedra nitidana* 321
*Strophedra weirana* 1180
*Strophopteryx nohirae* 979
*Strophosomus lateralis* 531
*Strophosomus melanogrammus* 760
*Strymon* 875
*Strymon acis* 3
*Strymon acis bartrami* 78
*Strymon albata* 1201
*Strymon alea* 13
*Strymon astiocha* 488
*Strymon avalona* 58
*Strymon bazochii* 1014
*Strymon bazochii gundlachiamus* 1014
*Strymon bebrycia* 705
*Strymon cestri* 207
*Strymon clarionensis* 487
*Strymon columella* 250
*Strymon davara* 325
*Strymon gabatha* 492
*Strymon istapa* 678
*Strymon limenia* 647
*Strymon martialis* 691
*Strymon megarus* 699
*Strymon melinus* 487
*Strymon michelle* 707
*Strymon mulucha* 724
*Strymon rufofusca* 910
*Strymon serapio* 155
*Strymon yojoa* 1250
*Strymon ziba* 1254
*Strymonidia mera* 1201
*Strymonidia pruni jezoensis* 109
*Strymonidia pruni* 109
*Strymonidia w-album* 1201
*Strymonidia w-album fentoni* 1201
*Stugeta bowkeri* 143
*Stugeta carpenteri* 196
*Stugeta somalina* 1024
*Styanax rugosus* 381
*Stygionympha curlei* 305
*Stygionympha dicksoni* 336
*Stygionympha geraldi* 451
*Stygionympha irrorata* 591
*Stygionympha robertsoni* 924
*Stygionympha scotia* 367
*Stygionympha vansoni* 1152
*Stygionympha vigilans* 541
*Stygionympha wichgrafi* 1214
*Styloconops* 99
*Stylogomphus albistylus* 367
*Stylogomphus sigmastylus* 567
Stylopidae 1074
*Stylops pacifica* 799
*Stylops vandykei* 87
*Stylurus* 523
*Stylurus amnicola* 923
*Stylurus intricatus* 149
*Stylurus ivae* 976
*Stylurus laurae* 624
*Stylurus notatus* 378

*Stylurus olivaceus* 775
*Stylurus plagiatus* 937
*Stylurus potulentus* 1243
*Stylurus scudderi* 1252
*Stylurus spiniceps* 46
*Stylurus townesi* 1123
*Styriodes dedecora* 328
*Suada swerge* 483
*Suasa lisides* 901
*Suastus gremius gremius* 564
*Suastus minutus* 1007
*Suastus minutus flemingi* 1010
*Subacronicta concerpta* 862
*Subcoccinella vigintiquatuorpunctata* 572
*Sucova sucova* 1076
*Sugia stygia* 917
*Sugitania lepida* 187
*Suleima helianthana* 1083
*Sumalia daraxa* 497
*Sumalia zulema* 960
*Suniana lascivia* 338
*Suniana sunias* 1214
*Suniana sunias nola* 1031
*Suniana sunias rectivitta* 781
*Sunira decipiens* 1187
*Supella longipalpa* 158
*Supella supellectillum* 158
*Suphicellus* 175
*Surattha indentella* 170
*Surendra* 2
*Surendra quercetorum* 251
*Surendra vivarna* 2
*Surendra vivarna amisena* 2
*Susumia exigua* 413
*Svastra obliqua* 1082
*Swammerdamia caesiella* 96
*Swammerdamia pyrella* 878
*Syagrius fulvitarsis* 408
*Syagrius intrudens* 408
*Sybra alternans* 657
*Sybrida approximans* 826
*Sylvicola* 795
*Sylvicola cinctus* 527
*Sylvicola fenestralis* 1224
*Symbiopsis* 248
*Symbiopsis tanais* 1095
*Symbrenthia* 583
*Symbrenthia brabira* 541
*Symbrenthia doni* 1145
*Symbrenthia hippoclus* 265
*Symbrenthia hypselis* 541
*Symbrenthia lilaea formosanus* 265
*Symbrenthia lilaea luciana* 265
*Symbrenthia niphanda* 136
*Symbrenthia silana* 958
*Symmachia accusatrix* 2
*Symmachia rubina* 219
*Symmachia tricolor* 1127
*Symmerista albifrons* 1201
*Symmerista canicosta* 901
*Symmerista leucitys* 782
*Symmetrischema capsicum* 829
*Symmetrischema striatella* 1140
*Symmetrischema tangolias* 1120
*Symmoca signatella* 57
*Symmorphus murarius* 1168
*Symonicoccus australis* 483
*Sympecma fusca* 160
*Sympecma paedisca* 981
*Sympetrum* 324
*Sympetrum corruptum* 816
*Sympetrum danae* 105
*Sympetrum depressiusculum* 1046
*Sympetrum flaveolum flaveolum* 1248
*Sympetrum fonscolombei* 909
*Sympetrum illotum* 192
*Sympetrum meridionale* 1029
*Sympetrum nigrescens* 540
*Sympetrum obtrusum* 1199
*Sympetrum pelemontanum elatum* 70

*Sympetrum sanguineum* 936
*Sympetrum scoticum* 118
*Sympetrum semicinctum* 69
*Sympetrum striolatum* 259
*Sympetrum striolatum imitoides* 259
*Sympetrum vicinum* 1239
*Sympetrum vulgatum* 1151
Sympherobiidae 636
*Sympherobius angustatus* 161
*Sympherobius barberi* 74
*Sympherobius californicus* 183
*Symphoromyia* 254
Symphyta 550
*Sympiezominas lewisi* 642
*Sympistis badistriga* 162
*Sympistis chionanthi* 438
*Sympistis dentata* 1121
*Sympistis infixa* 152
*Sympistis perscipta* 964
*Sympistis saundersiana* 952
*Symploce pallens* 1017
*Sympycna fusca* 1221
*Symydobius alniaria* 574
*Symydobius kabae* 265
*Synale cynaxa* 120
*Synanthedon aceri* 683
*Synanthedon acerrubri* 683
*Synanthedon albicornis* 1189
*Synanthedon andrenaeformis* 786
*Synanthedon bibionipennis* 1066
*Synanthedon bolteri* 758
*Synanthedon castaneae* 215
*Synanthedon conopiformis* 313
*Synanthedon culiciformis* 616
*Synanthedon dasysceles* 1087
*Synanthedon decipiens* 763
*Synanthedon exitiosa* 820
*Synanthedon exitiosa graefi* 798
*Synanthedon fatifera* 640
*Synanthedon flaviventris* 944
*Synanthedon formicaeformis* 908
*Synanthedon geliformis* 825
*Synanthedon hector* 214
*Synanthedon kathyae* 544
*Synanthedon mellinipennis* 202
*Synanthedon myopaeformis* 34
*Synanthedon novaroensis* 350
*Synanthedon pictipes* 639
*Synanthedon pini* 849
*Synanthedon polygoni* 169
*Synanthedon proxima* 369
*Synanthedon pyri* 34
*Synanthedon quercus* 884
*Synanthedon refulgens* 902
*Synanthedon resplendens* 185
*Synanthedon rhododendri* 914
*Synanthedon rileyana* 920
*Synanthedon rubrofascia* 1135
*Synanthedon salmachus* 306
*Synanthedon sapygaeformis* 424
*Synanthedon scitula* 343
*Synanthedon scoliaeformis* 1180
*Synanthedon sequoiae* 969
*Synanthedon sigmoidea* 1216
*Synanthedon spheciformis* 1195
*Synanthedon tenuis* 831
*Synanthedon tipuliformis* 306
*Synanthedon vespiformis* 1239
*Synanthedon viburni* 1160
*Synaphaeta guexi* 1050
*Synaphe angustalis* 658
*Synaphe punctalis* 658
*Synapte malitiosa* 677
*Synapte pecta* 755
*Synapte salenus* 944
*Synapte shiva* 398
*Synapte silius* 887
*Synapte silna* 1034
*Synapte syracea* 398
*Synargis calyce* 403

*Synargis mycone* 939
*Synargis nymphidioides septentrionalis* 493
*Synargis ochra* 771
*Synargis orestessa* 789
*Synchalara rhombota* 949
*Synchlora aerata* 1177
*Synchlora bistriaria* 769
*Synchlora frondaria* 1030
*Synclita obliteralis* 1175
*Syncopacma albipalpella* 995
*Syncopacma cinctella* 1210
*Syncopacma vinella* 148
*Syncordulia gracilis* 1242
*Syncordulia legator* 460
*Syncordulia serendipator* 938
*Syncordulia venator* 216
*Syndemis afflictana* 487
*Syndemis musculana* 58
*Synemon parthenoides* 784
*Synemon plana* 474
Synerginae 567
*Synergus japonicus* 928
*Syneta adamsi* 4
*Syneta albida* 1185
*Syngamia abruptalis* 772
*Syngamia florella* 785
*Syngrapha circumflexa* 385
*Syngrapha epigaea* 383
*Syngrapha ignea* 725
*Syngrapha interrogationis* 959
*Syngrapha octoscripta* 359
*Syngrapha ottolenguii* 17
*Syngrapha rectangula* 945
*Syngrapha viridisigma* 1053
Synlestidae 675
Synneuridae 1091
*Synnoma lynosyrana* 886
Synonsychini 858
*Synonycha grandis* 456
Synteliidae 949
Syntexidae 1091
*Syntexis libocedrii* 562
*Synthemis tasmanica* 1097
*Syntherata janetta* 380
*Syntheta nigerrima* 120
*Synthymia fixa* 469
*Syntomaspis druparum* 38
*Syntomeida epilais* 858
*Syntomeida ipomoeae* 1233
*Syntomeida melanthus* 102
Syntominae 1091
*Syntomis phegea* 1234
*Sypnoides picta* 440
*Syrbula montezuma* 994
*Syrichtus mohammed* 74
*Syrichtus proto* 942
*Syringopais temperatella* 1191
*Syrista orientalis* 1189
*Syrista similis* 929
*Syritta pipiens* 1105
*Syrmatia dorilas* 1209
*Syrotelus septentrionalis* 614
Syrphidae 426
*Syrphus* 264
*Syrphus americanus* 22
*Syrphus arenatus* 42
*Syrphus ribesii* 553
*Systasea microsticta* 889
*Systasea pulverulenta* 1104
*Systasea zampa* 44
*Systates pollinosus* 1091
*Systena* 422
*Systena blanda* 803
*Systena elongata* 378
*Systena frontalis* 900
*Systena hudsonias* 1015
*Systoechus* 1227
*Systoechus oreas* 254
*Systoechus vulgaris* 485
*Systole* 815

*Szepligetella sericia* 637

## T

Tabanidae 551
*Tabanus* 551
*Tabanus americanus* 21
*Tabanus atratus* 110
*Tabanus autumnalis* 58
*Tabanus bovinus* 490
*Tabanus bromius* 1005
*Tabanus cordiger* 850
*Tabanus glaucopsis* 350
*Tabanus lineola* 1072
*Tabanus maculicornis* 740
*Tabanus miki* 850
*Tabanus nigrovittatus* 499
*Tabanus punctifer* 1186
*Tabanus sudeticus* 551
*Tachardina decorella* 930
*Tachina fera* 1092
Tachinidae 1092
*Tachopteryx thoreyi* 487
*Tachycines asynamorus* 506
Tachygoninae 1117
*Tachypompilus analis* 908
Tachyporinae 292
*Tachypterellus consors cerasi* 212
*Tachypterellus quadrigibbus* 34
*Tachypterellus quadrigibbus magnus* 1182
*Tachytes distinctus* 948
*Tacparia detersata* 801
*Taedia hawleyi* 547
*Taenaris artemis* 824
*Taenaris catops* 984
*Taeniopoda eques* 551
Taeniopterygidae 1221
*Taeniopteryx nebulosa* 407
Taeniostigmatidae 1092
*Taeniothrips eucharii* 914
*Taeniothrips frisi* 1111
*Taeniothrips inconsequens* 823
*Taeniothrips laricivorus* 607
*Taeniothrips picipes* 871
*Taeniothrips pini* 843
*Taeniothrips simplex* 460
*Taeniothrips sjostedti* 81
*Tafalisca lineatipes* 924
*Tagiades* 1020
*Tagiades cohaerens* 419
*Tagiades distans* 207
*Tagiades flesus* 237
*Tagiades gana* 561
*Tagiades japetus* 272
*Tagiades japetus atticus* 272
*Tagiades japetus janetta* 100
*Tagiades litigiosa* 1174
*Tagiades menaka* 1049
*Tagiades menaka manis* 318
*Tagiades nestus* 813
*Tagora pallida* 809
*Tagosodes orizicolus* 916
*Tajuria* 934
*Tajuria albiplaga* 809
*Tajuria cippus* 820
*Tajuria cippus maxentius* 820
*Tajuria culta* 103
*Tajuria diaeus* 1064
*Tajuria illurgioides* 960
*Tajuria illurgis* 1206
*Tajuria ister* 1147
*Tajuria jehana* 851
*Tajuria luculentus* 220
*Tajuria maculata* 1048
*Tajuria mantra* 407
*Tajuria megistia* 779
*Tajuria melastigma* 145
*Tajuria sebonga* 1145
*Tajuria thyia* 359

*Tajuria yajna* 214
*Takahashia japonica* 1069
*Takanea miyakei* 715
*Takecallis arundicolens* 66
*Takecallis arundinariae* 65
*Takeuchiella pentagona* 1035
Talaeporiinae 1016
*Talanga tolumnialis* 412
*Talbozia naganum* 737
*Talbozia naganum karumii* 737
*Taleporia tubulosa* 802
*Talicada nyseus* 903
*Talides alternata* 17
*Talides cantra* 190
*Talides sergestus* 969
*Tallula watsoni* 1176
*Talponia plummeriana* 1038
*Tamalia coweni* 83
*Tamasa doddi* 342
*Tamasa rainbowi* 496
*Tamasa tristigma* 158
*Tamborina australis* 229
*Tampa dimediatella* 1095
*Tanaecia cibaritis* 24
*Tanaecia cocytus* 624
*Tanaecia godartii asoka* 676
*Tanaecia iapis puseda* 552
*Tanaecia jahnu* 850
*Tanaecia julii* 259
*Tanaecia julii bougainvillei* 259
*Tanaecia lepidea* 509
*Tanaecia pelea pelea* 676
Tanaoceridae 717
*Tanaorhinus reciprocata confuciaria* 546
Tanaostigmatidae 1095
*Taniva albolineana* 1054
*Tanna japonensis japonensis* 395
Tanyderidae 871
*Tanymecus palliatus* 89
Tanypezidae 1096
*Tanyptera atrata* 1223
*Tanypteryx hageni* 114
*Tanytarsus* 501
*Tapena thwaitesi* 100
*Tapinolepis* 545
*Tapinoma erraticum* 384
*Tapinoma melanocephalum* 452
*Tapinoma sessile* 772
*Tarache aprica* 760
*Tarache augustipennis* 740
*Tarache delecta* 330
*Tarache luctuosa* 760
*Tarache terminimaculata* 307
*Tarache tetragona* 433
*Tarachodes* sp. 6
*Taractrocera* 483
*Taractrocera anisomorpha* 782
*Taractrocera ceramas* 1095
*Taractrocera danna* 541
*Taractrocera dolon* 338
*Taractrocera ilia* 755
*Taractrocera ina* 562
*Taractrocera maevius* 262
*Taractrocera papyria* 1200
*Taractrocera papyria agraulia* 1185
*Taragama repanda* 1102
*Taraka hamada hamada* 429
*Taraka hamada mendesia* 429
*Targalla delatrix* 387
*Tarophagus colocasiae* 1096
*Tarophagus proserpina* 1096
*Tarpnosia vacua* 1051
*Tarsocera cassina* 947
*Tarsocera cassus* 1052
*Tarsocera dicksoni* 336
*Tarsocera fulvina* 591
*Tarsocera imitator* 328
*Tarsocera namaquensis* 737
*Tarsocera southeyae* 1034
*Tartarogryllus bordigalensis* 141

*Tartessus ferrugineus ferrugineus* 101
*Tarucus alteratus* 939
*Tarucus ananda* 321
*Tarucus balkanicus* 652
*Tarucus balkanicus nigra* 117
*Tarucus bowkeri* 143
*Tarucus callinara* 1048
*Tarucus extricatus* 933
*Tarucus grammicus* 114
*Tarucus kulala* 1135
*Tarucus legrasi* 625
*Tarucus nara* 1073
*Tarucus nigra* 1048
*Tarucus rosaceus* 699
*Tarucus sybaris sybaris* 346
*Tarucus theophrastus* 133
*Tarucus thespis* 669
*Tarucus ungemachi* 1148
*Tarucus venosus* 1157
*Tarucus waterstradti dharta* 51
*Tathorhynchus exsiccata* 642
*Tatinga thibetanus* 1112
*Tatosoma tipulata* 148
*Taxila haquinus* 524
*Taxodiomyia cupressi* 310
*Taxodiomyia cupressiananassa* 310
*Taxomyia taxi* 1249
*Taxoscelus auriceps* 216
*Taygetis angulosa* 326
*Taygetis chrysogone* 225
*Taygetis cleopatra* 234
*Taygetis inconspicua* 563
*Taygetis kerea* 593
*Taygetis mermeria* 701
*Taygetis rufomarginata* 936
*Taygetis sosis* 1026
*Taygetis sylvia* 1091
*Taygetis thamyra* 25
*Taygetis uncinata* 546
*Taygetis uzza* 1150
*Taygetis virgilia* 1164
*Taygetis weymeri* 706
*Taygetomorpha puritana* 877
*Taylorilygus apicalis* 154
*Taylorilygus pallidulus* 154
*Taylorilygus vosseleri* 288
*Tebenna bjerkandrella* 173
*Tebenna gnaphaliella* 396
*Tebenna micalis* 173
*Tebenna silphiella* 930
*Technomyrmex albipes* 1199
*Tectocoris diophthalmus* 524
*Tectopulvinaria loranthi* 290
*Tefflus zanzibaricus alluaudi* 457
*Tegeticula* 1251
*Tegeticula maculata* 185
*Tegeticula paradoxa* 585
*Tegeticula yuccasela* 1251
*Tegosa anieta* 103
*Tegosa anieta cluvia* 103
*Tegosa anieta luka* 103
*Tegosa claudina* 39
*Tegosa etia* 939
*Tegosa guatemalena* 515
*Tegosa nigrella nigrella* 749
*Tegosa pastazena* 816
*Tegosa selene* 967
*Tegosa serpia* 970
*Tegosa tissoides* 1117
*Tegrodera* 1023
*Tegrodera erosa* 1023
*Tehama bonifatella* 1186
*Teia anartoides* 800
*Teinopalpus aureus* 471
*Teinopalpus imperialis* 590
*Telchin licus* 68
*Telchinia alalonga* 661
*Telchinia anacreon* 615
*Telchinia induna* 566
*Telchinia rahira* 689

*Telebasis byersi* 354
*Telebasis digiticollis* 690
*Telebasis filiola* 1071
*Telebasis incolumis* 767
*Telebasis racenisi* 967
*Telebasis rubricauda* 893
*Telebasis salva* 332
*Telebasis versicolor* 428
Telegeusidae 659, 1101
*Teleiodes decorella* 103
*Teleiodes luculella* 295
*Teleiodes notatella* 944
*Teleiodes paripunctella* 638
*Teleiodes scriptella* 552
*Teleiodes sequax* 297
*Telemiades avitus* 1245
*Telemiades choricus* 706
*Telemiades delalande* 329
*Telemiades epicalus* 554
*Telemiades fides* 1011
*Telemiades megallus* 786
*Telemiades nicomedes* 322
*Telenassa berenice* 738
*Telenassa jana* 407
*Telenassa teletusa burchelli* 172
*Telenomus nawai* 45
*Teleogryllus commodus* 107
*Teleogryllus emma* 380
*Teleogryllus ezoemma* 410
*Teleogryllus oceanicus* 771
*Teleogryllus taiwanemma* 410
*Teleonemia elata* 604
*Teleonemia scrupulosa* 604
*Telephila schmidtiellus* 356
*Telicota* 810
*Telicota anisodesma* 611
*Telicota augias* 806
*Telicota bambusae* 320
*Telicota besta* 92
*Telicota brachydesma* 1001
*Telicota colon stinga* 806
*Telicota colon* 806
*Telicota eurotas* 338
*Telicota linna* 649
*Telicota mesoptis* 663
*Telicota ohara* 317
*Telicota pythias* 320
*Telipna acraea* 274
*Telipna sanguinea* 949
*Tellervo zoilus* 182
*Tellervo zoilus gelo* 191
*Telles arcalaus* 1244
*Telmatettix aztecus* 60
*Telmatogeton macswaini* 688
*Telmatoscopus albipunctatus* 79
*Telphusa latifasciella* 1195
*Telsimia* 792
*Temecla heraclides* 535
*Temecla paron* 815
*Temenis laothoe* 1120
*Temenis laothoe hondurensis* 780
*Temenis laothoe quilapayunia* 780
*Temenis pulchra* 961
*Temnochila chloridia* 502
Temnochilidae 465
*Temnora acitula* 1245
*Temnora albilinea* 1202
*Temnora atrofasciata* 316
*Temnora crenulata* 296
*Temnora elegans* 374
*Temnora fumosa* 1017
*Temnora funebris* 511
*Temnora inornata* 793
*Temnora marginata* 688
*Temnora namagua* 737
*Temnora natalis* 741
*Temnora plagiata* 165
*Temnora pseudopylas* 653
*Temnora pylades* 1248
*Temnora pylas* 78

*Temnora sardanus* 359
*Temnora subapicalis* 1018
*Temnora swynnertoni* 1090
*Temnora zantus* 886
*Tenaga nigripunctella* 1050
*Tenebrio* 696
*Tenebrio molitor* 1241
*Tenebrio obscurus* 320
Tenebrionidae 324
Tenebrioninae 1144
*Tenebroides mauritanicus* 181
*Teniorhinus harona* 46
*Teniorhinus ignita* 411
*Tenodera angustipennis* 740
*Tenodera aridifolia sinensis* 219
*Tenodera australasiae* 880
*Tenthecoris bicolor* 201
Tenthredinidae 953
Tenthredinoidea 953
*Tenthredo* 271
*Tenthredo atra* 115
*Tenthredo bigemina* 1141
*Tenthredo bipunctula malaisei* 177
*Tenthredo gifui* 459
*Tenthredo hilaris* 53
*Tenthredo mesomelas* 101
*Tenthredo providens* 197
*Tenuirostritermes* 741
*Tephrina arenacearia* 1232
Tephritidae 440
*Tephronia sepiaria* 357
*Tepperia sterculiae* 599
*Teracotona euprepia* 1157
*Terastia meticulosalis* 384
Teratomyzidae 408
*Teratophthalma maenades* 898
*Teratozephyrus doni* 1084
Terebrantia 1103
*Teredilia* 1223
*Terenthina terentia* 387
*Terinos clarissa* 52
*Terinos clarissa malayanus* 676
*Terinos terpander* 934
*Terinos terpander robertsia* 934
*Teriomima* 171
*Teriomima subpunctata* 1196
*Terionima zuluana* 1255
Termatophylidae 1103
*Termessa shepherdi* 974
Termitidae 1023
*Terpnosia nigricosta* 1250
*Terthron albovittatum* 1210
*Tessaratoma papillosa* 643
*Tessellana tessellata* 1103
*Tesseratoma papillosa* 650
*Tetanocera plebeja* 690
*Tetanolita floridana* 425
*Tetanolita mynesalis* 1017
*Tetanolita palligera* 1188
*Tetanops myopaeformis* 1077
*Tethea duplaris* 631
*Tethea fluctuosa* 494
*Tethea octogesima* 739
*Tethea ocularis* 413
*Tethea ocularis tanakai* 413
*Tethea or* 863
*Tethea or akannensis* 863
*Tetheella fluctuosa* 951
*Tetheella fluctuosa isshikii* 777, 951
*Tethida barda* 109
Tethinidae 1103
*Tethlimmena aliena* 666
*Tetracanthagyna plagiata* 455
*Tetracha fulgida* 148
*Tetracha martii* 691
*Tetracis cachexiata* 1207
*Tetracis crocallata* 1243
*Tetracis jubararia* 772
*Tetracnemoidea sydneyensis* 697
*Tetradacus tsuneonis* 228

*Tetragoneura matsutakei* 838
*Tetragoneuria canis* 343
*Tetragoneuria cynosura* 343
*Tetraleurodes mori* 732
*Tetralobus flabellicornis* 9
*Tetralopha scortealis* 634
Tetramera 1103
*Tetramesa* 584
*Tetramoera schistaceana* 1079
*Tetramorium bicarinatum* 516
*Tetramorium caespitum* 817
*Tetramorium guineense* 516
*Tetraneura akinire* 1146
*Tetraneura nigriabdominalis* 790
*Tetraneura ulmi* 377
*Tetraopes* 709
*Tetraopes basalis* 1186
*Tetraopes tetrophthalmus* 47
*Tetrarhanis stempfferi* 1061
Tetrastichidae 1103
*Tetrastichus ceroplastae* 1213
*Tetrastichus coccinellae* 387
*Tetrathemis* 375
*Tetrathemis polleni* 116
*Tetrathemis yerburii* 1249
*Tetrix* 513
*Tetrix* sp. 429
*Tetrix bipunctata* 1142
*Tetrix ceperoi* 205
*Tetrix japonica* 577
*Tetrix subulata* 479
*Tetrix tenuicornis* 657
*Tetrix tuerki* 1135
*Tetrix undulata* 263
*Tetroda histeroides* 1073
*Tetropium abietis* 933
*Tetropium castaneum* 117
*Tetropium cinnamopterum* 367
*Tetropium gabrieli* 606
*Tetropium morishimaorum* 577
*Tetrops praeustus* 854
*Tettigarcta crinita* 520
*Tettigarcta tomentosa* 1097
Tettigarctidae 520
*Tettigidea lateralis* 115
*Tettigonia cantans* 1149
*Tettigonia caudata* 367
*Tettigonia orientalis orientalis* 981
*Tettigonia viridissima* 490
Tettigoniidae 657
Tettigoniinae 297
Tettigonioidea 657
*Tetyra bipunctata* 975
*Texamaurops reddelli* 599
*Texola anomalus* 28
*Texola coracara* 283
*Texola elada* 373
*Texola perse* 43
*Thaduka multicaudata* 683
*Thaeides theia* 158
*Thaia oryzivora* 784
*Thaia subrufa* 1242
*Thalaina clara* 231
*Thalasodes subquardraria* 188
*Thalera fimbrialis* 1084
*Thalpophila matura* 1065
*Thanasimus formicarius* 28
*Thanatarctia flammeola* 910
*Thanatarctia imparilis* 731
*Thanatarctia inaequalis* 214
*Thargella caura* 933
*Tharsalea arota* 45
*Thasus neocalifornicus* 456
Thaumaleidae 1024
*Thaumantis diores* 587
*Thaumantis klugius lucipor* 316
*Thaumantis noureddin noureddin* 319
Thaumastotheriidae 934
*Thaumatographa jonesi* 874
*Thaumatomyia notata* 1001

*Thaumatoperla flaveola* 725
*Thaumatopsis floridalis* 425
*Thaumatopsis pexellus* 1227
*Thaumetopoea* 392
*Thaumetopoea pinivora* 842
*Thaumetopoea pityocampa* 842
*Thaumetopoea processionea* 766
*Thaumetopoea wilkinsoni* 872
Thaumetopoeidae 872
*Thauria aliris* 1133
*Thauria aliris pseudaliris* 1133
*Thauria lathyi* 587
*Theagenes aegides* 1196
*Theagenes albiplaga* 701
*Thecabius affinis* 861
*Thecabius auriculae* 54
Thecesterminae 98
*Thecla betulae* 161
*Thecla chalybeia* 855
*Thecla coronata* 537
*Thecla leechii* 409
*Thecla ziha* 1208
Theclinae 519
*Theclinesthes albocincta* 99
*Theclinesthes hesperia* 1182
*Theclinesthes miskini* 1176
*Theclinesthes onycha* 308
*Theclinesthes serpentata* 211
*Theclinesthes sulpitius* 946
*Theclopsis demea* 330
*Theclopsis lydus* 272
*Theclopsis mycon* 735
*Thecodiplosis brachyntera* 743
*Thecodiplosis japonensis* 842
*Thecodiplosis pini resinosae* 903
*Thecophora occidensis* 274
Theieus aspernatus 51
Thelaxinae 1105
*Thelia bimaculata* 654
*Theobaldia annulata* 71
*Theope bacenis* 307
*Theope barea* 812
*Theope cratylus* 955
*Theope devriesi* 335
*Theope eudocia* 786
*Theope eupolis* 1159
*Theope eurygonina* 73
*Theope pedias* 61
*Theope phaeo* 399
*Theope pieridoides* 1211
*Theope pseudopedias* 522
*Theope publius incompositus* 971
*Theope villai* 1182
*Theope virgilius* 127
*Theophila religiosa* 476
*Theopropus elegans* 70
*Theorema eumenia* 807
*Thepytus echelta* 1158
*Thera britanica* 1053
*Thera cognata* 215
*Thera contractata* 363
*Thera cupressata* 310
*Thera firmata* 839
*Thera juniperata* 588
*Thera obeliscata* 510
*Thera primaria* 363
*Thera variata bellisi* 1053
*Theresimima ampelophaga* 1161
*Theretra cajus* 295
*Theretra capensis* 191
*Theretra japonica* 1005
*Theretra jugurtha* 505
*Theretra monteironis* 636
*Theretra nessus* 1237
*Theretra oldenlandiae* 1161
*Theretra orpheus* 648
*Theretra silhetensis* 325
*Thereus cithonius* 805
*Thereus lausus* 624
*Thereus oppia* 779

*Thereus orasus* 298
*Thereus ortalus* 793
*Thereus palegon* 808
*Thereus spurina* 1055
*Thereva bipunctata* 1139
*Thereva cinifera* 616
*Thereva fulva* 1008
*Thereva handlirschi* 473
*Thereva inornata* 644
*Thereva nobilitata* 273
*Thereva plebeia* 273
*Thereva strigata* 235
*Thereva valida* 320
Therevidae 1062
*Theria rupicapraria* 364
*Therioaphis maculata* 1045
*Therioaphis ononidis* 912
*Therioaphis riehmi* 1087
*Therioaphis tilicola* 1115
*Therioaphis trifolii* 1045, 1234
*Theritas augustinula* 54
*Theritas drucei* 353
*Theritas hemon* 534
*Theritas lisus* 649
*Theritas mavors* 328
*Theritas monica* 717
*Theritas phegeus* 833
*Theritas selina* 967
*Theritas theocritus* 824
*Theritas viresco* 1164
*Thermobia domestica* 416
*Thermonectus* 1245
*Thermonectus marmoratus* 685
*Thermoniphas fumosa* 1016
*Thermoniphas togara* 148
*Thermozephyrus ataxus* 1223
*Thermozephyrus ataxus kirishimaensis* 1223
*Thersamonia thersamon* 637
*Thersamonia thetis* 411
*Thes bergrothi* 920
*Thespieus dalman* 208
*Thespieus macareus* 216
*Thesprotia* 484
*Thesprotia brasiliensis* 146
*Thesprotia insolita* 287
*Thesprotia macilenta* 139
*Thessia jalapus* 573
*Thestor barbatus* 83
*Thestor basutus* 79
*Thestor brachycerus* 965
*Thestor braunsi* 146
*Thestor calviniae* 523
*Thestor camdeboo* 186
*Thestor claassensi* 231
*Thestor compassbergae* 277
*Thestor dicksoni* 336
*Thestor dryburghi* 354
*Thestor holmesi* 544
*Thestor kaplani* 591
*Thestor montanus* 727
*Thestor murrayi* 733
*Thestor overbergensis* 795
*Thestor penningtoni* 828
*Thestor petra* 925
*Thestor pictus* 604
*Thestor protumnus* 139
*Thestor protumnus aridus* 591
*Thestor rileyi* 921
*Thestor rooibergensis* 926
*Thestor rossouwi* 930
*Thestor stepheni* 1061
*Thestor strutti* 1074
*Thestor vansoni* 1152
*Thestor yildizae* 827
*Thetidea smaragdaria* 385
*Thetidia albocostaria* 224
*Thiacidas postica* 91
*Thinopinus pictus* 835
*Thinopteryx crocopterata* 786
*Thiodia citrana* 632

*Thiotricha subocellea* 397
*Thisanotia contaminella* 1172
*Thisbe irenea* 568
*Thisbe lycorias lycorias* 74
*Thlaspida cribrosa* 1148
*Tholera cespitis* 532
*Tholera decimalis* 406
*Tholymis* 1140
*Tholymis citrina* 395
*Tholymis tillarga* 1140
*Thomasiniana crataegi* 528
*Thomasiniana oculiperda* 896
*Thomasiniana theobaldi* 890
*Thoon modius* 718
*Thopha colorata* 470
*Thopha saccata* 348
*Thopha sessiliba* 755
*Thopisternus* 271
*Thoracaphis fici* 74
*Thoressa astigmata* 1033
*Thoressa evershedi* 396
*Thoressa sitala* 1095
*Thorybes* 238
*Thorybes bathyllus* 1029
*Thorybes confusis* 365
*Thorybes diversus* 1184
*Thorybes drusius* 353
*Thorybes dunus* 1029
*Thorybes mexicana* 704
*Thorybes pylades* 754
*Thorybes valeriana* 1151
*Thosea cervina* 51
*Thosea sinensis* 998
*Thosea unifascia* 246
*Thracides phidon* 583
*Thracides thrasea* 1108
Thripidae 1111
*Thrips angusticeps* 180
*Thrips atratus* 194
*Thrips australis* 386
*Thrips calcaratus* 567
*Thrips coloratus* 654
*Thrips flavus* 546
*Thrips fuscipennis* 929
*Thrips hawaiiensis* 426
*Thrips imaginis* 125
*Thrips linarius* 421
*Thrips lini* 421
*Thrips major* 935
*Thrips nigropilosus* 225
*Thrips obscuratus* 748
*Thrips orientalis* 1058
*Thrips palmi* 700
*Thrips physapus* 393
*Thrips tabaci* 778
Throscidae 1111
*Throscoryssa citri* 99
*Thumatha senex* 933
*Thurberiphaga diffusa* 1112
*Thyanta accerra* 905
*Thyanta pallidovirens* 905
*Thyanta perditor* 165
*Thyatira batis* 819
*Thyatira batis japonica* 1046
*Thyatira batis japonica* 819
Thyatiridae 403
*Thyauta pallidovirens* 1187
*Thyestilla gebleri* 534
Thylacitinae 153
*Thylodrias contractus* 772
*Thymelicus acteon* 665
*Thymelicus christi* 189
*Thymelicus hamza* 720
*Thymelicus hyrax* 642
*Thymelicus lineola* 393
*Thymelicus sylvestris* 1010
Thynnidae 55
*Thynnus zonatus* 741
*Thyraylia hollandana* 543
*Thyreocoris scarabaeioides* 744

Thyreophoridae 1112
Thyretidae 674
*Thyreus* 1046
*Thyreus caeruleopunctatus* 211
*Thyreus nitidulus* 744
*Thyridanthrax fenestratus* 723
*Thyridia psidii* 700
*Thyridia psidii melantho* 700
*Thyridia themisto* 1011
Thyrididae 1220
*Thyridopteryx ephemeraeformis* 63
*Thyridopteryx mcadi* 296
*Thyrinteina arnobia* 386
*Thyris maculata* 1050
*Thyris sepulchralis* 728
*Thyris usitata* 580
*Thysania agrippina* 453
*Thysania zenobia* 796
Thysanidae 1112
*Thysanofiorinia nephelii* 661
*Thysanoplusia intermixta* 224
*Thysanoplusia orichalcea* 995
Thysanoptera 1111
Thysanura 988
*Tibicen* 342
*Tibicen canicularis* 342
*Tibicen chloromera* 1085
*Tibicen haematodes* 1162
*Tibicen linnei* 342
*Tibicinoides cupreosparsus* 909
*Ticherra acte* 131
*Tigasis nausiphanes* 236
*Tigasis simplex* 989
*Tigridia acesta* 1253
*Tildenia glochinella* 371
*Tildenia inconspicuella* 371
*Tiliaphis shinae* 578
*Timandra amaturaria* 299
*Timandra comae* 125
*Timandra comptaria* 403
*Timandra griseata* 125
*Timandra griseata prouti* 907
*Timarcha goettingensis* 635
*Timarcha tenebricosa* 125
*Timelaea albescens* 84
*Timema* 1115
*Timema californica* 185
Timematidae 1115
*Timochares ruptifasciata* 158
*Timochares trifasciata* 682
*Timochreon satyrus* 952
*Tinagma ocnerostomella* 1164
*Tinea columbariella* 1037
*Tinea dubiella* 198
*Tinea flavescentella* 198
*Tinea mandarinella* 678
*Tinea murairella* 198
*Tinea occidentella* 1184
*Tinea pallescentella* 616
*Tinea pellionella* 198
*Tinea straminella* 616
*Tinea translucens* 198
*Tinearia alternata* 1052
Tineidae 236
Tineodidae 403
*Tineola bisselliella* 236
*Tineola furciferella* 444
*Tineola uterella* 553
Tingidae 601
*Tingis ampliata* 1107
*Tingis cardui* 1037
*Tinocallis platani* 376
*Tinocallis ulmifolii* 377
*Tinocallis zelkowae* 574
*Tinostoma smaragditis* 504
*Tiora devanica* 359
*Tiphia segregata* 1116
Tiphiidae 1116
*Tipula* 294
*Tipula abdominalis* 365

*Tipula aino* 916
*Tipula cunctans* 1016
*Tipula illustris* 294
*Tipula latemarginata* 1014
*Tipula longicauda* 622
*Tipula longicornis* 294
*Tipula maxima* 454
*Tipula oleracea* 258
*Tipula paludosa* 258, 689
*Tipula simplex* 888
*Tipula vernalis* 1051
Tipulariae 1116
Tipulidae 294
Tipulinae 294
*Tiracola plagiata* 67
*Tirathaba mundella* 773
*Tirathaba rufivena* 246
*Tirathaba trichogramma* 246
*Tirocola plagiata* 813
*Tirumala* 134
*Tirumala choaspes* 1080
*Tirumala formosa* 429
*Tirumala gautama* 956
*Tirumala hamata* 134, 316
*Tirumala hamata orientalis* 134
*Tirumala ishmoides* 1147
*Tirumala limniace* 130
*Tirumala petiverana* 6
*Tirumala septentrionis* 316
*Tirynthia conflua* 278
*Tischeria complanella* 1132
*Tischeria ekebladella* 898
*Tischeria malifoliella* 36
*Tischeria marginea* 141
*Tischeria quercifolia* 215
*Tischeria quercitella* 762
Tischeriidae 1132
*Tisiphone abeona* 1090
*Tisiphone helena* 532
*Titanolabis colossea* 454
*Titanus giganteus* 1117
*Tithorea harmonia* 1113
*Tithorea harmonia hippothous* 525
*Tithorea harmonia megara* 1113
*Tithorea harmonia salvadoris* 525
*Tithorea tarricina* 1097
*Tithorea tarricina duenna* 295
*Tlascala reductella* 1117
*Tmesibasis lacerata* 126
*Tmolus azia* 60
*Tmolus crolinus* 299
*Tmolus cydrara* 309
*Tmolus echion* 614
*Tmolus mutina* 735
*Togo hemipterus* 980
*Tolerta divergens* 819
*Tolmerus* 923
*Tolype* 1231
*Tolype laricis* 606
*Tolype minta* 1033
*Tolype notialis* 1011
*Tolype velleda* 619
*Tomares ballus* 873
*Tomares mauretanicus* 720
*Tomares nogelii* 751
*Tomaspis* 1079
*Tomaspis saccharina* 1078
*Tomicus minor* 843
*Tomicus piniperda* 843
Tomoceridae 1121
*Tomostethus multicinctus* 161
*Tomostethus nigritus* 115
*Tongeia potanini glycon* 317
*Tongeia zuthus* 1112
*Torbia viridissima* 517
*Torigea straminea* 1249
*Tornos scolopacinaria* 337
*Tortrcidia flexuosa* 1
Tortricidae 629
*Tortricidia pallida* 897

*Tortricidia testacea* 363
*Tortrix excessana* 268
*Tortrix franciscana* 38
*Tortrix leucaniana* 268
*Tortrix sinapina* 578
*Tortrix viridana* 502
*Tortyra slossonia* 998
Torymidae 85, 966
*Torymus californicus* 763
*Torymus varians* 38
*Torynesis hawequas* 527
*Torynesis magna* 620
*Torynesis mintha* 712
*Torynesis orangica* 471
*Torynesis pringlei* 871
*Tosale oviplagalis* 338
*Tosta gorgus* 476
*Tosta platypterus* 853
*Toumeyella liriodendri* 1134
*Toumeyella parvicornis* 843
*Toumeyella pini* 1073
*Toxidia andersoni* 25
*Toxidia doubledayi* 350
*Toxidia melania* 115
*Toxidia parvula* 815
*Toxidia peron* 611
*Toxidia rietmanni* 1196
*Toxidia thyrrhus* 1112
*Toxochitona gerda* 451
*Toxomerus* 1123
*Toxomerus marginatus* 264
*Toxonprucha crudelis* 300
*Toxonprucha pardalis* 1050
*Toxoptera aurantii* 104
*Toxoptera celtis* 204
*Toxoptera citricidus* 228
*Toxoptera odinae* 1146
*Toxorhynchites rutilus* 375
*Toxotrypana curvicauda* 813
*Toya dryope* 1135
*Trabala viridana* 721
*Trabala vishnou* 928
*Trabutina mannipara* 1095
*Trachea atriplicis* 779
*Trachea atriplicis gnoma* 169, 779
*Trachelus tabidus* 109
*Tracheomyia macropi* 590
*Trachykele blondeli* 1183
*Trachymela sloanei* 57
*Trachymyrmex arizonensis* 444
*Trachymyrmex septentrionalis* 444
*Trachyrhachys aspera* 414
*Trachys inconspicua* 874
*Trachys reitteri* 82
*Trachys tsushimae* 213
*Trachys yanoi* 1253
*Tragidion annulatum* 1171
*Trama troglodytes* 583
*Tramea* 462
*Tramea basilaris* 594
*Tramea basilaris burmeisteri* 173
*Tramea binotata* 1025
*Tramea calverti* 1073
*Tramea lacerata* 115
*Tramea limbata* 409
*Tramea onusta* 904
*Tramea transmarina* 262
*Tranes internatus* 671
*Trapezites argenteoornatus* 986
*Trapezites atkinsi* 1038
*Trapezites eliena* 375
*Trapezites genevieveae* 793
*Trapezites heteromacula* 787
*Trapezites iacchoides* 559
*Trapezites iacchus* 163
*Trapezites luteus* 889
*Trapezites macqueeni* 155
*Trapezites maheta* 673
*Trapezites petalia* 276
*Trapezites phigalia* 833

*Trapezites phigalioides* 833
*Trapezites praxedus* 1032
*Trapezites sciron* 962
*Trapezites symmomus* 1091
*Trapezites taori* 948
*Trapezites waterhouse* 623
*Trapezonotus arenarius* 949
*Trapezostigma loewii* 262
*Tregganua sibylla* 497
*Tremex columba* 836
*Tremex longicollis* 420
*Triacanthagyna* 1110
*Triacanthagyna caribbea* 193
*Triacanthagyna septima* 804
*Triacanthagyna trifida* 833
*Triaena intermedia* 35
*Triaena leucocuspis* 1248
*Triaena sugii* 317
*Trialeurodes abutilonea* 73
*Trialeurodes floridensis* 425
*Trialeurodes packardi* 1067
*Trialeurodes vaporariorum* 507
*Trialeurodes vittata* 482
*Triamescaptor aotea* 716
*Triatoma infestans* 596
*Triatoma protracta* 1183
*Triatoma rubrofasciatus* 614
*Triatoma sanguisuga* 125
*Tribolium* 425
*Tribolium audax* 108
*Tribolium castaneum* 898
*Tribolium confusum* 278
*Tribolium destructor* 318
*Tribolium madens* 108
*Tricentrus albomaculatus* 1203
*Trichagalma serratae* 884
*Trichaulax philipsii* 510
Trichiinae 1126
*Trichilogaster acaciaelongifoliae* 1176
*Trichiocampus cannabis* 534
*Trichiocampus populi* 863
*Trichiocampus pruni* 213
*Trichiocampus viminalis* 863
*Trichiosoma tibiale* 528
*Trichiotinus* 425
*Trichispa sericea* 8
*Trichiura crataegi* 803
*Trichius fasciatus* 86
*Trichobaris mucorea* 1119
*Trichobaris trinotata* 866
*Trichocera annulata* 1221
*Trichocera fuscata* 569
*Trichocera hiemalis* 1221
*Trichocera regelarionis* 1221
*Trichocercus sparshalli* 654
Trichoceridae 1221
*Trichochermes walkeri* 169
*Trichochrysea japana japana* 167
*Trichocorixa* 1017
*Trichocorixa reticulata* 946
*Trichodectes bovis* 201
*Trichodectes canis* 342
*Trichodectes melis* 62
*Trichodectes pilosus* 837
Trichodectidae 678
*Trichodes apiarius* 86
*Trichodes nuttalli* 895
*Trichodes ornatus* 793
*Trichodes peninsularis* 550
*Trichodezia albovittata* 1210
*Trichogramma australicum* 57
*Trichogramma minutum* 713
Trichogrammatidae 713
*Tricholepidion gertschi* 1158
*Tricholita signata* 983
*Tricholochmaea cavicollis* 213
*Tricholochmaea decora decora* 488
*Trichophaga abruptella* 563
*Trichophaga tapetzella* 196
*Trichoplusia ni* 179

*Trichoplusia ni brassicae* 179
*Trichoplusia vittata* 1068
*Trichopoda* 520
*Trichopoda indivisa* 520
*Trichopoda pennipes* 424
*Trichopoda pennipes pilipes* 1128
*Trichopsocus clarus* 623
Trichoptera 181
*Trichopteryx carpinata* 364
*Trichopteryx polycommata* 78
*Trichopteryx polycommata anna* 78
*Trichopteryx ustata* 102
*Trichopteryx viretata* 149
Trichoscelidae 1128
*Trichosea champa* 1233
*Trichosiphonaphis polygoniformosana* 661
*Trichotinus affinis* 425
*Trichrysis tridens* 303
*Triclonella pergandeella* 1087
*Tricorynus herbarium* 535
Tricorythidae 652
*Trictena atripalpis* 75
Tridactylidae 882
*Tridactylus variegatus* 837
*Trielis alcione* 596
*Trifurcula cryptella* 770
*Trifurcula eurema* 1148
*Trifurcula oishiella* 213
*Trigona* 1062
*Trigona amalthea* 86
*Trigona carbonaria* 591
*Trigona melliicolor* 415
*Trigona trinidadensis* 228
*Trigona ventralis hoozana* 1094
Trigonalidae 1127
Trigonidiidae 175
*Trigonidium cicindeloides* 1015
*Trigonidomimus belfragei* 90
*Trigonogenius globulum* 463
*Trigonopeltastes delta* 426
*Trigonophora flammea* 418
*Trigonophora meticulosa* 608
*Trigonoptila latimarginaria* 1211
*Trigonospila brevifacies* 56
*Trigonotylus ruficornis* 500
*Trigrammia quadrinotaria* 433
*Trimenia argyroplaga* 617
*Trimenia macmasteri* 694
*Trimenia malagrida* 958
*Trimenia wallengrenii* 1168
*Trimenia wykehami* 1229
*Trimenopon hispidum* 516
Trimenoponidae 691
Trimera 1128
*Trimerotropis albolineata* 1202
*Trimerotropis fontana* 428
*Trimerotropis helferi* 532
*Trimerotropis maritima* 965
*Trimerotropis pallidipennis* 73
*Trimerotropis vermiculatus* 292
*Trina geometrina* 70
*Trinodes rufescens* 714
*Trinoton anserinus* 475
*Trinoton querquedulae* 611
*Triodia sylvina* 1224
*Trionymus americanus* 21
*Trionymus aseripticius* 206
*Trionymus caricis* 192
*Trionymus diminutus* 748
*Trioplognathus griseopilosus* 509
*Trioxys complanatus* 1045
*Trioza alacris* 80
*Trioza apicalis* 197
*Trioza camphorae* 188
*Trioza diospyri* 831
*Trioza erythreae* 230
*Trioza eugeniae* 387
*Trioza nigricornis* 866
*Trioza quercicola* 884
*Trioza remota* 764

*Trioza ternstroemiae* 1103
*Trioza tremblayi* 778
*Trioza urticae* 746
*Triphosa dubitata* 1117
*Triphosa dubitata amblychiles* 323,1117
*Triphosa haesitata* 1117
*Triplax* 853
*Triplectides australis* 657
*Trirhabada baccharidis* 514
*Trisateles emortualis* 775
*Triscolia ardens* 1200
*Trissolcus basalis* 1062
*Trithemis* 353
*Trithemis aconita* 717
*Trithemis annulata* 1163
*Trithemis arteriosa* 909
*Trithemis aurora* 298
*Trithemis donaldsoni* 344
*Trithemis dorsalis* 345
*Trithemis festiva* 565
*Trithemis furva* 742
*Trithemis hecate* 531
*Trithemis kirbyi* 596
*Trithemis monardi* 716
*Trithemis pallidinervis* 315
*Trithemis pluvialis* 922
*Trithemis stictica* 582
*Trithemis werneri* 1180
*Tritocosmia latecostata* 310
*Tritomegas bicolor* 835
Trixoscelidae 1128
Trogidae 540
Trogiidae 478
Troginae 993
*Trogium pulsatorium* 141
*Trogloblattella nullarborensis* 760
*Troglophilus cavicola* 202
*Trogodendron fasciculatum* 1238
*Trogoderma granarium* 594
*Trogoderma inclusum* 1170
*Trogoderma variabile* 1170
*Trogoderma varium* 902
*Trogoderma versicolor* 621
*Trogonoptera* 98
*Trogonoptera brookiana* 887
*Trogonoptera brookiana albescens* 887
Trogositidae 465, 794
*Troides* 98
*Troides aeacus* 469
*Troides amphrysus ruficollis* 676
*Troides chimaera prattorum* 175
*Troides dohertyi* 1094
*Troides haliphron* 522
*Troides helena* 254
*Troides helena cerberus* 254
*Troides hypolitus* 922
*Troides magellanus* 672
*Troides minos* 1028
*Troides riedeli* 920
*Troides vandepolli* 1152
*Tromba xanthura* 1247
*Tropicomyia theae* 1099
*Tropidacris latreillei* 456
*Tropidacris violaceus* 458
*Tropidocephala brunneipennis* 161
*Tropidoderus childrenii* 218
*Tropidosteptes amoenus* 48
Tropiduchidae 1131
Troscidae 1131
*Trox* 993
*Trox mitis* 993
*Truljalia hibinonis* 505
*Trupanea amoena* 641
*Trygonotylus caelestialium* 917
*Trypeta artemisiae* 729
*Trypeta artemisicola* 223
*Trypeta fratria* 815
*Tryphocaria acanthocera* 172
*Tryphocaria mastersi* 386
*Trypocopris vernalis* 1052

*Trypodendron domesticum* 390
*Trypodendron lineatum* 1070
*Trypodendron proximum* 114
*Trypodendron signatum* 312
*Tryporyza nivella* 1079
Trypoxylidae 729
*Trypoxylon figulus* 103
*Trypoxylon politum* 848
Trypoxyloninae 729
*Tsitana dicksoni* 336
*Tsitana tsita* 340
*Tsitana tulbagha* 1134
*Tsitana uitenhaga* 1146
*Tuberaphis coreanus* 598
*Tuberculatus capitatus* 689
*Tuberculatus kashiwae* 766
*Tuberculatus quercicola* 762
*Tuberculatus querciformosanus* 953
*Tuberculatus stigmatis* 40
*Tuberculatus yokoyamai* 1250
*Tuberculoides annulatus* 764
*Tuberocephalus sakurae* 212
*Tuberocephalus sasakii* 951
*Tuberolachnus salignus* 620
Tubulifera 1133
*Tucumania tapiacola* 870
*Tunga penetrans* 218
Tungidae 218
*Turanana endymion* 772
*Turanana panagaea* 772
*Turesis complanula* 277
*Turesis tabascoensis* 1092
*Turesis theste* 1105
*Turnerina hazelae* 516
*Turnerina mejicanus* 1136
*Turpilia rostrata* 738
*Tuxentius* 835
*Tuxentius calice* 1205
*Tuxentius carana* 429
*Tuxentius hesperis* 1186
*Tuxentius melaena* 114
Tychiinae 632
*Tychius picirostris* 240
*Tychius stephensi* 896
*Tyloderma fragariae* 1066
*Tylopaedia sardonyx* 595
*Tylopsis liliifolia* 646
*Typhaea stercorea* 520
*Typhaeus typhoeus* 711
*Typhedanus ampyx* 469
*Typhedanus salas* 944
*Typhedanus undulatus* 724
*Typhlocyba* 124
*Typhlocyba avellanae* 441
*Typhlocyba bifasciata* 549
*Typhlocyba crataegi* 441
*Typhlocyba froggatti* 37
*Typhlocyba hippocastani* 441
*Typhlocyba jucunda* 865
*Typhlocyba pomaria* 1193
*Typhlocyba prunicola* 874
*Typhlocyba quercus* 764
*Typocerus sinuatus* 759
*Typophorus nigritus* 1088
*Typophorus nigritus viridicyaneus* 1087
*Tyria jacobaeae* 226
*Tyta luctuosa* 434
*Tytthaspis sedecimpunctata* 993
*Tytthus mundulus* 1078

## U

*Udara akasa* 1201
*Udara albocaerulea* 11
*Udara albocaerulea scharffi* 11
*Udara blackburni* 526
*Udara dilecta* 804
*Udara lanka* 207
*Udara tenella* 56

*Udaspes folus* 483
*Udea decrepitalis* 963
*Udea despecta* 527
*Udea ferrugalis* 939
*Udea martialis* 939
*Udea nivalis* 357
*Udea profundalis* 400
*Udea rubigallis* 204
*Udea testacea* 204
*Udea washingtonalis* 1171
*Udonomeiga vicinalis* 40
*Udranomia kikkawai* 745
*Udranomia orcinus* 789
*Uhlerites debilis* 215
*Uhlerites latius* 1169
*Ula fungicola* 838
*Ula shiitakea* 975
*Ulochaetes leoninus* 649
*Ulolonche culea* 973
*Uloma* 324
*Uloma tenebrionodes* 331
*Ulonemia concava* 669
*Umbonia crossicornis* 549
*Umbonia spinosa* 1107
*Una usta* 1147
*Unachionaspis bambusae* 67
*Unachionaspis tenuis* 66
*Unaspis citri* 230
*Unaspis euonymi* 387
*Unaspis yanonensis* 46
*Undulambia polystichalis* 631
*Unkana ambasa batara* 542
*Unkanodes albifascia* 114
*Unkanodes sapporonus* 579
*Upis ceramboides* 932
*Uraba lugens* 517
*Uracanthus cryptophagus* 228
*Uracanthus pallens* 1197
*Uraecha bimaculata bimaculata* 323
*Uraneis ucubis* 538
*Urania fulgens* 502
Uraniidae 1085
*Uranobothria tsukadai* 1133
*Uranothauma falkensteini* 663
*Uranothauma nubifer* 110
*Uranothauma poggei poggei* 117
*Uranus sloanus* 997
*Urbana teleus* 1101
*Urbanus albimargo* 1198
*Urbanus belli* 90
*Urbanus dorantes* 645
*Urbanus doryssus* 1211
*Urbanus doryssus chales* 1211
*Urbanus esmeraldus* 385
*Urbanus esta* 385
*Urbanus evona* 1137
*Urbanus procne* 162
*Urbanus prodicus* 717
*Urbanus pronta* 1044
*Urbanus pronus* 873
*Urbanus proteus* 660
*Urbanus simplicius* 850
*Urbanus tanna* 1096
*Urbanus velinus* 1157
*Urbanus viridis* 889
*Urbanus viterboana* 137
*Uresiphita gilvata* 1247
*Uresiphita ornithopteralis* 1125
*Uresiphita reversalis* 450
*Urocerus* 550
*Urocerus antennatus* 841
*Urocerus californicus* 184
*Urocerus gigas* 550
*Urocerus gigas orientalis* 550
*Urocerus japonicus* 577
*Urochela luteovaria* 823
Urodidae 400
*Urodus parvula* 172
*Uroleucon ambrosiae* 157
*Uroleucon formosanum* 431

*Uroleucon gobonis* 173
*Uroleucon rudbeckiae* 157
*Uromenus rugosicollis* 931
*Urophora cardui* 1107
*Urophora jaceana* 597
*Urophorus humeralis* 1243
*Uroplata girardi* 604
*Uropyia meticulodina* 880
*Urostylis annulicornis* 1250
*Urostylis striicornis* 400
*Urostylis westwoodi* 884
*Urothemis* 78
*Urothemis aliena* 894
*Urothemis assignata* 895
*Urothemis edwardsii* 127
*Urothemis luciana* 1057
*Urothemis signata signata* 960
*Uscana semifumipennis* 168
*Utetheisa bella* 90
*Utetheisa lotrix* 299
*Utetheisa ornatrix* 793
*Utetheisa pulchella* 298
*Utetheisa pulchelloides* 533

## V

*Vacciniina optilete* 1251
*Vaccinina optilete daisetsuzana* 293
*Vacerra cervara* 207
*Vacerra gayra* 450
*Vacerra hermesia* 536
*Vacerra litana* 650
*Vadebra lankana* 675
*Vagrans egista* 57
*Vagrans egista macromalayana* 57
*Valanga irregularis* 455
*Valanga nigricornis* 582
*Valentinia glandulella* 3
*Valenzuela flavidus* 653
*Valeria oleagina* 496
*Vanduzea segmentata* 1152
*Vanessa abyssinica* 2
*Vanessa altissima* 24
*Vanessa annabella* 1181
*Vanessa atalanta* 893
*Vanessa atalanta rubria* 893
*Vanessa braziliensis* 147
*Vanessa buana* 655
*Vanessa carye* 1186
*Vanessa hippomene* 1032
*Vanessa indica* 564
*Vanessa itea* 55
*Vanessa kershawi* 57
*Vanessa myrinna* 1165
*Vanessa tameamea* 590
*Vanessa terpsichore* 218
*Vanessa virginiensis* 21
*Vanessa vulcania* 189
Vanhorniidae 1152
*Vanoyia tenuicornis* 657
*Vansomerenia rogersi* 926
*Varshneyia pasanii* 199
*Vasdavidius indicus* 206
*Vaxi auratella* 307
*Vedalia* 1156
*Vehilius inca* 562
*Vehilius stictomenes* 816
*Vekunta malloti* 1121
*Velarifictorus mikado* 708
*Velarifictorus parvus* 1095
*Velia caprai* 1172
*Velia currens* 1011
Veliidae 922
*Venada* 301
*Venessula milca* 99
*Venusia blomeri* 124
*Venusia cambrica* 1180
*Venusia compataria* 164
*Venusia pearsalli* 825

*Venustria superba* 438
*Vermileo* 1228
*Vermileo comstocki* 982
Vermileonidae 1159
Vermipsyllidae 194
*Veromessor pergandei* 525
*Vertica ibis* 559
*Vertica subrufescens* 1075
*Vertica verticalis coatepeca* 1159
*Vesiculaphis caricis* 59
*Vespa* 275
*Vespa affinis* 635
*Vespa analis insularis* 1012
*Vespa auraria* 474
*Vespa crabro* 549
*Vespa crabro flavofascia* 549
*Vespa mandarinia* 455
*Vespa mandarinia japonica* 455
*Vespa orientalis* 791
*Vespa simillima* 1238
*Vespa simillima xanthoptera* 581
*Vespa tropica* 493
*Vespa tropica pulchra* 1015
*Vespa velutina* 49
*Vesperus* 1159
*Vesperus xatarti* 481
Vespidae 550
Vespinae 550
Vespoidea 1171
*Vespula* 275, 1249
*Vespula austriaca* 303
*Vespula consobrina* 110
*Vespula flaviceps lewisii* 123
*Vespula germanica* 451
*Vespula maculata* 64
*Vespula maculifrons* 370
*Vespula pennsylvanica* 1189
*Vespula rufa* 909
*Vespula vulgaris* 275
*Vestalis* 419
*Vestalis apicalis* 119
*Vestalis apicalis nigrescens* 119
*Vestalis gracilis gracilis* 233
*Vettius coryna* 286
*Vettius coryna argentus* 217
*Vettius coryna conka* 986
*Vettius fantasos* 405
*Vettius lafrenaye pica* 1144
*Vettius marcus* 687
*Vettius onaca* 777
*Vettius tertianus* 137
*Vibidia duodecimguttata* 1138
*Vidius perigenes* 806
*Vila azeca* 60
*Vila emilia* 380
*Villa cingulata* 351
*Villa modesta* 356
*Villa venusta* 530
*Viminia rumicis* 597
*Vindula arsinoe* 300
*Vindula arsinoe ada* 300
*Vindula dejone* 383
*Vindula dejone erotella* 300
*Vindula erota* 300
*Vinius tryhana tryhana* 469
*Vinpeius tinga* 437
*Vinsonia stellifera* 461
*Viola violella* 106
Vipionidae 1164
*Virachola dariaves* 99
*Virachola smilis* 958
*Virbia aurantiaca* 782
*Virga clenchi* 234
*Virga virginius* 1165
*Vitacea polistiformis* 481
*Vitacea scepsiformis* 637
*Vitellus antemna* 638
*Viterus vitifolii* 480
*Vitula edmandsae serratilinella* 352
*Vitula edmandsii* 23

*Vogtia malloi* 16
*Voltinia danforthi* 24
*Voltinia umbra* 884
*Volucella* 1171
*Volucella bombylans* 553
*Volucella mexicana* 181
*Vrilleta decorata* 327

W

*Wallengrenia egeremet* 754
*Wallengrenia otho* 154
*Wallengrenia otho clavus* 807
*Walshia miscecolorella* 1087
*Weeleus acutus* 29
*Werneckiella equi* 550
*Whittleia retiella* 745
*Wilemania nitobei* 750
*Wilemanus bidentatus* 117
*Windia windi* 1220
*Winthemia quadripustulata* 908
*Wiseana* 864
*Wiseana cervinata* 1051
*Wiseana despecta* 1082
*Wiseana jacosa* 1033
*Wiseana signata* 846
*Wiseana umbraculata* 1073
*Wohlfahrtia vigil* 509
*Wyeomyia mitchelli* 155
*Wyeomyia smithii* 849

X

*Xanthia aurago* 77
*Xanthia citrago* 784
*Xanthia gilvago* 359
*Xanthia icteritia* 944
*Xanthia ocellaris* 805
*Xanthia togata* 845
*Xanthippus corallipes* 904
*Xanthisthisa niveifrons* 1201
*Xanthochroa waterhousei* 507
*Xanthocryptus novozealandicus* 633
*Xanthodes graellsii* 1076
*Xanthodes ongenita* 520
*Xanthodes rumicis* 1026
*Xanthodes transversus* 538
*Xanthodisca astrape* 403
*Xanthoepalpus bicolor* 1232
*Xanthopan morgani* 719
*Xanthopastis timais* 1036
*Xanthophysa psychialis* 1230
*Xanthorhoe aegrota* 355
*Xanthorhoe beata* 1030
*Xanthorhoe benedicta* 756
*Xanthorhoe biriviata* 64
*Xanthorhoe biriviata angularia* 64
*Xanthorhoe cinerearia* 1005
*Xanthorhoe clarata* 618
*Xanthorhoe decoloraria* 896
*Xanthorhoe designata* 418
*Xanthorhoe designata rectantemediana* 418
*Xanthorhoe ferrugata* 322
*Xanthorhoe fluctuata* 448
*Xanthorhoe fluctuata malleola* 448
*Xanthorhoe labradorensis* 601
*Xanthorhoe lacustrata* 1121
*Xanthorhoe lucidata* 1001
*Xanthorhoe montanata* 985
*Xanthorhoe munitata* 896
*Xanthorhoe orophyla* 78
*Xanthorhoe prasinias* 1232
*Xanthorhoe quadrifasciata* 619
*Xanthorhoe quadrifasciata ignobilis* 432, 619
*Xanthorhoe rosearia* 266
*Xanthorhoe saturata* 300
*Xanthorhoe semisignata* 263
*Xanthorhoe spadicearia* 908
*Xanthotaenia busiris busiris* 1233

*Xanthotype rufaria* 936
*Xanthotype sospeta* 299
*Xanthotype urticaria* 401
*Xenandra poliotactis* 783
*Xeniades chalestra pteras* 69
*Xeniades orchamus orchamus* 1015
*Xenica* 368
*Xenogryllus* 666
*Xenolechia aethiops* 5
*Xenominetes destructor* 845
*Xenophanes tryxus* 462
*Xenopsylla* 891
*Xenopsylla cheopis* 791
*Xenopsylla vexabilis* 891
*Xenosphingia jansei* 573
*Xenothoracaphis kashifoliae* 396
*Xenyllodes armatus* 44
*Xerociris wilsonii* 1219
*Xestia* 1046
*Xestia adela* 843
*Xestia agathina* 530
*Xestia alpicola* 755
*Xestia alpicola alpina* 755
*Xestia ashworthii* 48
*Xestia badicollis* 758
*Xestia badinosis* 1049
*Xestia baja* 346
*Xestia castanea* 510
*Xestia c-nigrum* 1046
*Xestia dilucida* 355
*Xestia ditrapezium* 1128
*Xestia ditrapezium orientalis* 1128
*Xestia dolosa* 1046
*Xestia elimata* 1033
*Xestia praevia* 868
*Xestia rhomboidea* 1056
*Xestia semiherbida decorata* 512
*Xestia sexstrigata* 992
*Xestia triangulum* 349
*Xestia xanthographa* 1056
*Xestobium rufovillosum* 327
*Xestocephalus japonicus* 160
*Xestoleptura crassipes* 71
*Xestophrys horvathi* 552
*Xiphydria alnivora* 574
*Xiphydria camelus* 13
*Xiphydria longicollis* 767
*Xiphydria palaeanartica* 1250
*Xiphydria prolongata* 1219
Xiphydriidae 1225
*Xoanon matsumurae* 693
*Xubida infesellus* 1173
*Xubida linearella* 1230
*Xya japonica* 882
Xyelidae 1230
*Xylastodoris luteolus* 934
*Xyleborus* 19
*Xyleborus adumbratus* 752
*Xyleborus affinis* 980
*Xyleborus amputatus* 1000
*Xyleborus apicalis* 33
*Xyleborus aquilus* 951
*Xyleborus atratus* 730
*Xyleborus attenuatus* 213
*Xyleborus bicolor* 93
*Xyleborus calamoides* 1092
*Xyleborus compactus* 248
*Xyleborus concisus* 398
*Xyleborus defensus* 33
*Xyleborus dispar* 980
*Xyleborus exesus* 199
*Xyleborus fornicatus* 1100
*Xyleborus germanus* 1100
*Xyleborus glabratus* 650
*Xyleborus kadoyamensis* 590
*Xyleborus kojimai* 598
*Xyleborus kraunhiae* 581
*Xyleborus kumamotoensis* 599
*Xyleborus machili* 670
*Xyleborus miyazakiensis* 715

*Xyleborus montanus* 1122
*Xyleborus morigerus* 166
*Xyleborus mutilatus* 187
*Xyleborus nagaoensis* 737
*Xyleborus onoharensis* 778
*Xyleborus osumiensis* 794
*Xyleborus pelliculosus* 199
*Xyleborus perforaus* 570
*Xyleborus praevius* 968
*Xyleborus rubricollis* 903
*Xyleborus saxeseni* 953
*Xyleborus schaufussi* 725
*Xyleborus seiryorensis* 967
*Xyleborus seriatus* 75
*Xyleborus soldidus* 1106
*Xyleborus testaceus* 75
*Xyleborus truncatus* 385
*Xyleborus validus* 622
*Xyleborus volvulus* 315
*Xylena cineritia* 488
*Xylena curvimacula* 345
*Xylena exsoleta* 1089
*Xylena formosa* 895
*Xylena nupera* 907
*Xylena vetusta* 907
Xyleninae 845
*Xylesthia pruniarmiella* 233
*Xyletinus peltatus* 1165
*Xyleutes capensis* 199
*Xyleutes ceramicus* 88
*Xyleutes cinereus* 1222
*Xyleutes eucalypti* 1176
*Xyleutes strix* 2
*Xylion cylindricus* 309
*Xylobiops basilare* 905
*Xylobosca bispinosa* 1142
*Xylocampa areola* 363
*Xylococcus japonicus* 574
*Xylocopa* 196
*Xylocopa appendiculata circumvolans* 122
*Xylocopa californica* 183
*Xylocopa latipes* 1129
*Xylocopa micans* 1028
*Xylocopa orpifex* 725
*Xylocopa sonorina* 1024
*Xylocopa tabaniformis* 725
*Xylocopa tranquebarorum* 1094
*Xylocopa varipuncta* 1151
*Xylocopa violacea* 1162
*Xylocopa virginica* 256
Xylocopidae 196
Xylocopinae 196
Xylocopini 196
*Xylocoris flavipes* 1170
*Xylocoris galactinus* 552
*Xylodeleis obsipa* 53
*Xylomania* 363
*Xylomoia indirecta* 769
*Xylomya maculata* 1171
*Xylomyges* 363
*Xylomyges curialis* 308
Xylomyidae 1230
Xylophagidae 1230
*Xylophagus ater* 253
*Xylophagus cinctus* 895
*Xylophagus junki* 462
*Xylophanes chiron* 221
*Xylophanes falco* 399
*Xylophanes pluto* 856
*Xylophanes porcus* 864
*Xylophanes tersa* 1103
*Xylopsocus gibbicollis* 253
*Xylorycta luteotactella* 669
*Xyloryctes jamaiceasis* 914
Xyloryctidae 1230
*Xylosandrus compactus* 199
*Xylosandrus crassiusculus* 33
*Xylosandrus germanus* 16
*Xylosandrus mutilatus* 188
*Xylothrips religiosus* 753

*Xylotillus lindi* 1232
*Xylotrechus aceris* 447
*Xylotrechus chinensis* 1114
*Xylotrechus colonus* 938
*Xylotrechus cuneipennis* 808
*Xylotrechus grayii grayii* 488
*Xylotrechus insignis* 1217
*Xylotrechus nauticus* 742
*Xylotrechus pyrrhoderus* 479
*Xylotrechus quadripes* 248
*Xylotrechus rufilius rufilius* 903
*Xylotrechus rusticus* 511
*Xylotrechus villioni* 619
*Xylotribus decorator* 328
*Xylotrupes gideon* 374
*Xylotrupes ulysses* 913
*Xylotype capax* 153
*Xyphosia punctigera* 1237
*Xystrocera globosa* 1141

## Y

*Yamatocallis hirayamae* 578
*Yanguna cosyra* 287
*Yasoda tripunctata* 146
*Yasumatsuus mimicus* 1206
*Yersinella raymondi* 892
*Yersiniops sophronica* 1249
*Ymeldia janae* 573
*Yoma podium* 56
*Yoma sabina* 666
*Yoma sabina parva* 56
*Yoma sabina podium* 56
*Yphthimoides renata* 912
*Yponomeuta* 384
*Yponomeuta atomocella* 548
*Yponomeuta cagnagella* 1040
*Yponomeuta evonymellus* 97
*Yponomeuta mallinellus* 35
*Yponomeuta meguronis* 387
*Yponomeuta multipunctella* 20
*Yponomeuta padella* 788
*Yponomeuta plumbella* 593
*Yponomeuta rorellus* 1216
*Yponomeuta sedella* 1138
*Yponomeuta vigintipunctata* 1138
Yponomeutidae 384
*Ypsolopha canariella* 189
*Ypsolopha dentella* 546
*Ypsolopha mucronella* 745
*Ypsolopha parenthesellus* 765
*Ypsolopha scabrella* 1167
*Ypsolopha sequella* 1009
*Ypsolopha ustella* 153
*Ypsolopha vittelus* 576
*Ypsolophus alpellus* 348
*Ypsolophus asperellu* 211
*Ypsolophus lucellus* 1148
*Ypsolophus sequellus* 1009
*Ypthima* 922
*Ypthima albida* 986
*Ypthima antennata* 240
*Ypthima arctoa* 339
*Ypthima asterope* 8
*Ypthima avanta* 583
*Ypthima baldus* 260
*Ypthima baldus newboldi* 260
*Ypthima baldus zodina* 260
*Ypthima bolanica* 332
*Ypthima ceylonica* 1199
*Ypthima chenui* 749
*Ypthima condamini* 277
*Ypthima dohertyi* 490
*Ypthima doleta* 270
*Ypthima fasciata torone* 272
*Ypthima granulosa* 479
*Ypthima huebneri* 261
*Ypthima hyagriva* 157
*Ypthima impura* 562

*Ypthima impura paupera* 176
*Ypthima indecora* 1185
*Ypthima inica* 640
*Ypthima lycus* 851
*Ypthima methora* 1155
*Ypthima motschulskyi* 619
*Ypthima motschulskyi niphonica* 619
*Ypthima nareda* 619
*Ypthima norma posticalis* 1011
*Ypthima pandocus corticaria* 274
*Ypthima persimilis* 366
*Ypthima philomela* 62
*Ypthima praenubilia* 261
*Ypthima sakra* 541
*Ypthima savara* 809
*Ypthima similis* 366
*Ypthima watsoni* 662
*Ypthima yatta* 1232
*Ypthima ypthimoides* 811
*Ypthimomorpha itonia* 1085

Z

*Zabrachia tenella* 839
*Zabrotes pectoralis* 704
*Zabrotes subfasciatus* 146
*Zabrus tenebrioides* 284
*Zacycloptera atripennis* 121
*Zale bethunei* 92
*Zale calycanthata* 347
*Zale curema* 107
*Zale duplicata* 840
*Zale fietilis* 440
*Zale galbanata* 684
*Zale helata* 165
*Zale horrida* 550
*Zale lunata* 718
*Zale lunifera* 139
*Zale metatoides* 1171
*Zale minerea* 249
*Zale obliqua* 769
*Zale perculta* 774
*Zale squamularis* 486
*Zale undularis* 122
*Zale unilineata* 777
*Zanclognatha cruralis* 364
*Zanclognatha griselda* 738
*Zanclognatha jacchusalis* 1177
*Zanclognatha laevigata* 1155
*Zanclognatha lituralis* 641
*Zanclognatha lunalis* 585
*Zanclognatha marcidilinea* 1249
*Zanclognatha obscuripennis* 323
*Zanclognatha pedipilalis* 488
*Zanclognatha tarsipennalis* 160
Zanolidae 1252
*Zaraea fasciata* 546
*Zaraea inflata* 546
*Zaraea metallica* 577
*Zaretis callidryas* 805
*Zaretis ellops* 966
*Zaretis isidora* 570
*Zaretis itys itys* 571
*Zarhipis* 464
*Zarhipis integripennis* 464
*Zariaspes mys* 736
*Zariaspes mythecus* 466
*Zea nolckeni* 751
*Zeadiatraea grandiosella* 1034
*Zeadiatraea lineolata* 744
*Zegris eupheme* 1025
*Zeiraphera canadensis* 1053
*Zeiraphera claypoleana* 169
*Zeiraphera diniana* 607
*Zeiraphera fortunana* 1245
*Zeiraphera griseana* 607
*Zeiraphera improbana* 606
*Zeiraphera ratzeburgiana* 892
*Zeiraphera rufimitrana* 415

*Zeiraphera unfortunana* 879
*Zelleria haimbachi* 842
*Zelleria hepariella* 653
*Zelotaea nivosa* 1061
*Zelotypia stacyi* 91
*Zeltus amasa* 427
*Zeltus amasa maximinianus* 427
*Zeltus etolus* 427
*Zelus renardii* 630
*Zelus tetracanthus* 434
*Zemeros flegyas* 876
*Zemeros flegyas albipunctatus* 876
*Zemeros flegyas allica* 269
*Zenarge turneri* 310
*Zenis jebus hemizona* 879
*Zenis minos* 711
*Zenoa picea* 202
*Zenobia subtusa* 776
*Zenodoxus constricta* 927
*Zenonia zeno* 785
*Zephyrogomphus lateralis* 645
*Zephyrogomphus longipositor* 887
*Zera belti* 90
*Zera difficilis* 336
*Zera eboneus* 370
*Zera hosta* 552
*Zera hyacinthinius hyacinthinus* 168
*Zera phila hosta* 552
*Zera tetrastigma* 1103
*Zerene cesonia* 343
*Zeritis neriene* 210
*Zermizinga indocilisaria* 664
*Zerynthia polyxena* 1030
*Zerynthia rumina* 1036
*Zesius chrysomallus* 905
*Zestusa* 1124, 1148
*Zestusa dorus* 978
*Zestusa elwesi* 706
*Zestusa levona* 642
*Zestusa staudingeri* 1033
*Zeteticontus utilis* 1026
*Zethenia albonotaria* 1209
*Zethenia rufescentaria* 606
*Zethera incerta* 492
*Zetona delospila* 232
*Zeugodacus cucurbitae* 700
*Zeugodacus scutellatus* 1071
*Zeugophora scutellaris* 862
*Zeuxidia amethystus* 952
*Zeuxidia aurelius aurelius* 457
*Zeuxidiplosis giardi* 1057
*Zeuzera* 634
*Zeuzera coffeae* 896
*Zeuzera eucalypti* 2
*Zeuzera multistrigata leuconota* 791
*Zeuzera postexcisa* 906
*Zeuzera pyrina* 634
*Zicrona caerulea* 128
*Ziegleria ceromia* 206
*Ziegleria denarius* 282
*Ziegleria guzanta* 781
*Ziegleria hesperitis* 537
*Ziegleria hoffmani* 543
*Ziegleria micandriana* 707
*Ziegleria sylliis* 994
*Zinaspa todara* 987
*Zintha hintza* 132
*Zipaetis* 200
*Zipaetis saitis* 1095
*Zipaetis scylax* 317
*Zischkaia lupita* 666
*Zischkaia pellonia* 853
*Zizeeria karsandra* 318
*Zizeeria knysna* 7
*Zizeeria maha* 804
*Zizeeria maha argia* 804
*Zizina* 638
*Zizina antanossa* 318
*Zizina emelina* 379
*Zizina labradus* 262

*Zizina otis* 262, 638
*Zizina otis emelina* 638
*Zizina otis lampa* 638
*Zizula cyna* 309
*Zizula gaika* 1116
*Zizula hylax* 1116
*Zizula hylax pygmaea* 881
*Zobera albopunctata* 248
*Zobera marginata* 1190
*Zobera oaxaquena* 768
*Zographetus ogygia* 879
*Zographetus rama* 1003
*Zographetus satwa* 877
*Zomaria andromedana* 25
*Zomaria interruptolineana* 154
*Zonia zonia panamensis* 811
*Zonocerus* 374
*Zonosemata electa* 829
*Zootermopsis* 314
*Zootermopsis angusticollis* 258
*Zootermopsis nevadensis* 746
*Zopherosis georgei* 569
*Zopherus haldemani* 569
*Zophodia convulutella* 475
*Zophodia grossulariella* 475
*Zophopetes dysmepila* 810
*Zophopetes ganda* 1007
*Zopyrion sandace* 949
*Zoraida kuwayamae* 600
Zoraptera 25
*Zoratypus hubbardi* 554
*Zoratypus snyderi* 1021
*Zorion* 426
*Zorion minutum* 1255
Zorotypidae 25
*Zorotypus snyderi* 1255
*Zosteraeschna elioti* 375
*Zosteraeschna minuscula* 437
*Zosteropoda hirtipes* 1151
*Zotheca tranquilla* 374
*Zubouskya glacialis* 1221
*Zuleica nipponica* 1175
*Zygaena carliolica* 770
*Zygaena cynarae* 1153
*Zygaena ephialtes* 1153
*Zygaena exulans* 963
*Zygaena filipendulae* 992
*Zygaena lonicerae* 739
*Zygaena loti scotica* 997
*Zygaena meliloti* 747
*Zygaena minos* 569
*Zygaena niphona* 173
*Zygaena occitanica* 873
*Zygaena purpuralis* 1123
*Zygaena trifolii* 417
*Zygaena viciae* 747
Zygaenidae 629
*Zygina circumscripta* 484
*Zygina zealandica* 1239
*Zyginella citri* 1013
*Zygiobia carpini* 549
*Zygogramma bicolorata* 1156
*Zygogramma exclamationis* 1083
*Zygonoides fuelleborni* 442
*Zygonyx* 197
*Zygonyx iris ceylonicus* 1057
*Zygonyx natalensis* 128
*Zygonyx torridus* 921
Zygopinae 1138
Zygoptera 314
*Zygrita diva* 664
*Zyxomma* 357
*Zyxomma atlanticum* 1016
*Zyxomma petiolatum* 338

# 世界の昆虫英名辞典

和名索引 学名索引 vol. 3

発行日　2018年5月12日　初版 第1刷

編 集

矢野宏二（やのこうじ）

発 行

櫂歌書房（とうかしょぼう）

ISBN 978-4-434-24028-7

有限会社 櫂歌書房

〒811-1365 福岡市南区皿山4丁目 14-2

TEL: 092-511-8111　FAX: 092-511-6641

E-mail: e@touka.com　http://www.touka.com

発売所　星雲社